U0922983

草原蝗虫基础生物学研究与方法

张泽华　黄训兵　高文渊　主编

中国农业出版社
北　京

图书在版编目（CIP）数据

草原蝗虫基础生物学研究与方法 / 张泽华，黄训兵，高文渊主编．—北京：中国农业出版社，2019.12
ISBN 978-7-109-26065-8

Ⅰ．①草… Ⅱ．①张… ②黄… ③高… Ⅲ．①草原—蝗科—植物虫害—生物防治—研究 Ⅳ．①S433.2

中国版本图书馆 CIP 数据核字（2019）第 247017 号

中国农业出版社出版
地址：北京市朝阳区麦子店街 18 号楼
邮编：100125
责任编辑：魏兆猛 张洪光 文字编辑：傅 辽
版式设计：杨 婧 责任校对：周丽芳
印刷：中农印务有限公司
版次：2019 年 12 月第 1 版
印次：2019 年 12 月北京第 1 次印刷
发行：新华书店北京发行所
开本：787mm×1092mm 1/16
印张：21.75
字数：510 千字
定价：198.00 元

编　委　会

主　　编　张泽华（中国农业科学院植物保护研究所）
黄训兵（临沂大学）
高文渊（内蒙古自治区草原工作站）

副 主 编　李新一（全国畜牧总站）
张卓然（内蒙古自治区草原工作站）
朝克图（呼伦贝尔市草原工作站）
马崇勇（内蒙古自治区草原工作站）
涂雄兵（中国农业科学院植物保护研究所）

参编人员　杜桂林（全国畜牧总站）
尹晓飞（全国畜牧总站）
高海滨（呼伦贝尔市草原工作站）
王广君（中国农业科学院植物保护研究所）
农向群（中国农业科学院植物保护研究所）
秦兴虎（圣安德鲁斯大学）
李　霜（中国农业科学院植物保护研究所）
徐超民（中国农业科学院植物保护研究所）
陈　俊（中国农业科学院植物保护研究所）
包　祥（锡林郭勒盟草原工作站）
高利军（锡林浩特市草原工作站）
孙海艳（通辽市草原工作站）
乌力吉（中微泰克生物技术有限责任公司）
吴立伟（宁夏绿创林业有限公司）

>>前 言

我国拥有天然草原3.93亿hm^2，占世界草原面积的12%，占国土面积的40.9%，为全国耕地面积的2.91倍、森林面积的1.89倍。草原不仅是畜牧业发展的重要生产资料，还在防风固沙、保持水土、涵养水源、调节气候、维护生物多样性等方面发挥着重要的生态功能。受全球气候变化的影响，突发性、暴发性草原蝗灾增多，加剧了草场退化、沙化、荒漠化；年均直接经济损失26亿元，严重威胁我国草原畜牧业生产和生态安全；经常性迁入农田为害，威胁粮食生产安全。

我国草原蝗虫灾害主要发生在蒙古高原、青藏高原、新疆山地草原，多为“老、少、边、穷”地区，发生面积大，环境恶劣，防治困难。蝗虫灾害既有区域暴发，又有扩散危害；既有原生物种，又有境外迁入。然而，防治蝗虫灾害，既要挽回损失，又要生态保护；既要应急治理，又要持续防控。虽然化学农药防控可快速压低虫口密度，减少经济损失，但一个很明显的事实是，大量化学农药会导致污染环境、昆虫抗药性产生、天敌杀伤，破坏草原生态系统。

为此，针对草原蝗灾机理不明的问题，本研究团队通过蝗虫与栖境关系的向量分析，发现了种间竞争导致的时间交替、空间层叠为害规律；深入研究了蝗虫食性形成机制，创建了蝗虫摄食分子检测方法，实现了蝗虫对栖境植物取食偏好的定性定量分析，定性精度100%、定量精度92.5%；首次构建了选择性指数模型，揭示了蝗虫被动取食主导的随机扩散、主动取食驱动的定向迁移为害规律；深入分析了蝗虫发生与植物次生代谢物质的关系，发现了蝗虫利用植物次生代谢物调控发育，使不同纬度种群保持相同发育进度，导致种群暴发的成灾机理；通过组学技术，揭示了草原蝗虫响应环境胁迫的表型可塑性及其形成的化学生态学和分子生物学机制。研究团队针对蝗灾精准预测难题，通过蝗虫栖境参数拟合，创建了发生区预测模型，使预测精度达到了86%；针对经济与生态并重、生态优先的草原蝗灾防控决策需求，首次提出了草地耐受性指数α、种库系数β、敏感性指数Si等生态评价参数，确立了生态经济阈值模型，多区域验证精度达90%；针对真菌持续调控蝗灾机理不明的问题，通过分子标记监测，发现真菌侵染→染菌蝗虫→

媒介携带→进入土壤→菌根共生→循环侵染的持续防控过程；通过真菌制剂中加入诱食剂，提高了媒介动物携带效率，防效达到了85%以上，持续防控8～10年。

以这些前期研究为基础，结合具体研究案例，本研究团队编写了《草原蝗虫基础生物学研究与方法》。本书着重介绍了草原蝗虫发生规律、监测预警及绿色防控技术，涵盖了生态学、生物学、生理学及组学研究，以期为从事相关研究的学者、学生提供理论和技术参考。特别声明，书中涉及的学术论文均已通过相关杂志社授权载入。由于编者水平有限，书中错误疏漏在所难免，希望使用本书的读者给予批评指正。

本书得到了内蒙古自治区科技成果转化项目“草原蝗虫绿色可持续防控技术示范与应用（CGZH2018171）”、现代农业产业技术体系（CARS-34-07）和中国农业科学院创新工程项目的大力支持。

编　者

2019年8月

于北京

>>目 录

亚洲小车蝗食物选择性指数及应用

黄训兵[1,2]，Mark Richard M[3]，张泽华[1,2]

1. 中国农业科学院植物保护研究所，植物病虫害生物学国家重点实验室，北京 100193；2. 农业农村部锡林郭勒草原有害生物科学观测实验站，锡林浩特 026000；3. 新西兰林肯研究中心，新西兰，8140。

摘要 本文研究了植被群落结构对亚洲小车蝗发生密度和取食特性的影响。结果表明，锡林郭勒草原植被群落结构和蝗虫群落结构变化显著，亚洲小车蝗发生密度与特定植被群落紧密相关，喜欢栖居于针茅型草地。亚洲小车蝗对克氏针茅取食量最高，其次为糙隐子草、羊草，克氏针茅和糙隐子草在栖境中可作为互补食物。为同时反映取食量和植被群落结构信息，构建了选择性指数 SI，栖境中亚洲小车蝗偏好取食克氏针茅（$SI>1$），其次为糙隐子草（$0.5<SI\leqslant 1$），对羊草的选择性最低（$0<SI\leqslant 0.5$）。植被群落结构的微弱变化，能够显著影响蝗虫的发生密度和取食特性。本研究结果对于揭示在植被演替背景下草原蝗虫发生规律和监测预警具有重要的指导意义。

1 前言

众多生态因子能够影响蝗虫的发生、发育历期、越冬死亡率、分布范围、产卵习性和卵孵化率等。植被条件作为蝗虫重要生态因子之一，与蝗虫的发生和群落结构紧密相关，研究蝗虫发生与其宜生区植被的关系，能够为蝗虫宜生区划分提供生物学和生态学方法。

国内外学者对蝗虫发生与植物群落结构的生态学关系做了大量的研究。康乐等通过研究蝗虫与其宜生区内寄主植物化学元素的关系、能值特征及蝗虫生物量等，揭示了蝗虫种群的能量动态变化、蝗虫群落的能流模式及不同蝗虫种类的能量收支。贺达汉等（1997）对蝗虫对食物等资源的利用方式进行研究，评价了其竞争和共存机制。吴惠惠等（2012）通过冗余分析（RDA）、双重筛选逐步回归等方法，对由植物特征参数变化导致蝗虫特征参数变化的生态效应进行分析，发现优势种植物决定优势种蝗虫的存在，优势种蝗虫会导致对应优势种植物的高受害率。Knop 等证明了蝗虫生态位中心的转移主要是由季节及气候条件变化引起的草地植被生长势及其生存环境变化所致，而蝗虫种质资源利用的分化来自蝗虫适应性的分化和蝗虫—植物的协同进化。近期的研究证明，亚洲小车蝗（*Oedaleus asiaticus* B. Bienko）更喜食含氮量低的植物，喜欢栖居于以大针茅为优势种的低氮草原类型，而对含氮量高的羊草表现的这种效应相对较弱；高山草地毒杂草侵入能够改变植被结构和营养价值，以及蝗虫发生区域内的土壤理化特性和栖息生境，从而引起草地蝗虫群落组成、数量和多样性的变化。可见植被群落结构能够明显地影响蝗虫的群落结构，蝗虫对栖境的选择是多方面的，各因子彼此联系，相互影响，对蝗虫发生有着复杂的生态效应。植物是影响昆虫取食行为、生长和生殖力的重要因素，与昆虫的发生和暴发密切相关。蝗虫种群密度、生长和繁殖能力等亦受植被显著影响，掌握不同植被对蝗虫生长发育、生殖力以及取食特性的影响，从生物学的角度研究评价二者关系，对于蝗害的控制和蝗虫孳生区的改善具有重要意义，国内外许多学者对此进行了深入研究。康乐等对亚洲小车蝗的食性和食量的研究表明，亚洲小车蝗喜食禾本科植物，从食物角度来看不取食或非喜食植物不利于其生长生殖状况。唐昭华等研究发现，西藏飞蝗（*Locusta migratoria tibetensis* Chen）取食禾本科作物的个体生长、生殖力最强，成虫产卵前期缩短，寿命长达 90d 左右，而取食十字花科植物，其产卵前期延长，而寿命短，仅有 10d 左右；对于亚洲小车蝗，成虫期以禾本科羊草饲喂时，其生长发育速率和生殖力最高，以冷蒿或菊叶委陵菜饲喂的亚洲小车蝗个体则不能产卵；对于东亚飞蝗（*Locusta migratoria*）的研究表明，取食大豆等双子叶植物时死亡率显著增加，而取食稗草的种群成虫寿命延长，并且取食玉米的个体产卵量最多。Kazumi 等研究发现，蝗虫发育过程中有些其不喜食植被的存在有重要意义，其与喜食植被混合能够促进蝗虫的生长发育，这可能与营养平衡和营养稀释有关。通过对亚洲小车蝗食性及营养生态位的研究发现，牧压增加引起的植被群落变化，导致亚洲小车蝗对克氏针茅（*Stipa krylovii* Linn）的采食降低，增加了对米氏冰草（*Agropyron cristatum* Linn）和星毛委陵菜（*Potentilla acaulis* Linn）的采食，亚洲小车蝗生态位变窄。

除了研究植物对蝗虫生长发育与生殖力的影响之外，国内外学者对蝗虫的取食特性进行了大量研究，这些研究都主要基于蝗虫对植物的取食频数观察和植物被消耗的生物量为标准，并以此为依据确定供试植物的选择性。在此基础上，将蝗虫食料植物分为 4 个级别：嗜食、喜食、偶食和不取食。为了精确地表示蝗虫食物选择性，国外学者研究了断颈瘤锥蝗和透翅蝗的取食排序，通过取食频数的观察和计算，明确了沙漠蝗（*Schistocerca gregaria* Forskal）取食等级的划分及对供试植物的选择性。国内的李鸿昌等对内蒙古典型草原优势种蝗虫的取食特性进行了深入研究，观察并计算出了蝗虫的取食频数和相对取食频数。在蝗虫取食特点研究的基础上，许多学者通过试验对蝗虫取食造成的损失进行了估计，冯光翰等分别测定了邱式异爪蝗、高山红翅邹膝蝗、草原宽须蚁蝗和狭翅雏蝗从孵化到成虫期的取食量，构建了能够反映不同密度水平的野外混合种群引起牧草产量损失的模型，同时建立了不同虫口密度对不同牧草取食量的模型，为不同蝗虫的防治指标确定提供了重要依据。范伟民等一方面通过蝗虫种群动态调查，另一方面利用野外挂笼饲养相结合的方法较精确地估算了实际放牧草场蝗虫引起的草地牧草损失。卢辉等采用笼罩试验的方法对亚洲小车蝗的取食偏好性进行了系统研究，发现亚洲小车蝗对不同植物的为害按严重程度排序为克氏针茅＞羊草＞糙隐子草＞冷蒿。任春光等通过损失估计研究，提出了黄腹小车蝗的防治指标，并且结合不同的虫口密度与产量的关系，利用经济阈值的一般模型，制定出了黄腹小车蝗对小麦的危害经济阈值。余鸣等在蝗虫取食方面，引入了补偿易害指数的概念，即在草场受害水平或利用水平比较低的情况下，草场自身有补偿或者超补偿的效应。张泉、薛智平等对意大利蝗造成的牧草损失进行了估计，深入研究了意大利蝗对不同植物的取食特性，并以此为依据估算了防治指标。

实际上，不同的草地类型是由众多不同植被构成，植物群落复杂，仅研究单一植被对蝗虫生物学特征的影响不足以揭示复杂草地类型与蝗害发生的关系，缺少对不同植物群落结构下蝗虫生长发育及生殖力影响的定量分析和研究。通过不同植物群落结构条件下蝗虫生物学的定量研究，根据不同草地类型的植物构成和分布，分析关键植被特征参数，能够从蝗虫生物学和取食特性的角度为蝗虫宜生区划分提供理论依据。通过模拟不同的植物构成，分析蝗虫的生物学特征，能够定量分析宜生区植物群落结构变化对蝗虫生长发育和取食特性的影响。以亚洲小车蝗（*Oedaleus asiaticus* Bey-Bienko，内蒙古草原优势种蝗虫）为模式生物，本文旨在通过研究不同植物构成条件下蝗虫的生物学特征，分析关键植被参数及食物选择性指数，为蝗虫宜生区划分提供生物学依据。

2 材料与方法

2.1 试验地概述

试验地点位于内蒙古自治区锡林浩特市西郊变电站西北 300m，地理坐标为 43°57′08.2″N，115°59′53.7″E，属典型草原，海拔 1 006m，土壤为栗钙土，年降水量 266～302mm，气候条件适合亚洲小车蝗活动，网捕调查发现亚洲小车蝗数量为 1.6 头/m^2。试验区 200m^2，地势平坦，试验开展之前地面植被完全清除。

2.2 供试虫源

用捕虫网野外采集亚洲小车蝗蝗蝻，采集地点信息见表 1，将收集的蝗蝻轻轻放入袖笼中，同时放入新鲜的植物以供亚洲小车蝗取食，保证其存活。

表 1　亚洲小车蝗采集信息

采集地点	北纬（N）	东经（E）	海拔（m）	植被概况
锡林郭勒盟西乌旗	44°29′38″	116°50′35.8″	1 042	主要有克氏针茅、羊草、糙隐子草、冷蒿、小叶锦鸡儿

2.3 试验材料

笼罩（材料为纱网，大小：1m×1m×1m）、袖笼、铁铲、游标卡尺（0.01mm）、电子天平（万分之一）、信封、自封袋、采集的新鲜植物、蒸馏水、电热恒温箱等。

2.4 试验方法

将 60 个罩笼分 12 排固定，每排 5 个，罩笼间距 1m，底部覆以 10cm 沙土以供亚洲小车蝗产卵。试验共设置 12 个处理，采用随机区组试验设计，每处理重复 5 次。单独饲喂的处理有 5 个（共 25 个罩笼），A1～A5 为羊草单独饲喂，B1～B5 为克氏针茅单独饲喂，C1～C5 为糙隐子草单独饲喂，D1～D5 为冷蒿单独饲喂，E1～E5 为小叶锦鸡儿单独饲喂。为研究不同植物群落结构对亚洲小车蝗生长发育和取食的影响，人工模拟不同植物群落结构变化，按照羊草（*Leymus chinensis*）、克氏针茅（*Stipa krylovii*）、糙隐子草（*Cleistogenes squarrosa*）生物量所占比例不同［*R*＝羊草

(*L. c*) ∶克氏针茅(*S. k*) ∶糙隐子草(*C. s*),总生物量(鲜重)为 90g],设置另外 7 个不同处理(共 35 个罩笼)来模拟三种植物群落结构变化情况。根据三种植物生物量比例,植物群落变化可分为三种情况,结构变化Ⅰ(situationⅠ):羊草生物量降低,克氏针茅生物量不变,糙隐子草生物量增加,即包括三个处理,分别为 R_1=3∶2∶1、R_2=2∶2∶2、R_3=1∶2∶3。植物群落结构变化Ⅱ(situationⅡ):羊草生物量不变,克氏针茅生物量降低,糙隐子草生物量增加,即三个处理分别为 R_4=2∶3∶1、R_2=2∶2∶2、R_5=2∶1∶3。植物群落结构变化Ⅲ(situationⅢ):羊草生物量降低,克氏针茅生物量升高,糙隐子草生物量不变,即三个处理分别为 R_6=3∶1∶2、R_2=2∶2∶2、R_7=1∶3∶2。

将采集的 3 龄亚洲小车蝗蝗蝻按照雌∶雄=1∶1 的比例放入安置好的笼罩中,每笼罩共放入 16 头。每天于室外采集新鲜食料植物,带回试验室内称取鲜重,对于单独饲喂植物的处理,每重复称取 90g;对于不同植物构成的处理,按照所设置比例称取每种植物,保证三种植物总生物量(鲜重)为 90g。将称取的植物分别插入盛有蒸馏水的自封袋中,将自封袋放入笼罩中固定,以供蝗虫取食,每两天更换一次食物,更换时间为上午 8 时。

2.5 不同植物构成条件下亚洲小车蝗的体长、体重测定

每天观察亚洲小车蝗的生长发育情况,从笼罩取出存活的亚洲小车蝗,用游标卡尺测定不同龄期亚洲小车蝗的体长,测定方法按照第四届国际蝗虫大会制定的标准(1936)。用万分之一天平测定不同龄期亚洲小车蝗的体重,测完后试虫放回原笼罩继续饲喂。

2.6 不同植物构成条件下亚洲小车蝗发育历期及存活率

每天观察、记录亚洲小车蝗的蜕皮情况及龄期变化,记录各龄期的数量以及存活和死亡数量,及时将死亡虫体取出笼罩。

2.7 不同植物构成条件下亚洲小车蝗成虫生殖力

待亚洲小车蝗进入成虫产卵期,每天观察并记录亚洲小车蝗产卵情况及雌虫产卵瓣变化。待各笼罩内蝗虫产卵死亡完全后,挖出卵块,并统计每笼内的卵囊数。

2.8 亚洲小车蝗取食频数的观察

观察 5 龄蝗蝻取食频数,放入新鲜的植物后,于当天的 10:00～19:00 的时间段,每隔 0.5h 观察并记录 R_2=2∶2∶2(羊草 30g,克氏针茅 30g,糙隐子草 30g)处理的罩笼中亚洲小车蝗对三种植物的取食频数。

2.9 亚洲小车蝗对三种植物取食高度测定

在亚洲小车蝗 5 龄期,饲喂前分别测定羊草、克氏针茅、糙隐子草的高度,饲喂后观察并记录其取食习性,以测量尺(0.01cm)测定取食部位高度。

2.10 不同植物构成对亚洲小车蝗取食量的影响

为研究不同植物构成对亚洲小车蝗取食的影响,测定罩笼中的亚洲小车蝗各龄期

取食量。在每次更换食物时，按种类收集其取食剩余部分，分别装入信封，并做好标记，放入电热恒温箱中90℃，39h烘干，称量各植物剩余干重。为测定整个过程中植物的干湿重比 P_i，设置另外5个罩笼作为对照，不放入亚洲小车蝗，按照 $R_2=2:2:2$（羊草、克氏针茅、糙隐子草鲜重各为30g，总90g）的比例称取三种植物，以同样的方式放入盛有蒸馏水的自封袋中，将自封袋放入罩笼，每次更换食物时取出烘干称量干重。

3 数据处理

亚洲小车蝗各龄期存活率为各笼罩内蝗虫蜕皮或羽化后所有活虫与起始虫口数目的比值。

对植物取食的相对频数 RFN：

$$RFN=\frac{X}{\sum_{i=1}^{n}X}$$

公式中：n 为供试植物种类，RFN 代表相对频数，X 为供试虫对某一种植物的全部取食次数。当 $RFN=0$ 表示不取食，$0.003\leqslant RFN<0.025$ 为偶食，$0.025\leqslant RFN<0.25$ 为少食，$0.25\leqslant RFN<0.5$ 为喜食，$RFN\geqslant 0.5$ 为嗜食。

亚洲小车蝗不同龄期取食量 C_i［g/（头·d）］计算公式为：

$$C_i=\frac{F_iP_i-E_i}{S}$$

其中，F_i 为某一饲喂植物的生物量（鲜重），P_i 为测定的干湿重比，E_i 为某植物被取食后剩余干重，S 是亚洲小车蝗存活数。

对某植物取食的选择性指数（SI）计算公式为：

$$SI=\frac{D}{P}$$

其中，D 为对某植物的取食量占总取食量的比，P 为某植物生物量占模拟群落总生物量的比例。

发育历期计算方法：

$$\bar{L}=(\sum_{i=1}^{n}i*N_i)/N_t$$

其中，i 为个体寿命的天数，N_i 为寿命为 i 天的个体数，N_t 为蝗虫实验种群的个体总数。

最后，对亚洲小车蝗体长、体重、发育历期、卵囊数、存活率、取食高度、日取食量等数值进行方差分析（One Way ANOVA，SAS 8.0）。

4 结果与分析

4.1 不同植物群落结构对亚洲小车蝗体重的影响

体重是衡量亚洲小车蝗生长发育的重要指标。由表2可知，饲喂不同植物的亚洲小车蝗体重，在各龄期，单独饲喂冷蒿、小叶锦鸡儿的个体均显著低于（$P<0.05$）饲喂其他食料的，且小叶锦鸡儿显著低于（$P<0.05$）冷蒿。以羊草单独饲喂的个体显著低于（$P<0.05$）克氏针茅单独饲喂的个体。不同食物处理中，以糙隐子草饲喂的 5 龄雌虫和雄成虫体重均显著低于（$P<0.05$）克氏针茅；以糙隐子草饲喂的 4 龄雌虫和雌成虫显著大于（$P<0.05$）羊草单独喂食。以三种植物同时饲喂的个体在各龄期均有显著大于（$P<0.05$）单独羊草喂食的虫态，与羊草单独喂食相比，植物混合饲喂有助于体重的增长。在不同比例中，以 2∶3∶1 和 1∶3∶2 配比饲喂到成虫期的个体体重显著大于（$P<0.05$）以 3∶1∶2、3∶2∶1 为配比喂食的个体。总的来说，对于不同植物，利于体重增长的植被顺序为克氏针茅>糙隐子草>羊草>冷蒿>小叶锦鸡儿；对于不同植物构成，以克氏针茅生物量所占比例越大越利于亚洲小车蝗体重增长。

表 2　不同食料植被比对亚洲小车蝗体重的影响

食料	体重（g）							
	3 龄		4 龄		5 龄		成虫	
	雌	雄	雌	雄	雌	雄	雌	雄
羊草 *L. c*	0.328±0.030cd	0.166±0.006c	0.437±0.023bc	0.268±0.013bc	0.546±0.031d	0.370±0.015cd	0.638±0.023de	0.419±0.012de
克氏针茅 *S. k*	0.394±0.024a	0.206±0.014a	0.470±0.013a	0.294±0.016a	0.603±0.008a	0.428±0.027a	0.736±0.045a	0.455±0.019ab
糙隐子草 *C. s*	0.354±0.029abc	0.184±0.010abc	0.468±0.025a	0.274±0.020abc	0.561±0.037cd	0.405±0.019abc	0.703±0.058abc	0.426±0.012de
羊草∶克氏针茅∶糙隐子草（3∶2∶1）*L. c*∶*S. k*∶*C. s*（3∶2∶1）	0.332±0.047abc	0.165±0.029c	0.433±0.017bc	0.255±0.023cd	0.562±0.029cd	0.384±0.011cd	0.690±0.013bc	0.443±0.017bcd
羊草∶克氏针茅∶糙隐子草（3∶1∶2）*L. c*∶*S. k*∶*C. s*（3∶1∶2）	0.343±0.025bc	0.181±0.014abc	0.430±0.012bc	0.260±0.011cd	0.567±0.028abcd	0.370±0.021cd	0.651±0.018cd	0.425±0.015de
羊草∶克氏针茅∶糙隐子草（2∶3∶1）*L. c*∶*S. k*∶*C. s*（2∶3∶1）	0.378±0.041a	0.194±0.021ab	0.460±0.018ab	0.291±0.014a	0.601±0.008ab	0.403±0.011a	0.724±0.023a	0.472±0.011a
羊草∶克氏针茅∶糙隐子草（2∶1∶3）*L. c*∶*S. k*∶*C. s*（2∶1∶3）	0.365±0.035abc	0.173±0.019bc	0.417±0.017cd	0.241±0.018de	0.550±0.017d	0.374±0.017d	0.676±0.029bc	0.431±0.017cde
羊草∶克氏针茅∶糙隐子草（1∶3∶2）*L. c*∶*S. k*∶*C. s*（1∶3∶2）	0.355±0.033abc	0.175±0.022bc	0.456±0.017ab	0.292±0.014a	0.593±0.019abc	0.397±0.013a	0.704±0.025ab	0.469±0.013a
羊草∶克氏针茅∶糙隐子草（1∶2∶3）*L. c*∶*S. k*∶*C. s*（1∶2∶3）	0.373±0.032ab	0.192±0.017ab	0.432±0.012bc	0.266±0.010bc	0.560±0.033cd	0.385±0.017bc	0.656±0.023bc	0.437±0.015bcde
羊草∶克氏针茅∶糙隐子草（1∶1∶1）*L. c*∶*S. k*∶*C. s*（1∶1∶1）	0.377±0.026ab	0.186±0.007abc	0.425±0.013c	0.285±0.019ab	0.565±0.023bcd	0.383±0.017ab	0.664±0.023cd	0.446±0.014bc
冷蒿 *A. f*	0.266±0.032d	0.141±0.016d	0.398±0.022d	0.232±0.010ef	0.471±0.029e	0.354±0.018f	0.628±0.029e	0.407±0.010f

（续）

食料	体重（g）							
	3 龄		4 龄		5 龄		成虫	
	雌	雄	雌	雄	雌	雄	雌	雄
小叶锦鸡儿 *C. m*	0.269±0.035d	0.120±0.018e	0.367±0.037e	0.217±0.012f	0.436±0.035f	0.316±0.018g	—	—

注：表中数据为平均值±标准误；同一列中小写字母表示 0.05 水平。

4.2 不同植物构成对亚洲小车蝗体长的影响

体长也是衡量亚洲小车蝗生长发育的重要指标。由表 3 可知，饲喂不同食料的亚洲小车蝗体长表现为：单独取食克氏针茅的个体在 4～5 龄及成虫期均显著大于（$P<0.05$）单独取食糙隐子草和羊草的个体；单独取食小叶锦鸡儿、冷蒿的个体均显著低于取食其他植物的个体，且小叶锦鸡儿显著低于冷蒿($P<0.05$)。不同植物构成中，2∶3∶1 和 1∶3∶2 配比饲喂的个体饲喂在 4 龄、5 龄及成虫期体重均显著大于($P<0.05$)其他配比饲喂的个体。总的来说，对于不同植被，利于体长增加的植被顺序为克氏针茅>糙隐子草、羊草>冷蒿>小叶锦鸡儿；对于不同植物构成，以克氏针茅生物量越大越利于体长的增加。

表 3　不同食料植被对亚洲小车蝗体长的影响

食料	体长（mm）							
	3 龄		4 龄		5 龄		成虫	
	雌	雄	雌	雄	雌	雄	雌	雄
羊草 *L. c*	18.21±0.87d	14.90±0.95bcd	21.53±1.42d	18.58±0.28c	24.44±0.42c	19.19±0.35d	29.08±0.55d	20.43±0.66de
克氏针茅 *S. k*	19.76±0.45a	16.31±0.56a	23.84±0.77a	19.64±0.70ab	26.65±0.23a	20.52±0.63a	32.25±0.97a	23.13±0.68a
糙隐子草 *C. s*	18.80±0.33bcd	15.60±1.09ab	22.88±0.39bcd	19.02±1.35c	25.33±0.29bc	19.30±0.59bcd	30.36±1.75bc	21.38±0.53c
羊草∶克氏针茅∶糙隐子草（3∶2∶1）*L. c*∶*S. k*∶*C. s*（3∶2∶1）	18.20±0.60d	14.48±0.33cde	22.07±1.22cd	19.60±1.13bc	25.07±1.12c	19.40±0.76	29.79±1.60c	21.13±0.69dc
羊草∶克氏针茅∶糙隐子草（3∶1∶2）*L. c*∶*S. k*∶*C. s*（3∶1∶2）	18.77±0.47bcd	14.49±0.47cde	21.86±0.75d	19.64±0.32bc	25.19±0.80c	19.35±1.13cd	30.06±0.71c	21.17±0.89dc
羊草∶克氏针茅∶糙隐子草（2∶3∶1）*L. c*∶*S. k*∶*C. s*（2∶3∶1）	19.41±0.82ab	15.37±0.54bc	23.01±0.35ab	19.89±0.69a	26.58±0.53a	20.10±0.42ab	32.25±1.26a	22.34±0.64ab
羊草∶克氏针茅∶糙隐子草（2∶1∶3）*L. c*∶*S. k*∶*C. s*（2∶1∶3）	18.82±0.22bcd	14.29±0.49de	21.82±0.77d	19.41±0.54bc	25.20±0.63c	19.45±0.11bcd	29.55±1.49cd	20.64±0.43dc
羊草∶克氏针茅∶糙隐子草（1∶3∶2）*L. c*∶*S. k*∶*C. s*（1∶3∶2）	19.09±0.23abc	15.12±0.72bcd	23.19±0.36ab	20.77±0.91a	26.25±0.30ab	20.66±0.49a	32.12±0.47a	22.83±0.51a

（续）

食料	体长（mm）							
	3龄		4龄		5龄		成虫	
	雌	雄	雌	雄	雌	雄	雌	雄
羊草：克氏针茅：糙隐子草（1：2：3） *L.c*：*S.k*：*C.s*（1：2：3）	18.67±0.30bcd	14.21±0.14de	22.03±0.70cd	19.33±0.77bc	25.09±0.64c	19.70±1.12abc	29.68±0.78cd	21.13±0.65dc
羊草：克氏针茅：糙隐子草（1：1：1） *L.c*：*S.k*：*C.s*（1：1：1）	18.61±0.34cd	14.40±0.45de	22.64±0.64bcd	19.70±0.32bc	25.39±0.75bc	20.17±1.17ab	31.62±0.77ab	21.53±0.80bc
冷蒿 *A.f*	16.46±0.59e	13.76±0.39e	19.93±0.98e	17.50±0.53d	22.86±0.84d	17.65±0.45e	28.20±0.44e	20.05±0.54e
小叶锦鸡儿 *C.m*	15.14±0.58f	12.94±0.90f	19.29±1.00e	16.09±0.52e	21.84±1.21e	16.81±0.46f	—	—

注：表中数据为平均值±标准误；同一列中小写字母表示0.05水平。

4.3 不同植物构成对亚洲小车蝗发育历期的影响

发育历期能够表现昆虫发育的快慢。由表4可知，在单独饲喂的植物中，小叶锦鸡儿饲喂的亚洲小车蝗不能完成其生活史，3龄、4龄发育历期显著（$P<0.05$）长于除冷蒿外的其他食料饲喂的个体，冷蒿饲喂各龄发育历期均长于除小叶锦鸡儿的其他植物饲喂的个体。羊草饲喂的发育历期在4～5龄及成虫期均显著大于（$P<0.05$）克氏针茅饲喂的个体，在5龄期显著长于（$P<0.05$）糙隐子草饲喂的个体。克氏针茅饲喂的个体发育历期在4龄期显著低于（$P<0.05$）糙隐子草饲喂的个体。在不同植物配比中，以2：3：1比例饲喂的个体发育历期在4～5龄显著低于（$P<0.05$）其他比例构成的食料饲喂的个体，以1：3：2配比饲喂的个体在5龄期发育历期显著低于（$P<0.05$）其他比例构成的食料饲喂的个体。可见，根据发育历期的大小，利于亚洲小车蝗发育的植物顺序是克氏针茅＞糙隐子草＞羊草＞冷蒿＞小叶锦鸡儿，在不同植物组成中，以克氏针茅生物量越大的植物结构越利于促进亚洲小车蝗发育。

表4 不同食料植被对亚洲小车蝗发育历期的影响

食料	发育历期（d）			
	3龄	4龄	5龄	成虫
羊草 *L.c*	7.37±0.20b	9.25±0.27b	9.13±0.25b	45.6±3.3b
克氏针茅 *S.k*	7.08±0.38b	8.08±0.59d	8.46±0.41d	41.6±3.1c
糙隐子草 *C.s*	7.28±0.40b	8.81±0.40bc	8.47±0.14cd	43.7±3.8bc
羊草：克氏针茅：糙隐子草（3：2：1） *L.c*：*S.k*：*C.s*（3：2：1）	7.35±0.42b	9.10±0.16b	9.00±0.16b	44.4±2.0bc
羊草：克氏针茅：糙隐子草（3：1：2） *L.c*：*S.k*：*C.s*（3：1：2）	7.33±0.17b	8.96±0.37bc	9.13±0.21b	43.6±3.1bc
羊草：克氏针茅：糙隐子草（2：3：1） *L.c*：*S.k*：*C.s*（2：3：1）	6.86±0.45b	8.27±0.31d	8.11±0.32d	42.3±2.6c

（续）

食料	发育历期（d）			
	3 龄	4 龄	5 龄	成虫
羊草：克氏针茅：糙隐子草（2：1：3） *L.c*：*S.k*：*C.s*（2：1：3）	7.40±0.29b	8.86±0.31bc	9.02±0.23b	43.6±2.3bc
羊草：克氏针茅：糙隐子草（1：3：2） *L.c*：*S.k*：*C.s*（1：3：2）	7.18±0.64b	8.51±0.43cd	8.47±0.39d	43.1±3.2bc
羊草：克氏针茅：糙隐子草（1：2：3） *L.c*：*S.k*：*C.s*（1：2：3）	7.26±0.38b	9.1±0.25b	8.88±0.21bc	42.4±2.6c
羊草：克氏针茅：糙隐子草（1：1：1） *L.c*：*S.k*：*C.s*（1：1：1）	7.37±0.23b	8.77±0.26bc	8.97±0.50b	43.2±2.2bc
冷蒿 *A.f*	8.03±0.18a	9.72±0.28a	9.72±0.28a	49.6±1.5a
小叶锦鸡儿 *C.m*	8.24±0.36a	9.73±0.18a	—	—

注：表中数据为平均值±标准误；同一列中小写字母表示 0.05 水平。

4.4 不同植物结构对亚洲小车蝗产卵量的影响

昆虫产卵情况能够反映对栖境的适合度。由图 1 可知，植物单独饲喂的情况下，取食克氏针茅的个体产卵量显著大于取食其他植物的个体；冷蒿饲喂的个体，虽能发育至成虫期，但不能产卵。对于不同植物构成饲喂的个体，以 2：3：1 为配比饲喂的产卵数显著大于（$P<0.05$）以 3：1：2 饲喂的个体产卵数，其余配比食物之间差异不显著。可见，取食克氏针茅的亚洲小车蝗产卵能力最强。

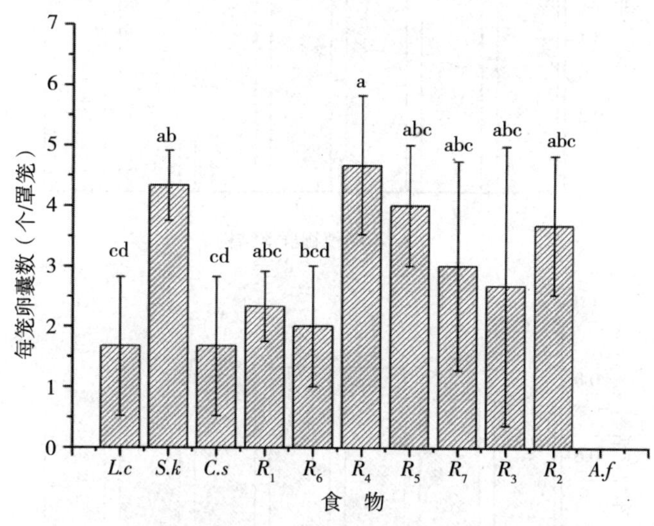

图 1 不同植物对亚洲小车蝗产卵量（个/笼）的影响

注：R_1=3：2：1，R_6=3：1：2，R_3=2：3：1，R_5=2：1：3，R_7=1：3：2，R_4=1：2：3，R_2=2：2：2。

4.5 不同植物结构对亚洲小车蝗存活率的影响

单独饲喂冷蒿和小叶锦鸡儿的亚洲小车蝗不能够完成其生活史。通过分析单独饲喂条件下亚洲小车蝗的存活率（表 5），发现在亚洲小车蝗 4 龄、5 龄、成虫期存活率均不同，取食羊草的亚洲小车蝗在各发育阶段均显著低于（$P<0.05$）克氏针茅，在5龄、成虫期显著低于（$P<0.05$）糙隐子草。可见，与羊草相比，克氏针茅和糙隐子草利于亚洲小车蝗的生存。分析由三种植物构成的不同群落结构条件下亚洲小车蝗的存活率（图2），发现模拟的由羊草、克氏针茅和糙隐子草组成的7个群落结构处理均适合亚洲小车蝗的存活，保持了较高的存活率，为取食特性研究提供了很好的基础。

表5　亚洲小车蝗取食三种禾本科植物存活率

亚洲小车蝗	存活率		
	羊草	克氏针茅	糙隐子草
4龄	0.729 2±0.072 2b	0.895 8±0.036 1a	0.833 3±0.036 1ab
5龄	0.458 3±0.095 5c	0.841 2±0.200 9a	0.829 7±0.130 1a
成虫	0.312 5±0.062 5b	0.833 3±0.095 5a	0.750 0±0.108 3a

注：表中数据为平均值±标准误；同一行中小写字母表示0.05水平。

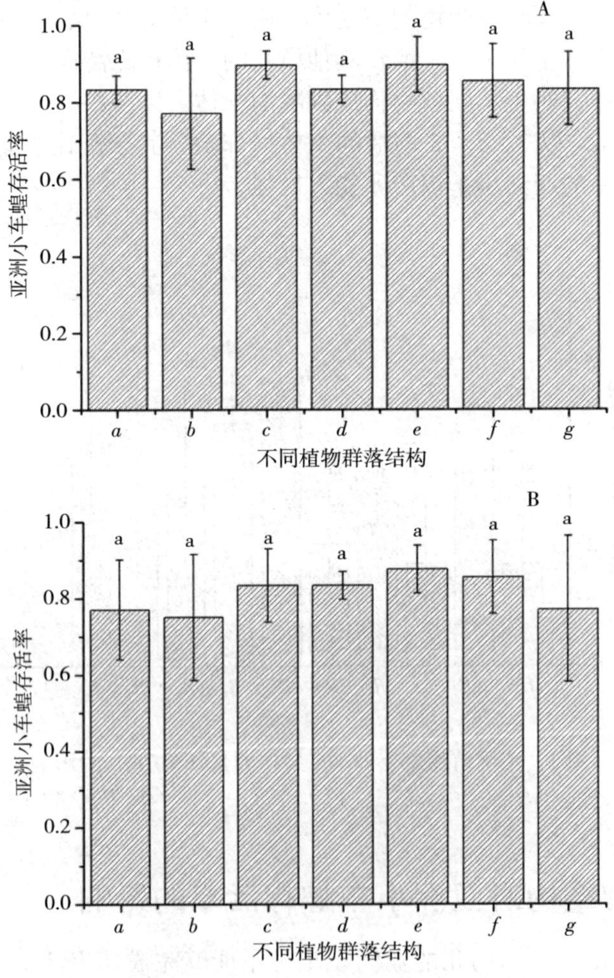

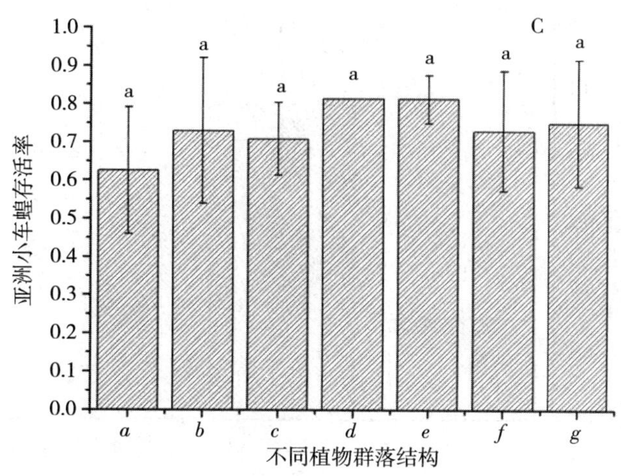

图 2 不同群落结构对亚洲小车蝗 4 龄（A）、5 龄蝗蝻（B）和成虫存活率（C）的影响

注：a=3∶2∶1（R_1），b=3∶1∶2（R_6），c=2∶3∶1（R_3），d=2∶1∶3（R_5），e=1∶3∶2（R_7），f=1∶2∶3（R_4），g=2∶2∶2（R_2）。

4.6 亚洲小车蝗对不同植物取食高度的分析

通过观察亚洲小车蝗取食习性，发现其在植物距地面的一定高度取食，咬食后植物上部掉落，造成损失。由表 6 可知，饲喂的三种禾本科植物高度不同，其中克氏针茅显著高于（$P<0.05$）糙隐子草，羊草高度与二者高度差距不明显，但从取食高度来看，亚洲小车蝗对三种禾本科植物的取食高度差距不明显（$P>0.05$），均集中在 9～10cm 的高度范围内。可见，亚洲小车蝗对三种禾本科植物的取食高度与植物高度无关，取食集中在植物的中下部，取食部位的上部叶片掉落，对牧草生长发育和牧草产量造成危害。由于克氏针茅高度最大，取食后掉落量大，形成的危害损失大。

表 6 三种禾本科植物高度及亚洲小车蝗取食高度分析

禾本科植物种类	羊草	克氏针茅	糙隐子草
植物高度（cm）	21.5±4.148ab	26±6.029a	16.65±2.204b
取食高度（cm）	9.15±0.839a	9.875±1.315a	9.875±1.548a

注：表中数据为平均值±标准误；同一行中小写字母表示 0.05 水平。

4.7 亚洲小车蝗取食三种禾本科植物的相对频数比较

由图 3 可知，亚洲小车蝗对克氏针茅和糙隐子草取食的相对频数（RFN）显著大于（$P<0.05$）羊草，三种禾本科植物同时存在条件下，亚洲小车蝗喜食克氏针茅和糙隐子草（$0.25 \leqslant RFN<0.5$），对羊草表现为少食（$0.025 \leqslant RFN<0.25$）。

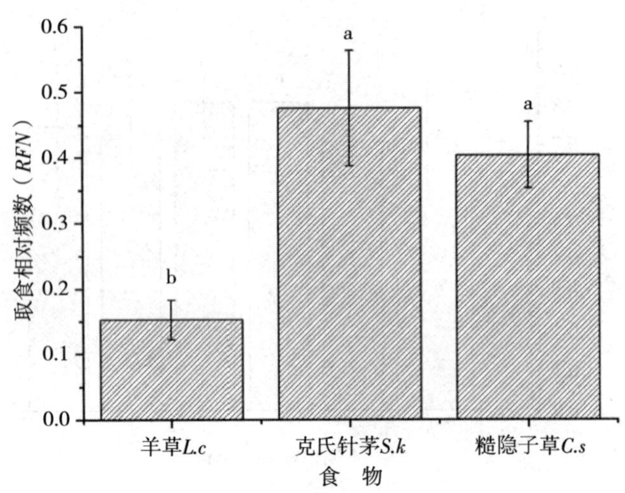

图 3 亚洲小车蝗对三种禾本科植物取食的相对频数分析

4.8 不同植物群落结构对亚洲小车蝗取食量的影响研究

通过模拟不同植物群落结构变化，比较分析对亚洲小车蝗取食不同植物的影响（表 7），结果表明，在同一龄期，在食物充足的条件下，亚洲小车蝗对羊草的取食量不变，与植物群落结构变化无关。而对克氏针茅和糙隐子草的取食量随群落结构的变化而变化，植物群落结构变化Ⅰ：亚洲小车蝗对糙隐子草取食量随其在群落结构中生物量的增加而显著（$P<0.05$）增加，但却导致针克氏茅取食量的显著（$P<0.05$）降低；结构变化Ⅱ：亚洲小车蝗对克氏针茅的取食量随其在群落结构中生物量的降低而显著（$P<0.05$）降低，对糙隐子草取食量随其在群落结构中生物量的增加而显著（$P<0.05$）增加；结构变化Ⅲ：对克氏针茅的取食量随其在群落结构中生物量的增加而显著（$P<0.05$）增加，导致对糙隐子草的取食量显著（$P<0.05$）降低。因此，植物群落结构的变化不会影响亚洲小车蝗对羊草的取食量，但却影响对克氏针茅和糙隐子草的取食量。

对克氏针茅和糙隐子草取食量的线性回归分析表明，亚洲小车蝗对两种植物的取食量在 4 龄（$F=661.54$，$R^2=0.952\ 5$，$P<0.000\ 1$）、5 龄（$F=41.33$，$R^2=0.556\ 0$，$P<0.000\ 1$）和成虫期（$F=181.36$，$R^2=0.846\ 1$，$P<0.000\ 1$）均表现为线性负相关。基于这样的结果，推测克氏针茅和糙隐子草在食物结构中是可以相互替代的，也就是说，当群落结构中克氏针茅的生物量降低时，亚洲小车蝗可以转向取食糙隐子草以替代克氏针茅。

表 7 不同植物群落结构中亚洲小车蝗对羊草、克氏针茅和糙隐子草的取食量

植物组成		羊草取食量			克氏针茅取食量			糙隐子草取食量		
		4 龄	5 龄	成虫	4 龄	5 龄	成虫	4 龄	5 龄	成虫
群落变化Ⅰ	$R=3:2:1$	0.004 1±0.000 3a	0.010 5±0.000 5a	0.014 0±0.001 3a	0.024 8±0.000 4b	0.124 7±0.005 7a	0.054 5±0.000 8b	0.005 9±0.000 2e	0.020 2±0.000 9d	0.006 6±0.000 5d

（续）

植物组成		羊草取食量			克氏针茅取食量			糙隐子草取食量		
		4 龄	5 龄	成虫	4 龄	5 龄	成虫	4 龄	5 龄	成虫
群落变化Ⅰ	R=2∶2∶2	0.0039±0.000 7a	0.011 1±0.000 5a	0.012 5±0.000 5a	0.020 7±0.000 2c	0.124 3±0.002 8a	0.046 8±0.000 9c	0.011 7±0.000 4d	0.044 7±0.002 8c	0.022 2±0.000 6c
	R=1∶2∶3	0.004 7±0.000 4a	0.010 8±0.000 3a	0.013 7±0.000 9a	0.017 1±0.000 4d	0.113 2±0.004 4b	0.040 6±0.000 2d	0.013 2±0.000 3c	0.053 7±0.002 5b	0.028 1±0.002 5ab
群落变化Ⅱ	R=2∶3∶1	0.005 1±0.000 3a	0.008 3±0.000 2a	0.014 3±0.001 3a	0.027 1±0.000 3a	0.141 2±0.002 0a	0.055 1±0.000 8b	0.004 5±0.000 2f	0.012 9±0.000 8e	0.008 9±0.000 1d
	R=2∶2∶2	0.003 9±0.000 7a	0.011 1±0.000 5a	0.012 5±0.000 5a	0.020 7±0.000 2c	0.124 3±0.002 8b	0.046 8±0.000 9c	0.011 7±0.000 4d	0.044 7±0.002 8c	0.022 2±0.000 6c
	R=2∶1∶3	0.005 2±0.000 3a	0.009 5±0.000 3a	0.013 9±0.000 9a	0.005 3±0.000 3e	0.093 1±0.003 0d	0.029 5±0.002 6f	0.022 7±0.000 4a	0.060 1±0.000 2a	0.032 3±0.002 8a
群落变化Ⅲ	R=3∶1∶2	0.004 6±0.000 2a	0.009 7±0.000 7a	0.013 7±0.001 4a	0.005 9±0.000 5e	0.090 6±0.001 7d	0.036 2±0.000 7e	0.019 3±0.000 2b	0.043 0±0.000 6c	0.025 2±0.001 0bc
	R=2∶2∶2	0.003 9±0.000 7a	0.011 1±0.000 5a	0.012 5±0.000 5a	0.020 7±0.000 2c	0.124 3±0.002 8b	0.046 8±0.000 9c	0.011 7±0.000 4d	0.041 7±0.002 8c	0.022 2±0.000 6c
	R=1∶3∶2	0.003 8±0.000 4a	0.007 6±0.000 2a	0.014 2±0.001 2a	0.027 3±0.000 3a	0.141 8±0.000 6a	0.058 7±0.000 9a	0.005 5±0.000 1e	0.022 3±0.001 4d	0.009 1±0.000 3d

注：表中数据为平均值±标准误；同一列中小写字母表示 0.05 水平。

4.9 不同植物群落结构对亚洲小车蝗取食选择性影响研究

食物选择性指数（*SI*）通常用来评价食草动物的取食选择性。通过研究植物不同群落结构对亚洲小车蝗取食选择性的分析（图 4）发现变化的植物群落结构能够导致选择性指数的变化。植物群落结构变化Ⅰ（图 4A，D，G）：对羊草的选择性指数 *SI* 随其在植物群落结构中生物量降低而增加，对克氏针茅的 *SI* 随羊草 *SI* 的增加而降低，而对糙隐子草的 *SI* 不随群落结构的变化而变化；植物群落结构变化Ⅱ（图 4B，E，F）：对羊草的选择性指数 *SI* 因其在植物群落结构中生物量不变而保持恒定，但是对克氏针茅草的选择性指数 *SI* 随其在植物群落结构中生物量降低而显著增加，对于糙隐子草的 *SI* 不随群落结构的变化而变化；植物群落结构变化Ⅲ（图 4C，F，I）：对羊草的选择性指数 *SI* 随其在植物群落结构中生物量增加而显著降低，对克氏针茅的选择性指数 *SI* 随其在植物群落结构中生物量增加而显著降低，同样对于糙隐子草的 *SI* 不随群落结构的变化而变化。总之，①对于羊草和克氏针茅而言，取食选择性指数随其在植物群落结构中生物量的降低而增加，生物量越低，蝗虫选择性越强。②对于糙隐子草，不论群落结构如何变化，亚洲小车蝗对其选择性不变。③对克氏针茅而言，除了自身生物量以外，对羊草的取食也会影响亚洲小车蝗对其取食的选择性，二者取食选择性指数 *SI* 表现为负相关（$R=-0.543\ 7, P<0.000\ 1$）。

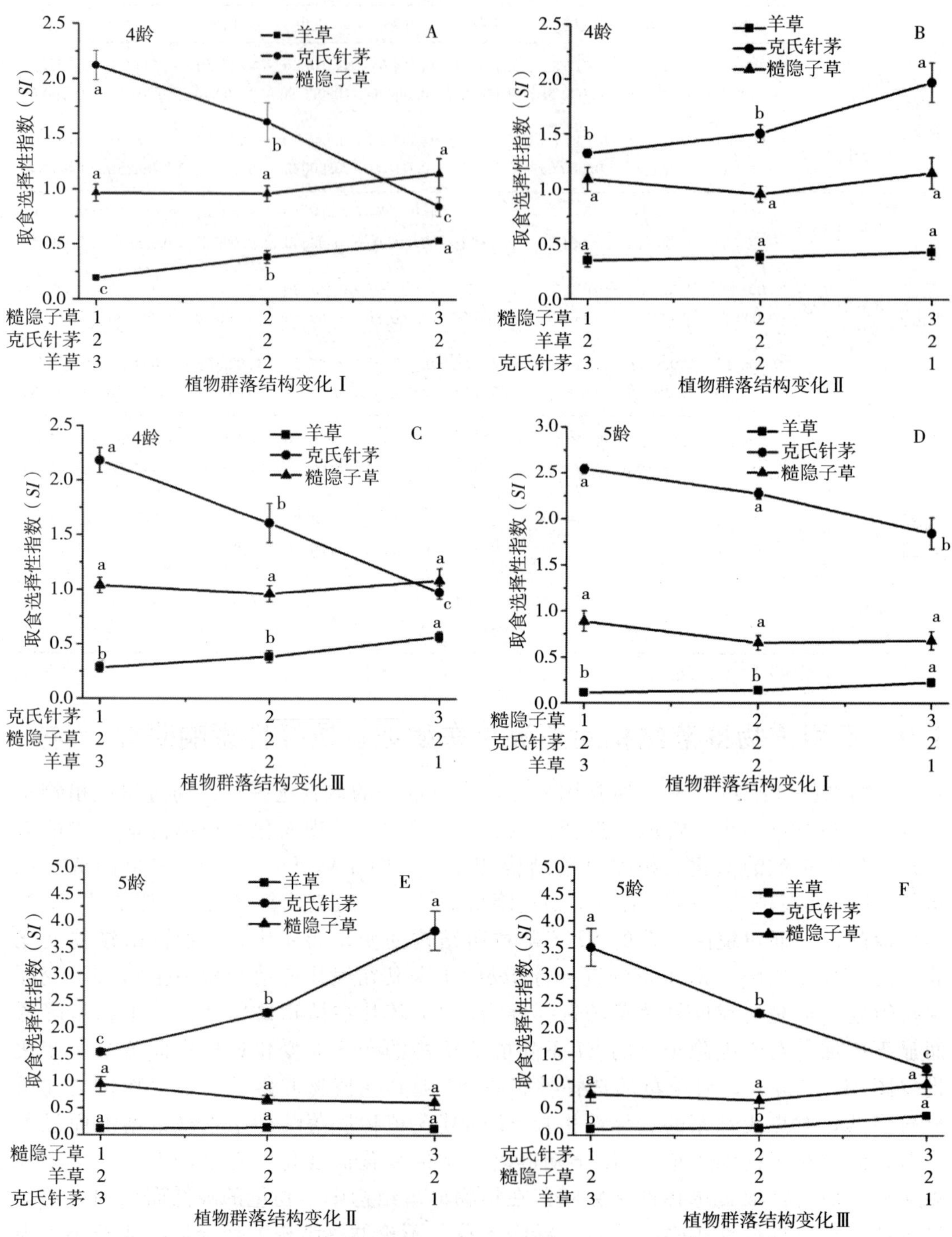

4龄
羊草
克氏针茅
糙隐子草
A
取食选择性指数（SI）
糙隐子草 1 2 3
克氏针茅 2 2 2
羊草 3 2 1
植物群落结构变化Ⅰ
4龄
B
糙隐子草 1 2 3
羊草 2 2 2
克氏针茅 3 2 1
植物群落结构变化Ⅱ
4龄
C
克氏针茅 1 2 3
糙隐子草 2 2 2
羊草 3 2 1
植物群落结构变化Ⅲ
5龄
D
糙隐子草 1 2 3
克氏针茅 2 2 2
羊草 3 2 1
植物群落结构变化Ⅰ
5龄
E
糙隐子草 1 2 3
羊草 2 2 2
克氏针茅 3 2 1
植物群落结构变化Ⅱ
5龄
F
克氏针茅 1 2 3
糙隐子草 2 2 2
羊草 3 2 1
植物群落结构变化Ⅲ

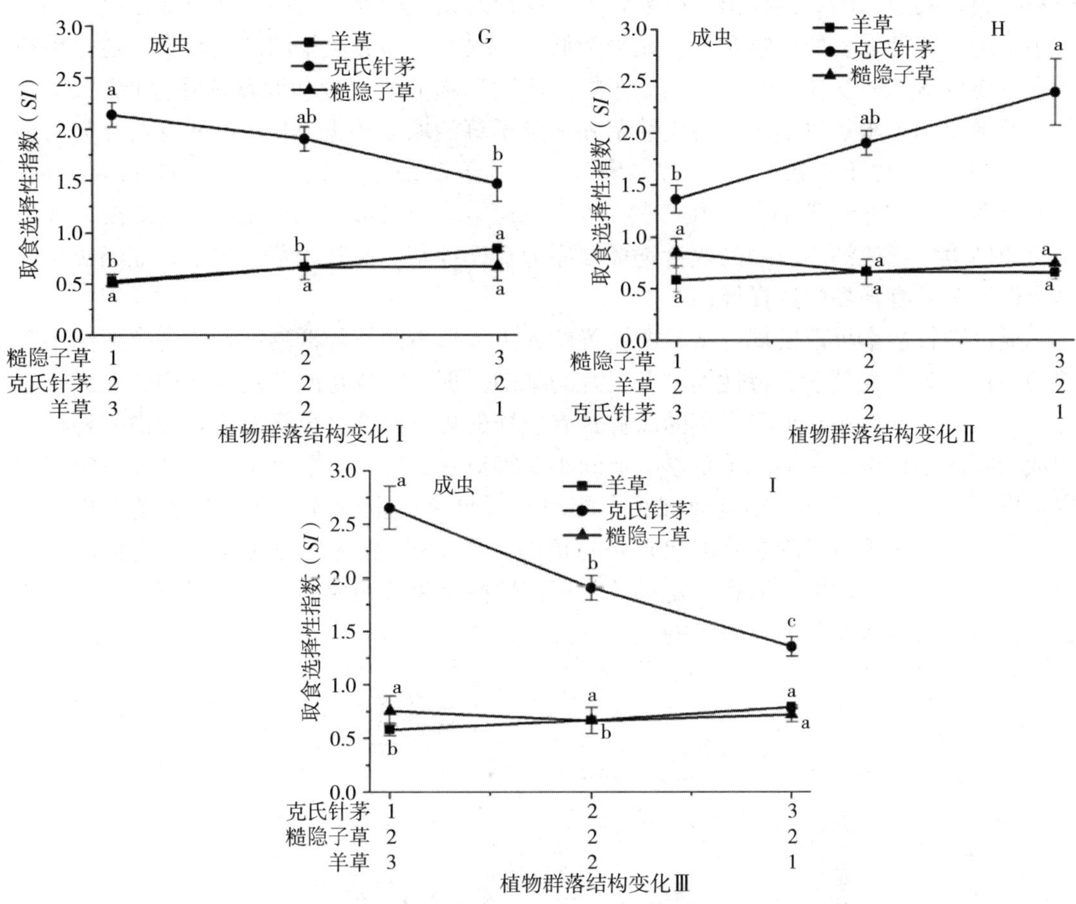

图 4　三种不同植物群落结构变化（Ⅰ、Ⅱ、Ⅲ）对亚洲小车蝗 4 龄（A、B、C）、5 龄（D、E、F）蝗蝻和成虫（G、H、I）取食选择性指数的影响

5　讨论

植被与蝗虫之间存在着紧密而复杂的关系，植物为蝗虫提供适宜的栖息地，但最为直接的是为其提供食料资源。本文通过研究不同植物构成对亚洲小车蝗生长发育和取食特性的影响，发现对于不同植物，亚洲小车蝗取食后利于其生长发育和生殖的顺序为克氏针茅>糙隐子草>羊草>冷蒿>小叶锦鸡儿，在不同植物构成中，对亚洲小车以克氏针茅为优势的植物构成最利于亚洲小车蝗的生长发育。亚洲小车蝗喜食克氏针茅和糙隐子草，少食羊草，这一研究结果与 Cease 在 2012 年的结论一致。亚洲小车蝗取食部位与三种禾本科植物的高度无关，主要咬食植物的中下部（距离地面 9～10cm），植物中上部掉落，掉落量往往大于取食量，影响植物的生长发育，造成畜牧业及牧草产量损失，特别是对于克氏针茅，因其植株高、叶片细长，亚洲小车蝗取食后更容易掉落，且掉落量大，造成的损失大，而对于高度较低的糙隐子草，造成的掉落损失相对较低。取食后亚洲小车蝗存活率表明，与羊草相比，克氏针茅、糙隐子草栖境更适合亚洲小车蝗的生存。

可以发现，在本研究中亚洲小车蝗卵囊数误差较大，一方面是因为在挖取卵囊时，极易破裂，甚至有的直接挖出为卵粒，导致统计时误差较大；另一方面可能是因为在亚洲小车蝗产卵期取食的植物含水量显著降低，导致所产卵囊数量的波动较大。通过模拟不同植物群落结构变化，研究亚洲小车蝗对不同植物的取食量和取食选择性指数 *SI* 变化，发现亚洲小车蝗对羊草、克氏针茅和糙隐子草的取食根据 *SI* 分布可以划分为三种情况（图 5），对于克氏针茅而言，$SI>1$；对于糙隐子草而言，在 4 龄和成虫期，$0.5<SI\leqslant 1$；对于羊草而言，在 4 龄和 5 龄期，$0<SI\leqslant 0.5$。在以此三种植被为优势植物的栖境中，亚洲小车蝗的取食选择顺序为克氏针茅>糙隐子草>羊草，亚洲小车蝗对克氏针茅具有强烈的选择性。

通过高存活率可以发现，试验所设置的人工模拟不同植物群落结构均适合亚洲小车蝗的生存，为研究其取食特性提供了很好的基础。那么在变化的群落结构中，亚洲小车蝗对羊草、克氏针茅和糙隐子草的取食具有怎样的规律？通过分析发现，在由三种植物构成的群落结构中，①糙隐子草影响亚洲小车蝗对克氏针茅的取食量，二者在一定范围内可以相互替代；②羊草影响亚洲小车蝗对克氏针茅的取食选择性，二者呈负相关关系；③亚洲小车蝗对糙隐子草的取食是随机的，*SI* 不随群落结构的变化而变化；④亚洲小车蝗在各龄期均需要取食一定量的羊草。这些结果表明亚洲小车蝗对三种植物的取食受植物群落结构变化的显著影响。

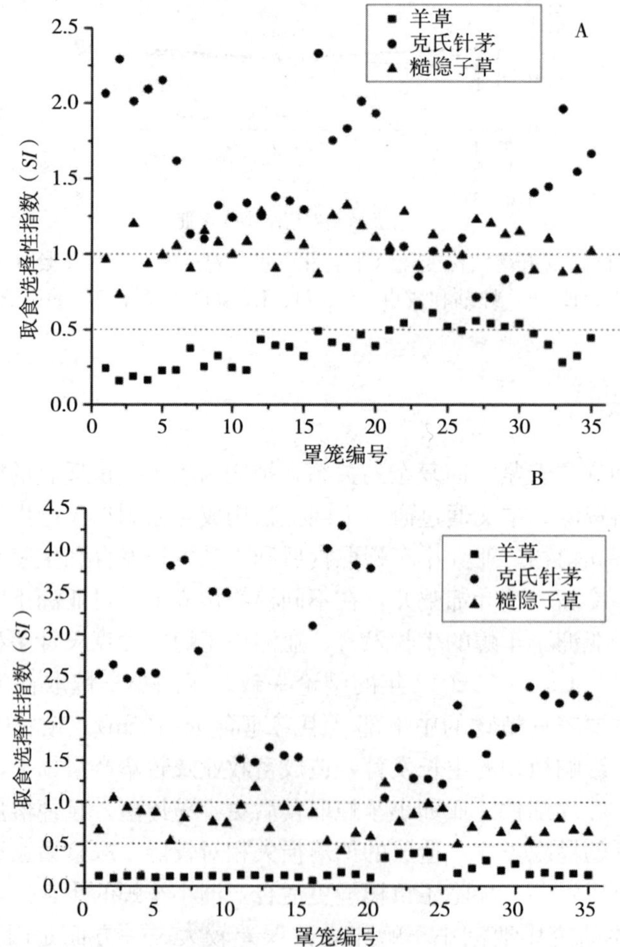

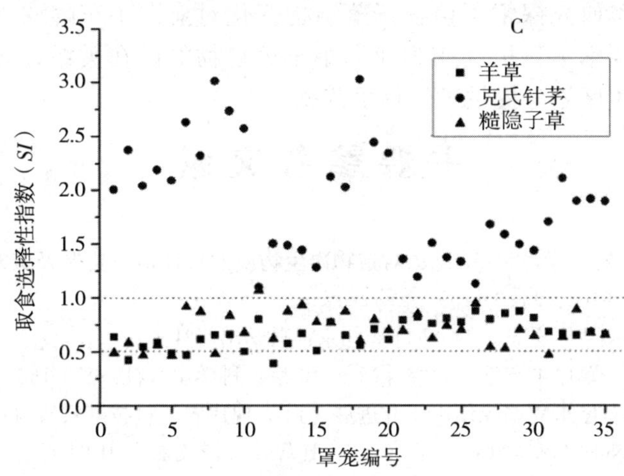

图 5　亚洲小车蝗 4 龄（A）、5 龄蝗蝻（B）和成虫（C）取食羊草、克氏针茅和糙隐子草的选择性指数 SI 分布

已有的研究表明亚洲小车蝗选择以低氮植物针茅为优势种的栖境，不喜欢栖居于以高氮羊草为优势植物的栖境，尽管如此，这并不是说亚洲小车蝗不取食羊草以及针茅和羊草之间关系不密切。通过本研究，亚洲小车蝗在生长发育过程中需要取食一定量的羊草，对羊草的取食选择显著影响对克氏针茅的选择性。

常用的测定蝗虫取食选择性的方法是观察并计算其相对取食频数，这一方法由于只是视觉观察而不能够准确地反映取食选择性；另一种方法是比较蝗虫的取食量，但是不能够反应群落结构特征。然而，利用取食选择性指数可以同时反映蝗虫取食量和植物群落结构信息，能够较为准确地评价蝗虫对植物的取食选择。

尽管亚洲小车蝗对三种植物的取食受植物群落结构变化的影响，但有一相对固定的取食模式。不论植物群落结构怎样变化，当 $SI>1$，表明蝗虫嗜食该植物（$D>P$），正如试验中亚洲小车蝗对克氏针茅的取食；当 $0.5<SI\leqslant 1$，表明蝗虫喜食该植物（$\frac{1}{2}P<D\leqslant P$），正如试验中亚洲小车蝗对糙隐子草的取食；当 $SI\leqslant 0.5$，表明蝗虫少食该植物（$0<D\leqslant \frac{1}{2}P$），正如试验中亚洲小车蝗对羊草的取食；那么当 $SI=0$ 时，蝗虫不取食该植物。除此之外，如果随着群落结构的变化选择性指数不变，则表明蝗虫对植物的取食是随机的，不受其他植物的影响。以上所述取食选择性的分类方法亦可用于对其他蝗虫种群的研究。

蝗虫对植物的取食量和选择性是随着发育阶段的变化而变化的，这可能是由于不同发育阶段对营养物质的需求不同造成的，或者是因为植物发育过程中物质含量的变化引起。对于亚洲小车蝗成虫来说，与 4 龄和 5 龄蝗蝻相比，对糙隐子草的取食选择性有所降低，而对羊草的取食选择性有所升高，根据含水量的测定，我们推测这可能是由于在成虫期糙隐子草含水量的降低和羊草含水量的升高造成的。除此之外，对于亚洲小车蝗 4 龄蝗蝻来说，与 5 龄蝗蝻相比，对糙隐子草的取食选择性有所升高，这可能是由于营养物质的变化引起的。

蝗虫生长发育、取食特性与植物群落结构关系的研究对于蝗虫的防控和植物资源保护具有重要意义。本研究探索了植物群落结构变化对亚洲小车蝗取食和生长发育的影响，明确了三种重要禾本科植物作为亚洲小车蝗食物的内在关系，分析了关键植被参数，为指导蝗虫宜生区划分提供了生物学依据。

主要参考文献

陈澄宇，康志娇，史雪岩，等，2015. 昆虫对植物次生物质的代谢适应机制及其对昆虫抗药性的意义［J］. 昆虫学报，58（10）：1126-1139.

陈佐忠，2000. 中国典型草原生态系统［M］. 北京：科学出版社.

李鸿昌，陈永林，1985. 草原生态系统研究［M］. 北京：科学出版社：154-165.

吕蔷，2008. 推拉策略对昆虫的调控作用研究进展［J］. 现代农业科技（11）：177-179.

吕仲贤，俞晓平，KONG-LUEN H G，等，2005. 氮营养对褐飞虱在 IR64 稻株上取食和产卵行为的影响［J］. 浙江大学学报（农业与生命科学版），31（1）：62-70.

钦俊德，郭郛，郑竺英，1957. 东亚飞蝗的食性和食物利用以及不同食料植物对其生长和生殖的影响［J］. 昆虫学报，7（2）：143-166.

任春光，陈福强，1996. 黄胫小车蝗为害小麦损失及经济阈值研究［J］. 应用昆虫学报，32（2）：72-73.

唐昭华，王保海，王成明，1993. 食料结构对西藏飞蝗生殖的影响［J］. 西藏农业科技，15（3）：25-27.

席瑞华，刘举鹏，1984. 不同食料植物对亚洲小车蝗生长和生殖力的影响［J］. 应用昆虫学报，4：12-14.

夏敬源，马艳，王春义，等，1997. 不同施氮量的寄主植物对棉铃虫发育与繁殖的影响［J］. 昆虫学报，40（增刊）：95-102.

朱俊洪，程立生，2001. 植物次生性物质与植物抗虫性的关系及其在害虫防治中的应用前景［J］. 热带生物学报，7（1）：26-32.

BELOVSKY G E，SLADE J B，1995. Dynamics of two Montana grasshopper populations：relationships among weather，food abundance and intraspecific competition［J］. Oecologia，101（3）：383-396.

BERNAYS E A，BRIGHT K L，2005. Distinctive flavours improve foraging efficiency in the polyphagous grasshopper，*Taeniop odaeques*［J］. Animal Behaviour，69：463-469.

BEZZERIDES A，YONG T H，BEZZERIDES J，et al，2004. Plant-derived pyrrolizidine alkaloid protects eggs of a moth（*Utetheisa ornatrix*）against a parasitoid wasp（*Trichogramma ostriniae*）［J］. Proceedings of the National Academy of Sciences of the United States of America，101（24）：9029-9032.

COLE G M，FRAUTSCHY S A，2007. The role of insulin and neurotrophic factor signaling in brain aging and Alzheimer's Disease［J］. Experimental Gerontology，42（1-2）：10-21.

DALE D，1988. Plant-mediated effects of soil mineral stresses on insects［M］. New York：Wiley.

DESPRES L，DAVID J P，GALLET C，2007. The evolutionary ecology of insect resistance to plant chemicals［J］. Trends in Ecology & Evolution，22：298-307.

GRABHERR M G，HAAS B J，YASSOUR M，et al，2011. Full-length transcriptome assembly from RNA-Seq data without a reference genome［J］. Nature Biotechnology，29（7）：644-652.

HAN L，LI S，LIU P，et al，2017. New Artificial Diet for Continuous Rearing of *Chilo suppressalis*（Lepidoptera：Crambidae）［J］. Annals of the Entomological Society of America，105（2）：253-258.

基于 RT-PCR 方法的草原蝗虫食物摄入快速定性、定量分析技术

黄训兵[1,2]，吴惠惠[1,2]，Mark Richard McNeill[3]，秦兴虎[1,2]，马景川[1,2]，涂雄兵[1,2]，曹广春[1,2]，王广君[1,2]，农向群[1,2]，张泽华[1,2]

1. 中国农业科学院植物保护研究所，植物病虫害生物学国家重点实验室，北京 100193；2. 农业农村部锡林郭勒草原有害生物科学观测实验站，锡林浩特 026000；3. 新西兰林肯研究中心，新西兰，8140。

摘要 为实现草原蝗虫食性的快速定量、定性分析，本研究建立了基于 RT-PCR 技术的蝗虫食物分析技术。以内蒙古草原优势种亚洲小车蝗和毛足棒角蝗为研究对象，设计了主要寄主植物羊草、克氏针茅和糙隐子草 DNA 的 ITS 序列特异性引物，利用 RT-PCR 技术测定了两种蝗虫对 3 种牧草的摄入量，定性精度 100%，定量精度＞80%。亚洲小车蝗对克氏针茅、糙隐子草、羊草的摄入比例约为 7∶3∶1，保持相对固定的食物结构，揭示了其聚集分布原理；毛足棒角蝗对 3 种牧草摄入比例随植被群落变化，保持随机取食模式，揭示了其随机分布原理。基于 RT-PCR 的食性快速分析技术，能够定性、定量检测蝗虫食物摄入，为害虫研究、科学管理提供了重要技术支撑。

1 前言

植物广泛分布于陆地表面，是生物圈最重要的组成部分，是其他生物生存、繁衍的基本条件。昆虫与植物的关系非常紧密，植物不仅可以为昆虫提供食物，还可以提供栖境，约 50%的植食性昆虫对寄主植物有明显的选择性。按照选择性程度植食性昆虫分为 3 大类：单食性（monophagy），即仅仅取食一种或取食其近缘种植物；寡食性（oligophagy），取食一个或几个属（或科）的植物；多食性（polyphagy），可以取食多个科植物。蝗虫对不同寄主植物的选择性研究很多，根据蝗虫对寄主植物取食的偏好性，将蝗虫分为嗜食、偶食和拒食三个标准。

长期以来，学者们利用多种手段和技术研究过直翅目昆虫食性。最常见的方法包括：罩笼内蝗虫取食特性研究、蝗虫口器结构适应性测试、蝗虫粪便形态特征分析、蝗虫消化道形态学研究等。这些方法对蝗虫食性进行了大致归类，为快速、精准测定昆虫食物摄入奠定了基础。蝗虫食量是衡量牧草产量损害程度的一个重要指标，也是制定防治阈值的重要依据。国内外关于蝗虫食量及对牧草损害等方面的研究很多。有关研究蝗虫食物消耗量的主要方法可归纳为：叶面积消耗测定食量法、对比称重测定食量法、粪

便量推测食量法。

实时荧光定量 PCR（real-time fluorescent quantitative polymerase chain reaction，RT-PCR）是一种高度灵敏的核酸定量技术。该技术将荧光集团加到 PCR 反应体系中，通过实时监测整个荧光定量 PCR 进程中的荧光信号的变化，利用标准曲线对待测模板浓度进行定量分析、能够对样品进行定量、定性分析。由于全封闭单管扩增、重复性好、简便快速、无扩增后处理步骤等优点，使扩增产物污染大大减少，该方法被广泛地应用于生物学研究、农学研究、医药和食品卫生监测，以及环境保护等多个领域。目前，实时荧光定量 PCR 技术朝着灵敏度更高、信噪比更高、高通量和微体系检测的方向发展。实时荧光定量 PCR 技术在植物病原物与媒介昆虫、昆虫与人类关系、昆虫分类学、昆虫核苷酸多态性分析、昆虫毒理学、昆虫生理学和昆虫分子生态学等研究中得到更广泛的应用。

本研究建立了基于 RT-PCR 方法的草原蝗虫食物摄入快速定性、定量分析技术，研究了内蒙古典型草原优势种蝗虫食性及食量，为害虫研究、科学管理提供了重要技术支撑。

2 材料与方法

2.1 草原蝗虫嗉囊取样方法和标准

2.1.1 原理方法概要

蝗虫取食对温度和湿度有一定依赖性，对天气变化敏感，阴天、下雨等低温天气蝗虫停止取食，刮风、多云天气少有取食。蝗虫取食高峰出现在午后温度最高时，成虫期日食量最大值出现在交配产卵前补充营养期，需要大量消耗食物。蝗虫嗉囊野外取样的目的是为了分析蝗虫食性和食量，所以需要根据试验安排选择适于蝗虫取食的天气，在每日蝗虫取食高峰时，进行蝗虫采样及嗉囊提取。

2.1.2 试验装置及要求

无底样框：1m×1m×1m 样框，12 根 1m 长玻璃钢，8 个三孔拐角组合样框支架，1m×1m×1m 白色纱网（上下留空），底框镶嵌软边。

2.1.3 试验条件

（1）天气条件　天气晴朗，无风或微风。午后 3 时取样。

（2）样地条件　选取样地中地势相对平坦、植被相对均匀的地块采样。采样时，绕行至上风口处抛出无底样框，尽力保持各样地草原中实时的植被和昆虫状态。吸虫机取样后，人工检查样框内是否留有残余昆虫，一并处理。

2.1.4 试验程序

采用底部留空 1m×1m×1m 样框抛至空中自由落下，吸虫器取样（底框镶嵌软边与草地契合紧密，可有效防止昆虫逃逸），见图 1c，6 月 4 日开始试验，每 10 天取样一次，每次采样时间定于下午 3 时，每草地类型取 10 个样方。吸虫器收集蝗蝻和成虫，快速提取嗉囊，置于无水乙醇中标记，−20℃车载冰箱保存。

试验结果和评定：此方法取得的各类蝗虫嗉囊均一饱满，且符合本试验要求和目的，具体结果见下文。

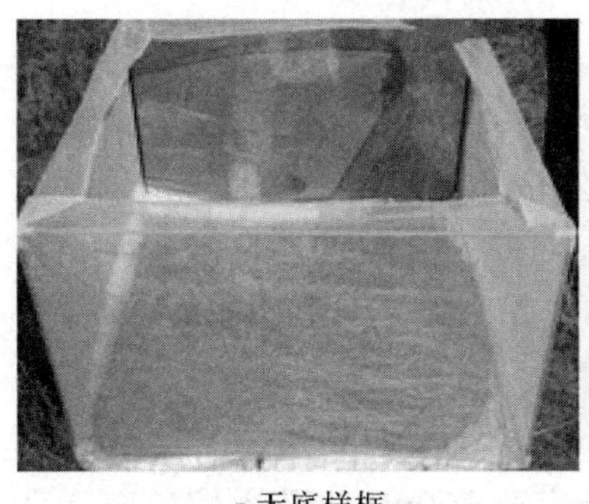
a.无底样框
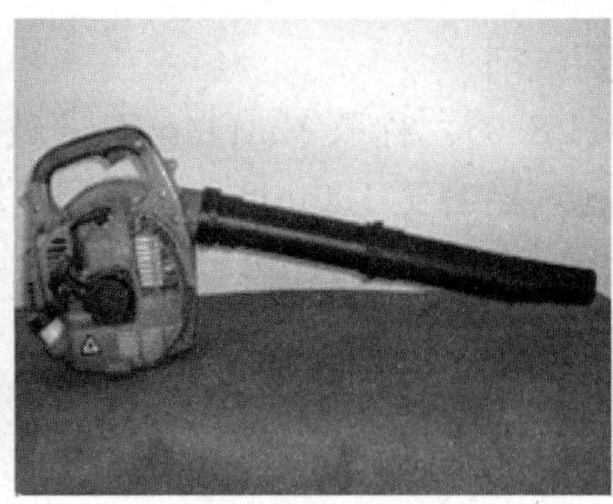
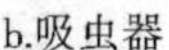
b.吸虫器

c.取样操作

图 1 蝗虫嗉囊取样试验装置

2.1.5 蝗虫食性研究

参照前人研究结果，选取内蒙古锡林郭勒盟典型草原常见植物克氏针茅（*Stipa krylovii* Roshev.）、羊草［*Leymus chinensis*（Trin.）Tzvel.］、糙隐子草［*Cleistogenes squarrosa*（Trin.）Keng］、小叶锦鸡儿（*Caragana microphylia* Lam.）、冷蒿（*Artemisia frigida* Willd. Sp. Pl.）、银灰旋花（*Convolvulus ammannii*）、篦齿蒿［*Neopallasia pectinata*（Pall.）Poljak.］和木地肤（*Kochia prostrata*）作为供试牧草，保持新鲜，称取相同重量牧草，分别对典型草原优势蝗虫（亚洲小车蝗、毛足棒角蝗、鼓翅皱膝蝗）进行单独的连续强迫饲喂，观察蝗虫取食及死亡情况。

2.2 蝗虫嗉囊内含物荧光定量 PCR 方法的建立

2.2.1 供试植物材料

选取内蒙古典型草原常见植物：克氏针茅、羊草、糙隐子草、小叶锦鸡儿、冷蒿、猪毛菜（*Salsola collina* Pall.），于草原生长季分别于内蒙古锡林郭勒盟采集上述植物，−80℃超低温保存。

2.2.2 培养基

Luria-Bertani 培养液（LB）：10g 胰蛋白胨，5g 酵母粉，5gNaCl，用 1mol/L 的 NaOH 调节 pH 至约 7.0，定容至 1L，然后 121℃高压灭菌 20min。

Luria-Bertani 培养基（LB）：1L LB 培养液加入 18g 琼脂粉，然后 121℃高压灭菌 20min。

2.2.3 主要仪器

YS-840-2 超净工作台、3k15 低温离心机、5424 离心机、PHS-3CpH 计、BS2224S 电子精密天平、79HW-1 恒温磁力搅拌器、QL-901 漩涡振荡器、HPX-9052 MBE 电热恒温培养箱、MLS-3020 立式自动电热压力蒸汽灭菌器、ZHWY-211D 恒温培养振荡器、EM-308EBI 微波炉、DYY-6 水平电泳仪、Lambda 11 紫外分光光度计、MilliQ Plus 超纯水仪、移液枪（2.5μL、10μL、20μL、100μL、1 000μL）、PCR 热循环仪、ABI 7900HT 实时荧光定量 PCR 仪、电热恒温水箱。

2.3 主要试剂

2.3.1 DNA 提取所用主要试剂

1mol/L Tris-HCl（pH 8.0）：称取 12.114g Tris 碱，溶于 80mL ddH_2O 中，加浓盐酸 4.2mL，调 pH 至 8.0，定容至 100mL，高压灭菌 20min。

0.5mol/L EDTA（pH 8.0）：用 80mL ddH_2O 溶解 186.1g EDTA-Na_2 • $2H_2O$，磁力搅拌器上剧烈搅拌。加入 7mL 10mol/L NaOH 调 pH 至 8.0，再用 ddH_2O 定容至 100mL，高压灭菌 20min。

CTAB 提取缓冲液：1mol/L Tris-HCl（pH 8.0）50mL，NaCl 40.908g，0.5mol/L EDTA（pH 8.0）20mL，PVP 1 g，2% CTAB 10 g，定容至 500mL，装入棕色瓶，高压灭菌 20min（注意：β-巯基乙醇不可高压灭菌，现用现加）。

氯仿/异戊醇（24：1）：480mL 氯仿+20mL 异戊醇。

TE 缓冲液（pH 8.0）：1mol/L Tris-HCl（pH 8.0）100μL，0.5mol/L EDTA（pH8.0）20μL，ddH_2O 定容至 100mL，高压灭菌 20min。4℃保存。

电泳缓冲液 TAE（Tris-乙酸）的配制：

50×TAE 母液的配制：242.0g Tris-Base、57.1mL 冰乙酸、100mL 0.5mol/L EDTA（pH8.0），用双蒸水定容至 1 000mL。

1×TAE 电泳缓冲液的配制：取 50×TAE 40mL，再加入 1 960mL 双蒸水，定容至 2 000mL。

3mol/L 乙酸钠（pH 5.2）：50mL ddH_2O 水中溶解 40.8 g 三水乙酸钠，用冰乙酸调节 pH 至 5.2，加水定容至 100mL，高压灭菌。

RNA 酶：取 4mg RNA 酶，溶于 800μLddH_2O 中，定容至 1 000μL。沸水浴 10min，分装。−20℃冰箱保存。

2.3.2 扩增克隆 ITS 序列所用试剂

TaKaRa Ex Taq®酶：−20℃冰箱保存。

上样 Buffer 缓冲液：用 0.25%的溴酚蓝和 40%（w/v）蔗糖配制。保存于 4℃冰箱。

凝胶回收试剂盒：常温保存。

pEASY-T3 克隆试剂盒：保存于−20℃冰箱。

Trans 1-T1 Phage Resistant 化学感受态细胞：保存于−80℃冰箱。

IPTG（异丙基-β-D-硫代半乳糖吡喃糖苷）：称取 2g IPTG，将其溶于 8mL ddH_2O 中，定容至 10mL，灭菌用 0.22μm 滤膜过滤，每份 1mL，分装后储存于−20℃冰箱。

X-gal（5-溴-4-氯-3-吲哚-β-D-半乳糖苷）：称取 200mg X-gal，用 N，N-二甲基甲酰胺溶解，定容至 10mL，分装于棕色瓶中，避光储存于−20℃冰箱。

0.1mol/L $CaCl_2$溶液：称取 2.22g $CaCl_2$，溶于 100mL ddH_2O 中，定容至 200mL，121℃高压灭菌 21min，储存于−20℃冰箱。

氨苄青霉素：取 200mg 氨苄青霉素溶于 3mL ddH_2O 中，然后用 ddH_2O 定容至 4mL，用 0.22μm 滤膜过滤灭菌，每份 1mL 分装于不透光的容器中，储存于−20℃

冰箱。

分子量标准：保存于－20℃冰箱。

2.3.3 定量PCR体系选择所用试剂

SYBR© *Premix Ex* Taq™荧光定量试剂盒：避光保存于4℃冰箱。

2.4 DNA的制备与定量

2.4.1 植物基因组DNA的制备

（1）取新鲜植物叶片（或嗉囊内含物）放入1.5mL离心管，加液氮研磨，至叶片成粉末状；

（2）加65℃预热的600μL 2% CTAB，摇匀后，置65℃水浴中1h。期间，上下颠转离心管数次，1h后从水浴中取出，冷却至室温；

（3）室温条件下，12 000r/min离心5min，取上清液；

（4）加入等体积的氯仿/异戊醇（24∶1）混匀，室温下，12 000r/min离心10min，重复一次；

（5）小心吸取上清到1.5mL离心管中，加入2倍体积预冷（－20℃）无水乙醇，充分静置，直至出现白色絮状沉淀；

（6）用枪头将白色絮状沉淀挑出，放入1.5mL离心管中，用70%乙醇（500μL）冲洗两次，无水乙醇冲洗一次，然后，将其自然干燥；

（7）将DNA溶解于100μL 0.1×TE；

（8）加入1～2μL RNase（1mg/mL），37℃水浴1 h后冷却；

（9）加入400μL ddH_2O，再加入500μL氯仿/异戊醇（24∶1）充分混匀后，4℃下，12 000r/min离心10min；

（10）小心吸取上清液加入1.5mL离心管中，再加入2倍体积预冷（－20℃）的无水乙醇和1/10体积3mol/L乙酸钠（pH 5.2），充分静置至出现沉淀；

（11）4℃下，12 000r/min离心10min，小心倒去乙醇，将沉淀用70%乙醇冲洗两次后再用无水乙醇冲洗一次，自然干燥；

（12）最后，将沉淀用100μL 0.1×TE充分溶解。取部分DNA溶液用0.8%的琼脂糖凝胶电泳和紫外分光光度计法检测其浓度和纯度，最后置于－20℃冰箱中保存备用。

2.4.2 DNA的定量

用紫外分光光度计测量DNA溶液在260nm和280nm的OD值。根据双链DNA OD260＝50μg/mL，OD260/OD280的值应在1.8，计算DNA的浓度，检测DNA提取的质量。

2.5 引物设计及引物特异性检测

2.5.1 扩增克隆各种植物的ITS区

（1）用通用引物扩增各种植物ITS区序列，通用引物为：

P1 5′-CGTAACAAGGTTTCCGTAGGTGAAC-3′

P2 5′-TTATTGATATGCTTAAACTCAGCGGG-3′

PCR 体系为：

10×*Ex* Taq Buffer	2.5μL
dNTP Mixture（各 2.5mmol/L）	4μL
上游引物（20μmol/L）	1μL
下游引物（20μmol/L）	1μL
TaKaRa Ex Taq（5 U/μL）	0.25μL
模板 DNA	10 ng
dd H_2O	
总体积	25μL

混匀后置于 PCR 热循环仪，按如下条件进行 PCR：

	95℃	3min
35×	94℃	30 s
	55℃	30 s
	72℃	30 s
	72℃	5min

（2）产物回收

2%的琼脂糖凝胶电泳，割胶后，用凝胶试剂回收盒纯化该 DNA 片段。

（3）DNA 片段的连接

试验采用 *pEASY-T3* 克隆试剂盒在微量离心管中依次加入溶液，总量 5μL。

PCR 产物	3μL
pEASY-T3 Cloning Vector	1μL
dd H_2O	
总体积	5μL

轻轻混合，室温（20～37℃）反应 5min。反应结束后，将离心管置于冰上。

（4）连接产物转化感受态大肠杆菌

用冰冷的无菌枪头加连接产物于 50μL *Trans 1-T1* 感受态细胞中（在感受态细胞刚刚解冻时加入连接产物），轻弹混匀，冰浴 30min。42℃热激 30 s，立即放于冰上 2 min。每管加 250μL 平衡至室温的 LB 培养基，37℃，200 r/min，轻摇 1 h，使细菌复苏。将菌液涂布于含 X-gal、IPTG、Amp 的 LB 平板培养基上，室温放置，使液体被充分吸收（每 100mL LB 培养基中加入氨苄青霉素 50μL，每 9 cm 平板加入 20% IPTG 4μL，以及避光保存的 20%X-gal 40μL），37℃，倒置平板过夜培养，12～16h 出现菌落。

（5）重组子鉴定

挑选白色单菌落，用引物对 P1 和 P2 对重组子进行 PCR 快速筛选鉴定，以蓝色菌落为阴性对照。

（6）测序

将含 *pEASY-T3* Cloning Vector 的大肠杆菌接入 2～5mL 含 Amp 的 LB 液体培养

基的试管中，37℃，250r/min振荡培养过夜，将菌液测序。

2.5.2 引物设计

根据测序结果，用GeneDoc软件比对序列，找出差异位置，再用Primer premier 5.0软件设计各种植物的特异性引物对。然后进行目的片段的扩增和纯化，目的片段与载体的连接和重组质粒的转化，重组质粒的鉴定，挑取白色单菌落进行小量液体培养，对重组质粒进行PCR初步鉴定后，阳性克隆测序。对测序完全正确的菌株，低温冻存保种。

2.5.3 引物的特异性检测及PCR条件优化

本试验主要对PCR退火温度进行优化。反应体系为：

10×*Ex* Taq Buffer	2.5μL
dNTP Mixture（各2.5mmol/L）	4μL
上游引物（20μmol/L）	1μL
下游引物（20μmol/L）	1μL
TaKaRa Ex Taq（5 U/μL）	0.25μL
模板DNA	10 ng
dd H_2O	
总体积	25μL

混匀后置于PCR热循环仪，按如下条件进行PCR：

	95℃	30s
35×	94℃	20s
	55℃～65℃	20s
	72℃	20s
	72℃	5min

退火温度分别为55℃、57℃、60℃、62℃和65℃。对比同一模板浓度下不同退火温度的PCR扩增，选择最佳退火温度，同时以琼脂糖凝胶电泳检验待测植物引物对的特异性。

用SYBR® *Premix Ex* Taq™荧光定量试剂盒，分别以所有待测植物基因组DNA为模板，以超纯水代替模板作阴性对照，进一步检验待测植物引物对的特异性。

（1）实时荧光PCR扩增

PCR扩增条件如下：

	95℃	30s
45×	94℃	20s
	最佳温度	20s
	72℃	20s
	72℃	5min

（2）测定熔解曲线

直接用实时荧光PCR扩增产物，按如下条件进行：

	95℃	30s	
检测荧光变化	94℃	10s	每隔10s，降低0.5℃
	55℃	10s	

2.6 定量PCR标准曲线的建立

2.6.1 重组标准品质粒的提取和定量

扩大培养转化菌，用质粒抽提试剂盒提取重组质粒。对制备的重组质粒溶液，测A260和A280以分析纯度，并通过如下公式计算纯化产物原液DNA的浓度。

DNA模板浓度（拷贝/mL）＝［质粒浓度（g/mL）×10n（1对碱基平均分子质量×碱基对数）］×6.02×10^{23}；

式中，n为稀释倍数；1对碱基平均分子质量＝660g/mol。计算原始拷贝浓度。

2.6.2 标准品的定量测定

根据各待测植物模板DNA的浓度，成系列稀释成浓度梯度，以此为标准品模板进行定量PCR扩增（采用优化的最佳退火温度），由软件自动进行数据分析得到标准曲线。

2.7 结果与分析

2.7.1 食性分析

亚洲小车蝗和毛足棒角蝗食性相似（表1），嗜食克氏针茅、糙隐子草和羊草，不食小叶锦鸡儿、银灰旋花、木地肤和冷蒿；而鼓翅皱膝蝗食性杂，对禾本科牧草嗜好程度没有亚洲小车蝗和毛足棒角蝗强。

表1 蝗虫食性选择

蝗虫	羊草	克氏针茅	糙隐子草	小叶锦鸡儿	银灰旋花	冷蒿	木地肤
亚洲小车蝗	2	2	2	0	0	0	0
毛足棒角蝗	2	2	2	0	0	0	0
鼓翅皱膝蝗	1	1	1	2	2	2	2

注：0级为不食，供试植物无缺刻，试虫有死亡或自残现象；1级为少食，供试植物有明显缺刻，试虫取食叶片面积0～30%；2级为嗜食，试虫取食叶片面积30%以上。

2.7.2 ITS区的扩增

参照通用引物对，扩增克氏针茅（ZM）、羊草（YC）、小叶锦鸡儿（XY）、糙隐子草（YZ）、冷蒿（LH）、银灰旋花（XF）、猪毛菜（MC）、篦齿蒿（BC）、木地肤（MD）的ITS区片段，2%琼脂糖凝胶电泳，结果见图2。

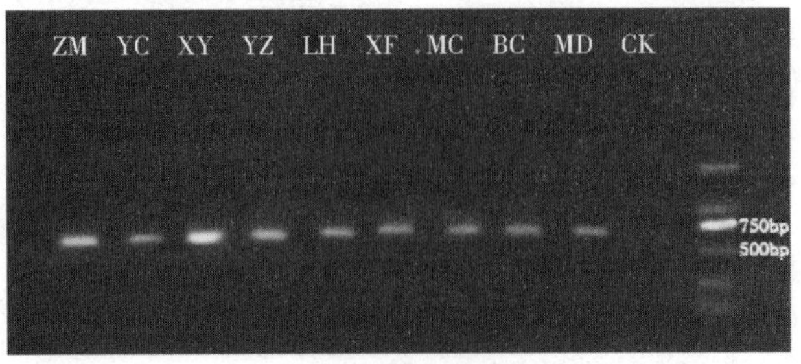

图2 通用引物扩增ITS区

注：ZM为克氏针茅；YC为羊草；XY为小叶锦鸡儿；YZ为糙隐子草；LH为冷蒿；XF为银灰旋花；MC为猪毛菜；BC为蓖齿蒿；MD为木地肤；CK为阴性对照。

2.7.3 克隆检测

将扩增的各植物的ITS区靶带切胶后，用凝胶试剂回收盒（Axygen）回收、克隆，直接用阳性克隆（白斑）菌株作为模板，阴性菌株为对照，进行PCR鉴定，结果表明该阳性克隆中含有所需的目标片段。

2.7.4 克隆测序结果

将验证的阳性克隆进行测序。该序列包含18s DNA3’端序列、ITS1、5.8s DNA、ITS2和28s DNA5’端的序列。

2.7.5 引物设计

根据测序的ITS区段序列，用GeneDoc软件比对序列，找出差异位置，再用Primer Primier 5.0软件设计各种植物的特异性引物对：

克氏针茅（ZM）

上游引物p1：5′- GGCACAGCGCGTGGTGGATCTC-3′

下游引物p2：5′-TGCTTAAACTCAGCGGGTAGTC-3′

预期扩增片段长度145bp

羊草（YC）

上游引物p1：5′-AATCGGGATGCGGCATC-3′

下游引物p2：5′-CATCCGACGCGTAGCCG-3′

预期扩增片段长度134bp

小叶锦鸡儿（XY）

上游引物p1：5′-CTGTGCAGGGTGAATGA-3′

下游引物p2：5′-TGAGACTCTACCAAACT-3′

预期扩增片段长度138bp

糙隐子草（YZ）

上游引物p1：5′-CTGTGCAGCGATGCTATGA-3′

下游引物p2：5′-TGCGGACGTGGTGTTTG-3′

预期扩增片段长度229bp

冷蒿（LH）

上游引物p1：5′-CACAATGTGTGCCAAGGA-3′

下游引物p2：5′-GGGATGCGGCTTCTTTAT-3′

预期扩增片段长度89bp

猪毛菜（MC）

上游引物p1：5′-TGCGGCACCCACTCTAAAA-3′

下游引物p2：5′-GATGTGGGGGAGGAGGA-3′

预期扩增片段长度241bp

2.7.6 引物特异性检验及退火温度优化

为了得出各引物对的最适退火温度，以相应植物基因组DNA为模板，PCR扩增条件除退火温度外均相同，退火温度从55℃到65℃。

同时，以各植物基因组DNA为模板，在iQ™5多重实时荧光定量PCR仪上进行PCR扩增，并测定该PCR的产物曲线，结果见图3。

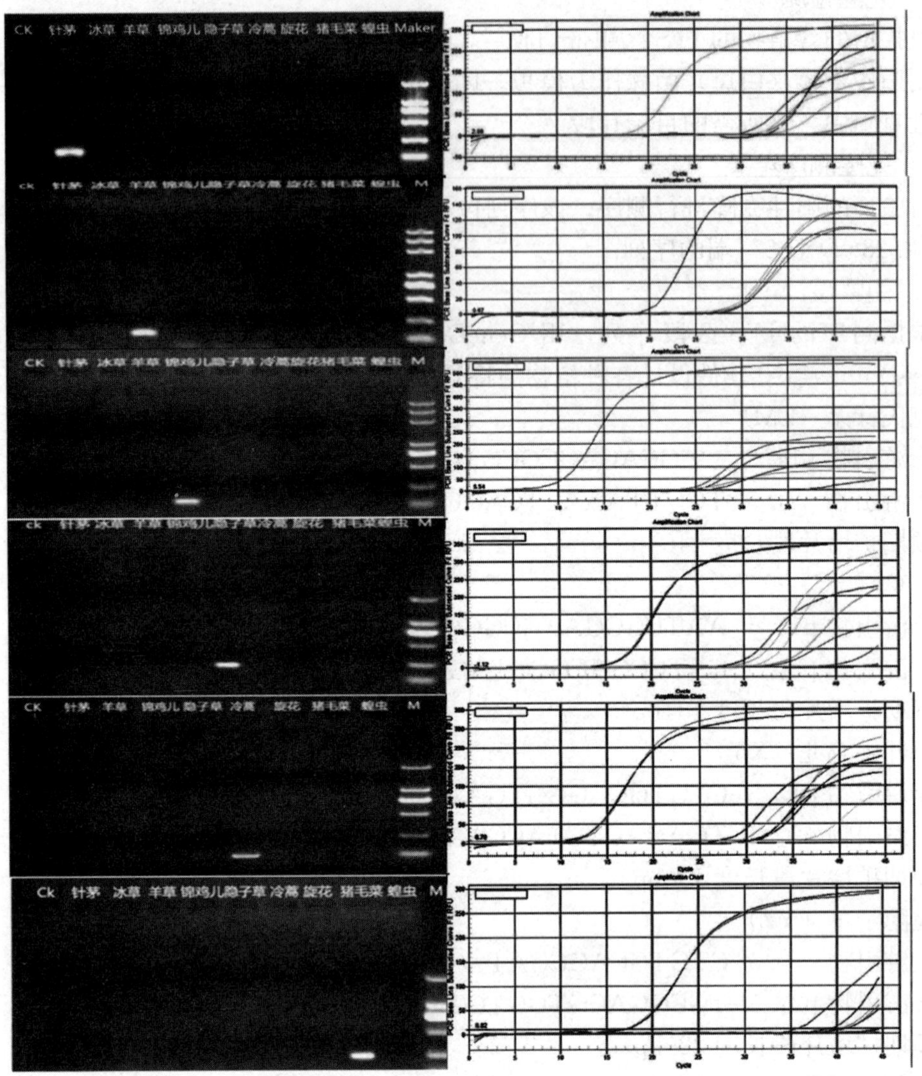

图 3　特异性引物鉴定图板

注：由上至下分别为克氏针茅、羊草、小叶锦鸡儿、糙隐子草、冷蒿、猪毛菜的特异性引物的荧光定量 PCR 扩增结果，以及琼脂糖凝胶检测结果。

克氏针茅引物对特异性扩增时的退火温度为 60℃；羊草引物对特异性扩增时的退火温度为 57℃；小叶锦鸡儿引物对特异性扩增时的退火温度为 55℃；糙隐子草引物对特异性扩增时的退火温度为 55℃；冷蒿引物对特异性扩增时的退火温度为 60℃；猪毛菜引物对特异性扩增时的退火温度为 55℃。

2.7.7　定量 PCR 标准曲线的建立

各个植物重组标准品质粒浓度见表 2，梯度稀释。以系列稀释的质粒为模板进行实时定量 PCR 反应，反应结束后系统自动生成以 Ct 值为纵坐标，不同浓度标准品的拷贝数为横坐标，得出一条标准曲线（图 4）这样根据未知样品的 Ct 值和回归方程，即可得出起始模板的精确拷贝数。

表 2 标准品质粒

质粒名称	标准品质粒浓度（ng/μL）	克隆片段长度（bp）	重组质粒拷贝数（拷贝/μL）	稀释倍数
ZM	332.6	145	0.76×10^{11}	10^2 倍、$10^2/5$ 倍、$10^2/25$ 倍、$10^2/125$ 倍、$10^2/625$ 倍、$10^2/3125$ 倍、$10^2/156255$ 倍
YC	213	134	0.48×10^{11}	10^2 倍、10^3 倍、10^4 倍、10^5 倍、10^6 倍、10^7 倍、10^8 倍
XY	499.9	138	0.11×10^{12}	10^2 倍、10^3 倍、10^4 倍、10^5 倍、10^6 倍、10^7 倍、10^8 倍
YZ	51.1	229	$0.159\ 5\times10^{11}$	10^2 倍、10^3 倍、10^4 倍、10^5 倍、10^6 倍、10^7 倍
LH	162	89	0.37×10^{11}	10^2 倍、10^3 倍、10^4 倍、10^5 倍、10^6 倍、10^7 倍、10^8 倍
MC	85.4	241	0.243×10^{11}	10^2 倍、10^3 倍、10^4 倍、10^5 倍、10^6 倍、10^7 倍

以不同浓度植物 DNA 为模板进行定量 PCR 扩增，制作标准曲线的动力曲线（图 4 左侧）和标准曲线（图 4 右侧），由 ABI 7900HT 实时定量 PCR 仪自动拟合标准曲线，拟合方程见表 3（Y 轴为 Ct 值，X 轴为模板 DNA 浓度的对数）。

表 3 标准曲线拟合方程

	标准曲线拟合方程	拟合度
ZM	$Y=-2.367X+27.151$	0.984
YC	$Y=-3.116X+36.669$	0.999
XY	$Y=-3.396X+38.893$	0.998
YZ	$Y=-3.111X+37.003$	0.994
LH	$Y=-3.102X+35.569$	0.994
MC	$Y=-3.426X+38.255$	0.997

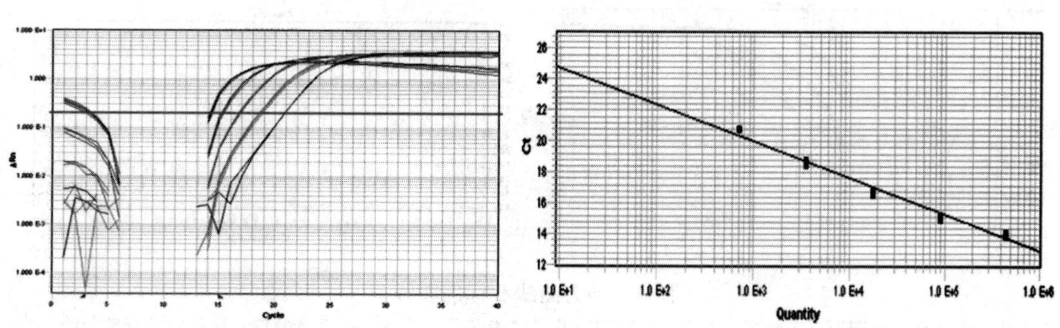

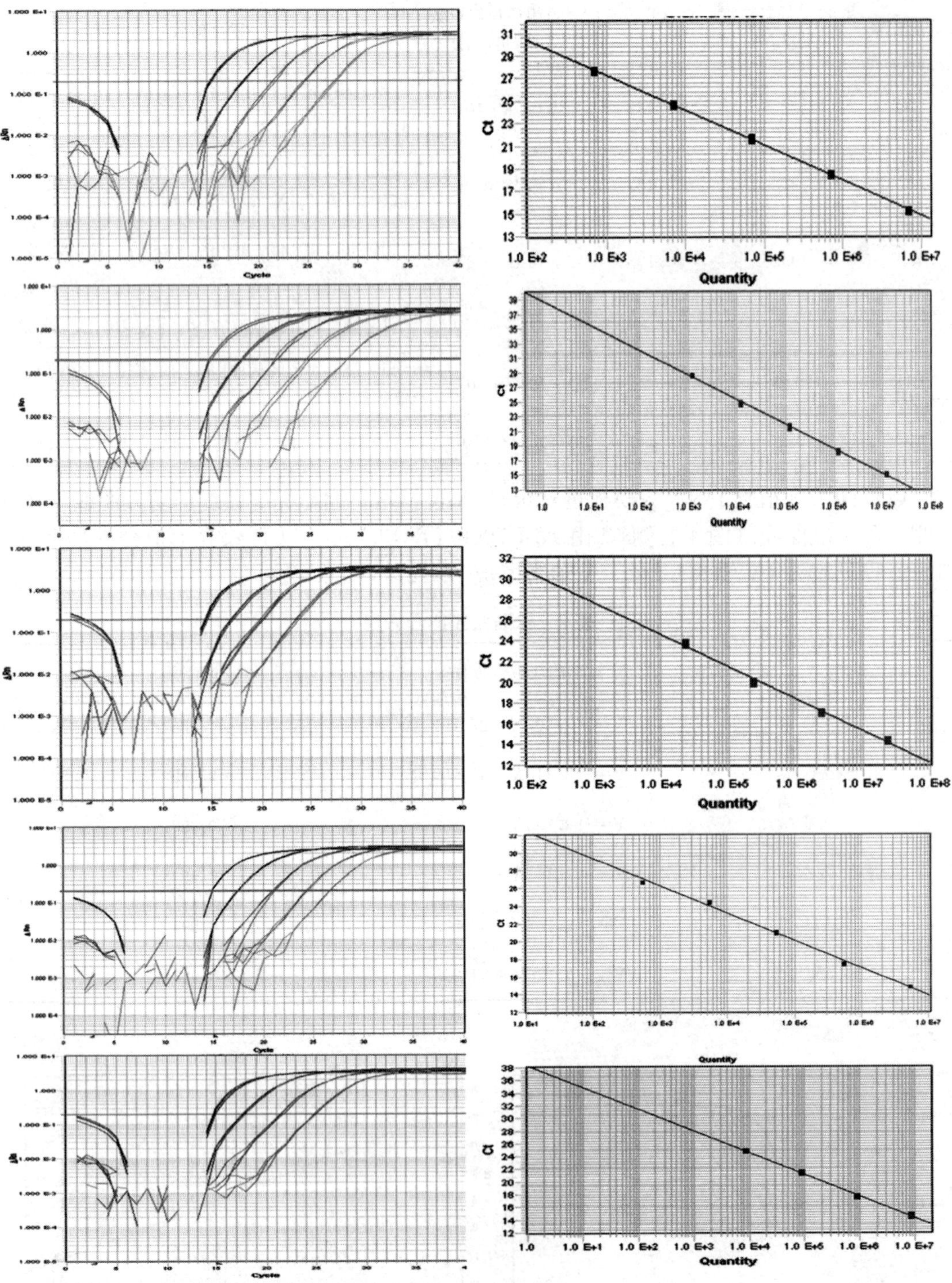

图4　动力曲线和标准曲线

注：由上至下分别为克氏针茅、羊草、小叶锦鸡儿、糙隐子草、冷蒿、猪毛菜的特异性引物的标准曲线。

2.8 室内蝗虫食量标定方法和标准

2.8.1 原理方法概要

本试验的目的在于利用已有的标准曲线将各植物 ITS 区的拷贝数与其重量联系起来，拟合出各自的曲线方程。同时，在室内用单独的植物饲喂饥饿的蝗虫，1～6h 后分别取嗉囊，荧光定量 PCR 测定蝗虫嗉囊内各植物的拷贝数，用上述拟合的曲线方程计算蝗虫嗉囊内各植物的重量；以传统昆虫食量测定法检验荧光定量 PCR 测定蝗虫嗉囊内含物的重量的方法是否准确。

2.8.2 试验材料

2.8.2.1 供试植物材料及植物质量、拷贝数拟合曲线的建立

内蒙古锡林郭勒盟典型草原常见牧草：克氏针茅、羊草、糙隐子草、小叶锦鸡儿、冷蒿。2011 年草原生长季分别于内蒙古锡林郭勒盟采集上述植物，－80℃超低温保存。

试验时，分别称取每种牧草 0.05g、0.1g、0.2g、0.25g、0.3g、0.5g，提取 DNA，荧光定量 PCR 检测拷贝数。试验单人规则操作，整体重复 5 次。

各牧草平均拷贝数的对数值与其质量拟合标准曲线。

2.8.2.2 供试蝗虫嗉囊材料

2011 年草原生长季节，在内蒙古锡林郭勒盟典型草原网捕毛足棒角蝗和亚洲小车蝗成虫，室内养虫笼中饥饿处理 12h 以上。

蝗虫取食高峰期间（10：00～16：00），将饥饿处理后的毛足棒角蝗成虫雌、雄分开，每两头放入养虫钵中。每天上午 10：00 分别将 0.5g 保湿处理的克氏针茅、羊草、糙隐子草放入装有两头蝗虫的养虫钵中。每种牧草分别处理毛足棒角蝗雌、雄各 18 钵。11：00～16：00 间，每小时取 6 钵 3 种牧草饲喂的毛足棒角蝗（雌、雄各 3 钵），解剖提取各处理蝗虫嗉囊，保存于装有无水乙醇的冻样管中，标记后－20℃冻存。同时，将养虫钵中残存的牧草及蝗虫粪便收集于小信封中，90℃烘干称重。试验整体重复 3 次。

亚洲小车蝗的嗉囊准备及提取方法同上。

2.8.2.3 传统蝗虫食量测定方法

测量毛足棒角蝗和亚洲小车蝗的食量：把野外采集的克氏针茅、羊草、糙隐子草依种类分开，每种植物又分为两部分，一部分用来测含水量，另一部分称量后放入养虫钵，暂时不用的用潮布包好，放在 4℃冰箱中储藏。每小时提取蝗虫嗉囊之后，收集养虫钵中未吃尽的植物及蝗虫粪便，测其干重量。

测定含水量和干重量的方法是把植物叶片在温度为 90℃的烤箱中放 1～2d，干燥器中冷却后，称其重量。

根据已测定的含水量，可从所称得的新鲜重量中推算出所放入养虫钵中植物的干重量，以此干重量减去未被吃尽植物和蝗虫粪便的干重量，便得这一组蝗虫这一小时摄入体内植物的干重量，并可借所求得的含水量折算成蝗虫体内植物的鲜重量。由于植物在不同生长期体内含水量不同，每次须挑生长情况相近的叶子。

2.8.2.4 不同栖境中蝗虫食量测定方法

试验于 2011 年 6～8 月在内蒙古自治区锡林郭勒盟镶黄旗草原进行。试验地：

42°15′N～42°25′N，113°45′E～113°83′E。海拔高 1 300m。该区域属于中温带半干旱大陆性季风气候，年降水量 267.9mm，主要降水集中在夏季（6～8 月），牧草生长的关键季节（5～8 月）的有效降水量不足 150mm。地区气温年平均气温 3.1℃，无霜期平均为 120d 左右，最大冻土深度 154cm。主要土壤类型为栗钙土。试验选择 3 种草地类型，分别为Ⅰ：羊草草原，主要植被类型为羊草，散生糙隐子草、小叶锦鸡儿、银灰旋花、冷蒿、木地肤、克氏针茅等植物，面积大约 6.2hm²；Ⅱ：克氏针茅草原，主要植被类型为克氏针茅，散生糙隐子草、小叶锦鸡儿、银灰旋花、冷蒿等植物，面积大约 7.8hm²；Ⅲ：克氏针茅富含杂类草草原，主要植被类型为克氏针茅、篦齿蒿、二裂委陵菜等，散生糙隐子草、小叶锦鸡儿、冷蒿等植物，面积大约 9.4hm²。样框取样法：采用底部留空 1m×1m×1m 样框抛至空中自由落下取样（底框镶嵌软边与草地契合紧密，可有效防止昆虫逃逸），6 月 4 日开始试验，每 10 天取样一次，每种草地类型取 10 个样方。吸虫器收集蝗蝻和成虫置于 95%酒精中保存，室内分类鉴定和计数。同时，分别记录地面植被高度、盖度、密度和生物量等，详细研究方法见有关研究。利用实时荧光定量 PCR 的方法（同上），测定不同栖境中蝗虫食物种类和含量。

2.8.3 结果与分析

2.8.3.1 植物质量、拷贝数拟合曲线的建立

称取克氏针茅（ZM）、羊草（YC）、小叶锦鸡儿（XY）、糙隐子草（YZ）、冷蒿（LH）0.05g、0.1g、0.2g、0.25g、0.3g、0.5g，分别提取 DNA，荧光定量 PCR 检测拷贝数（表 4）。各牧草实际平均拷贝数的对数值与其质量拟合标准曲线方程（表 4）。

表 4 牧草实际平均拷贝数的对数值与其质量拟合标准曲线方程

质量（g）		检测平均拷贝数（个/μL）	实际拷贝数(个)	对数值	对数拟合方程	R^2
ZM	0.05	11400095.00±263421.80	45600380	17.63543	$Y=0.2275X-3.986$	0.9206
	0.1	19408079.38±968142.00	77632317.5	18.16749		
	0.2	24942905.72±224007.50	99771622.89	18.41839		
	0.25	30741542±4760174.50	122966168	18.62742		
	0.3	34104788±3587831.50	136419152	18.73124		
YC	0.05	126756.41±56363.73	126756410.8	18.65778	$Y=0.0899X-1.6275$	0.8775
	0.1	248705.06±85166.08	248705060	19.33178		
	0.25	846815.75±70659.71	846815750	20.55699		
	0.3	5870268±479924.00	5870268000	22.49317		
	0.5	8225856.5±1112680.20	8225856500	22.83055		
XY	0.05	5089110.5±343385	203564420	19.13149	$Y=0.223X-4.2696$	0.8892
	0.1	11631343±1766487	465253720	19.95809		
	0.2	12532200±616109	501288000	20.03269		
	0.3	23351760±2220671	934070400	20.65506		
	0.5	37365458.54±3328932	1494618342	21.12514		

（续）

质量（g）		检测平均拷贝数（个/μL）	实际拷贝数(个)	对数值	对数拟合方程	R^2
YZ	0.05	782198.4±12397.70	782198.4	13.56986	Y=0.0968X−1.1829	0.8486
	0.1	1298738±55373.80	1298738	14.0769		
	0.2	2316964±64355.30	2316964	14.65577		
	0.25	1284747±9833.22	1284747	14.40819		
	0.3	1915110±24851.90	1915110	14.46529		
	0.5	4655974±47537.92	4655974	17.17367		
LH	0.05	11342.19±2853	11342.19	9.336285	Y=0.124X−1.092	0.9893
	0.1	13065.79±918.23	13065.79	9.477753		
	0.2	38587.71±4853.20	38587.71	10.56069		
	0.3	62543.98±7680.10	62543.98	11.04363		
	0.5	392122.80±11261.80	392122.80	12.87933		

2.8.3.2 荧光定量 PCR 测定蝗虫嗉囊内含物的重量

混合 3 次试验重复所得单一植物（克氏针茅、羊草、糙隐子草）饲喂的蝗虫嗉囊，提取 DNA，植物特异性引物荧光定量 PCR 检测对应植物的拷贝数，用上述方程对应回蝗虫嗉囊内含物中该植物的重量，结果见表 5。

表 5　荧光定量 PCR 测定蝗虫嗉囊内含物的重量

样品名称	饲喂植物	饲喂时间（h）	探针名称	平均拷贝数（个）	对应植物重量（g）	平均重量（g）
亚洲小车蝗（♂）	克氏针茅	1	ZM	16211020.58	0.106073	0.101±0.005
				15650438.43	0.098067	
				15680806.08	0.098508	
		2		16336790.79	0.107832	0.103±0.007
				16979295.98	0.116607	
				15624261.7	0.097686	
		3		15843824.37	0.100861	0.105±0.008
				16751469.43	0.113534	
				15737865.56	0.099334	
		4		16854594.54	0.11493	0.108±0.006
				16054090.15	0.10386	
				16240007.36	0.10648	
		5		15195924.32	0.091362	0.097±0.006
				15568201.15	0.096869	
				16008245.24	0.10321	
		6		16263084.16	0.106803	0.11±0.005
				16920556.08	0.115819	
				16356614.02	0.108108	

（续）

样品名称	饲喂植物	饲喂时间（h）	探针名称	平均拷贝数（个）	对应植物重量（g）	平均重量（g）
亚洲小车蝗（♀）	克氏针茅	1	ZM	16435325.61	0.1092	0.105±0.009
				16557417.88	0.110883	
				15364696.97	0.093875	
		2		14369037.55	0.078633	0.096±0.014
				16123496.21	0.104842	
				16006418.68	0.103184	
		3		15274681.42	0.092538	0.103±0.009
				16153284.01	0.105262	
				16572229.58	0.111087	
		4		11878572.68	0.035331	0.109±0.005
				16660853.64	0.1123	
				16160143.01	0.105358	
		5		16844401.84	0.114793	0.119±0.005
				17038110.44	0.117394	
				17577477.68	0.124484	
		6		13714035.69	0.068019	0.081±0.016
				15768140.84	0.099772	
				14212269.25	0.076138	
毛足棒角蝗（♂）	克氏针茅	1	ZM	13794405.97	0.069349	0.067±0.013
				12850268.68	0.053219	
				14446494.3	0.079856	
		2		12636510.86	0.049403	0.064±0.02
				13011708.75	0.056059	
				14902207.33	0.086922	
		3		14956807.46	0.087754	0.082±0.005
				14272479.23	0.077099	
				14513707.56	0.080912	
		4		14722615.34	0.084164	0.084±0.004
				14455402.9	0.079997	
				15024515	0.088782	
		5		11704524.78	0.031973	0.081±0.001
				14550284.05	0.081485	
				14463658.15	0.080127	
		6		12496759.97	0.046873	0.068±0.023
				13539560.14	0.065106	
				15278239.39	0.092591	

（续）

样品名称	饲喂植物	饲喂时间（h）	探针名称	平均拷贝数（个）	对应植物重量（g）	平均重量（g）
毛足棒角蝗（♀）	克氏针茅	1	ZM	15565638.57	0.096831	0.083±0.023
				15407394.3	0.094506	
				13039561.16	0.056546	
		2		15120388.98	0.090229	0.089±0.005
				15277507.63	0.09258	
				14658164.64	0.083166	
		3		15800662.31	0.10024	0.095±0.005
				15405369.18	0.094477	
				15099498.8	0.089914	
		4		16172058.8	0.105526	0.097±0.007
				15434794.81	0.094911	
				15209311.91	0.091563	
		5		15389188.35	0.094237	0.099±0.004
				15913115.97	0.101854	
				15864127.44	0.101152	
		6		13046990.02	0.056675	0.078±0.02
				15489068.09	0.095709	
				14620719.61	0.082584	
亚洲小车蝗（♂）	羊草	1	YC	138989991.5	0.05811713	0.048±0.014
				111659402	0.03843364	
		2		199409256.3	0.0905672	0.08±0.015
				158657281.6	0.0700149	
		3		231289347.6	0.10390029	0.091±0.018
				174411920.7	0.07852604	
		4		153186356.2	0.0668602	0.07±0.004
				156054515.2	0.06852786	
				166905480.9	0.07457115	
		5		197250638.1	0.08958872	0.074±0.014
				144408641.2	0.06155537	
				161082354.1	0.07137863	
		6		236016877	0.10571931	0.105±0.001
				119362287.5	0.04443088	
				230528577.9	0.1036041	

（续）

样品名称	饲喂植物	饲喂时间（h）	探针名称	平均拷贝数（个）	对应植物重量（g）	平均重量（g）
亚洲小车蝗（♀）	羊草	1	YC	154388488.9	0.06756294	0.064±0.012
				127188985.8	0.0501405	
				165076799.4	0.07358073	
		2		155962539.8	0.06847486	0.067±0.01
				136913632.6	0.05676399	
				169378772.9	0.07589356	
		3		138192532	0.05759984	0.058±0.001
				139806834.1	0.05864393	
		4		188291157	0.08540965	0.074±0.016
				146256577.5	0.06269848	
				111322789.4	0.03816222	
		5		168341181	0.07534115	0.08±0.006
				185925975.1	0.08427324	
		6		157316128	0.06925173	0.088±0.019
				190608929.5	0.08650952	
				239541804.5	0.10705204	
毛足棒角蝗（♂）	羊草	1	YC	224977722	0.10141292	0.096±0.008
				197938386	0.08990163	
				108688340.1	0.03600916	
		2		169724339.9	0.07607678	0.079±0.007
				165563887.5	0.07384561	
				191745285.4	0.08704389	
		3		198106363.5	0.08997789	0.1±0.009
				241726458.1	0.10786823	
				226676701.3	0.10208928	
		4		224729669.9	0.10131375	0.086±0.022
				159535755.8	0.0705113	
		5		179658702.3	0.0811906	0.074±0.013
				141343042.6	0.05962637	
				182488478.4	0.08259556	

（续）

<table>
<tr><th>样品名称</th><th>饲喂植物</th><th>饲喂时间
（h）</th><th>探针名称</th><th>平均拷贝数
（个）</th><th>对应植物重量
（g）</th><th>平均重量
（g）</th></tr>
<tr><td rowspan="15">毛足棒角蝗
（♀）</td><td rowspan="15">羊草</td><td rowspan="3">1</td><td rowspan="15">YC</td><td>241577751.5</td><td>0.1078129</td><td rowspan="3">0.096±0.012</td></tr>
<tr><td>186259120.5</td><td>0.08443418</td></tr>
<tr><td>211609154.7</td><td>0.09590561</td></tr>
<tr><td rowspan="3">2</td><td>193281380.3</td><td>0.08776122</td><td rowspan="3">0.081±0.013</td></tr>
<tr><td>196614285.7</td><td>0.08929822</td></tr>
<tr><td>151555766.9</td><td>0.06589813</td></tr>
<tr><td rowspan="3">3</td><td>229714362.2</td><td>0.10328601</td><td rowspan="3">0.1±0.004</td></tr>
<tr><td>215423046.6</td><td>0.09751148</td></tr>
<tr><td>127642579.2</td><td>0.05046054</td></tr>
<tr><td rowspan="3">4</td><td>233785487.7</td><td>0.10486532</td><td rowspan="3">0.092±0.011</td></tr>
<tr><td>187430562.8</td><td>0.08499782</td></tr>
<tr><td>189667411.7</td><td>0.08606436</td></tr>
<tr><td rowspan="3">5</td><td>212810143.4</td><td>0.0964144</td><td rowspan="3">0.083±0.019</td></tr>
<tr><td>143671156.3</td><td>0.06109508</td></tr>
<tr><td>199760098</td><td>0.09072523</td></tr>
<tr><td rowspan="18">亚洲小车蝗
（♂）</td><td rowspan="18">糙隐子草</td><td rowspan="3">1</td><td rowspan="18">YZ</td><td>306265.3</td><td>0.039898</td><td rowspan="3">0.052±0.023</td></tr>
<tr><td>457031.2</td><td>0.078647</td></tr>
<tr><td>303260.1</td><td>0.038943</td></tr>
<tr><td rowspan="3">2</td><td>553383.8</td><td>0.097165</td><td rowspan="3">0.098±0.028</td></tr>
<tr><td>418785.4</td><td>0.070187</td></tr>
<tr><td>747736.7</td><td>0.126301</td></tr>
<tr><td rowspan="3">3</td><td>209301.4</td><td>0.003048</td><td rowspan="3">0.129±0.001</td></tr>
<tr><td>766253.5</td><td>0.128669</td></tr>
<tr><td>1351182</td><td>0.183576</td></tr>
<tr><td rowspan="3">4</td><td>620141.9</td><td>0.10819</td><td rowspan="3">0.106±0.003</td></tr>
<tr><td>463583.9</td><td>0.080025</td></tr>
<tr><td>589475.2</td><td>0.10328</td></tr>
<tr><td rowspan="3">5</td><td>290022</td><td>0.034623</td><td rowspan="3">0.098±0.007</td></tr>
<tr><td>589114.4</td><td>0.103221</td></tr>
<tr><td>527156.1</td><td>0.092464</td></tr>
<tr><td rowspan="3">6</td><td>997255.4</td><td>0.154175</td><td rowspan="3">0.145±0.009</td></tr>
<tr><td>904288.4</td><td>0.144703</td></tr>
<tr><td>821481.1</td><td>0.135406</td></tr>
</table>

（续）

样品名称	饲喂植物	饲喂时间（h）	探针名称	平均拷贝数（个）	对应植物重量（g）	平均重量（g）
亚洲小车蝗（♀）	糙隐子草	1	YZ	658630.3	0.114018	0.139±0.036
				1108625	0.164424	
		2		818751	0.135084	0.135±0.05
				489408.1	0.085272	
				1366388	0.18466	
		3		576056.9	0.101051	0.144±0.041
				914089.8	0.145746	
				1355792	0.183906	
		4		956077.1	0.150093	0.121±0.041
				526018.2	0.092255	
		5		1631473	0.201823	0.15±0.049
				604412	0.105703	
				876265.8	0.141656	
		6		1004905	0.154915	0.157±0.008
				955782.8	0.150064	
				1122436	0.165622	
毛足棒角蝗（♂）	糙隐子草	1	YZ	684092.2	0.11769	0.09±0.039
				388986.4	0.063042	
		2		647068.4	0.112304	0.08±0.026
				331839	0.047661	
		3		539228.7	0.094656	0.105±0.013
				699755.9	0.119882	
				580100.2	0.101729	
		4		648633.1	0.112538	0.13±0.024
				699008.7	0.119778	
				1021590	0.156509	
		5		676294.3	0.11658	0.097±0.028
				633784.1	0.110296	
				399395.2	0.065598	
		6		499974.8	0.08734	0.102±0.02
				736798.8	0.124875	
				531987.2	0.093347	

（续）

样品名称	饲喂植物	饲喂时间（h）	探针名称	平均拷贝数（个）	对应植物重量（g）	平均重量（g）
毛足棒角蝗（♀）	糙隐子草	1	YZ	561443.9	0.098564	0.107±0.014
				724206.5	0.123206	
				568557.3	0.099783	
		2		808440.3	0.133857	0.113±0.03
				1211786	0.173036	
				524231.7	0.091926	
		3		445178.6	0.076103	0.082±0.008
				498096.7	0.086976	
		4		1217998	0.173531	0.079±0.003
				448459.1	0.076814	
				467418.1	0.080822	
		5		657010.9	0.11378	0.102±0.021
				659476.1	0.114143	
				449597.2	0.077059	
		6		972246.5	0.151717	0.133±0.029
				568645.5	0.099798	
				938353.9	0.148282	

2.8.3.3 传统方法测定蝗虫每小时摄入体内的植物重量

根据已测定的各植物的含水量，从所称得的新鲜重量中推算出放入养虫钵中植物的干重量，以此干重量减去未被吃尽植物和蝗虫粪便的干重量，便得这一组蝗虫1h摄入体内植物的干重量，并可借所得的含水量折算成蝗虫体内植物的鲜重量，结果见表6。

表6 传统方法测得的蝗虫每小时摄入体内的植物重量

蝗虫	组次	植物	食量（g/h）	植物	食量（g/h）	植物	食量（g/h）
亚洲小车蝗（♂）	1h	克氏针茅	0.121±0.026	羊草	0.094±0.006	糙隐子草	0.145±0.01
	2h		0.129±0.029		0.091±0.006		0.144±0.008
	3h		0.12±0.006		0.112±0.011		0.146±0.001
	4h		0.139±0.028		0.114±0.008		0.148±0.005
	5h		0.104±0.024		0.113±0.004		0.149±0.012
	6h		0.144±0.021		0.123±0.001		0.162±0.01

（续）

蝗虫	组次	植物	食量（g/h）	植物	食量（g/h）	植物	食量（g/h）
亚洲小车蝗（♀）	1h	克氏针茅	0.108±0.028	羊草	0.117±0.006	糙隐子草	0.165±0.008
	2h		0.116±0.014		0.107±0.008		0.158±0.02
	3h		0.147±0.027		0.125±0.01		0.162±0.012
	4h		0.15±0.029		0.115±0.024		0.176±0.001
	5h		0.139±0.018		0.124±0.007		0.19±0.013
	6h		0.079±0.015		0.102±0.013		0.189±0.007
毛足棒角蝗（♂）	1h	克氏针茅	0.068±0.006	羊草	0.111±0.005	糙隐子草	0.107±0.025
	2h		0.094±0.016		0.138±0.023		0.11±0.019
	3h		0.1±0.012		0.123±0.014		0.099±0.014
	4h		0.1±0.008		0.128±0.004		0.128±0.01
	5h		0.094±0.005		0.122±0.007		0.106±0.009
	6h		0.101±0.01				0.102±0.003
毛足棒角蝗（♀）	1h	克氏针茅	0.096±0.017	羊草	0.101±0.006	糙隐子草	0.1±0.014
	2h		0.088±0.011		0.119±0.008		0.117±0.013
	3h		0.109±0.029		0.109±0.003		0.124±0.018
	4h		0.148±0.046		0.118±0.014		0.101±0.017
	5h		0.148±0.006		0.116±0.01		0.128±0.003
	6h		0.092±0.003				0.105±0.012

2.8.3.4 传统方法测定蝗虫摄入植物量与荧光定量 PCR 测定蝗虫嗉囊内含物重量的比较

将蝗虫嗉囊内含物的重量与传统方法所得蝗虫每小时摄入体内的植物重量比较，检验荧光定量 PCR 技术测定蝗虫食量方法的准确性。

（1）克氏针茅　在以克氏针茅喂食亚洲小车蝗和毛足棒角蝗的试验中，传统方法测

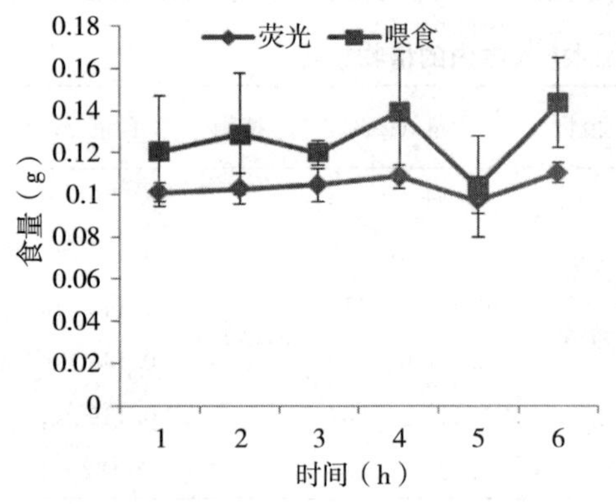

图 5　雄性亚洲小车蝗食量比较

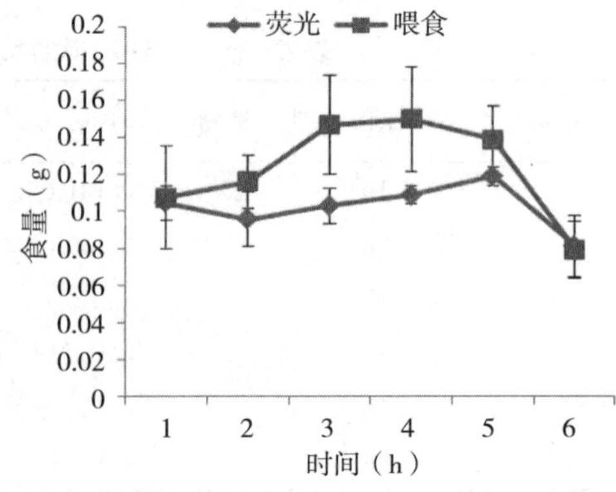

图 6　雌性亚洲小车蝗食量比较

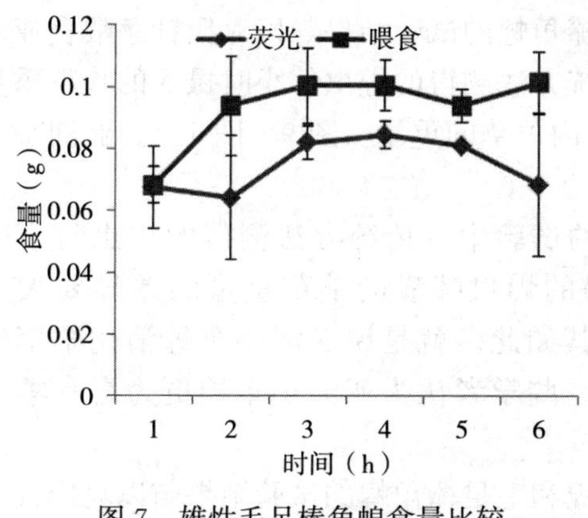

图 7　雄性毛足棒角蝗食量比较

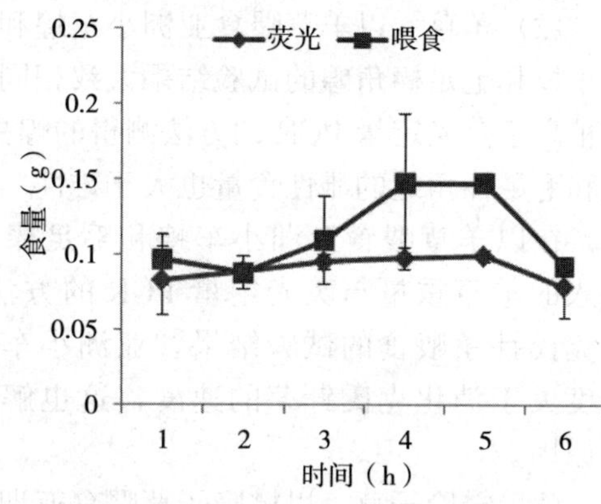

图 8　雌性毛足棒角蝗食量比较

得的蝗虫每小时摄入的牧草重量均稍高于荧光定量 PCR 的方法测得的蝗虫嗉囊内克氏针茅的重量（图5～图 8）。这是因为蝗虫每小时摄入体内的食物不会长时间停留在嗉囊内，有一定量的消化，并且也会向蝗虫其他消化器官移动。大多数学者认为亚洲小车蝗和毛足棒角蝗的雌性食量大于雄性。笔者在用荧光定量 PCR 的方法测定蝗虫嗉囊内含物重量时也发现此现象，当然，这有可能与雌性蝗虫个体比雄性个体大且嗉囊含量大有关。亚洲小车蝗和毛足棒角蝗均喜食禾本科植物，对于克氏针茅二者的消化能力没有差异，只是亚洲小车蝗的个体比毛足棒角蝗大，所以，两种方法测得的每小时亚洲小车蝗食量均大于毛足棒角蝗食量。

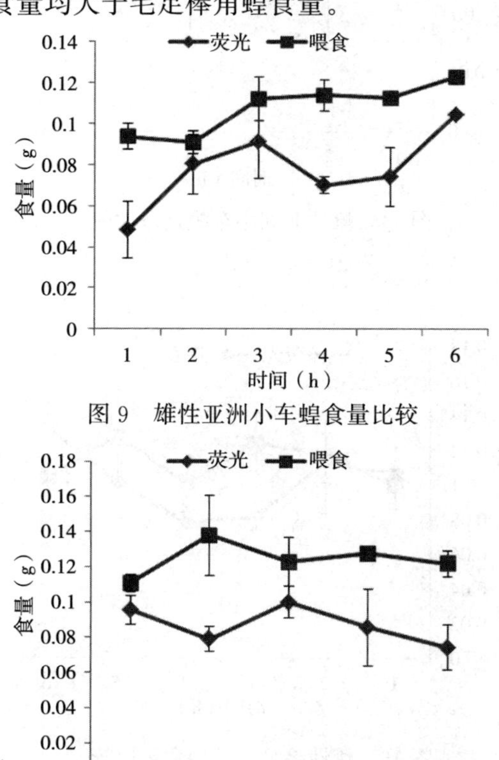

图 9　雄性亚洲小车蝗食量比较

图 11　雄性毛足棒角蝗食量比较

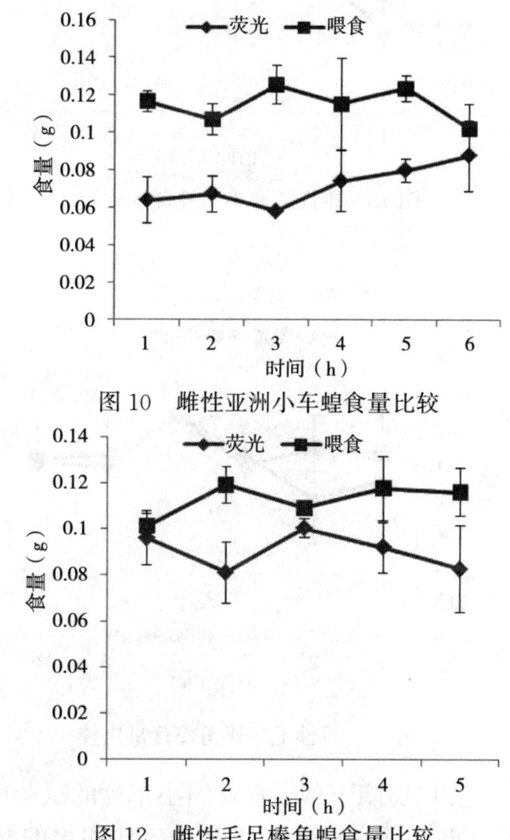

图 10　雌性亚洲小车蝗食量比较

图 12　雌性毛足棒角蝗食量比较

（2）羊草　以羊草喂食亚洲小车蝗和毛足棒角蝗的试验结果与以克氏针茅喂食亚洲小车蝗和毛足棒角蝗的试验结果大致相同，传统方法测得的蝗虫每小时摄入的牧草重量亦稍高于荧光定量 PCR 的方法测得的蝗虫嗉囊内羊草的重量（图 9～图 12）。亚洲小车蝗和毛足棒角蝗的雌性食量也大于雄性。

在以羊草喂食亚洲小车蝗和毛足棒角蝗的试验中，传统方法测得的蝗虫每小时摄入的羊草重量与荧光定量 PCR 的方法测得的蝗虫嗉囊的羊草重量的差异要大于以克氏针茅喂食的试验结果，亚洲小车蝗尤其如此。就是说亚洲小车蝗消化羊草的速度大于消化克氏针茅的速度，这也解释了一些学者认为亚洲小车蝗更为喜食羊草的原因。

（3）糙隐子草　以糙隐子草喂食亚洲小车蝗和毛足棒角蝗的试验结果与以克氏针茅和羊草喂食的试验结果大致相同，传统方法测得的蝗虫每小时摄入的牧草重量亦稍高于荧光定量 PCR 的方法测得的蝗虫嗉囊的重量（图 13～图 16）。亚洲小车蝗和毛足棒角蝗的雌性食量也大于雄性。

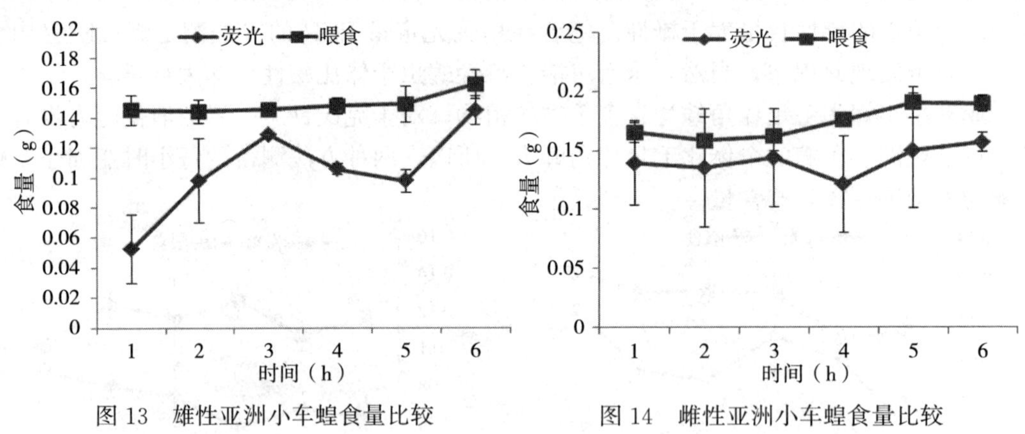

图 13　雄性亚洲小车蝗食量比较　　图 14　雌性亚洲小车蝗食量比较

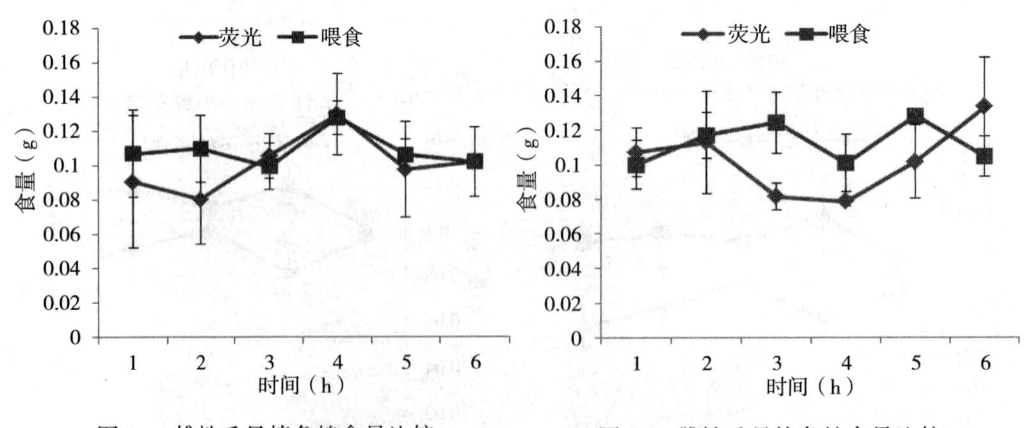

图 15　雄性毛足棒角蝗食量比较　　图 16　雌性毛足棒角蝗食量比较

在以糙隐子草喂食亚洲小车蝗的试验中，传统方法测得的蝗虫每小时摄入的糙隐子草重量与荧光定量 PCR 的方法测得的蝗虫嗉囊内糙隐子草的重量的差异与喂食针茅的近似。然而，以糙隐子草喂食毛足棒角蝗的试验中，传统方法测得的蝗虫每小时摄入的糙隐子草重量与荧光定量 PCR 的方法测得的蝗虫嗉囊的重量的差异小于其他两种牧草，可能是因为在禾本科牧草中，毛足棒角蝗喜食糙隐子草的程度稍低。这也与毛足棒角蝗体型较小，属于植栖型蝗虫，喜欢牧草株高较高的环境，从而长期进化的结果有关。

2.8.3.5　荧光定量 PCR 技术检测不同栖境中蝗虫嗉囊内含物

琼脂糖凝胶电泳检测蝗虫嗉囊内植物特异性引物 PCR 结果时，记录各蝗虫嗉囊内植物的种类，以计算蝗虫对该种植物的取食与否（图 17）。

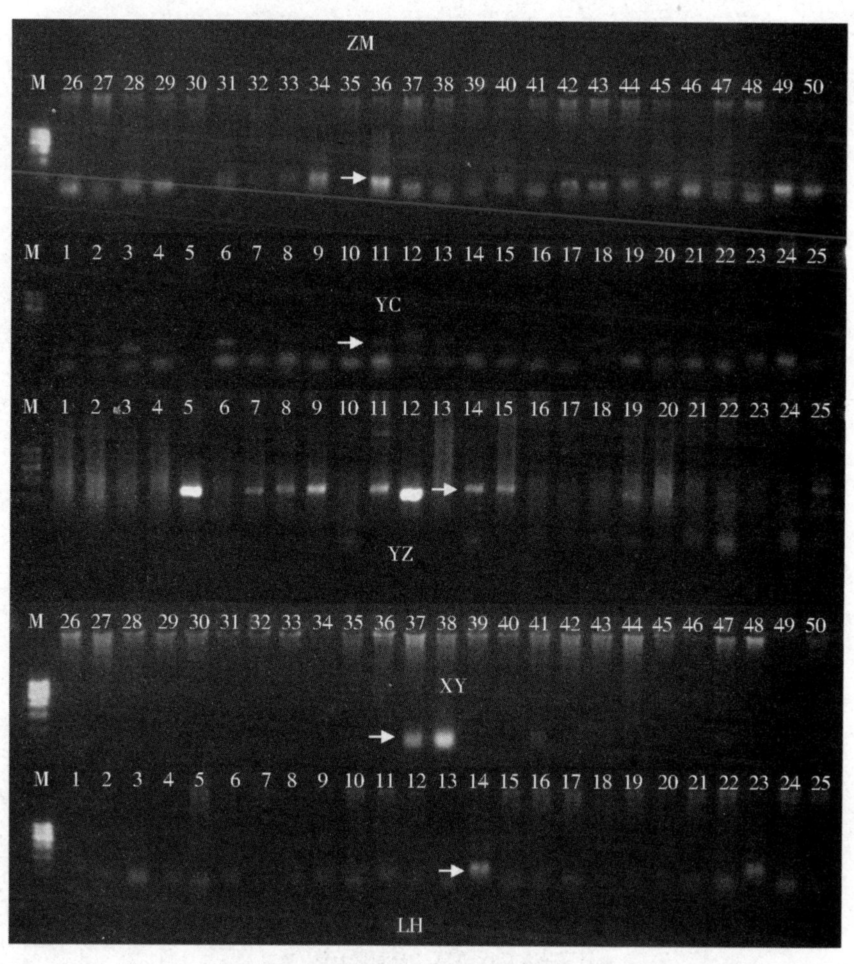

图 17　电泳检测蝗虫嗉囊内植物特异性引物 PCR 部分结果

注：从上至下分别为克氏针茅、羊草、糙隐子草、小叶锦鸡儿、冷蒿的特异性引物扩增部分结果。

将各样地调查所得的蝗虫提取嗉囊，各种类蝗虫的嗉囊分前期（6 月 24 日之前）、中期（7 月 4～24 日）、后期（8 月 4 日之后）提取 DNA，利用荧光定量 PCR 技术，检测并计算各期蝗虫嗉囊内含物的重量比例。同时，根据琼脂糖凝胶电泳检测结果，计算各时期食用某一牧草的蝗虫占蝗虫整体的比例。

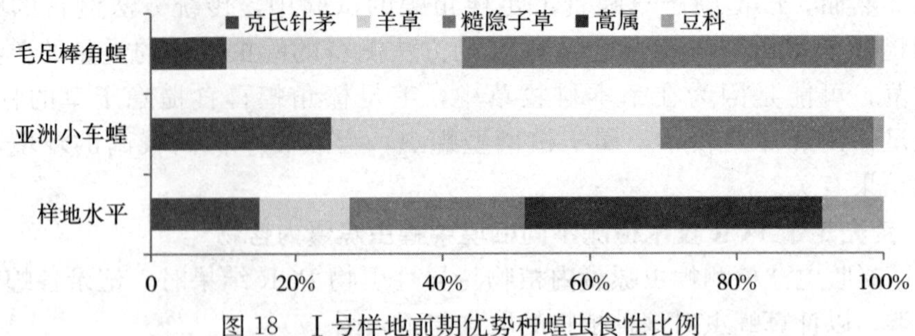

图 18　Ⅰ号样地前期优势种蝗虫食性比例

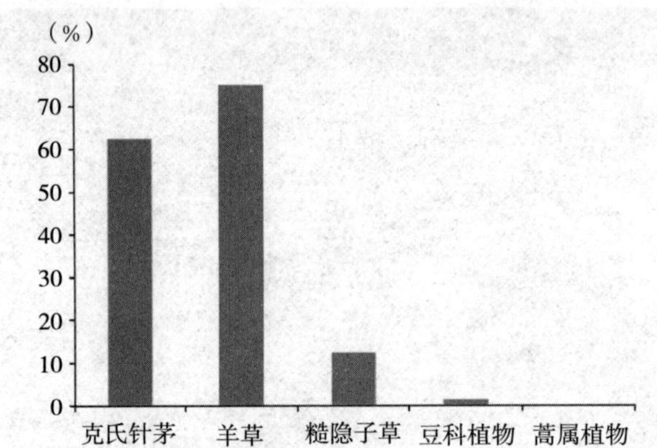

图 19　Ⅰ号样地前期毛足棒角蝗嗉囊内主要牧草的检出比例

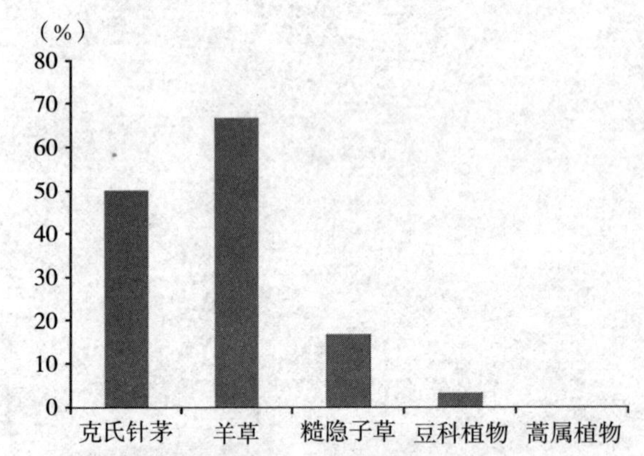

图 20　Ⅰ号样地前期亚洲小车蝗嗉囊内主要牧草的检出比例

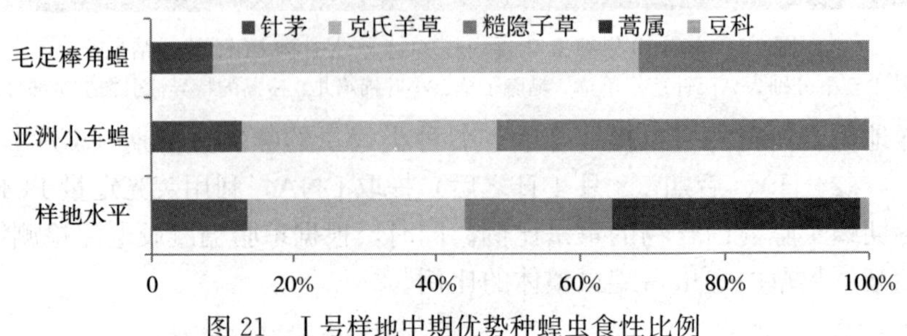

图 21　Ⅰ号样地中期优势种蝗虫食性比例

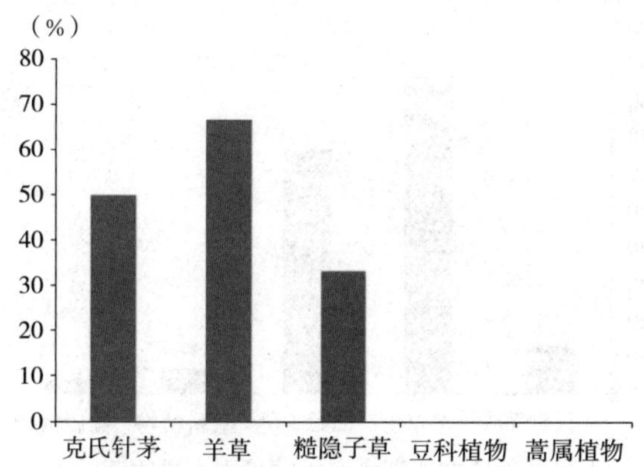

图22　Ⅰ号样地中期毛足棒角蝗嗉囊内主要牧草的检出比例

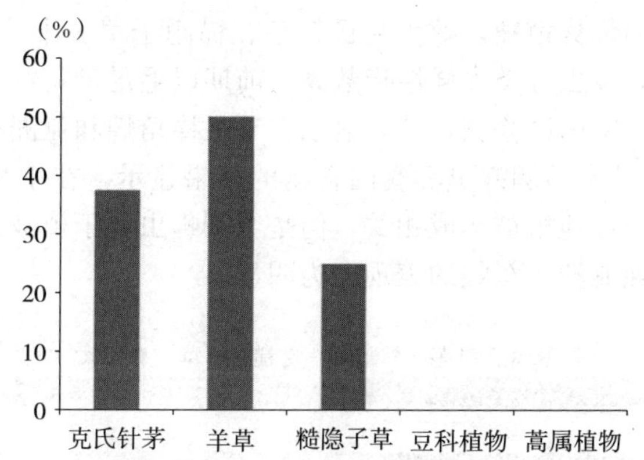

图23　Ⅰ号样地中期亚洲小车蝗嗉囊内主要牧草的检出比例

由图18～图20可知，Ⅰ号样地前期亚洲小车蝗和毛足棒角蝗嗉囊内牧草平均质量比和主要牧草检出比例均与样地内各植物所占比例相当，对于优势种牧草克氏针茅和羊草没有明显的取食偏好。但是，两种蝗虫在以羊草为优势种的样地条件下，对于禾本科的取食偏好明显。

由图21～图23可知，中期时，毛足棒角蝗开始交尾产卵，对于羊草的取食量逐渐增大，偏好性显现。同时，在Ⅰ号样地中，禾本科植物克氏针茅、羊草、糙隐子草生物量丰盛，足够亚洲小车蝗和毛足棒角蝗食量需用时，它们不会取食蒿属植物。

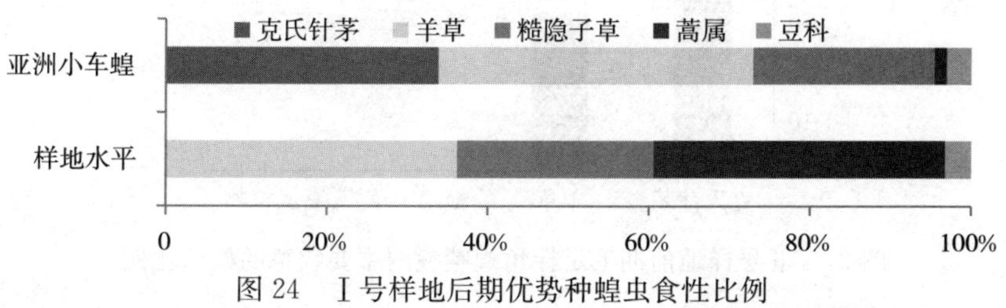

图24　Ⅰ号样地后期优势种蝗虫食性比例

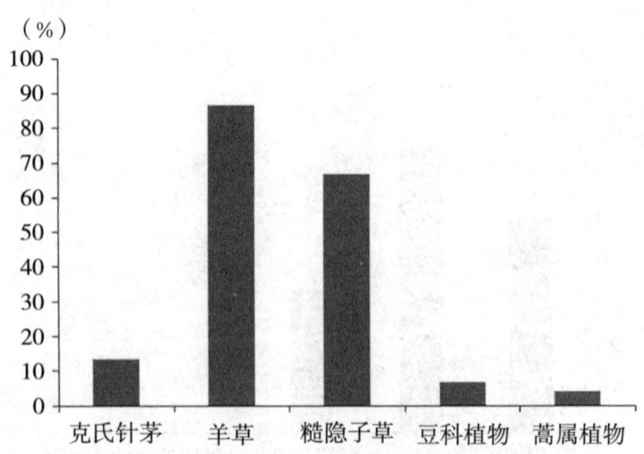

图 25　Ⅰ号样地后期亚洲小车蝗嗉囊内主要牧草的检出比例

由图 24、图 25 可知，Ⅰ号样地后期，样地内克氏针茅比例很小，羊草优势凸显。取食过羊草的亚洲小车蝗明显多于取食过克氏针茅的。

Ⅰ号样地以羊草为优势植被，散生克氏针茅、糙隐子草、小叶锦鸡儿、银灰旋花、冷蒿、木地肤等植物，蝗虫种类多样性指数高，前期以毛足棒角蝗为优势种，中、后期亚洲小车蝗密度上升。室内试验测定结果显示，毛足棒角蝗和亚洲小车蝗均喜食禾本科植物，荧光定量 PCR 技术检测蝗虫嗉囊内含物的结果显示，在Ⅰ号样地两种蝗虫嗉囊主要牧草检出比例均与样地植被构成相关，但是个别蝗虫对于植被的取食比例与样地植被构成有差异，到后期亚洲小车蝗的表现尤为明显。

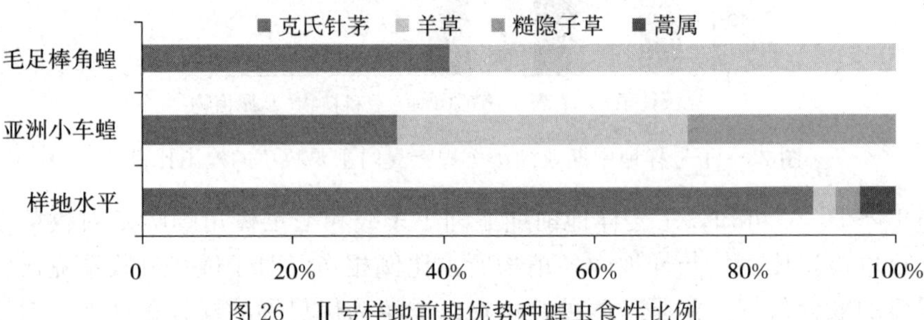

图 26　Ⅱ号样地前期优势种蝗虫食性比例

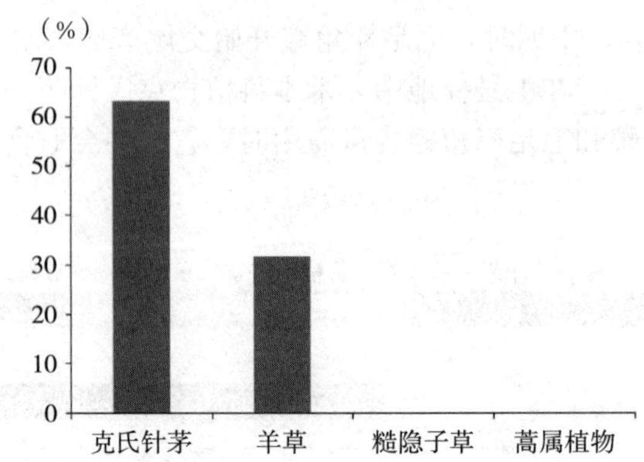

图 27　Ⅱ号样地前期毛足棒角蝗嗉囊内主要牧草的检出比例

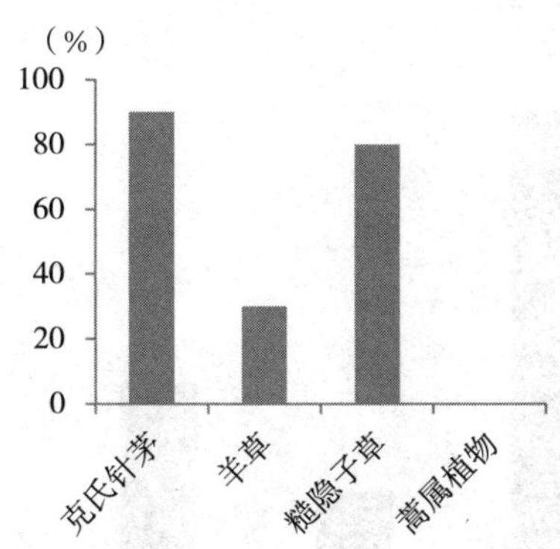

图 28　Ⅱ号样地前期亚洲小车蝗嗉囊内主要牧草的检出比例

由图 26～图 28 可知，Ⅱ号样地前期毛足棒角蝗对于克氏针茅和羊草均有取食，但是其对羊草的取食量大于克氏针茅；亚洲小车蝗对于羊草、克氏针茅、糙隐子草仍没有表现出较大的取食差异。

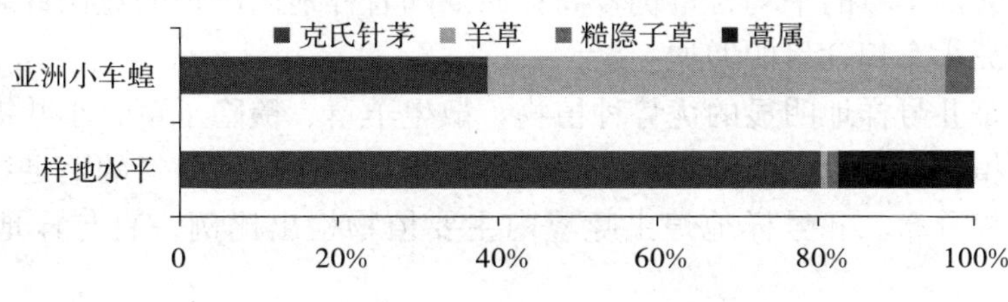

图 29　Ⅱ号样地中期优势种蝗虫食性比例

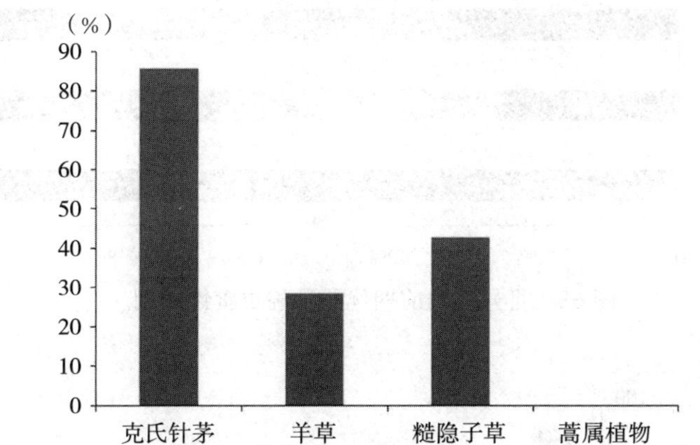

图 30　Ⅱ号样地中期亚洲小车蝗嗉囊内主要牧草的检出比例

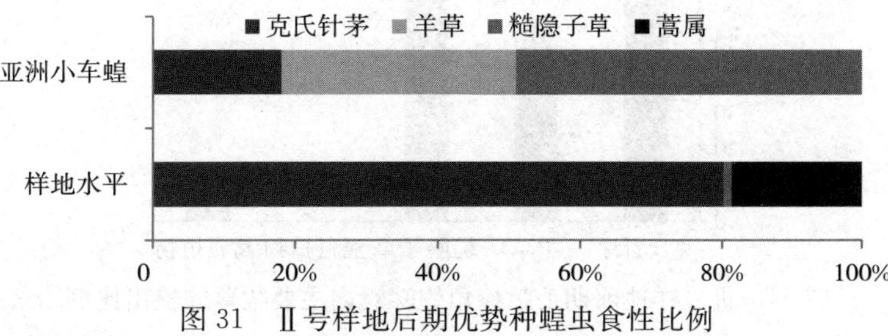

图 31　Ⅱ号样地后期优势种蝗虫食性比例

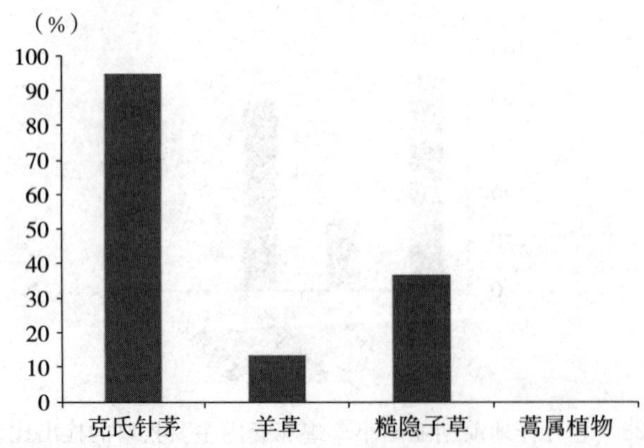

图 32　Ⅱ号样地后期亚洲小车蝗嗉囊内主要牧草的检出比例

由图 29～图 32 可知，Ⅱ号样地中、后期，样地内羊草生物量持续减少，克氏针茅占据绝对优势，此时样地在调查的范围内已经没有毛足棒角蝗的分布。Ⅱ号样地中期，亚洲小车蝗嗉囊内羊草的平均含量仍较高；后期随着样地内鲜嫩的克氏针茅和羊草的生物量减少，亚洲小车蝗食量的增加。

克氏针茅是Ⅱ号样地明显的优势种植物，散生羊草、糙隐子草、小叶锦鸡儿、银灰旋花、蒿类等植物，蝗虫以亚洲小车蝗为绝对优势种群，有一定量的毛足棒角蝗、短星翅蝗、宽须蚁蝗分布。Ⅱ号样地蝗虫嗉囊内主要植物检出比例一直与样地植物生物量相关。

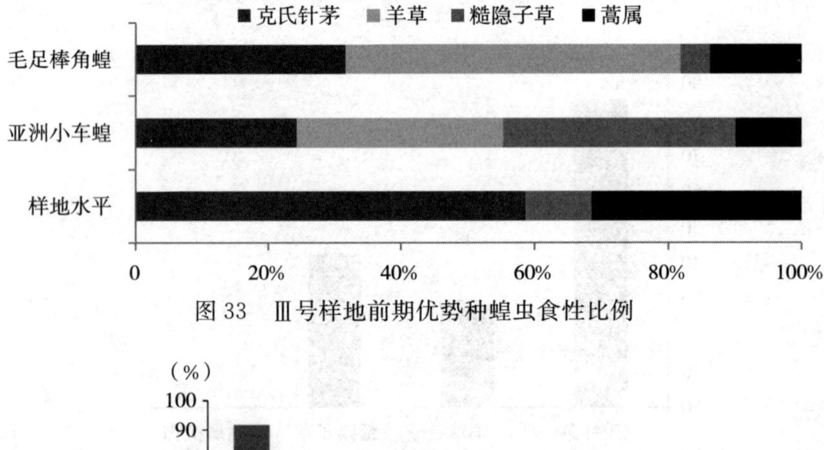

图 33　Ⅲ号样地前期优势种蝗虫食性比例

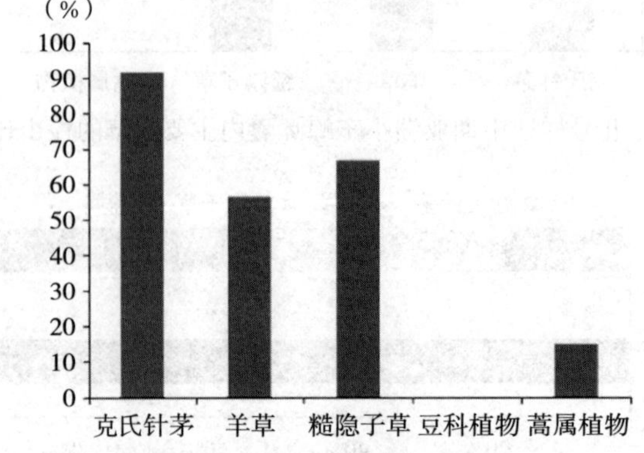

图 34　Ⅲ号样地前期毛足棒角蝗嗉囊内主要牧草的检出比例

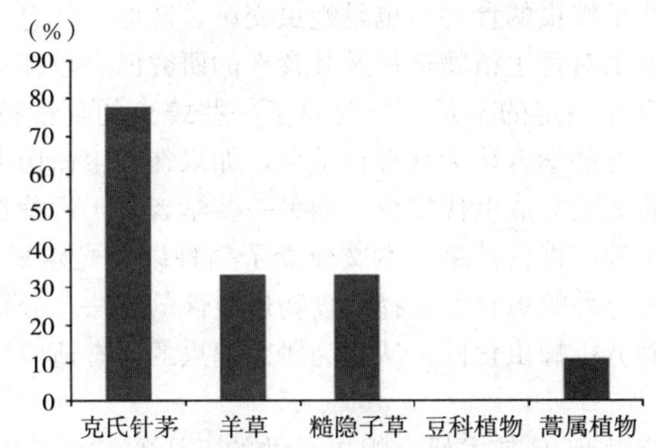

图 35　Ⅲ号样地前期亚洲小车蝗嗉囊内主要牧草的检出比例

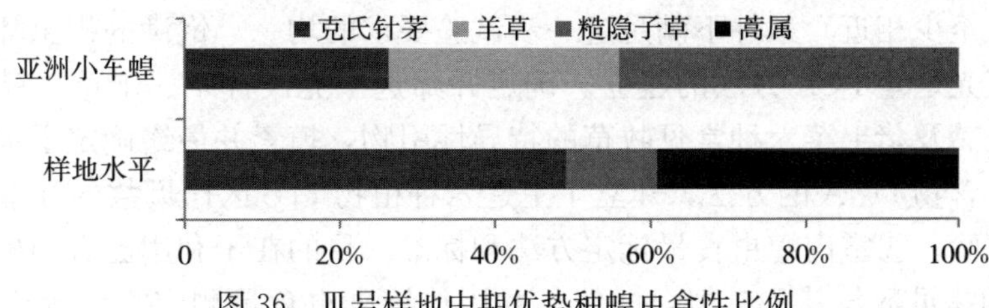

图 36　Ⅲ号样地中期优势种蝗虫食性比例

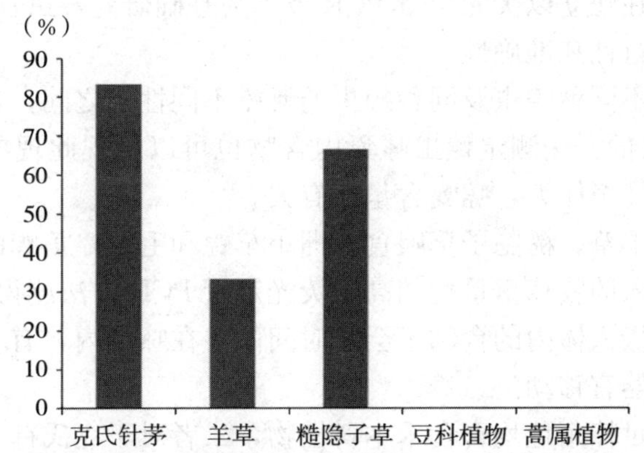

图 37　Ⅲ号样地中期亚洲小车蝗嗉囊内主要牧草的检出比例

Ⅲ号样地主要植被类型为克氏针茅、篦齿蒿、黄花蒿等，散生糙隐子草、羊草、小叶锦鸡儿、冷蒿等植物。亚洲小车蝗占有一定的发生优势，散生宽须蚁蝗、狭翅雏蝗，鼓翅皱膝蝗在特殊植被区聚集分布，前期偶有毛足棒角蝗发生。由图 33～图 35 可知，前期毛足棒角蝗还是偏向于取食羊草；亚洲小车蝗嗉囊内克氏针茅的检出比例明显高于其他植物。同时，在Ⅲ号样地前期，两种蝗虫嗉囊内均检出有一定量蒿属植物。

3　讨论

根据目前已经掌握的材料，内蒙古草原上有 168 种蝗虫，比较常见的是亚洲小车蝗、毛足棒角蝗、宽须蚁蝗、鼓翅皱膝蝗、白边痂蝗、狭翅雏蝗、短星翅蝗、红翅皱膝蝗、红腹牧草蝗等二十余种。所有的蝗虫均是植食性的，并且蝗蝻与其成虫常取食相同的寄主植物。寄主植物是蝗虫的食物，也是蝗虫交尾、产卵、休息、躲避敌害等活动行为的重要场所。关于蝗虫对寄主植物选择及其食性的研究已有较多报道。然而相关学者所用的研究方法尚且存在一定的不足，同时对于一些蝗虫的食性特点还存在一定的争议。例如亚洲小车蝗，有些学者认为其喜食羊草，如果在其生命历期中缺少羊草在这一营养源，亚洲小车蝗将无法完成世代发育；而另一些学者基于内蒙古典型草原上蝗虫分布的特点认为亚洲小车蝗应喜食针茅。本文建立了一种以荧光定量 PCR 的技术为基础研究内蒙古典型草原优势种蝗虫食物选择和食物适应性的方法，分析蝗虫嗉囊中食物种类及其组成比例，准确分析蝗虫食性，从而为研究蝗虫的生态适应性，更好地防治蝗虫提供精确条件。

本研究涉及荧光定量 PCR 技术研究蝗虫食性的方法的三个基础：①草原蝗虫嗉囊取样方法和标准。确定统一的在草原环境中提取蝗虫嗉囊的时间和保存方法，以确保可以获得相同（至少相近）条件下满足进一步试验要求的均一、饱满的蝗虫嗉囊。②蝗虫嗉囊内含物荧光定量 PCR 方法的建立。确定并筛选了克氏针茅、羊草、糙隐子草、小叶锦鸡儿、冷蒿及猪毛菜六种常见牧草的特异性引物，摸索并最终确定了提取常见牧草并蝗虫嗉囊内含物 DNA 的方法，建立了上述六种植物 ITS 区拷贝数的标准曲线，以应用于进一步试验。③室内蝗虫食量标定方法和标准。目的在于利用已有的标准曲线将各植物 ITS 区的拷贝数与其重量拟合曲线，并用传统昆虫食量测定方法确定该曲线的准确性。上述三个基础在建立以荧光定量 PCR 技术为基础研究蝗虫食性食量方法的同时，也评价了该方法的可行性和准确性。

众多学者认为，不同种蝗虫及同种蝗虫的雌雄不同性别之间，具有不同的食物消耗量。用荧光定量 PCR 的方法测定蝗虫嗉囊内含物也可以发现此现象。当然，这有可能与雌性蝗虫个体比雄性个体大，嗉囊含量大有关。

在以克氏针茅、羊草、糙隐子草喂食亚洲小车蝗和毛足棒角蝗的试验中，传统方法测得的蝗虫每小时摄入的牧草重量均稍高于荧光定量 PCR 方法测得的蝗虫嗉囊的重量。这是因为蝗虫每小时摄入体内的食物不会长时间停留在嗉囊内，有一定量的消化，并且也会向蝗虫其他消化器官移动。

亚洲小车蝗和毛足棒角蝗均喜食禾本科植物，二者对于克氏针茅的消化能力没有差异。然而，以羊草喂食亚洲小车蝗和毛足棒角蝗的试验中，传统方法测得的蝗虫每小时摄入的羊草重量与荧光定量 PCR 的方法测得的蝗虫嗉囊的羊草重量的差异要大于以克氏针茅喂食的试验结果，亚洲小车蝗尤其如此。就是说亚洲小车蝗消化羊草的速度大于消化克氏针茅的速度，这也解释了一些学者认为亚洲小车蝗更为喜食羊草。然而，有些专家认为亚洲小车蝗更愿意聚集于针茅为主要植被类型的草原上，笔者也发现了此现象，可能的原因是蝗虫在选择栖境时更多地选择生态环境而非单单考虑食物。

以糙隐子草喂食毛足棒角蝗的试验中，传统方法测得的蝗虫每小时摄入的糙隐子草重量与荧光定量 PCR 的方法测得的蝗虫嗉囊内糙隐子草重量的差异小于其他两种牧草，可能是因为在禾本科牧草中，毛足棒角蝗喜食糙隐子草的程度稍低。这也与毛足棒角蝗体型较小，属于植栖型蝗虫，喜欢牧草株高较高的环境，从而长期进化的结果有关。

本文还涉及其他 7 种蝗虫，宽须蚁蝗喜食禾本科植物，Ⅱ号样地中其相对多度与糙隐子草生物量损失呈正相关关系，但不能确定其喜食植物为糙隐子草，原因也可能在于

Ⅱ号样地亚洲小车蝗优势地位明显，由于亚洲小车蝗的大量发生，导致Ⅱ号样地植被群落结构有所改变，克氏针茅减少，底层植物糙隐子草得以显露，宽须蚁蝗取食糙隐子草以维持生存。狭翅雏蝗为晚期种，其相对多度与植物群落丰富度指数呈正相关关系，这与其取食禾本科、菊科、蔷薇科、豆科植物等杂食性相关。鼓翅皱膝蝗喜食菊科和蔷薇科的植物，在克氏针茅伴生菊科植物的草地类型中有聚集现象，其相关性尚需进一步检验。

文中亚洲小车蝗种群趋于群落结构简单、克氏针茅相对优势的植被环境，也与亚洲小车蝗取食趋向氮含量相对较低的植物有关。例如Ⅲ号样地，2010年克氏针茅和糙隐子草等禾本科植物占绝对优势，亚洲小车蝗发生密度很高，结果导致2011年草地群落结构变化明显，禾本科植物优势度下降，亚洲小车蝗孵化后迁出明显。昆虫的时间、空间及数量结构动态要依靠充足的食物资源去实现。有研究指出亚洲小车蝗营养生态位宽度较小，当食物资源不适合或不能满足其生长发育时，亚洲小车蝗需要迁移。

RDA分析与逐步回归分析结果一致，RDA分析信息量多，可以更直观地展示所分析数据间的生物学意义，具有可以最小变量组合解释多个生物学指标的能力。Ⅰ号样地分析结果植被群落特征参数能解释89.8%的蝗虫群落特征参数变化，羊草生物量损失率能解释蝗虫群落特征参数变化的81.6%。Ⅱ号样地植被群落特征参数能解释93.4%的蝗虫群落特征参数变化，克氏针茅生物量损失率能解释蝗虫群落特征参数变化的91.3%。

不同草地类型植物群落结构所构成的栖境条件影响蝗虫的群落组成，同时不同草地类型中优势种蝗虫导致优势种植物高受害率。当然，蝗虫对栖境的选择是多方面的，各环境因子彼此联系、相互影响，对蝗虫发生起着综合的生态效应。

Ⅰ号样地以羊草为优势植被，散生克氏针茅、糙隐子草、小叶锦鸡儿、银灰旋花、冷蒿、木地肤等植物，蝗虫种类多样性指数高，前期以毛足棒角蝗为优势种，中、后期亚洲小车蝗密度上升。荧光定量PCR技术检测蝗虫嗉囊内含物的结果显示，在Ⅰ号样地两种蝗虫的取食频次均与样地植被构成相关，但是个别蝗虫对于植被的取食比例与样地植被构成有差异，到后期亚洲小车蝗的表现尤为明显。

Ⅱ号样地中、后期，样地内羊草生物量持续减少，克氏针茅占据绝对优势，亚洲小车蝗对各植被的取食量及取食频次与样地各植物的生物量比例相关。

Ⅲ号样地主要植被类型为克氏针茅、篦齿蒿、黄花蒿等，散生糙隐子草、羊草、小叶锦鸡儿、冷蒿等植物。亚洲小车蝗占有一定的发生优势，散生宽须蚁蝗、狭翅雏蝗，短星翅蝗在特殊植被区聚集分布，前期偶有毛足棒角蝗发生。用荧光定量PCR技术检测蝗虫嗉囊内含物发现，前期毛足棒角蝗还是偏向于取食羊草；亚洲小车蝗取食克氏针茅多于羊草。同时，在Ⅲ号样地中，蝗虫嗉囊内有一定量蒿属植物的分布。

综合分析Ⅰ、Ⅱ、Ⅲ号样地荧光定量PCR技术检测蝗虫嗉囊内含物的结果，毛足棒角蝗对于羊草有一定的取食偏好，这与前面草地类型对蝗虫生态适应性的分析结果一致，可能是由于毛足棒角蝗体型相对较小，属于植栖型蝗虫，适于生活在以羊草这样相对高度较高的植被为主的群落中；亚洲小车蝗没有发现有明显的取食偏好，而前面草地类型对蝗虫生态适应性的分析结果表明亚洲小车蝗的相对多的与克氏针茅的损失率呈正相关关系，之所以会出现这样的差异，可能是因为亚洲小车蝗对于羊草和克氏针茅均属喜食类型，只是其不适宜生活在以羊草为主的植被类型当中。

应用生态位宽度公式和生态位重叠公式计算出亚洲小车蝗和毛足棒角蝗在典型草原上的生态位宽度分别为0.224和0.207。亚洲小车蝗对毛足棒角蝗的生态位重叠数值为0.125，毛足棒角蝗对亚洲小车蝗的生态位重叠数值为0.115。可以看出亚洲小车蝗和毛足棒角蝗营养生态位相似，生态位重叠很大，对于同一生境中的植被有强烈的食物竞争关系。

主要参考文献

李鸿昌，陈永林，1985. 草原生态系统研究［M］. 北京：科学出版社：154-165.

CEASE A J，ELSER J J，Ford C F，et al，2012. Heavy Livestock Grazing Promotes Locust Outbreaks by Lowering Plant Nitrogen Content［J］. Science，335（6067）：467-469.

FRANZKE A，UNSICKER S B，SPECHT J，et al，2010. Being a generalist herbivore in a diverse world：how do diets from different grasslands influence food plant selection and fitness of the grasshopper，*Chorthippus parallelus*?［J］. Ecological Entomology，35（2）：126-138.

MASON G，CACIAGLI P，ACCOTTO G P，et al，2008. Real-time PCR for the quantitation of Tomato yellow leaf curl Sardinia virus in tomato plants and in *Bemisia tabaci*［J］. Journal of Virological Methods，147（2）：282-289.

ROMINGER A J，COLLINS M S L，2009. Relative Contributions of Neutral and Niche-Based Processes to the Structure of a Desert Grassland Grasshopper Community［J］. Oecologia，161（4）：791-800.

IBANEZS，MANNEVILLE O，MIQUEL C，et al，2013. Plant functional traits reveal the relative contribution of habitat and food preferences to the diet of grasshoppers［J］. Oecologia，173（4）：1459-1470.

UNSICKER S B，FRANZKE A，SPECHT J，et al，2010. Plant species richness in montane grasslands affects the fitness of a generalist grasshopper species［J］. Ecology，91（4）：1083-1091.

生态学和生物学证据表明针茅加速亚洲小车蝗种群扩散

黄训兵[1,2]，Mark Richard McNeill[3]，马景川[1,2]，秦兴虎[1,2]，涂雄兵[1,2]，曹广春[1,2]，王广君[1,2]，农向群[1,2]，张泽华[1,2]

1. 中国农业科学院植物保护研究所，植物病虫害生物学国家重点实验室，北京 100193；2. 农业农村部锡林郭勒草原有害生物科学观测实验站，锡林浩特 026000；3. 新西兰林肯研究中心，新西兰，8140。

摘要 亚洲小车蝗是我国北方草原重要害虫之一，经常性发生，严重威胁草原生态。生物学观察发现，其主要聚集于针茅草地为害。据推测作为优势种的针茅可能促进了亚洲小车蝗的生长发育与种群扩散。连续四年的生态观测表明，亚洲小车蝗发生密度与针茅生物量显著正相关，与羊草生物量显著负相关，在针茅型草地，生长发育速率最快。饲喂试验表明，取食针茅的亚洲小车蝗生长发育最快，食物转化率最高。这些生态学和生物学表明在草原生态系统中针茅促进了亚洲小车蝗的生长发育与种群扩散，很好地解释了为什么亚洲小车蝗主要发生在针茅草地。本研究结果对于指导植被演替条件下的蝗虫治理具有重要的意义。

1 前言

植物与昆虫关系的建立是一个复杂的过程。植物作为昆虫重要的食物资源，显著影响昆虫生长发育、种群动态和分布，阐明昆虫分布、表型、生理、基因与植物间的关系一直以来是科学家解决的重要科学问题。对不同寄主植物需求的特异性，导致了植食性昆虫生殖隔离和物种分化，是昆虫多样性形成的关键因素之一。亚洲小车蝗，属直翅目 Orthoptera，斑翅蝗科 Oedipodidae，小车蝗属 *Oedaleus*，是我国北方草原优势种蝗虫，主要分布于我国内蒙古自治区，经常性发生为害，严重破坏草原生态和畜牧业生产，威胁我国北方生态屏障，是重要的草原生物灾害。亚洲小车蝗的发生与寄主植物存在紧密联系，但食物驱动的发生及成灾机制尚不明确。前期生物学观察发现，在自然条件下亚洲小车蝗对不同植物取食为害差异明显，其中对禾本科针茅的取食和破坏最为严重，在针茅草地发生密度要高于其他草地类型。到底是何种因素影响并决定了亚洲小车蝗对不同植物的适应性和选择性差异，是值得研究的问题。

寄主植物为昆虫提供了食物资源、交配场所和产卵场所等。作为食物资源，在近 4 亿年的协同进化过程中，植食性昆虫对不同植物形成了特定的取食偏好性和食物适应性。许多植物形成了抵御昆虫取食的防御机制，同样昆虫也形成了打破植物防御系统的适应机制。植食性昆虫反防御与寄主植物防御特性之间的相互适应差异导致了昆虫取食的选择性和适应性差异，因而表现出不同的适应策略，这是植物—昆虫协同进化的结果。

对于植食性昆虫来说，其对寄主的选择往往会随着植物特性的变化而产生变化，因而形成了不同食物选择模式，即具有不同的食物谱。80%～90%的植食性昆虫食物谱相对较窄，选择取食的植物种类相对较少，主要集中于某一科或属，为专食性昆虫（Specialist），如豌豆象（*Bruchus pisorum*）只取食豌豆，菜粉蝶（*Pieris rapae*）只取食十字花科植物；而10%～20%的植食性昆虫食物谱相对较宽，选择取食的植物种类多，一般分属于不同科，为广食性昆虫（Generalist），如棉铃虫（*Helicoverpa armigera*）能够取食 40 科 180 属 200 多种植物。植食性昆虫的食物选择性行为是一个复杂的过程，表现在昆虫内在对不同物质（如营养、维生素、微量元素）的生理需求及不同外来信号刺激的感受与反应特点。这一过程主要是通过体内特定的化学感受器来辨别植物产生的信号物质，例如植物分泌的次生代谢物和挥发物。昆虫借助多种感受器或通道对寄主植物产生的挥发物等刺激信号进行编码内导，经过大脑等神经系统的综合分析过程，对寄主植物做出选择性取食。因此，在植食性昆虫与寄主植物关系形成中，其对不同物质的化学信号识别占中心地位。通过科学的方法研究植食性昆虫与不同寄主植物的关系，能够明确昆虫的食物选择性，确定其是广食性昆虫还是专食性昆虫，对于了解昆虫生物学特性具有重要意义。

以蝗虫为例，国内外学者对蝗虫食物选择性的生态学证据进行了大量研究。这些研究主要基于蝗虫对植物的取食频数观察和植物消耗量测定，并以此为依据确定蝗虫对供试植物的选择性。通常，将蝗虫对植物的选择性分为嗜食、喜食、偶食和不取食 4 个级别。同时，通过模拟试验对蝗虫取食造成的植物损失进行了定量分析，并构建了能够反映不同密度蝗虫种群对不同牧草植物产量损失的模型，根据损失量分析了宽须蚁蝗（*Myrmeleotettix palpalis*）、邱式异爪蝗（*Euchorthippus cheui*）、红翅皱膝蝗（*Angaracris rhodopa*）、狭翅雏蝗（*Chorthippus dubius*）等草地优势种蝗虫从孵化到成虫期的食物选择差异。

近 4 亿年的协同进化使植食性昆虫形成了特定的寄主选择性和适应性，植物针对昆虫形成了较为完备的防御系统，而昆虫也能够适应并突破植物防御，充分利用寄主植物维持其生长发育与生殖，两者形成相互适应机制。植食性昆虫在食物的选择过程中，会随着植物营养及有毒物质特性的时空变化而发生变化，偏好于选择处于特定生长发育阶段或特定生理状态的植物，以便得到最大的营养摄入和最低的有害物质伤害，并保证最低的能量损失，以更好地维持生长发育和繁殖。影响植食性昆虫取食的因素众多，包括昆虫生理需求及特征，昆虫神经、行为特点以及众多的生态因子。其中，调控昆虫选择性取食的核心是昆虫对植物理化特性的适应能力，包括营养需求，以及对植物有毒物质或次生代谢物质的解毒或利用。也就是说，昆虫对植物的选择性取决于：①植物理化特性是否吸引昆虫；②植物营养能否满足昆虫生长发育；③昆虫自身的解毒能力。近些年来，基于植食性昆虫对食物选择的营养需求和解毒能力的研究越来越多，这些研究对于阐明昆虫食物选择性及其形成机制具有重要意义。

植物作为栖境组分和食物资源与昆虫种群的发生和为害紧密相关。以蝗虫种群为例，其发生密度、生长、繁殖能力、分布等受植被显著影响，掌握不同植被对蝗虫区域分布、种群动态、生长发育、生殖、取食特性以及基因表达的影响，从不同角度研究并评价蝗虫的食物适应性，能够为植物演替条件下蝗虫发生的中长期监测预警、宜生区划分及蝗害的生态控制提供理论指导。国内外许多学者从生物学及生态学的角度进行了深入研究和分析。针对东亚飞蝗的食物适应性研究发现，其主要取食禾本科、莎草科植物时，个体产卵量显著升高，取食双子叶植物的个体死亡率显著增加，东亚飞蝗对不同寄主植物适应性存在明显差异。针对亚洲小车蝗（*Oedaleous asiaticus*）食性和生长发育的定量分析表明，亚洲小车蝗选择取食禾本科植物，生长发育速率快，表现为高度适应性；不取食或非喜食植物不利于其生长发育及繁殖，表现出低适应性。以禾本科羊草饲喂亚洲小车蝗成虫时，其生长发育速率和生殖力高，而以冷蒿、菊叶委陵菜饲喂的个体则不能正常产卵，适应性差异显著。针对西藏飞蝗的研究表明，取食禾本科作物的蝗虫个体生长发育速率快、生殖力增强，表现为高度适应性；相反，蝗虫取食十字花科植物时，寿命缩短。针对意大利蝗（*Calliptamus italicus*）的食物适应性研究表明，意大利蝗倾向于取食萜类含量高的冷蒿，混合取食冷蒿和紫花苜蓿（*Medicago sativa*）最利于其生长发育和生殖。同时，寄主植物选择性研究发现，蝗蝻选择性取食冷蒿与针叶薹草（*Carex onoei*），而成虫则选择性取食新疆鼠尾草（*Salvia deserta*）、黄花苜蓿（*Medicago falcata*）和冷蒿，可见蝗虫食物选择和适应不仅随植物时空变化，也随自身生长发育阶段而变化。另外，蝗虫对寄主植物的取食为害也会随着植物群落结构变化而显著变化，通过对牧压增加引起的植被群落变化监测发现，亚洲小车蝗增加了对米氏冰草（*Agropyron cristatum*）和星毛委陵菜（*Potentilla acaulis*）的采食量，对克氏针茅的采食量显著降低，其生态位宽度变窄。对植物氮含量研究发现，植物群落向低含氮量变化时，容易诱发亚洲小车蝗的发生，亚洲小车蝗选择栖居于含氮量低的栖境中；过度放牧容易导致草地氮含量降低，加剧蝗灾的暴发为害。

生态因子一方面可以直接影响蝗虫的种群动态，另一方面草原植被生长势受气候条件的显著影响，也可以通过植物间接地影响蝗虫种群，进而导致蝗虫生态位中心的转移，即生物因素对昆虫的影响受非生物因素的影响。典型对应分析（CAA）黑河流域不同蝗虫种群研究表明，该区域蝗虫可分为6个类群，禾本科和菊科植物对蝗虫种群时空分布起到了决定性作用。总之，国内外学者已从共存机制、资源利用方式等不同角度阐述了蝗虫发生与植被之间的复杂关系。另外，对于某些昆虫，多种植物的存在具有某些特别的重要意义，不喜食植物与喜食植被混合在某种程度上能够促进部分昆虫的生长发育，这可能与营养平衡和有毒物质稀释有关。因此，研究植食性昆虫食物适应的生物学和生态学证据，明确食物适应性，是研究其作用机理的重要依据，能够为指导害虫发生监测预警、明确蝗虫宜生区和及时防控提供技术支撑。亚洲小车蝗作为草原优势种害虫之一，其发生势必受食物分布的影响。本研究通过连续四年草地蝗虫发生与植被监测，不同栖境和食物构成条件下蝗虫生长发育特征观察，旨在分析亚洲小车蝗生长发育、种群动态与不同食物的关系，明确亚洲小车蝗对不同食物的生态适应，为蝗灾的可持续治理提供生态学理论依据。

2 材料与方法

2.1 研究区域概况

研究地点位于内蒙古锡林郭勒盟（42°15′N～42°35′N，113°45′E～114°21′E），海拔1 300m，该区域属典型草原，土壤类型为栗钙土，年均降水量267mm，主要植物包括克氏针茅、羊草、糙隐子草、冷蒿、小叶锦鸡儿和其他少量杂类草。其中以针茅和羊草为优势植被，两者地上生物量之和占整个植物群落结构的80%以上。该区域为放牧草原，植被盖度30%～40%。

2.2 试验材料

植被样方框（1m×1m）、笼罩（材料为纱网，大小：1m×1m×1m）、捕虫网、袖笼、剪刀、纸袋、烘箱、电子天平（1/10 000）、GPS定位仪、铁铲、信封、方形盒（20cm×10cm×5cm）、电热恒温箱、蒸馏水、野外采集的新鲜植物（羊草 Lc、克氏针茅 Sk、糙隐子草 Cs、冷蒿 Af 和小叶锦鸡儿 Cm）等。

2.3 草地植被与蝗虫密度调查

为研究亚洲小车蝗发生密度与寄主植物分布关系，在研究区域范围内大约间隔10km选定一个1km^{2}样地，共选择8个样地于7月中旬开展了连续4年的蝗虫发生密度监测和植被调查。植被调查采用五点取样法，将植被调查用样方框置于随机选取的调查样地，调查1m^{2}样方框内植物的种类，以测尺量取每种植物的高度，目测估计植物的盖度，记录各植物的密度。将样方框内的所有植物齐地剪下，分种类装入信封中，置入电热恒温箱中90℃，38h烘干后以电子天平称重，测得各植物地上生物量。蝗虫调查采用网捕法进行，捕虫网直径40cm，以1km^{2}样地中心点开始，延东南西北四个方向扫网，每方向100复网作为一次重复，共四次重复，对每100复网中的亚洲小车蝗数量进行统计，得到相对密度 P（头/100复网）。

2.4 针茅、羊草草地亚洲小车蝗生长发育研究

为研究亚洲小车蝗生长发育与草地类型之间的关系，选取针茅草地和羊草草地连续4年(2013—2016)开展了罩笼试验。于每年的七月初，将1m×1m×1m无底罩笼固定于已选好的样地，每样地设置5个罩笼，作为5次重复，尽可能保证所处位置光照、风速等一致，并清除罩笼内蜘蛛等蝗虫潜在天敌。于锡林郭勒盟西乌旗(44°29′38″N，116°50′35.8″E)网捕4龄亚洲小车蝗，挑选雌性4龄健康蝗蝻，并随机放入不同栖境罩笼中，每罩笼16头。同时，将30头4龄蝗蝻于90℃，38h烘干后，用电子天平分别称取重量。每天观察罩笼中亚洲小车蝗的存活数，记录发育历期，并及时清除死亡个体。当罩笼内蝗蝻全部羽化为成虫后，取成虫于信封内，称取鲜重后于90℃，38h烘干，用电子天平分别称取干重。

2.5 针茅、羊草草地对亚洲小车蝗为害响应研究

为研究不同草地类型对亚洲小车蝗取食为害的响应差异，选取羊草草地和针茅草地于

2016年开展了罩笼试验。设置0头/m^2、3头/m^2、6头/m^2、9头/m^2、12头/m^2、15头/m^2蝗虫为害处理，每处理重复五次，每样地设置30个罩笼，共60个罩笼（罩笼设置方法同上）。选取亚洲小车蝗4龄雌性蝗蝻按处理水平分别置入罩笼中，当全部蝗蝻羽化为成虫时，近地面1cm处剪取植被，按种类分别装入信封，分别烘干称取干重（方法同上）。

2.6 不同食物对亚洲小车蝗生长发育影响研究

为明确亚洲小车蝗对不同寄主植物的选择性和适应性，于每年7～8月份在试验区域连续三年开展了罩笼饲喂研究（2013—2015）。设置典型草原5种常见植物羊草（Lc）、克氏针茅（Sk）、糙隐子草（Cs）、冷蒿（Af）、小叶锦鸡儿（Cm）单独喂食及5种植物混合（Mixture）喂食6个处理，在已去除植被的空旷区域分5排设置30个无底罩笼，每排6个，罩笼间距1m^2，采用随机区组实验设计，每处理重复5次。将野外采集的亚洲小车蝗4龄雌性蝗蝻（采集地点和方法同上）随机分配于30个罩笼之中，每罩笼16头。将30头4龄蝗蝻于90℃，38h烘干后，用电子天平分别称取重量，以便后续观察亚洲小车蝗体重变化。每天采集新鲜的羊草、克氏针茅、糙隐子草、冷蒿和小叶锦鸡儿，带回试验室内称取鲜重，对于单独饲喂植物的处理，每重复称取90g；对于5种植物混合植物构成的处理，按照1∶1∶1∶1∶1的比例，各植物称取18g，每重复共称取90g。将称取的植物分别插入盛有蒸馏水的方形盒中并固定，以供蝗虫取食，于每天上午8时更换食物。同时，在5种寄主植物中混合饲喂处理的罩笼中，观察了不同寄主植物对亚洲小车蝗的引诱系数，记录自放入寄主植物1h内停留在每种植物上的亚洲小车蝗数量。每天观察罩笼中亚洲小车蝗的存活数，记录发育历期，并及时清除死亡个体。当亚洲小车蝗进入5龄阶段时，每罩笼随机选取存活状态较好的雌成虫2头，立即置入0.9%生理盐水中解剖，取出消化道并清除消化道内残留食物，消化道和剩余躯体部分分别装入冻样管，以液氮速冻之后，立即置入−80℃超低温冰箱中保存，以备后续试验。当罩笼内蝗蝻全部羽化为成虫后，取成虫于信封内，称取鲜重后于90℃，38h烘干后，用电子天平分别称取重量。

2.7 亚洲小车蝗食物利用效率测定

为研究亚洲小车蝗对不同寄主植物的食物取食偏好，2015年测定了罩笼中亚洲小车蝗4龄蝗蝻到成虫的取食量。于每次更换食物时，按种类细心收集其取食剩余植物组织和粪便颗粒，分别装入信封，并做好标记，放入电热恒温箱中90℃，38h烘干，称量各植物剩余部分和粪便干重。另外设置5个罩笼作为对照CK，不放入亚洲小车蝗，按照1∶1∶1∶1∶1（羊草∶克氏针茅∶糙隐子草∶冷蒿∶小叶锦鸡儿）的比例称取五种植物，以同样的方式放入盛有蒸馏水的方形盒中，置入罩笼，每次更换食物时取出烘干，称量干重，测定并计算整个过程中植物的干湿重比P_i。

2.8 数据处理

亚洲小车蝗存活率*SR*（Survival rate,%）为各笼罩内蝗虫成虫存活数与起始4龄蝗蝻数目（N=16）的比值，体重增加量（Increased body dry mass，mg）=成虫干重（mg）−4龄起始蝗蝻干重（mg），蝗虫从4龄蝗蝻到成虫发育历期（d）计算采用加权平均数方法：

$$\bar{L}=(\sum_{i=1}^{n} i \times N_i)/N_t$$

其中，i 为个体从 4 龄蝗蝻到成虫的历期天数，N_i 为历期为 i 天的个体数，N_t 为蝗虫实验种群中存活到成虫的个体总数。亚洲小车蝗发育速率 GR（Growth rate，mg/d）$=\frac{\text{体重增加量（mg）}}{\text{发育历期（d）}}$，生活力指数=亚洲小车蝗存活率 SR×发育速率 GR。为更加明确不同草地类型在不同密度亚洲小车蝗为害后植物生物量变化情况，生物量变化程度用公式：

$$\mathrm{d}B=\frac{\text{为害后草地生产力(g)}-\text{无为害草地生产力(g)}}{\text{无为害草地生产力(g)}}$$

不同寄主植物引诱系数为取食某一寄主植物的亚洲小车蝗数量/对不同寄主植物取食的亚洲小车蝗总数。取食量 C_i［g/（头·d）］计算公式为：

$$C_i=\frac{F_iP_i-E_i}{S}$$

其中，F_i 为对某一寄主植物的生物量（鲜重），P_i 为已测定的干湿重比，E_i 为某寄主植物被取食后剩余干重，S 为亚洲小车蝗存活数量。

亚洲小车蝗对不同寄主植物的食物近似消化率 AD（Approximate digestibility）计算公式为：

$$AD=\frac{100\times(\text{取食食物干重}-\text{粪便干重})}{\text{取食食物干重}}$$

食物利用率 ECI（Efficiency of conversion of ingested food）计算公式为：

$$ECI=\frac{100\times\text{体重增加干重}}{\text{取食食物干重}}$$

食物转化率 ECD（Efficiency of conversion of digested food）计算公式为：

$$ECD=\frac{100\times(\text{体重增加干重})}{\text{取食食物干重}-\text{粪便干重}}$$

蝗虫发生密度与植物生物量的关系采用回归分析（regression analysis）和主因子分析（PCA）方法检验，t 检验（Student's t-test）用于比较不同草地类型对亚洲小车蝗生长发育的影响，线性回归分析不同草地类型对亚洲小车蝗为害的敏感性和耐受性差异。亚洲小车蝗体长、体重、发育历期、存活率、引诱系数、食物近似消化率、利用率和转化率等比较采用方差分析（One Way ANOVA，SAS 8.0）。

3 结果与分析

3.1 亚洲小车蝗发生与植物生物量关系分析

亚洲小车蝗相对密度（头/100 复网）与植物生物量的关系分析表明，亚洲小车蝗发生密度与羊草地上生物量显著乘幂负相关（$y=10.157x^{-0.67}$，$R^2=0.567$，$N=32$，$F=39.283$，$P<0.001$）（图 1），与针茅地上生物量呈显著线性正相关（$y=0.1192x-0.1375$，$R^2=0.823$，$F=139.388$，$P<0.001$）（图 2），与草地植被总生物量呈显著线性正相关（$y=0.1234x-3.4072$，$R^2=0.298$，$N=32$，$F=11.913$，$P=0.002$）（图 3），而与杂类草生物量相关性不显著（$P>0.05$）（图 4）。可见，亚洲小车蝗发生受寄主植物的分布显著影响，针茅分布利于亚洲小车蝗的发生，羊草分布不利于亚洲小车蝗的发生。

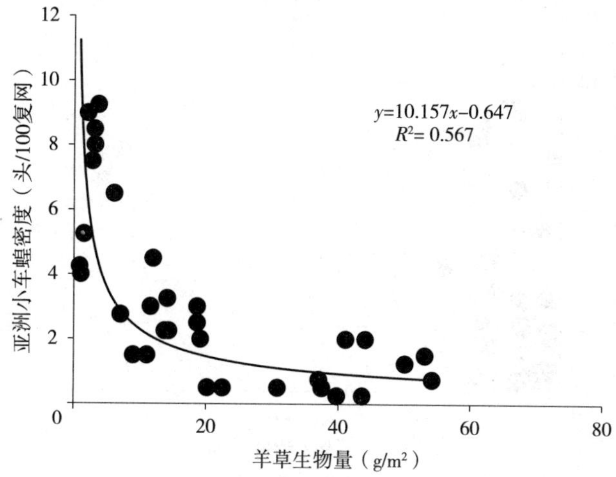

图 1　亚洲小车蝗发生密度与羊草地上生物量关系

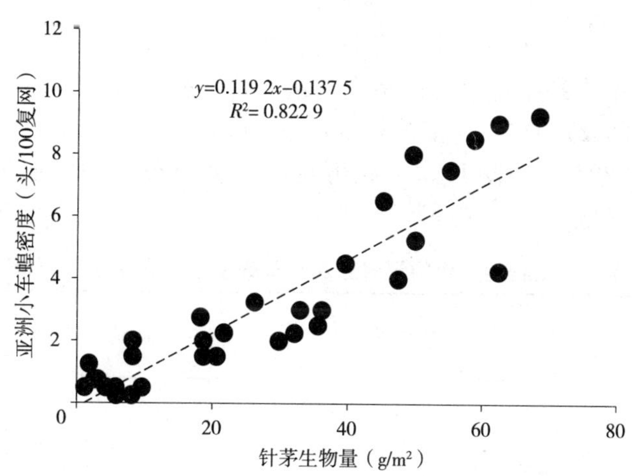

图 2　亚洲小车蝗发生密度与针茅地上生物量关系

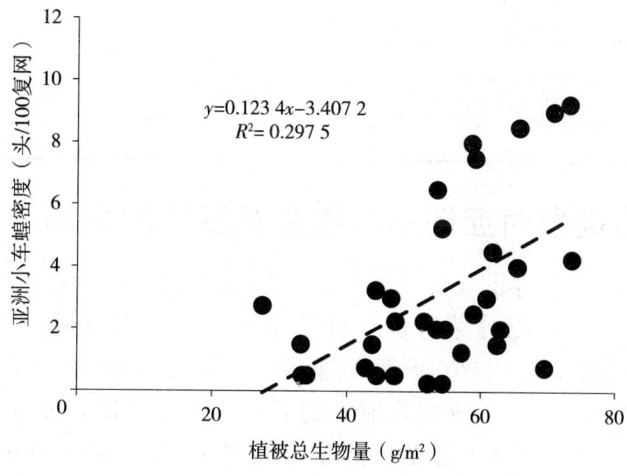

图 3　亚洲小车蝗发生密度与草地植被总地上生物量关系

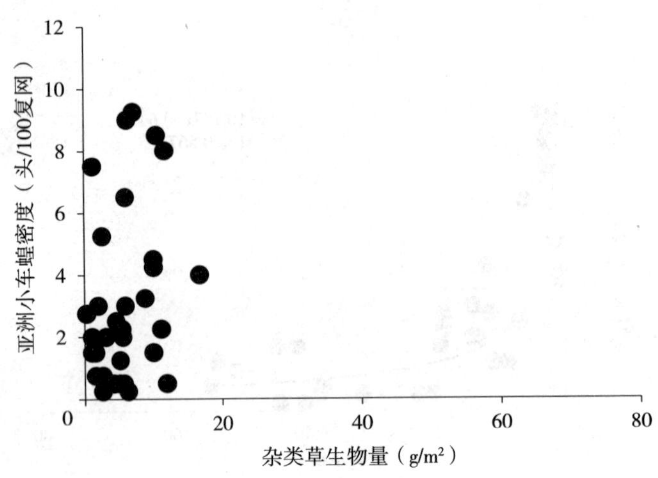

图 4　亚洲小车蝗发生密度与杂类草地上生物量关系

主因子分析（PCA）表明，其特征根（eigenvalue）和贡献率（variance contribution rate）由大到小排序为针茅生物量（特征根=2.297，贡献率=57.431）>羊草生物量（0.961，24.026）>植被总生物量（0.733，18.321 6）>其他杂类草植被生物量（0.009，0.222）（表 1）。由此可见，针茅分布是诱发亚洲小车蝗发生的主因子。

表 1　植物地上生物量对亚洲小车蝗发生影响主因子分析

因子	特征值	贡献率	累加贡献率
针茅地上生物量（g/m²）	2.297	57.431	57.431
羊草地上生物量（g/m²）	0.961	24.026	81.457
总地上生物量（g/m²）	0.733	18.321	99.778
杂类草地上生物量（g/m²）	0.009	0.222	100.000

3.2　不同草地类型对亚洲小车蝗生长发育的影响

不同草地类型栖境条件下亚洲小车蝗由 4 龄发育到成虫的存活率、体重、发育历期、生长速率分析表明，以针茅为优势种的草地（针茅型草地）中亚洲小车蝗存活率（图 5）、体重（图 7）、生长速率（图 8）均显著或极显著高于（$t=3.012\sim4.366$，$df=4$，$P<0.05$）羊草型草地中的亚洲小车蝗个体，而发育历期（图 6）显著低于羊草草地（$P<0.05$）。可见，针茅型草地更利于亚洲小车蝗的生长发育和存活。

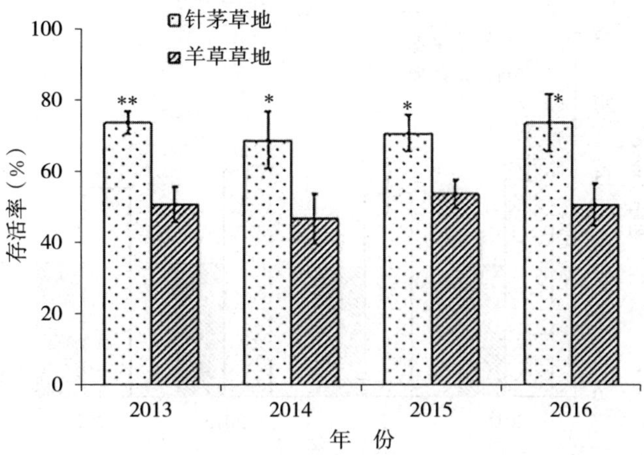

图 5　亚洲小车蝗在羊草型和针茅型草地中存活率比较

注：* 代表$P<0.05$，**代表$P<0.01$。

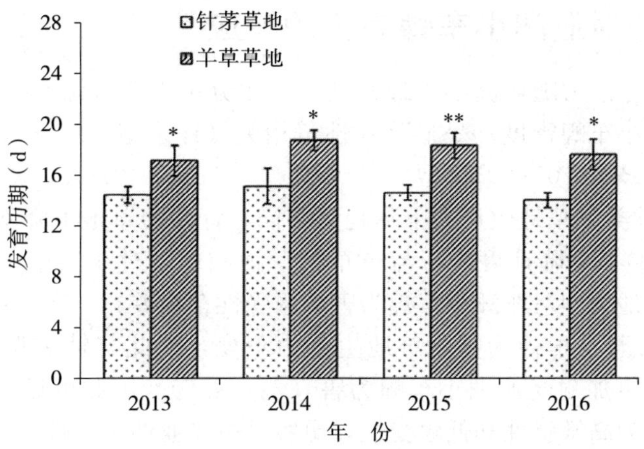

图 6　亚洲小车蝗在羊草型和针茅型草地中发育历期比较

注：* 代表$P<0.05$，**代表$P<0.01$。

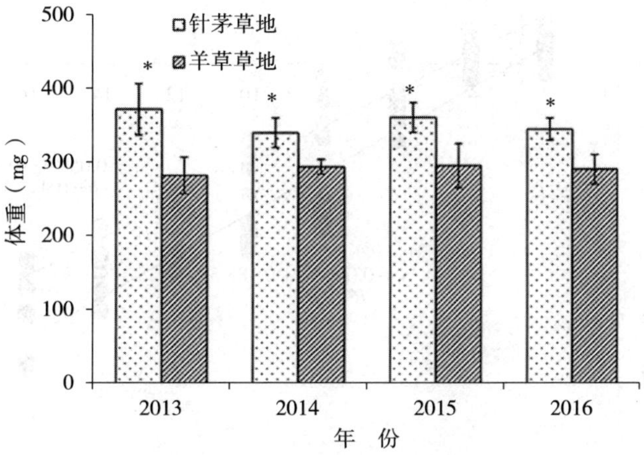

图 7　亚洲小车蝗在羊草型和针茅型草地中体重比较

注：* 代表$P<0.05$，**代表$P<0.01$。

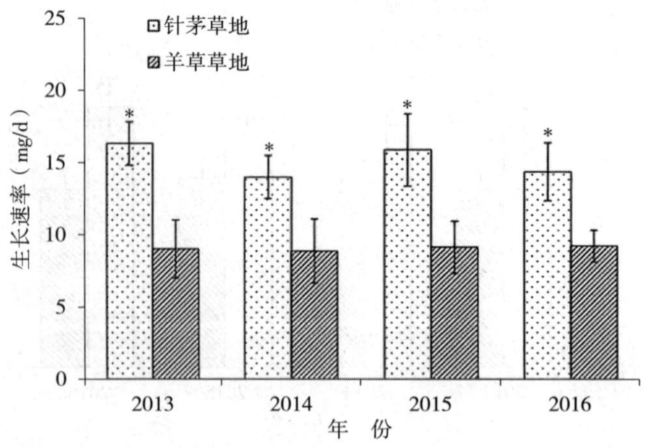

图 8 亚洲小车蝗在羊草型和针茅型草地中发育速率比较

注：* 代表 $P<0.05$，** 代表 $P<0.01$。

3.3 不同草地对亚洲小车蝗为害的响应

不同草地类型生产力随亚洲小车蝗密度的变化分析表明（图 9），针茅型和羊草型草地生产力与亚洲小车蝗密度均呈显著线性负相关（针茅型：$y=-0.0667x+0.1885$，$R^2=0.9135$，$P<0.05$；羊草型：$y=-0.0593x+0.2726$，$R^2=0.9453$，$P<0.05$）。但两种草地类型草地生产力下降趋势不同，针茅型草地下降斜率大于羊草草地（$0.0667>0.0593$），下降速度快，与羊草型草地相比，对亚洲小车蝗的为害更加敏感。同时，不同草地类型对亚洲小车蝗为害的耐受性存在差异，当 $y=0$ 时表示在此 x_0 强度下草地耐受亚洲小车蝗为害，草地生产力不变，因此与针茅型草地相比（$x_0=2.8$），羊草型草地更加耐受亚洲小车蝗为害（$x_0=4.6$）。由此可见，针茅型草地对亚洲小车蝗为害表现为高敏感性和低耐受性，更容易遭受亚洲小车蝗的破坏。

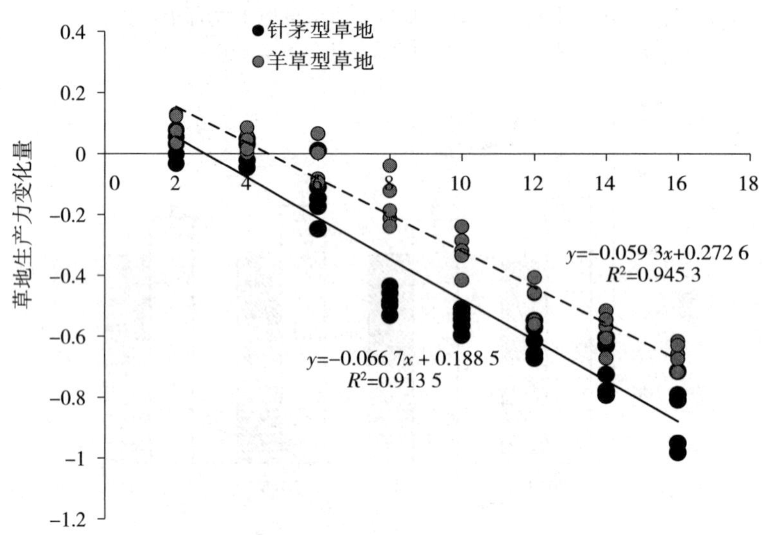

图 9 羊草和针茅型草地植被地上生物量变化与亚洲小车蝗密度关系

3.4 不同食物对亚洲小车蝗生长发育的影响

比较不同食物条件下亚洲小车蝗生长发育指标发现，针茅处理同混合植物处理的亚洲小车蝗个体存活率（图 10）、体重（图 12）和发育速率（图 13）显著高于（$P<0.05$）其他处理，发育历期显著缩短（$P<0.05$）（图 11）。禾本科植物处理的亚洲小车蝗存活率和发育速率显著高于（$P<0.05$）菊科和豆科处理，发育历期显著缩短（$P<0.05$）。除少量取食冷蒿的亚洲小车蝗在 2013 年能够存活到成虫外，其他年份取食冷蒿（可发育到 5 龄蝗蝻）和小叶锦鸡儿（5d 之内全部死亡）的亚洲小车蝗个体均不能发育到成虫，不能完成生活史。由此可见，与豆科植物和菊科相比，禾本科植物利于亚洲小车蝗的生长发育。在 3 种禾本科植物中，克氏针茅最利于亚洲小车蝗的生长发育。

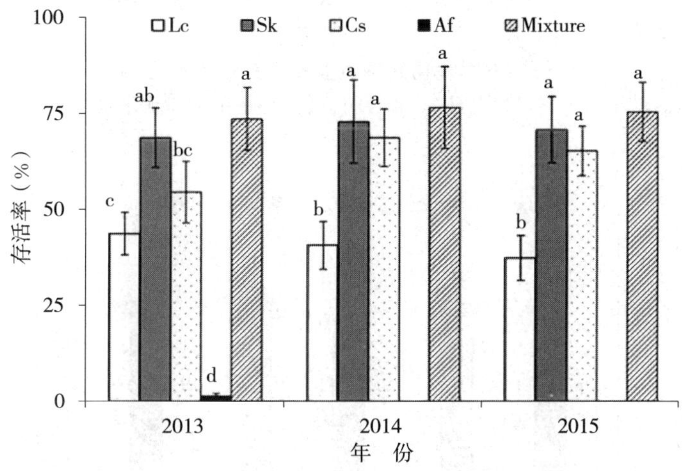

图 10 不同食物处理对亚洲小车蝗存活率的影响

注：不同小写字母代表同一年份亚洲小车蝗存活率在 0.05 水平差异显著。

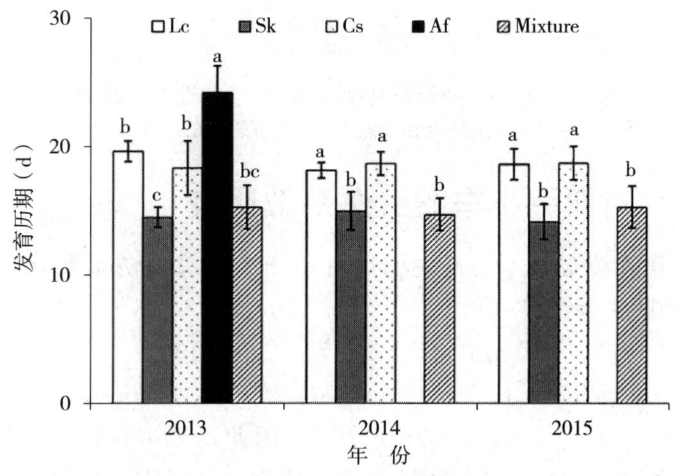

图 11 不同食物处理对亚洲小车蝗发育历期影响

注：不同小写字母代表同一年份亚洲小车蝗发育历期在 0.05 水平差异显著。

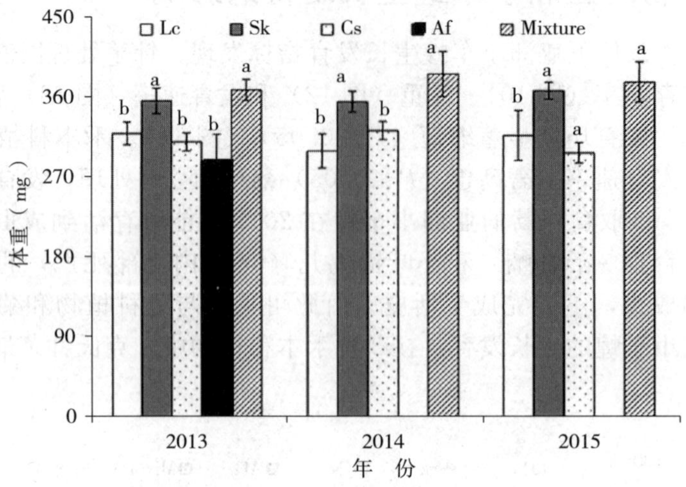

图 12 不同食物处理对亚洲小车蝗体重影响

注：不同小写字母代表同一年份亚洲小车蝗体重在 0.05 水平差异显著。

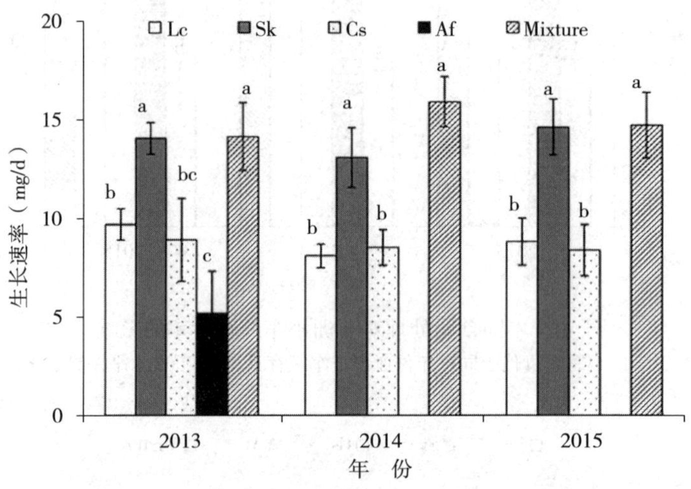

图 13 不同食物处理对亚洲小车蝗生长速率的影响

注：不同小写字母代表同一年份亚洲小车蝗发育速率在 0.05 水平差异显著。

3.5 不同食物对亚洲小车蝗引诱系数比较

2013—2015 年连续观察不同寄主植物对亚洲小车蝗引诱系数（图 14）发现，引诱系数由大到小排序为针茅［0.52±0.05（2013），0.65±0.07（2014），0.56±0.08（2015）］＞糙隐子草（0.37±0.07，0.26±0.07，0.23±0.06）＞羊草（0.11±0.03，0.09±0.04，0.2±0.03）＞冷蒿（0.04±0.02，0.08±0.03，0.06±0.02）＞小叶锦鸡儿（0，0，0.02±0.01）。因此，禾本科寄主植物对亚洲小车蝗的引诱能力显著高于（$P<0.05$）菊科和豆科植物，在禾本科植物中以针茅对亚洲小车蝗的引诱能力最高。

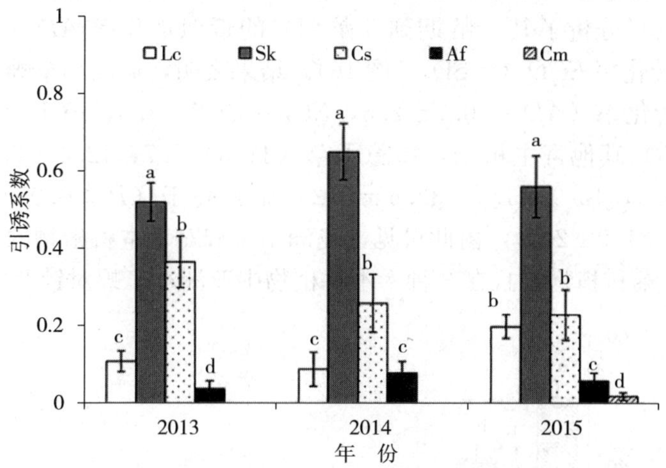

图 14 不同食物对亚洲小车蝗引诱系数比较

注：不同小写字母代表同一年份不同食物对亚洲小车蝗引诱系数在 0.05 水平差异显著。

3.6 亚洲小车蝗对不同食物取食量比较

比较在 5 种植物 1∶1∶1∶1∶1 处理中亚洲小车蝗从 4 龄期到成虫期对不同食物的取食量（图 15），结果表明对针茅的取食量最高（1.25±0.28，$P<0.05$），其次是糙隐子草（0.32±0.13），再次是羊草（0.19±0.11）。对冷蒿和小叶锦鸡儿的取食量最低，分别为 0.12±0.07 和 0.07±0.03。可见，亚洲小车蝗对禾本科植物的取食量显著高于（$P<0.05$）豆科和菊科植物，在 3 种禾本科植物中以取食针茅最多。

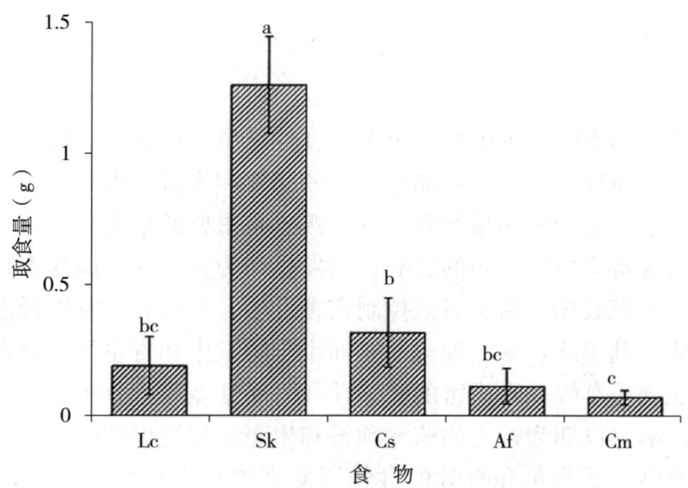

图 15 亚洲小车蝗对不同食物取食量比较

注：不同小写字母代表亚洲小车蝗对不同食物取食量在 0.05 水平差异显著。

3.7 亚洲小车蝗对不同食物的利用率比较

由于小叶锦鸡儿处理的亚洲小车蝗个体在 5d 之内全部死亡，因此只分析比较了亚洲小车蝗对羊草、针茅、糙隐子草和冷蒿（由于2015年冷蒿罩笼中亚洲小车蝗不能发育至成虫期，所以只分析了其4龄期到5龄期）的近似消化率 *AD*（±SD）、利用率 *ECI*（±SD）和转化率 *ECD*（±SD）（图16）。结果表明，亚洲小车蝗对针茅的近似消化率、利用率和转化率（*AD*＝50.7±2.6，*ECI*＝19.2±2.5，*ECD*＝37.9±2.1）显著高于（$P<0.05$）其他寄主植物，糙隐子草（41.3±2.7，12.4±2.3，30.0±2.4）和羊草（34.5±3.6，12.9±1.4，32.6±3.2）显著高于（$P<0.05$）冷蒿（37.2±4.7，11.8±3.3，31.9±2.0）。由此可见，亚洲小车蝗对禾本科植物的综合利用率显著高于（$P<0.05$）菊科植物，且在3种禾本科植物中亚洲小车蝗对针茅的利用率最高。

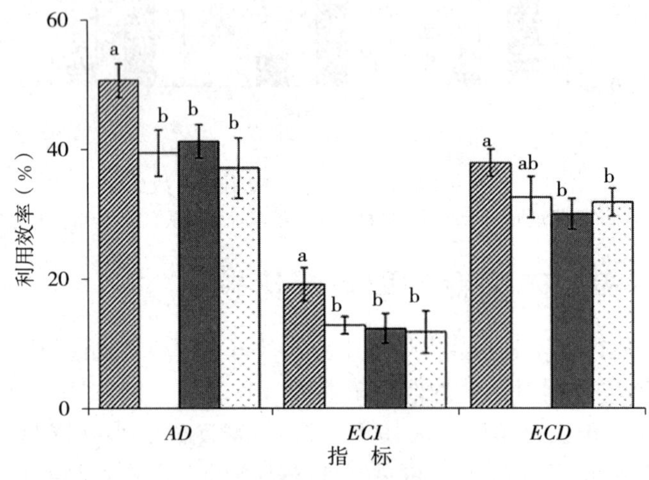

图16　亚洲小车蝗对不同食物利用率比较

注：不同小写字母代表亚洲小车蝗对不同食物利用效率在0.05水平差异显著。

4　讨论

许多研究已经表明不同寄主植物会影响植食性昆虫种群发生，对昆虫具有引诱或趋避作用，有利的寄主条件可能导致或加速害虫的暴发和为害。因此，掌握昆虫发生与食物分布的关系有助于灾害的监测预警和治理。蝗虫是重要的草地害虫之一，其发生动态和空间分布同样会受寄主植物分布的影响，其发生与为害经常会破坏农牧业生产，造成严重的经济损失和生态破坏。为了有效控制灾害发生，掌握灾害发生诱因及准确预测其空间分布十分重要。基于此，本文探索了亚洲小车蝗发生和寄主植物分布关系，研究了不同草地类型对亚洲小车蝗取食为害的敏感性和耐受性差异，分析了不同食物对亚洲小车蝗生长发育的影响，以期为蝗灾的监测预警和生态治理提供理论基础。

植食性动物通常需要充足和有效的食物资源来维持生长发育和生殖。在自然环境中，食物资源减少或匮乏会对其种群动态产生不利影响。通常来说植食性昆虫发生与植被地上生物量表现为正相关，特别是在植被资源短缺的放牧草原。这也解释了为什么亚洲小车蝗发生密度与典型草原地上生物量呈显著正相关。同时，本文研究结果发现亚洲小车蝗发生密度与羊草地上生物量呈显著负相关，而与针茅呈显著正相关，羊草型草地不利于亚洲小车蝗的生长发育，有两方面的因素可以解释。第一，主因子分析（PCA）

表明，针茅地上生物量作为主因子与亚洲小车蝗发生密度呈显著正相关，且与羊草地上生物量显著负相关（correlation coefficient $R=-0.824$，$P<0.01$）。因此，亚洲小车蝗的发生密度会随草地针茅的生物量下降而下降，针茅作为主因子影响了亚洲小车蝗的发生和分布。第二，羊草及其作为优势种构成的栖境中氮含量较高，不利于亚洲小车蝗的生长发育，因此亚洲小车蝗与羊草地上生物量呈显著负相关。以上两点同样可以解释为什么羊草型草地对亚洲小车蝗表现为高耐受和低敏感性，而针茅型草地表现为低耐受和高敏感性。除了食物因素外，不同栖境微环境变化，例如湿度、光照和温度等都会影响昆虫的生长发育和分布。因此，亚洲小车蝗更适宜于生存于针茅栖境的另一潜在因素可能是以针茅为优势种植物构成的栖境微环境更加适合其生长发育。

本文生态学证据表明亚洲小车蝗的发生与针茅的分布紧密相关，作为充分条件，却不能证明在没有或少有针茅的其他草地中亚洲小车蝗不会发生。因为亚洲小车蝗可以通过取食其他植物例如糙隐子草、冰草等来维持生长发育和种群存在。本研究可以表明针茅有助于亚洲小车蝗的发生和成灾。针茅是欧亚草原重要的优势种植物之一，在我国北部、哈萨克斯坦、蒙古国和西伯利亚等地区广泛分布。基于亚洲小车蝗与针茅的正相关关系，在全球气候变暖的背景下，这些针茅分布区域将来可能是亚洲小车蝗扩散存在或种群流行的潜在区域，应当加强亚洲小车蝗的监测预警。该研究对于指导亚洲小车蝗生态调控和灾害管理具有重要意义。例如，放牧能够改变草地植被群落结构，对于喜食羊草的动物来说，一定强度放牧或其他干扰会加速羊草型草地向针茅型草地的转变，为亚洲小车蝗提供了合适的生存栖境，进而加重对草地的破坏。因此，应当加强放牧管理和蝗虫灾害监测相结合。同样，针茅型草地向羊草型草地的转变，能够减少亚洲小车蝗的为害，通过合理放牧和草地工程，可以做到趋利避害，结合利用寄主植物的“推—拉策略”实现亚洲小车蝗的生态调控。

尽管本文分析了亚洲小车蝗与寄主植物分布的生态学关系，以及不同草地类型对亚洲小车蝗取食为害的响应，但为什么存在这种关系，以及羊草、针茅、糙隐子草、冷蒿等草地常见植物究竟如何影响亚洲小车蝗生物学等都是需要不断探索的问题。植被与蝗虫之间存在着紧密而复杂的关系，一方面植物为蝗虫提供适宜的栖息地，但最为直接的是为其提供了食物资源。本文通过研究发现亚洲小车蝗对不同食物适应性存在显著差异，主要表现在生长发育指标的不同、引诱系数的不同和食物利用上的差异，科间与科内植物均会造成亚洲小车蝗适应性差异。主要表现在：第一，亚洲小车蝗对不同寄主植物的适应性由高到低为针茅＞糙隐子草＞羊草＞冷蒿＞小叶锦鸡儿，即禾本科＞菊科＞豆科。第二，不同寄主植物对亚洲小车蝗引诱系数由高到低为针茅＞糙隐子草＞羊草＞冷蒿＞小叶锦鸡儿，亦遵循禾本科＞菊科＞豆科的规律。第三，亚洲小车蝗对针茅的取食量和消化利用率 AD、ECI、ECD 等指标显著高于其他植物，且禾本科高于菊科。因此，推断亚洲小车蝗作为专食性昆虫选择性取食禾本科植物，取食豆科小叶锦鸡儿和菊科冷蒿的 4 龄蝗蝻不能发育到成虫，不能完成其生活史。另外，即使同属于禾本科植物，不同植物对亚洲小车蝗也存在不同影响，其中与糙隐子草和羊草相比，针茅作为最优食物资源利于亚洲小车蝗生长发育，最终表现在草地生态系统中亚洲小车蝗高密度发生。而豆科小叶锦鸡儿与菊科冷蒿作为食物胁迫不利于亚洲小车蝗的生长发育和发生。这与野外观测结果一致，当多种植物共同存在时，亚洲小车蝗对针茅的为害严重，且造成大量的掉落损失（图 17）。

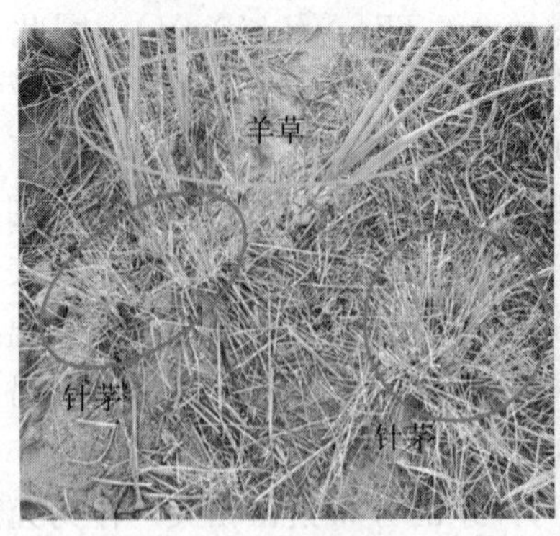

图 17　亚洲小车蝗取食为害针茅

也就是说，在长期的进化中针茅作为最佳寄主植物最利于亚洲小车蝗的生长发育，为亚洲小车蝗提供了优良的食物资源，显著引诱亚洲小车蝗的取食为害。这也就解释了为什么在自然草地生态系统中亚洲小车蝗发生密度与针茅地上生物量呈显著正相关，且亚洲小车蝗能够较好地栖居于针茅为主的草地。这支持针茅作为优势种植物决定亚洲小车蝗分布的结论。同时，亚洲小车蝗对针茅的取食量和利用率最高，能够引起针茅的较大损失，因此，以针茅为优势种的草地类型应该加强亚洲小车蝗的监测和及时防控。

利用害虫对不同寄主植物的取食特性和生物学特点能够有力地指导害虫灾害控制。同样，本研究为亚洲小车蝗孳生地的改善、灾害生态调控提供了理论基础。例如，在实际生产中，通过合理利用自然演替、调整放牧强度结合人工种植牧草等方式，适当减少针茅分布，可以改善亚洲小车蝗孳生地，降低亚洲小车蝗成灾概率。

植物化学特性是植物—昆虫高强度“军备竞赛中”最为关键的因子，为植物抵御昆虫取食提供了营养屏障和化学武器。同样，昆虫经过长期协同进化形成了突破植物防御系统的机制，因而导致对不同寄主植物的适应性差异。昆虫反防御—植物防御，此消彼长，不断变化。尽管本文研究了亚洲小车蝗对不同食物的生态适应，但是造成这种关系的“植物防御—昆虫反防御”机制尚不清楚，即亚洲小车蝗对不同化学特性寄主植物适应性差异的生理生化及分子生物学基础需要进一步的研究。例如，菊科冷蒿中高含量的萜类、黄酮类等次生代谢物质（王晗等，2010）是否不利于亚洲小车蝗的生长发育，亚洲小车蝗会采取什么样的生理生化和分子生物学反应来适应食物变化和维持生存，是需要进一步分析和解决的关键问题。

主要参考文献

刘贵河，王国杰，汪诗平，等，2013. 内蒙古典型草原主要草食动物食性及其营养生态位研究——以羊草群落为例［J］. 草业学报，22（1）：103-111.

吕蔷，2008. 推拉策略对昆虫的调控作用研究进展［J］. 现代农业科技（11）：177-179.

吴惠惠，徐云虎，曹广春，等，2012. 内蒙古典型草原草地类型对蝗虫群落优势种群的生态效应［J］. 中国农业科学，45（20）：4178-4186.

CEASE A J，HAO S，KANG L，et al，2010. Are color or high rearing density related to migratory polyphenism in the band-winged grasshopper，*Oedaleus asiaticus*？［J］. Journal of Insect Physiology，

56 (8): 926-936.

CEASE A J, ELSER J J, FORD C F, et al, 2012. Heavy Livestock Grazing Promotes Locust Outbreaks by Lowering Plant Nitrogen Content [J]. Science, 335 (6067): 467-469.

FRANZKE A, UNSICKER S B, SPECHT J, et al, 2010. Being a generalist herbivore in a diverse world: how do diets from different grasslands influence food plant selection and fitness of the grasshopper *Chorthippus parallelus*? [J]. Ecological Entomology, 35 (2): 126-138.

植物次生代谢物对亚洲小车蝗基因表达影响研究

黄训兵[1,2]，Mark Richard McNeill[3]，马景川[1,2]，秦兴虎[1,2]，涂雄兵[1,2]，
曹广春[1,2]，王广君[1,2]，农向群[1,2]，张泽华[1,2]

1. 中国农业科学院植物保护研究所，植物病虫害生物学国家重点实验室，北京 100193；2. 农业农村部锡林郭勒草原有害生物科学观测实验站，锡林浩特 026000；3. 新西兰林肯研究中心，新西兰，8140。

摘要 为研究植物营养和次生代谢物与亚洲小车蝗之间的关系，本研究通过单一植物饲喂试验，分析了亚洲小车蝗发育、关键酶活性和基因转录表达与不同植物化学特性之间的关系。结果表明，亚洲小车蝗生活力与植物营养（淀粉、脂类和蛋白质）含量呈显著正相关，与植物次生代谢物质含量呈显著负相关。蝗虫脂肪酶、蛋白酶、淀粉酶活性分别与植物体内的脂肪、蛋白质和淀粉含量呈正相关，细胞色素 P450、谷胱甘肽硫转移酶、羧酸酯酶活性与植物次生代谢物含量呈正相关。冷蒿作为食物胁迫，具有“高次生代谢物，低营养物质含量”的化学特性，导致营养代谢相关酶活性降低，解毒相关酶活性升高，不利于亚洲小车蝗的生长发育。克氏针茅作为最优食物资源，具有“低次生代谢物，高营养物质含量”的化学特性，导致营养代谢相关酶活性升高，解毒相关酶活性降低，利于亚洲小车蝗的生长发育。

1 前言

寄主植物为昆虫提供了食物资源、交配场所和产卵场所等。作为食物资源，在近 4 亿年的协同进化过程中，植食性昆虫对不同植物形成了特定的取食偏好性和食物适应性。许多植物形成了抵御昆虫取食的防御机制，同样昆虫也形成了打破植物防御系统的适应机制。植食性昆虫反防御与寄主植物防御特性之间的相互适应差异导致了昆虫取食的选择性和适应性差异，因而表现出不同的适应策略，这是植物—昆虫协同进化的结果。在整个地球生态系统中有超过一半以上的昆虫为植食性昆虫。昆虫—植物之间的相互适应机制一直以来是科学家研究的重要科学问题。这些研究目前主要集中在生物学、生理学、生态学、生物化学和基因组学等方面。众多因素会影响昆虫—植物之间的关系，比如昆虫病原微生物、天敌昆虫、食虫动物等生物因子，气候（光照、温度、湿度、气流等）、地理特征、土壤理化性质等非生物因子。其中，植物化学特性（主要包括植物营养和次生代谢物质）是植物—植食性昆虫高强度“军备竞赛”中最为关键的因子，是植物抵御昆虫取食为害的最为重要的防御屏障和化学武器。同样，昆虫经过长期协同进化形成了突破植物防御系统的机制，昆虫反防御—植物防御此消彼长，不断变

化，决定了昆虫的食物适应性。

植物为抵御昆虫取食为害，协同进化形成了较为完备的防御系统，包括组成型防御和诱导型防御。组成型防御（Constitutive defenses）是植物体内固有的，跟自身基因型有关，具有全株性，相对比较固定，不受昆虫取食为害的调控。诱导型防御（Induced defenses）是指遇到外界因子胁迫，如机械损伤、植食性昆虫取食时才得以表现，具有明显的开—关效应，是一种类似于免疫反应的抗性现象，与植物生长发育阶段紧密相关。诱导型防御是一种应激反应，具有明显的时空效应，受昆虫取食调控明显。

植食性昆虫取食为害往往会造成寄主植物的机械性损伤，有些昆虫自身也会存在某些特定物质，即特异性激发子（herbivore-specific-elicitors），如β-葡糖苷酶、豆象素、N-17-羟基亚麻酰基-L-谷氨酰胺等，能够引起植物对昆虫的诱导型防御。这些物质可诱导植物产生一系列的生理生化反应，激活植物防御相关基因和信号通路，如茉莉酸 JA、乙烯 ET、一氧化氮 NO、水杨酸 SA 信号通路，调控防御相关基因表达，重新配置植物代谢过程，促使植物产生次生代谢物质、抗营养代谢及抗消化酶类等直接防御组分，以及诱导产生挥发物吸引寄生性、捕食性天敌等间接防御组分。昆虫诱导植物产生的这些直接防御（direct defenses）和间接防御（indirect defenses）物质构成了植物抵御昆虫取食为害的核心（图 1）。另外，某些植物可以通过理化性质的改变，提高植物的耐受性；有些植物产生特殊化合物，如外源茉莉酸（jasmonic acid，JA），引诱同种或异种害虫的进一步加重为害。

植物对昆虫的直接防御（Direct defenses）包括物理特征（Physical barrier），如植物叶片或茎的刺、毛和角质；化学特征，如初生营养物质（Nutritional hurdle）和次生代谢物（Secondary metabolites）等化学特性。次生代谢物作为植物重要的“化学武器”可抑制昆虫的生长发育和生殖，昆虫取食为害后这些物质在寄主植物体内显著增加或在分子水平上显著表达。根据其对害虫的作用方式分为抗消化蛋白、抗营养酶类如淀粉酶抑制剂（Inhibitors）、蛋白酶抑制剂 PIs、多酚氧化酶 PPO 和植物凝结素等，以及次生化合物，如酚类、生物碱、萜类、类黄酮和单宁等，对昆虫产生毒害或直接起到阻食、趋避剂作用（图 1）。植物对昆虫的间接防御（Indirect defenses）也主要是通过植物挥发物（Volatiles）来实现的，即虫害诱导的植物挥发物如部分萜类物质可以引诱寄生性或捕食性天敌，实现害虫种群控制，以减轻为害。虫害诱导的挥发物作为植物—昆虫—天敌三层营养关系的信息化合物，调节着三者的种群关系。这些植物挥发物主要包括绿叶性气味物质、萜类化合物、含氮化合物等。除了挥发物成分外，有些植物还可以产生并利用花外蜜露的方式吸引昆虫寄生性和捕食性天敌等，来攻击或捕食害虫，以降低昆虫的取食为害（图 1）。

目前，研究发现昆虫主要从感知、取食、消化和解毒四个方面形成了对植物防御的反防御机制。①化学感知（sensing），昆虫具有种类繁多和功能众多的化学感受器，主要包括气味结合蛋白（OBPs）、气味受体（ORs）和味觉受体（GRs），主要感知植物挥发性化合物。②口腔分泌物（Oral secretions），主要包括凝胶唾液和蛋白液，含有众多的水解酶、抑制剂降解酶、抗氧化酶等，主要用于刺破并降解植物表层细胞，通过蛋白酶促进营养消化和抵御有害物质。③消化系统（digestion），昆虫肠道系统能够合成、分泌众多的消化酶和解毒酶，消化吸收不同营养并代谢有害化合物。④解毒代谢

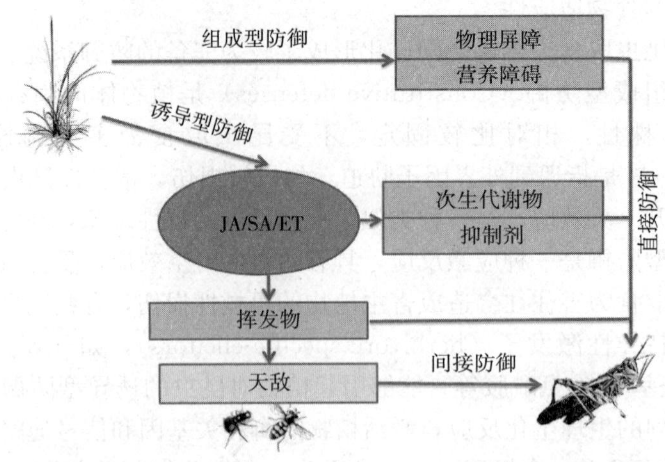

图1　植物对昆虫的防御机制

(detoxification)，昆虫消化道和脂肪体等，能够分泌细胞色素 P450（P450s）、谷胱甘肽硫转移酶（GSTs）、羧酸酯酶（CarEs）等众多的解毒酶以抵御植物次生代谢物等有毒物质。不同昆虫对寄主植物反防御机制的特异性，决定了其食物生态位，即食物适应性。

影响植食性昆虫取食的因素众多，包括昆虫生理需求及特征，昆虫神经、行为特点以及众多的生态因子等。在众多因素中，植物生物化学特性是决定其生长发育与食物适应性的关键因素。其中，影响昆虫适应性的植物化学特性主要包括营养物质和次生代谢物质。面对不同化学特性的寄主植物，昆虫往往表现出一定的表型可塑性。明确昆虫表型可塑性与寄主植物生物化学特性的内在关系，揭示昆虫对寄主植物的生理适应是重要的科学问题。植食性昆虫食物适应与代谢酶系的时空表达紧密相关。为应对来自植物营养、次生代谢物质等的化学胁迫，昆虫进化形成了以多种营养、解毒为基础的代谢酶系。本研究通过分析亚洲小车蝗表型变化，主要代谢酶、保护酶、解毒酶活性变化与寄主植物化学特性（主要营养物质、次生代谢物质）关系，以昆虫表型可塑性为理论基础，旨在明确亚洲小车蝗食物适应的生理机制，揭示食物驱动亚洲小车蝗发生的生理学基础。

2　材料与方法

2.1　试验材料

笼罩（材料为纱网，无底，大小：1m×1m×1m）、袖笼、铁铲、电子天平（万分之一）、捕虫网（直径 40cm）、信封、电热恒温箱、紫外—可见分光光度计、恒温水浴振荡器、粉碎机、索氏提取器、单标线吸管、刻度吸管、中速定量滤纸、具塞三角瓶、玻璃匀浆器、冷冻离心机（Sigma）、VERSAmax 型酶标仪、微孔酶标板等。昆虫类胰凝乳蛋白酶（CHY）胰酶联免疫分析（ELISA）试剂盒、昆虫脂肪酶（LIP）酶联免疫分析（ELISA）试剂盒、虫淀粉酶（AMY）酶联免疫分析（ELISA）试剂盒、昆虫谷胱甘肽-S-转移酶（GSTs）酶联免疫分析（ELISA）试剂盒、昆虫细胞色素 P450 酶（CYP450s）酶联免疫分析（ELISA）试剂盒、昆虫羧酸酯酶（CarE）酶联免疫分析

（ELISA）试剂盒、昆虫多功能氧化酶（MFO）酶联免疫分析（ELISA）试剂盒、昆虫超氧化物歧化酶（SOD）酶联免疫分析（ELISA）试剂盒、昆虫过氧化物酶（POD）酶联免疫分析（ELISA）试剂盒、昆虫酚氧化酶（PO）酶联免疫分析（ELISA）试剂盒、昆虫过氧化物酶（CAT）酶联免疫分析（ELISA）试剂盒、昆虫活性氧簇（ROS）酶联免疫分析（ELISA）试剂盒。

2.2 食物对亚洲小车蝗表型影响研究

分别于2016年、2017年选取地势平坦的羊草草地、针茅草地、糙隐子草草地和冷蒿草地各约50m^2，清除各草地内其他杂草，各样地分别只保留羊草（Lc）、克氏针茅（Sk）、糙隐子草（Cs）和冷蒿（Af）一种植物。每个草地类型设置蝗虫处理和对照CK（无蝗虫处理），各重复5次，每种草地类型固定10个罩笼，间距1m，提前清除蝗虫潜在天敌，4个草地类型共设置罩笼40个。大小一致的4龄亚洲小车蝗蝗蝻雌虫放入安置好的笼罩中，每笼罩共放入16头。将30头4龄蝗蝻称取鲜重后于90℃，38h烘干，用电子天平分别称取干重，以便后续观察亚洲小车蝗体重变化。每天观察各罩笼内亚洲小车蝗的生长发育情况，记录其存活数及死亡数，及时清除死亡个体，记录发育历期，并及时清除新长出杂草，保证罩笼内分别只存留羊草、克氏针茅、糙隐子草和冷蒿一种植物。在5龄期每罩笼取出亚洲小车蝗2头，放入冻样管，液氮快速冷冻，置入−80℃超低温冰箱保存，以备后续试验。直到罩笼内个体进入成虫阶段，取出所有存活成虫，放入信封内，称取鲜重后于90℃，38h烘干，用电子天平分别称取干重。

2.3 不同食物化学特性研究

取出罩笼内所有亚洲小车蝗个体后，分别剪取对照（无蝗虫）和处理罩笼内剩余植物，放入信封，90℃电热恒温箱24h烘干，分别测定各样品中主要营养物质淀粉（Starch，St）、脂肪（Lipid，Lp）、粗蛋白质（Crude protein，Cp）和主要次生代谢物质黄酮（Flavonoid，Fl）、萜类（Terpenoid，Te）、酚类（Phenol，Po）、生物碱（Alkaloid，Ak）和单宁（Tannin，Ta）含量，共8类物质含量。具体方法为：

（1）淀粉含量测定　将烘干后的样品研磨，每样取0.25g，平行重复3次。倒入250mL水和15mL浓盐酸，安装冷凝回流装置，100℃水浴3h，过滤，作为测试液。吸取1.0mL、0.8mL、0.6mL、0.4mL、0.2mL、0mL标准液，加入5%苯酚溶液1.0mL和浓硫酸5.0mL，30℃水浴20min。在620nm处测定吸光度，制定标准曲线。测定试样吸光度值，计算淀粉含量值。

（2）脂肪含量测定　脂肪含量测定采用索氏提取的方法。植物样品前处理：烘干后的样品研磨后称取5g，平行重复3次，放入滤纸筒，上方置少量脱脂棉。抽提：含有样品的滤纸筒放入索氏提取器，连接底瓶，加入石油醚，回收提取液。脂肪称量：将提取液放于水浴锅蒸干样品中残留的石油醚，置于电热鼓风干燥箱中干燥后称量。

（3）蛋白含量测定　植物蛋白含量测定采用凯氏定氮法。将烘干后的样品研磨混匀后放入凯氏烧瓶，平行重复3次，加入10g硫酸钠、0.5g硫酸铜、25mL浓硫酸，混匀并确保试样全部浸湿。将凯氏烧瓶，放于电炉上加热2h。冷却后加入200mL蒸馏水，充分混匀。加入硼酸溶液50mL、混合指示剂10滴，置于冷凝管下。凯氏烧瓶加入40%NaOH溶液80mL，收集蒸馏液。0.1mol/L盐酸标准滴定收集液，上机测定蛋白含量。

（4）总黄酮测定　标准品的制备：以芦丁作为标准品，甲醇溶解，获得0.05mg/mL标准品。烘干样品研磨称取试样1g，平行重复3次，加入30mL甲醇，65℃、160r/min恒温水浴振荡2h。过滤冷却至室温，作为样品待测液。吸取标准液4.0mL、3.0mL、2.0mL、1.0mL、0.50mL、0.25mL、0mL，加入2mL三氯化铝溶液、3mL乙酸钾溶液。在波长420nm处测定吸光度，绘制标准曲线。测定样品吸光度，计算黄酮含量。

（5）单宁含量测定　烘干样品研磨后称取1g，加入50.00mL丙酮溶液密封，振摇40min，静置后过滤，滤液为试样。单宁酸作为标准液，取6.00mL、5.00mL、4.00mL、3.00mL、2.00mL、1.00mL、0.50mL、0mL，加入30mL蒸馏水。加入2.5mL钨酸钠—磷钼酸溶液和5.0mL碳酸钠溶液。在760nm波长下测定吸光度，绘制标准曲线。试样以同样的方法进行处理，测定吸光光度值，计算单宁含量。

（6）萜类含量测定　取1.5mg齐墩果酸，以甲醇稀释浓度为0.15mg/mL。吸取标准品溶液1.00mL、0.80mL、0.70mL、0.50mL、0.30mL、0.10mL、0mL，60℃水浴挥干，加入0.2mL 5%香草醛—冰醋酸和0.8mL高氯酸。60℃水浴20min，加入5mL冰醋酸。540nm测定吸光度值，制作标准曲线。烘干样品研磨后称取2g，平行重复3次，加入30mL95%乙醇回流30min，冷却后过滤。吸取试液0.1mL，剩余过程同标准品处理，测定吸光度值，计算得到样品萜类物质含量。

（7）多酚含量测定　称取没食子酸，获得30μg/mL、25μg/mL、20μg/mL、15μg/mL、10μg/mL、5μg/mL标准品，280nm波长测定吸光度值，绘制标准曲线。取干燥粉碎样品1g，平行重复3次，加入50mL蒸馏水，煮沸1min，冷却混匀。加入1mL乙酸锌溶液和1mL亚铁氰化钾溶液。离心后，280nm波长测定吸光度值，计算多酚含量。

（8）生物碱含量测定　称取5.0g干燥粉碎的样品，平行重复3次，加入蒸馏水和95%乙醇，蒸发浓缩滤液至50mL，作为备用Ⅰ。吸取浓缩液5mL，加入0.4mL浓氨水和2mL氯仿，萃取3次，定容至25mL，作为备用Ⅱ。吸取3mL备用液Ⅱ，水浴蒸去氯仿，加入3mL 95%乙醇，水浴除去乙醇，置入105℃烘箱，烘干30min，除去多余的氨。加入10mL 0.01mol/L硫酸和5mL乙醚，水浴后加入15mL蒸馏水，加入2滴甲基红指示剂，0.02mol/L NaOH回滴至溶液由红色转变为橙色。根据消耗NaOH体积，计算样品生物碱含量。

2.4　亚洲小车蝗酶学分析

不同植物处理的亚洲小车蝗胰凝乳蛋白酶（Chymotrypsin，CHY）、淀粉酶（Amylase，AMY）、脂肪酶（Lipase，LIP）、谷胱甘肽-S-转移酶（Glutathione-S-transferase，GSTs）、细胞色素P450酶（Cytochrome P450s，CYP450s）、羧酸酯酶（Carboxylesterase，CarE）、多功能氧化酶（Mixed-function oxidase，MFO）、过氧化物酶（Peroxidase，POD）、酚氧化酶（Phenoloxidase，PO）、过氧化物酶（Catalase，

CAT)、超氧化物歧化酶（Superoxide dismutase，SOD）酶活性以及活性氧簇（Reactive oxygen species，ROS）浓度测定采用 ELISA 方法。采用双抗体一步夹心法酶联免疫吸附试验（ELISA），按照试剂盒说明操作。往预先包被酶抗体的包被微孔中，依次加入标准品和样品、HRP 标记的检测抗体，经过温育并彻底洗涤。用底物 TMB 显色，TMB 在过氧化物酶的催化下转化成蓝色，并在酸的作用下转化成最终的黄色。颜色的深浅和样品中的昆虫活性氧（ROS）及保护酶系呈正相关关系。用酶标仪在 450 nm 波长下测定吸光度（OD 值），计算样品浓度，每处理重复 5 次。

2.5 数据分析

亚洲小车蝗存活率 *SR*（Survival rate，%）为蝗虫成虫存活数与起始蝗蝻数目（$N=16$）的比值，体重增加量（Increased body dry mass，mg）＝成虫干重（mg）－4 龄起始蝗蝻干重（mg），蝗虫从 4 龄蝗蝻到成虫发育历期（d）计算采用加权平均数方法：

$$\bar{L}=(\sum_{i=1}^{n} i * N_i)/N_t$$

其中，i 为个体从 4 龄蝗蝻到成虫的历期天数，N_i 为历期为 i 天的个体数，N_t 为蝗虫实验种群中存活到成虫的个体总数。亚洲小车蝗发育速率 *GR*（Growth rate，mg/d）$=\frac{\text{体重增加量（mg）}}{\text{发育历期（d）}}$，生活力指数（总体表现力）＝亚洲小车蝗存活率 *SR*×发育速率 *GR*。寄主植物次生代谢物质变化量（%）＝蝗虫取食后次生物质含量（%）－对照（未取食）次生物质含量（%）。亚洲小车蝗体重、发育历期、存活率、生长速率、总体表现力、消化酶、解毒酶活性及不同寄主植物营养和次生代谢物质含量等数值差异采用方差分析进行比较（ANOVA，SAS 8.0），表型指标、酶活性与物质含量指标之间关系分别采用冗余分析（RDA，CANNO 4.5）和线性回归分析（Linear analysis，SAS 8.0）。

3 结果与分析

3.1 亚洲小车蝗表型可塑性

研究亚洲小车蝗在单一寄主植物构成的栖境内表型变化（图 2），测定了亚洲小车蝗体重（body mass）、发育历期（developmental time）、存活率（survival rate）、生长速率（growth rate）、总体表现力（performance）。结果表明取食克氏针茅的亚洲小车蝗个体存活率（mg）、生长速率（mg/d）及总体生活力显著高于取食其他 3 种植物的个体（$P<0.05$），且发育历期最短（$P<0.05$）。取食冷蒿的个体存活率（%）、生长速率及总体生活力显著低于（$P<0.05$）取食其他 3 种植物的个体，且发育历期最长（$P<0.05$），其个体最小。可见，取食禾本科植物的亚洲小车蝗生长发育状态要好于取食豆科冷蒿的亚洲小车蝗个体，表型差异显著，在 3 种禾本科植物中以取食克氏针茅的个体生长发育状态最优，个体最大，发育最快，亚洲小车蝗表型可塑性明显。

3.2 四种食物化学特性差异分析

为明确四种寄主植物化学特性，测定了亚洲小车蝗取食后寄主植物主要营养成分淀

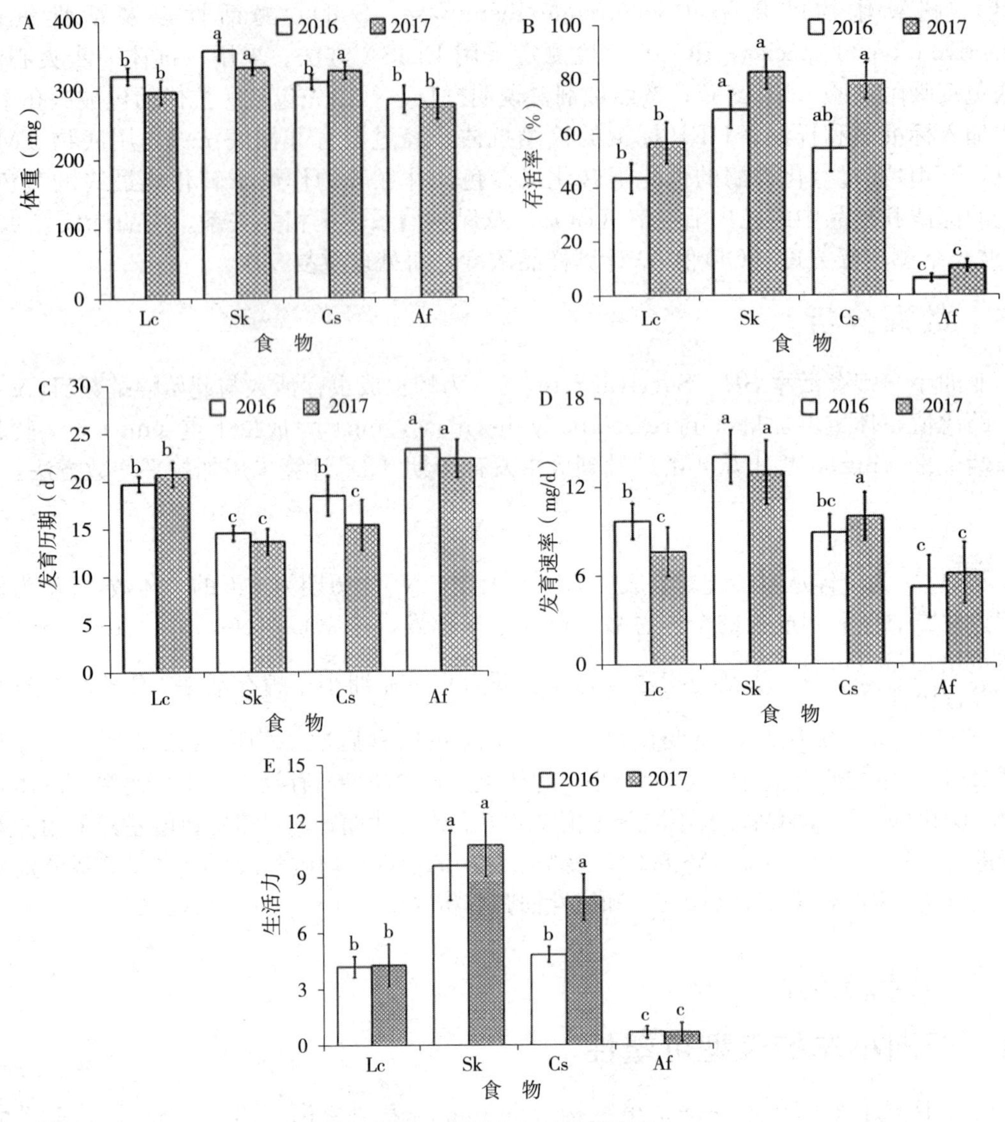

图 2　亚洲小车蝗表型变化

注：不同小写字母代表同一年份亚洲小车蝗对不同食物表型响应在 0.05 水平差异显著。

粉、脂肪、粗蛋白质含量（图 3），同时测定了 5 种主要次生代谢物质黄酮、萜类、生物碱、酚类、单宁物质含量（图 4）。结果表明，克氏针茅和羊草 3 种主要营养物质总量显著（$P<0.05$）高于糙隐子草，且冷蒿显著低于其他 3 种寄主植物（$P<0.05$）。克氏针茅中淀粉量含量、羊草中蛋白质含量及脂肪含量均显著（$P<0.05$）高于其他寄主植物，冷蒿中 3 种主要营养物质均显著（$P<0.05$）低于其他植物。对于 3 种营养物质总量，克氏针茅与羊草含量相当，其次是糙隐子草，冷蒿中含量最低。可见，四种寄主植物中主要营养物质组成存在差异，冷蒿表现为低营养，克氏针茅和羊草表现为高营养。

对于 5 种主要次生代谢物质，冷蒿中黄酮、萜类、生物碱、酚类物质含量，羊草中单宁物质含量均显著高于其他植物（$P<0.05$）（图 4）。克氏针茅中 5 种次生代谢物质均显著低于（$P<0.05$）其他寄主植物。冷蒿 5 种次生代谢物质总量最高，其次是羊草，再次

是糙隐子草，克氏针茅中最低。可见，四种寄主植物中主要次生代谢物质组成存在差异，冷蒿和羊草表现为高次生代谢物质含量，克氏针茅表现为低次生代谢物质含量。

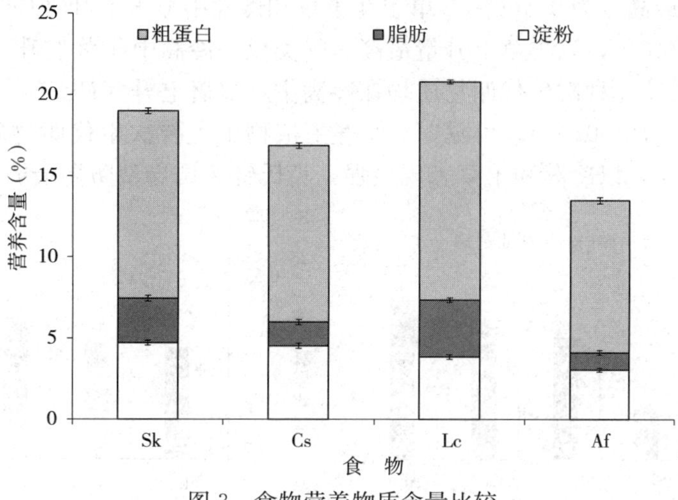

图 3　食物营养物质含量比较

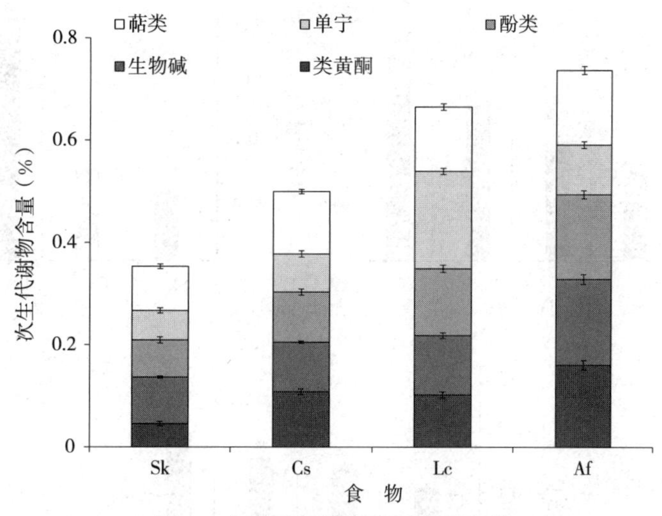

图 4　食物次生代谢物质含量比较

3.3　植物组成型防御与诱导型防御差异分析

为分析不同寄主植物对亚洲小车蝗组成型防御和诱导型防御差异，分别测定对照组（无亚洲小车蝗取食）植物主要次生代谢物质黄酮、萜类、生物碱、酚类、单宁物质含量，并根据取食后植物所测含量，比较了植物次生代谢物质含量变化情况（图 5）。结果表明，在未经亚洲小车蝗取食的寄主植物中，黄酮、萜类、生物碱、酚类均表现为克氏针茅（$P<0.05$）<糙隐子草（$P<0.05$）<羊草（$P<0.05$）<冷蒿（$P<0.05$），而羊草中单宁物质含量最高（$P<0.05$）。可见，四种寄主植物中主要次生代谢物质构成的组成型防御存在显著差异，冷蒿表现出最强的组成型防御，克氏针茅组成型防御最弱。

取食后，冷蒿中黄酮、萜类、生物碱、酚类 4 种物质含量均显著升高（$P<0.05$），羊草中黄酮、萜类、生物碱、单宁 4 种物质含量均显著升高（$P<0.05$），糙隐子草中

黄酮、萜类、生物碱含量均显著升高（$P<0.05$），克氏针茅中只有生物碱含量显著升高（$P<0.05$）。冷蒿中黄酮、酚类上升最高，分别为0.363%和0.282%；糙隐子草中生物碱含量上升最高，为0.466%。单宁在羊草和冷蒿中显著上升（$P<0.05$），分别上升0.463%和0.118%，以羊草上升量最高。酚类仅在冷蒿中显著上升（$P<0.05$），上升0.213%。总之，5种次生代谢物质均在冷蒿中均显著上升（$P<0.05$），有4种在羊草中均显著升高（$P<0.05$）。可见，4种寄主植物中主要次生代谢物质构成的诱导型防御存在显著差异，以冷蒿和羊草表现最强，克氏针茅诱导型防御最弱。

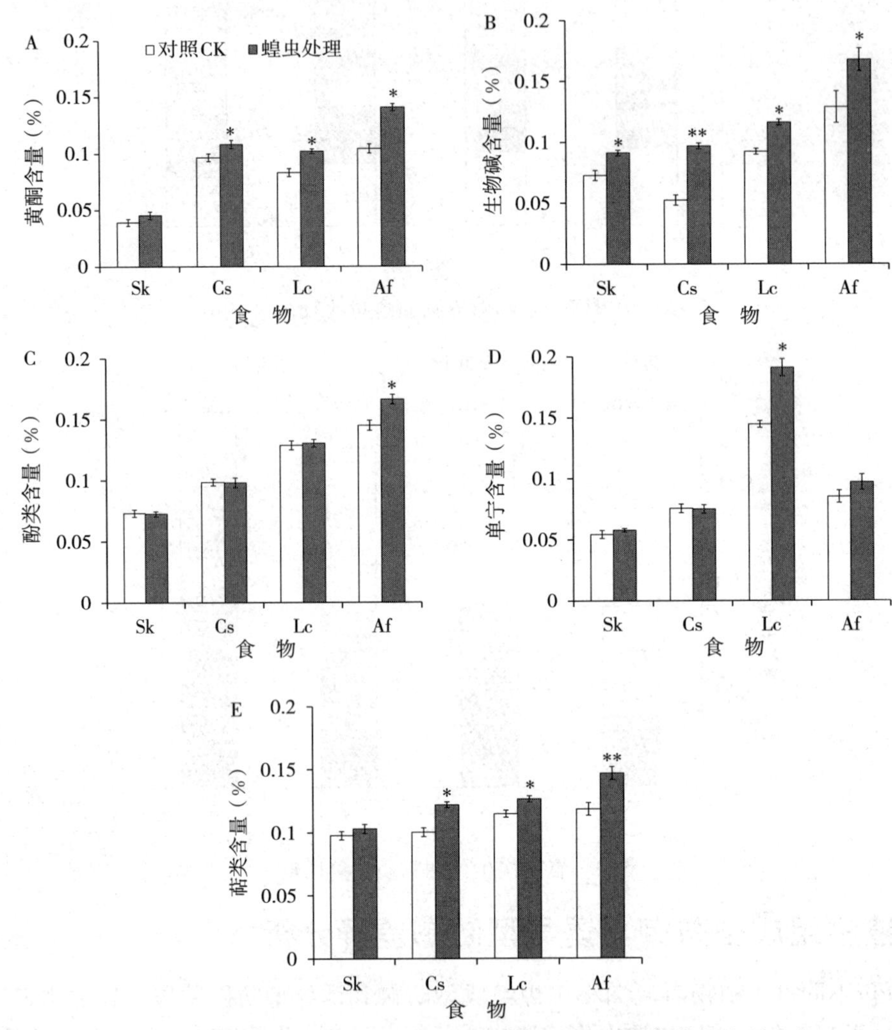

图5 亚洲小车蝗取食和不取食CK条件下植物次生代谢物含量变化

注：* 代表$P<0.05$，* * 代表$P<0.01$。

3.4 亚洲小车蝗表型与食物化学特性关系

亚洲小车蝗表型—植物化学特性—植物三者关系RDA分析表明（图6），第一、二典范轴解释了植物化学特性变量的90.18%。亚洲小车蝗体重、存活率、生长速率、总体生活力与寄主植物营养物质糖类、脂肪和蛋白质分别呈显著（$P<0.05$）正相关，与5种植物次生代谢物质含量分别呈显著负相关（$P<0.05$），黄酮含量与亚洲小车蝗发

育历期呈显著正相关（$P<0.05$）。寄主植物化学特性决定了亚洲小车蝗表型。其中，针茅中高营养物质和低次生代谢物质的化学特性决定了亚洲小车蝗高生活力；冷蒿中低营养物质和高次生代谢物质决定了亚洲小车蝗低生活力。

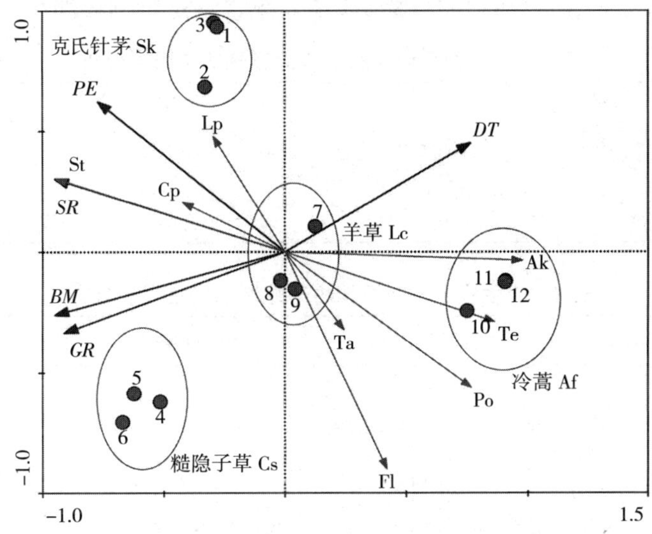

图 6　亚洲小车蝗表型—植物化学特性—寄主植物关系

亚洲小车蝗总体生活力与寄主植物主要营养物质总含量呈显著线性正相关：$y=4.5213x+57.835$（$R^2=0.86$，$P<0.05$），与寄主植物次生代谢物质总含量呈显著线性负相关：$y=-0.4173x+7.6353$（$R^2=0.85$，$P<0.05$）（图 6）。

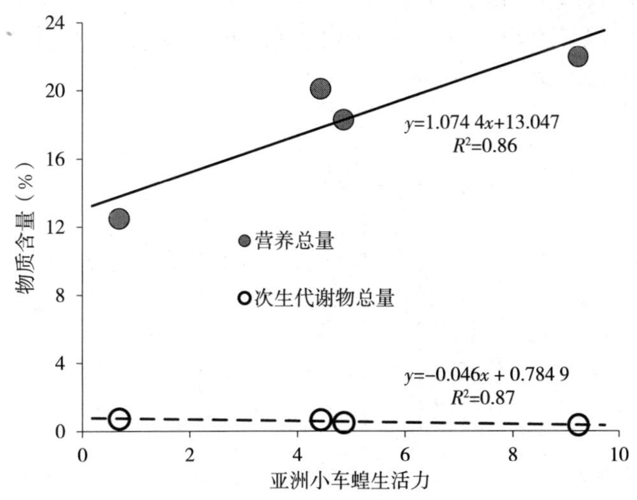

图 7　亚洲小车蝗生活力与营养物质总量和次生代谢物质总量关系

对营养物质淀粉含量、蛋白质含量和脂肪含量 3 个因子的主因子分析（PCA）表明（表 1），其特征值（eigenvalue）和贡献率（variance contribution rate）由大到小排序为淀粉含量（特征值=2.170，贡献率=72.344）>脂肪含量（0.781，26.042）>蛋白质含量（0.048，1.614）。由此可见，在 3 种营养物质中淀粉含量是影响亚洲小车蝗的主因子。

对次生代谢物质黄酮、萜类、生物碱、酚类、单宁含量 5 个因子的主因子分析

(PCA) 表明（表 2），其特征值（eigenvalue）和贡献率（variance contribution rate）由大到小排序为黄酮含量（特征值=3.906，贡献率=78.13）>生物碱含量(0.879，17.584）>酚类含量（0.214，4.286）>单宁（$9.518E^{-17}$，$1.903E^{-15}$）>萜类（$-2.098E^{-16}$，$-4.195E^{-15}$）。可见，在 5 种次生代谢物质中黄酮含量是影响亚洲小车蝗的主因子。

表 1 营养物质对亚洲小车蝗影响的主因子分析

因子	特征值	贡献率	累加贡献率
糖类（%）	2.170	72.344	72.344
脂肪（%）	0.781	26.042	98.386
蛋白质（%）	0.048	1.614	100

表 2 次生代谢物对亚洲小车蝗影响的主因子分析

因子	特征值	贡献率	累加贡献率
黄酮（%）	3.906	78.13	78.13
生物碱（%）	0.879	17.584	95.713
酚类（%）	0.214	4.286	100.0
单宁（%）	$9.518E^{-17}$	$1.903E^{-15}$	100.0
萜类（%）	$-2.098E^{-16}$	$-4.195E^{-15}$	100.0

3.5 亚洲小车蝗体内活性氧簇 ROS 分析

昆虫体内活性氧簇 ROS 能够响应食物胁迫而产生变化，作为氧化物质或信号进而影响昆虫的正常生长发育。不同寄主植物处理亚洲小车蝗发现，冷蒿处理导致虫体 ROS 活性显著升高（$P<0.05$）（图 8）。可见，亚洲小车蝗响应冷蒿食物胁迫体内活性氧活性升高。

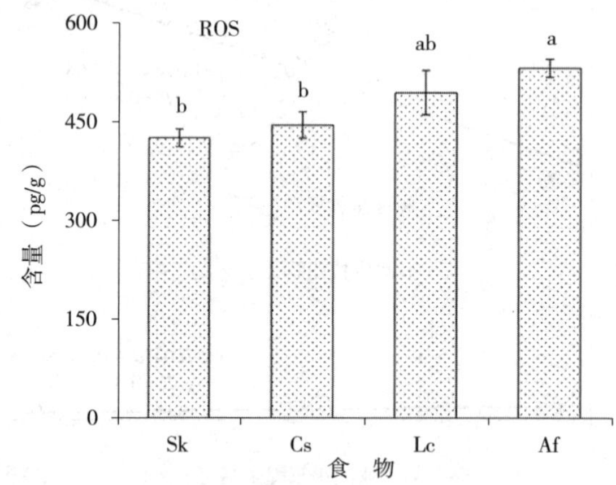

图 8 亚洲小车蝗体内活性氧 ROS 活性比较

注：不同小写字母代表亚洲小车蝗体内活性氧簇 ROS 在 0.05 水平差异显著。

3.6 亚洲小车蝗消化酶及解毒酶活性分析

为研究亚洲小车蝗取食不同植物后酶活性的变化，测定了亚洲小车蝗主要消化酶胰凝乳蛋白酶、淀粉酶、脂肪酶活性，以及主要解毒酶细胞色素 P450s、谷胱甘肽 S 转移酶(GSTs)、羧酸酯酶活性（图 9）。结果表明取食克氏针茅的亚洲小车蝗淀粉酶活性著高于

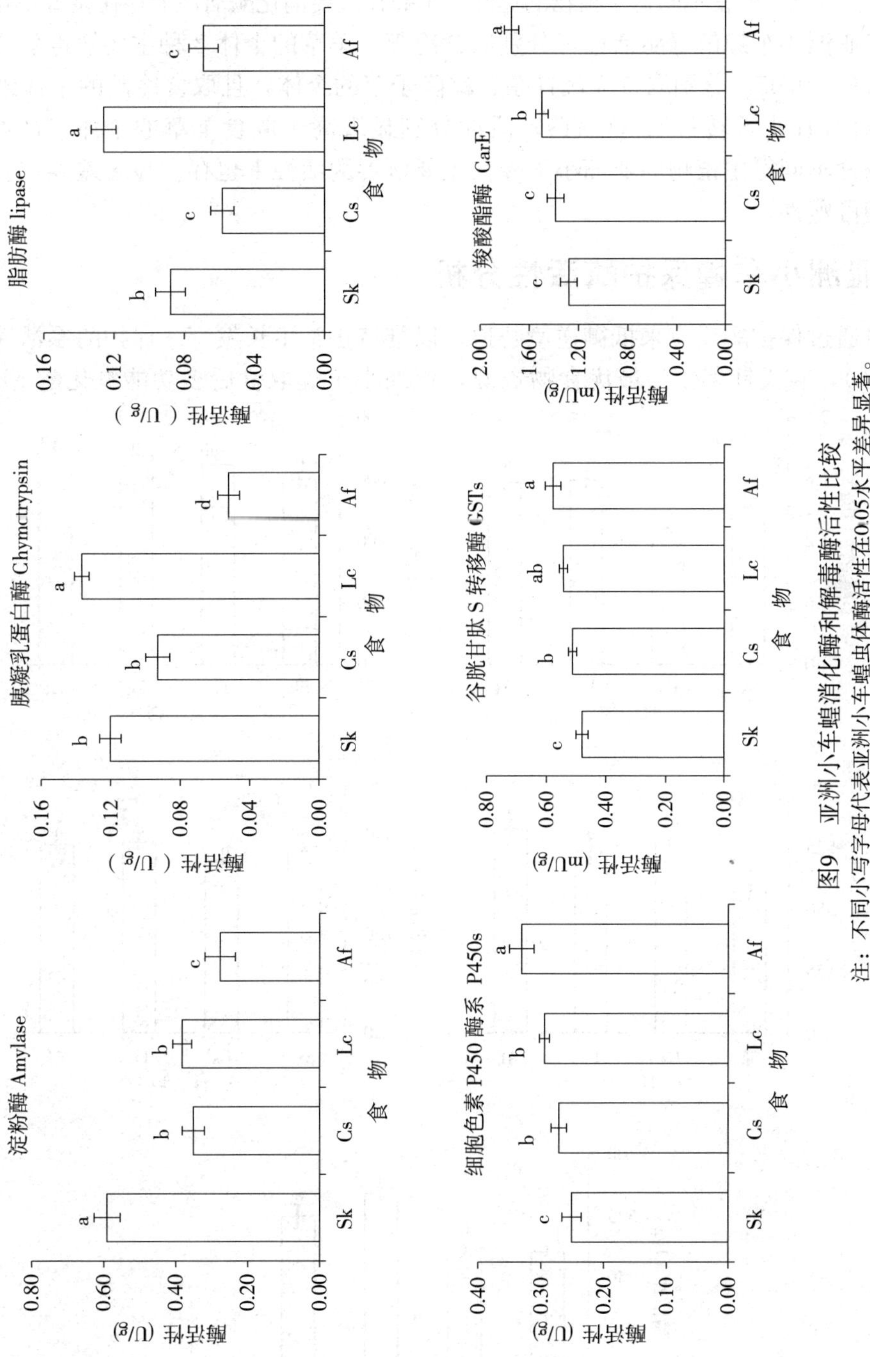

图9 亚洲小车蝗消化酶和解毒酶活性比较

注：不同小写字母代表亚洲小车蝗虫体酶活性在0.05水平差异显著。

取食其他 3 种植物的个体（$P<0.05$）。取食羊草的个体胰凝乳蛋白酶和脂肪酶活性最高（$P<0.05$）。取食冷蒿的个体 3 种消化酶活性均显著低于（$P<0.05$）取食其他植物的亚洲小车蝗个体。可见，取食不同寄主植物的亚洲小车蝗在主要消化酶活性上存在显著差异。

对于亚洲小车蝗解毒酶活性，分别取食冷蒿、羊草的个体 3 种主要解毒酶活性均显著高于（$P<0.05$）分别取食克氏针茅、糙隐子草的个体，且取食冷蒿的个体细胞色素 P450s、谷胱甘肽 S 转移酶（GSTs）活性分别显著高于取食羊草的个体（$P<0.05$）。可见，取食不同寄主植物的亚洲小车蝗在主要解毒酶活性上也存在显著差异，表现出明显的生理可塑性。

3.7 亚洲小车蝗保护酶活性分析

昆虫通过保护酶反应来抵御逆境胁迫，以维持正常生长发育。保护酶系活性分析发现（图 10），克氏针茅作为最优食物资源，亚洲小车蝗取食后多功能氧化酶 MFO、超

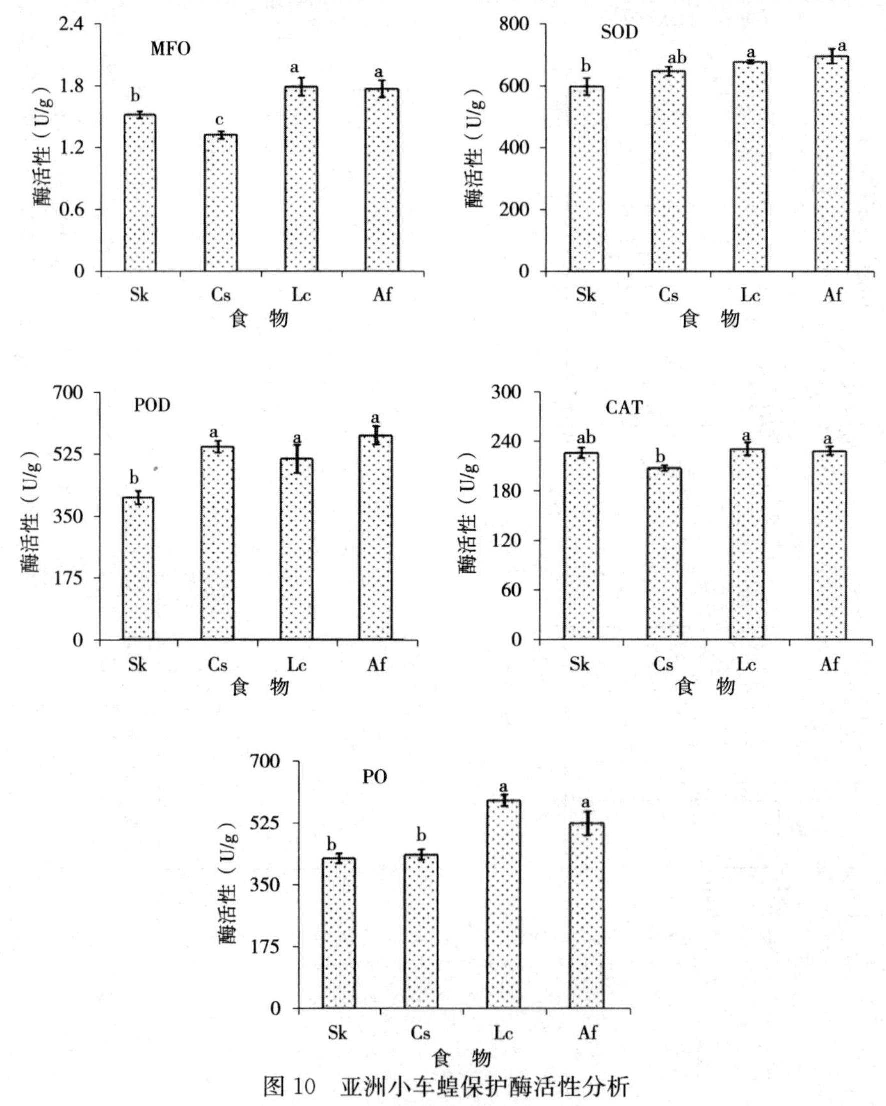

图 10 亚洲小车蝗保护酶活性分析

注：不同小写字母代表亚洲小车蝗虫体保护酶活性在 0.05 水平差异显著。

氧化物歧化酶 SOD、过氧化物酶 POD 和酚氧化酶 PO 酶活性显著降低（$P<0.05$），冷蒿和羊草食物胁迫导致亚洲小车蝗 MFO 和 PO 活性显著升高（$P<0.05$）。可见，亚洲小车蝗响应食物胁迫保护酶系活性增强。

3.8 亚洲小车蝗酶活性与食物化学特性关系分析

亚洲小车蝗酶活性—植物化学特性—植物三者关系 RDA 分析表明（图 11），第一、二典范轴解释了植物化学特性变量的 93.36%。亚洲小车蝗淀粉酶（AMY）、脂肪酶（LIP）、胰凝乳蛋白酶（CTP）分别与寄主植物营养物质糖类、脂肪和蛋白质分别呈显著（$P<0.05$）正相关。细胞色素 P450s（CYP450s）、谷胱甘肽 S 转移酶（GSTs）、羧酸酯酶（CarE）活性与 5 种植物次生代谢物质含量分别呈显著（正相关 $P<0.05$）。寄主植物化学特性决定了亚洲小车蝗酶活性。其中，克氏针茅中高营养物质和低次生代谢物质的化学特性决定了亚洲小车蝗高消化酶活性；冷蒿中低营养物质和高次生代谢物质决定了亚洲小车蝗高解毒酶活性。

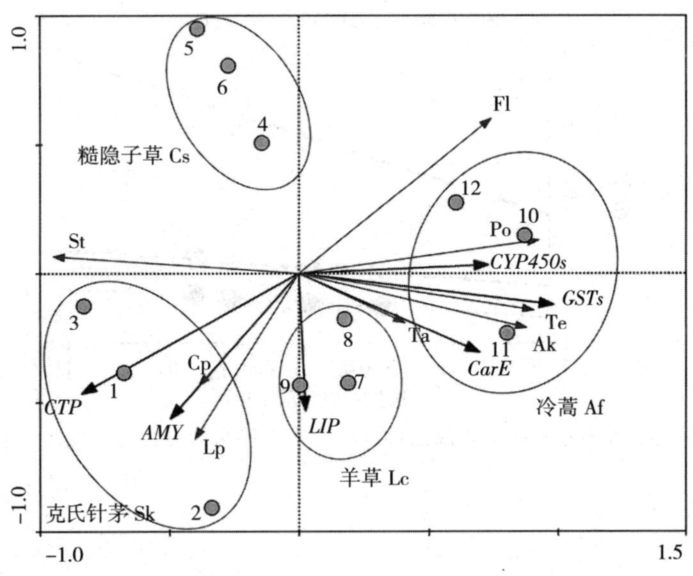

图 11 亚洲小车蝗酶活性—植物化学特性—食物关系

线性回归分析表明（图 12），植物淀粉含量与亚洲小车蝗淀粉酶活性（$y=0.013x-0.14$，$R^2=0.91$，$P<0.05$）、脂肪含量与脂肪酶活性（$y=0.0024x+0.03$，$R^2=0.85$，$P<0.05$）、蛋白质含量与蛋白酶活性（$y=0.014x-0.14$，$R^2=0.75$，$P<0.05$）均呈显著线性正相关（$P<0.05$）。3 种主要解毒酶（图 3-12）细胞色素 P450s（$y=0.02x+0.17$，$R^2=0.80$，$P<0.05$）、谷胱甘肽 S 转移酶（GSTs）（$y=0.11x+0.83$，$R^2=0.85$，$P<0.05$）、羧酸酯酶（CarE）活性（$y=0.026x+0.38$，$R^2=0.96$，$P<0.05$）分别与 5 种植物次生代谢物质总量呈显著线性正相关。可见，寄主植物营养和次生代谢物质差异显著影响亚洲小车蝗对应消化代谢和解毒代谢相关酶活性。

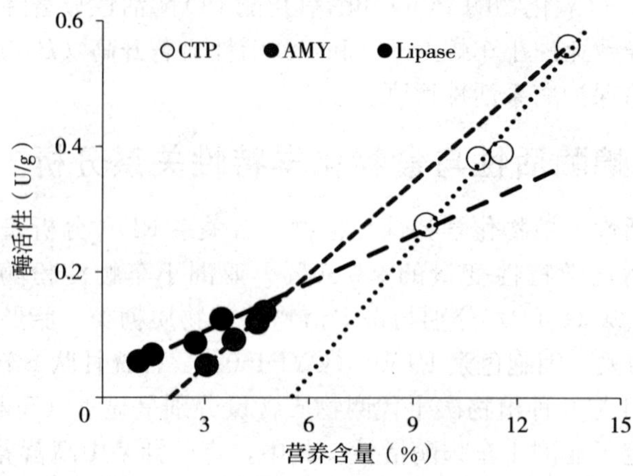

图 12　亚洲小车蝗消化酶活性与营养物质线性关系

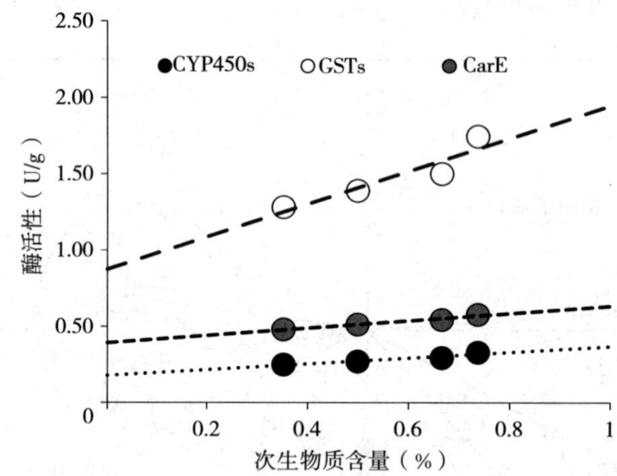

图 13　亚洲小车蝗解毒酶活性与植物次生代谢物质总含量线性关系

4　讨论

表型可塑性是生物随环境变化而表现出来的适应性表型变化，包括生物化学、代谢、生理、形态、生长发育、行为及生活史变化等。本文以亚洲小车蝗为研究，发现其取食 4 种寄主植物后的表型变化，克氏针茅最利于亚洲小车蝗的生长发育，表现为高生活力和生长速率，而冷蒿最不利于生长发育，表现为高死亡率和低生活力。可见，亚洲小车蝗面对食物因子胁迫表型发生了显著变化，那么为什么会出现这种变化，这些变化又代表什么是需要解释的科学问题。

影响植食性昆虫取食的因素众多，包括昆虫生理需求及特征，昆虫神经、行为特点以及众多的生态因子，显著影响昆虫生长发育。在长期协同进化中，调控昆虫表型的主要因子是植物理化特征，包括植物营养、植物有毒物质或次生代谢物质。通常来讲，昆虫的生长发育及生殖需要从食物中获取充足的营养物质，对碳水化合物、蛋白质、脂质和水等的摄取有着严格要求。同样，本研究发现亚洲小车蝗生活力与植物糖类、脂肪和蛋白质总量显著线性正相关，为此结论提供了有力支撑。同时，本章研究发现淀粉含量作为主因子显著影响了亚洲小车蝗生长发育，因此，推断高含糖量很有可能是亚洲小车蝗偏好取食克氏针茅的重要原因之一。

在植物的理化性质中，除了营养物质种类及含量外，目前认为差异最大、对昆虫产生决定性影响的因子是植物含有种类繁多的次生性代谢物质。这些物质对昆虫的取食行为、生长发育及繁殖可以产生不利影响，甚至对昆虫可以产生毒杀作用。它们是植物复杂分支代谢途径的产物，不直接参与植物生长发育和生殖的原始生化活动，并有植物种类的特异性。同样，本研究发现亚洲小车蝗生活力与 5 种次生代谢物质黄酮、生物碱、萜类、单宁和酚类总量呈显著线性负相关，也为此结论提供了有力支撑。同时本章研究发现黄酮含量作为次生代谢物质中的主因子显著影响亚洲小车蝗生长发育，因此，推断高黄酮含量很有可能是亚洲小车蝗规避取食冷蒿的重要原因之一。为进一步阐明这种复杂关系，本研究立足于不同寄主植物主要营养物质和次生代谢物质理化特性，分析了其与昆虫表型可塑性的关系，阐明了植物主要理化特性决定植食性昆虫表型的规律。

对于取食冷蒿的亚洲小车蝗个体而言，冷蒿中“低营养，高次生代谢物质”的理化特性，决定了其“低生长速率，高死亡率”的表型特征。取食冷蒿的亚洲小车蝗能够摄取的营养物质低，反而要承受黄酮、酚类、萜类和生物碱的毒害作用，营养的短缺和高次生代谢物质成为胁迫亚洲小车蝗生长发育的重要因子。相反，对于取食克氏针茅的亚洲小车蝗而言，其“高营养，低次生代谢物质”的理化特性，也决定了其“高生长速率，低死亡率”的特性。对于羊草而言，尽管蛋白质、脂肪含量高，但同时含有大量的次生代谢物质，尤其是单宁物质含量最高，两者相互作用又形成了其特有的表型。可见植物理化特性差异造成的食物胁迫显著影响着昆虫表型，这是植物营养和次生代谢物质共同调控作用的结果。在长期协同进化过程中，昆虫这种表型的变化并非有害或者没有意义，这是一种及时主动的适应机制，当受到胁迫时可以通过消耗表型以维持个体生存。

组成型防御和诱导型防御是植物形成的抵抗昆虫取食的重要防御措施。本文通过分析亚洲小车蝗取食后和对照（未经亚洲小车蝗取食）中四种寄主植物的主要次生代谢物质含量及其变化情况，发现 4 种不同寄主植物基于植物次生代谢物质的组成型防御和诱导型防御差异显著，除单宁外，冷蒿和羊草中组成型次生代谢物质均显著高于糙隐子草和克氏针茅，且以冷蒿最高，克氏针茅组成型防御次生代谢物质物质最低，羊草中含有最高的单宁，可见 4 种寄主植物组成型防御由强到弱的顺序为冷蒿＞羊草＞糙隐子草＞克氏针茅。在诱导型防御方面，为抵御亚洲小车蝗取食，冷蒿中 5 大次生代谢物质含量均显著增加，表现出最强的诱导型防御，羊草中单宁含量增加明显，糙隐子草中生物碱中含量增加最高，而克氏针茅中次生代谢物质增加量相对较低或不显著，说明 4 种不同寄主植物诱导型防御存在差异。可见，植物诱导型防御能力强，不利于亚洲小车蝗生长发育，如冷蒿；植物诱导型防御弱，亚洲小车蝗容易突破寄主防御机制，生长发育速度快。总之，寄主植物组成型防御差异和诱导型防御差异共同决定了亚洲小车蝗的表型差异。

昆虫生理可塑性是生物随环境变化而表现出来的适应性生理特征变化，包括生物化学特性、代谢特性、酶活性变化等。本研究分析了亚洲小车蝗消化相关胰凝乳蛋白酶、淀粉酶、脂肪酶活性，以及主要解毒酶细胞色素 P450s、谷胱甘肽 S 转移酶（GSTs）、羧酸酯酶活性（CarE）与寄主植物化学特性（主要营养物质和次生代谢物质）含量的关系。结果发现植物主要营养物质和次生代谢物质显著影响亚洲小车蝗酶活性变化，其蛋白酶、淀粉酶、脂肪酶活性分别与寄主植物对应营养物质蛋白质、淀粉及脂肪含量呈显著线性正相关（$P<0.05$），其解毒酶系 P450s、GSTs、CAT 酶活性分别与寄主植物次生代谢物质总含量呈显著线性正相关（$P<0.05$）。取食克氏针茅的个体表现为高淀粉酶活性和低解毒酶、保护酶活性；取食冷蒿的个体表现为低淀粉酶、脂肪酶和蛋白酶活性，高解毒酶、保护酶活性，虫体活性氧簇（ROS）暴发；取食羊草的个体，表现为高脂肪酶、蛋白酶活性，高解毒酶、保护酶活性；取食糙隐子草的个体表现为低脂肪酶和蛋白酶活性，低解毒酶、保护酶活性。可见，亚洲小车蝗面对食物因子胁迫，酶活性生理特征发生了显著变化。那么为什么会出现这种变化，这些变化的意义是什么，是需要解释的科学问题。

影响植食性昆虫生理特征的因素众多，其中最为主要的是昆虫的营养需求以及对植物有毒物质、次生代谢物质的解毒和利用。昆虫可以通过生理变化来突破植物营养障碍和有毒物质防御以维持种群生存。通常来讲，昆虫对碳水化合物、蛋白质、脂质和水等的营养物质摄取有着严格要求，因此营养物质差异会导致昆虫生理特性的变化。同时，在植物的理化性质中，除了营养物质种类及含量外，目前认为差异最大、对昆虫产生决定性影响的因子是植物含有的种类繁多的次生性代谢物或其他有毒物质，这些物质会显著影响昆虫的生理生化特性。本研究建立了酶活性与植物理化特性的线性关系，证明寄主植物营养和次生代谢物质理化特性差异分别显著影响其对应营养代谢和解毒代谢相关酶活性。昆虫摄取高营养物质的植物时，会诱导体内相关消化酶活性的升高；而摄入高次生代谢物质的植物时则会诱导体内解毒酶系的活性升高。昆虫面对不同理化特性的食物胁迫，正是通过这种生理可塑性来维持个体生存，这是昆虫—植物长期协同进化，面对环境快速变化而形成的应激机制。因此，正是克氏针茅中“高淀粉，低次生代谢物质”的理化特性决定了取食克氏针茅的个体表现为高淀粉酶活性和低解毒酶活性，亚洲小车蝗表现为高生长速率及存活率；冷蒿中“低营养，高次生代谢物质”的理化特性决定了取食冷蒿的个体表现为低淀粉酶、脂肪酶和蛋白酶活性，高解毒酶活性，亚洲小车蝗表现为低生长速率及存活率；羊草中“高脂肪、蛋白营养，高次生代谢物质”的理化特性决定了取食羊草的个体表现为高脂肪酶、蛋白酶活性，高解毒酶活性，亚洲小车蝗表现为较低生长速率及存活率；糙隐子草中“低脂肪、蛋白营养，低次生代谢物质”的理化特性决定了取食糙隐子草的个体表现为低脂肪酶和蛋白酶活性，低解毒酶活性，亚洲小车蝗表现为较高生长速率及存活率。这也解释了为什么亚洲小车蝗对克氏针茅的高适应性和冷蒿的低适应能力。

可见植物理化特性差异造成的食物胁迫显著影响着昆虫酶活性，昆虫生理可塑性是植物营养和次生代谢物质共同调控作用的结果。在长期协同进化过程中，昆虫这种酶活性差异的变化并非有害或者没有意义，这是一种及时主动的适应机制，当受到胁迫时其可以通过主动调节酶活性来利用营养物质和代谢次生代谢物质，以减少生存胁迫。

本研究通过亚洲小车蝗酶活性与寄主植物理化性质的关系分析，表明寄主植物理化性质差异导致的食物胁迫决定了植食性昆虫的生理可塑性。植食性昆虫面对食物胁迫，如何形成不同酶活性差异，其生理可塑性的形成机制是什么是需要阐明的重要科学问题。寄主植物理化性质会显著影响昆虫的基因表达（如调控生长发育的关键基因），改变昆虫信号转导及能量代谢通路。因此，利用组学、生物化学与分子生物学技术，阐明不同食物胁迫下昆虫表型、生理变化背后的关键基因变化及分子生物学机制对于揭示植物—昆虫协同进化过程具有重要意义。

主要参考文献

王瑞龙，孙玉林，梁笑婷，等，2012. 6种植物次生物质对斜纹夜蛾解毒酶活性的影响［J］. 生态学报，32（16）：5191-5198.

文丽萍，高云霞，1995. 昆虫与寄主植物的相互关系［J］. 世界农业，10（11）：33-35.

吴惠惠，徐云虎，曹广春，等，2012. 内蒙古典型草原草地类型对蝗虫群落优势种群的生态效应[J]. 中国农业科学，45（20）：4178-4186.

ALCEDO J，KENYON C，2004. Regulation of *C. elegans* longevity by specific gustatory and olfactory neurons［J］. Neuron，41（1）：45-55.

BRODBECK B V，STAVISKY J，FUNDERBURK J E，et al，2001. Flower nitrogen status and populations of *Frankliniella occidentalis* feeding on *Lycopersicon esculentum*［J］. Entomologia Experimentalis Et Applicata，99（2）：165-172.

CHOUGULE N P，GIRI A P，SAINANI M N，et al，2005. Gene expression patterns of *Helicoverpa armigera* gut proteases［J］. Insect Biochemistry & Molecular Biology，35（4）：355-367.

CEASE A J，ELSER J J，FORD C F，et al，2012. Heavy livestock grazing promotes locust outbreaks by lowering plant nitrogen content［J］. Science，335（6067）：467-469.

EICHENSEER H，MATHEWS M C，POWELL J S，et al，2010. Survey of a salivary effector in caterpillars：glucose oxidase variation and correlation with host range［J］. Journal of Chemical Ecology，36（8）：885-897.

FRANZKE A，UNSICKER S B，SPECHT J，et al，2010. Being a generalist herbivore in a diverse world：how do diets from different grasslands influence food plant selection and fitness of the grasshopper，*Chorthippus parallelus*?［J］. Ecological Entomology，35（2）：126-138.

PAUCHET Y，WILKINSON P，VOGEL H，et al，2010. Pyrosequencing the *Manduca sexta* larval midgut transcriptome：messages for digestion，detoxification and defence［J］. Insect Molecular Biology，19（1）：61-75.

组学研究揭示亚洲小车蝗食物适应的分子机制

黄训兵[1,2]，Douglas W. Whitman[3]，马景川[1,2]，
Mark Richard McNeill[4]，张泽华[1,2]

1. 中国农业科学院植物保护研究所植物病虫害生物学国家重点实验室，北京 100193；2. 农业农村部锡林郭勒草原有害生物科学观测实验站，锡林浩特 026000；3. 伊利诺伊州立大学，生命科学学院，60191；4. 新西兰林肯研究中心，新西兰，8140。

摘要 亚洲小车蝗是我国北方草原重要害虫之一，经常性发生，严重威胁草原生态。与羊草、糙隐子草、冷蒿相比，其对克氏针茅取食量最大，食物消化率、利用率和转化率最高。但是，其对不同食物利用率差异的生理机制尚不明确。为此，本研究通过转录测序分析了不同食物处理条件下亚洲小车蝗肠道差异基因。结果表明，与取食羊草、糙隐子草、冷蒿相比，取食克氏针茅的亚洲小车蝗肠道有 88 个基因显著上调，主要为蛋白质、脂质、糖类等营养物质消化及吸收相关通路和生物学过程基因。可见，取食最佳食物资源克氏针茅，诱导蝗虫肠道营养消化和吸收相关基因高表达，更加利于食物资源的利用，导致了亚洲小车蝗对针茅的高利用率。本研究揭示了蝗虫食物利用率差异的分子机制。

1 前言

植物的营养特征及昆虫营养需求是决定其食物适应性的重要因子之一。由于寄主植物在不同时空范围内营养物质存在差异，昆虫作为消费者能够敏感地感受植物营养物质的变化并作出响应。昆虫的生长发育及生殖需要从食物中获取充足的营养物质，对碳水化合物、蛋白质、脂质和水的摄取有着严格要求，并因此形成了对不同食物的认知和识别能力，从而能够准确、快速地选择营养特性较好的食物以获取充足的营养物质。但这并不意味着昆虫只取食一种最佳食物，其有时需要混合取食多种植物以获得充足且均衡的营养，并通过稀释以降低摄食中有害物质的浓度，从而更有利于生长发育及生殖，维持高生活力和生殖力，保持种群数量稳定。尽管多数植食性昆虫需要取食多种植物，但在自然生态环境中，作为进化的结果其对不同植物的选择性和适应性不同，有的表现为固定取食模式，如豌豆蚜（*Acyrthosiphon pisum*）只取食豌豆，而有的则为随机取食模式，如玉米螟（*Ostrinia nubilalis*）可以取食 40 科 181 属 200 多种植物。

大多数植食性昆虫需要依靠多种或特定某一种植物来维持生长。具有多种不同属性特征的植物能够为昆虫提供多种多样的物质组分以维持正常的生长发育，而对于有同一

属性或特征的植物则往往不能满足其生长发育需求。已有研究表明与植食性昆虫生长发育有紧密关系的植物营养物质主要包括糖类、蛋白质、脂肪、水分、矿物质和维生素等。对植物营养特性的研究发现，植物叶片氮含量（LAF）、碳含量（LCC）、碳氮比C/N、水分含量（LDMC）和特殊营养面积（SLA）等能够显著影响植食性昆虫的生长发育。对蟋蟀的研究发现，其对不同植物的适口性随植物叶片氮含量（LAF）、碳含量（LCC）、C/N和特殊营养面积（SLA）的升高而增强，但随水分含量（LDMC）的升高而降低，因而造成了对不同植物的选择性取食和适应性差异。植食性昆虫需要取食含有不同营养物质的不同植物以满足营养需求，因而形成了特有的营养生态位。同时，昆虫对不同食物的取食量取决于植物营养物质的含量，在生态系统中的多样性和可获得性。通过粪便DNA分析技术发现昆虫食物选择性取决于植物群落功能特性（CWM），包括营养功能等；功能多样性（FD），包括营养多样性等。当然，除了满足营养需求之外，昆虫还可以通过选择性取食来达到其他目的。例如，通过取食来维持肠道中酸碱度及盐含量平衡，降低有毒物质或次生代谢物质的过量摄入，通过对不同物质的转化来躲避天敌的捕食等。

摄取足够且均衡的营养物质对于植食性昆虫完成生活史至关重要。昆虫选择哪种适合的植物种类作为食物，主要取决于这些植物体含有其生长发育和繁殖所需要的营养成分和作为选择信号的次生代谢物质等，与昆虫的营养需求能力和解毒能力紧密相关。尽管不同种植物通过初级代谢所产生的糖类、氨基酸、脂肪、大量元素和维生素等营养物质在种类基本上是相同的，但是在物质含量上往往会存在较大的差异，如C/N等的变化，往往会导致对昆虫的不同营养效应，因而引起昆虫对不同植物的选择性取食。

可见，植物营养物质种类及含量差异会直接影响昆虫对寄主的选择和适应。对蚜虫寄主植物营养适应的研究发现，其具有试食的取食行为，取食后植物营养如果不适合其生长发育需求，则会主动放弃取食该寄主，进而转向对其他营养均衡和充足的寄主取食，直至找到合适的寄主植物。对美洲斑潜蝇（*Liriomyza sativae*）的研究发现，在具有不同含氮量的食物中，其选择性取食含氮量适中的豇豆，并且随着豇豆中钾浓度的上升，适应性明显降低。同一植株不同部位的营养成分和含量也存在时空差异，导致植食性昆虫对同一植物不同取食部位的选择也会受到影响。例如，烟粉虱（*Bemisia tabaci*）在同一植株上选择在含N量较高的嫩叶上取食。褐飞虱（*Nilaparvata lugens*）雌成虫选择取食含N量高的水稻，但若虫对不同含N量稻株的取食选择性和适应性无显著差异。

因此，植物营养状态对昆虫的生长发育起着关键作用。许多生长发育指标包括体长、体重、发育历期、发育速率、生活力指数等被用来研究昆虫对不同寄主植物的适应性。其中，多数研究表明植物含N量在一定范围对昆虫生长表现为正相关，植物含N量高，则昆虫生长速率加快、生殖力增强。在一定范围内，棉铃虫（*Helicoverpa armigera*）的生长发育速率与蛋白质摄入量成正比，在超过阈值以后，其生长发育速率及其他生物学指标出现相反变化，最终导致昆虫种群发生变化。

昆虫食物适应与消化酶时空表达紧密相关。昆虫对不同植物取食，体内消化酶也表现出差异，表现出生理可塑性（Physiological plasticity）。某些昆虫体内的消化酶如蔗糖酶、淀粉酶、蛋白酶和海藻糖酶等活力可以用来评价寄主拒食活性、取食刺激等作用，是昆虫对寄主生理适应性差异的重要表现。取食不同植物的夜蛾转录组分析表明，其中肠消化酶系表现显著不同，对适应性较强的植物表现出高消化酶活性，这是由于不同植物所含营养物质（糖类、脂肪、蛋白质等）差异所造成的。

植物与昆虫之间相互作用关系的研究已成为昆虫学研究的热点之一。植物作为昆虫的寄主，对昆虫的生长发育等多方面都具有非常重要的作用。同样，亚洲小车蝗通过选择性取食获取营养物质维持种群生长发育和繁衍，在这一过程中参与糖代谢、氨基酸代谢及脂代谢等过程的酶也会因取食不同寄主植物而在表达量或作用方式等方面产生变化。然而，对于这种变化在生理水平和基因水平上的研究相对较少。因此，明确其主要消化酶酶活性及基因调控与寄主植物营养物质种类和含量的关系，对于阐明亚洲小车蝗基于营养的食物适应性具有重要意义。了解植物不同营养成分对昆虫的作用机理，特别是如何通过人为调节植物营养来调控植食性昆虫种群发生，可为害虫的生态调控提供新的思路与方法。

植物理化性质中，除了营养物质种类及含量外，目前认为差异最大、对昆虫产生决定性影响的因子是种类繁多的次生性代谢物质（Plant secondary metabolites），据预测种类大约有 500 000 种。这些物质对昆虫的取食行为、生长发育及繁殖产生不利影响，甚至对昆虫可以产生毒杀作用；但有的却成为某些昆虫生长发育过程中不可缺少的物质。植物次生代谢物对取食昆虫的防御机制主要是作为昆虫乙酰胆碱酯酶 AchE 抑制剂，烟碱乙酰胆碱受体激动剂/拮抗剂和呼吸作用抑制剂（线粒体复合物 I 电子传递抑制剂）。另外，有些次生代谢物可破坏昆虫氨基丁酸门控氯离子通道、阻断钠离子和钾离子交换、影响钙离子通道、破坏神经细胞膜，通过酪胺受体一系列反应阻止章鱼胺受体和干扰激素平衡。如果昆虫在协同进化过程中，能成功克服植物次生性物质的不良影响，则该植物就可能发展成为其寄主，进而导致昆虫的选择性取食，表现出高度适应性，导致高危害性。植物代谢产生的许多次生性化学物质能够成为引诱昆虫的重要标记物。目前，已知的植物次生代谢物质多于 30 000 种，其中分布最为普遍的有酚类、丹宁、萜类、生物碱、糖苷、黄酮类等。尽管次生代谢物质在植物体含量低，但其结构复杂，能够形成植物特有的气味，并且显著影响昆虫取食行为，对于分子较大的非挥发性成分，如糖苷、丹宁等往往也会对昆虫产生味觉上的显著刺激。众多的植物次生代谢物可作为植物防御的“生化武器”（Chemical weapon）在昆虫—植物互作关系中起到了关键作用，涉及的科学问题也非常复杂。

自然界中，植物产生的许多次生代谢物可以引起昆虫忌避，并阻碍昆虫取食。例如，许多萜类物质作为生物活性物质，在植物对昆虫防御行为中发挥了重要作用，能够阻碍昆虫取食或被取食后引起昆虫不适，甚至死亡。黄酮类作为重要的植物次生代谢物质对于昆虫的发育和生长有着非常复杂的影响，如芦丁（Rutin）能够抑制斜纹夜蛾（*Spodoptera litura*）、舞毒蛾（*Lymantria dispar*）和欧洲玉米螟（*Ostrinia nubilalis*）的生长发育。槲皮素（Quercitrin）作为自然界分布最广泛的黄酮类物质，能够抑制多酚氧化酶 PPO 活性，抑制了棉红铃虫（*Pectinophora gossypiella*）、烟芽叶蛾（*Heliothis virescens*）生长速率，导致南方灰翅夜蛾（*Spodoptera eridania*）死亡。因此，广泛分布的黄酮类物质是植物防御性的重要次生物质之一，显著影响着昆虫的生长发育。

同时，植物还可以通过许多其他次生物质来防御昆虫取食为害。昆虫消化道内含多种蛋白酶，如胰蛋白酶，可以被寄主植物产生的众多蛋白酶抑制剂（Protease Inhitors，PIs）

所抑制，如胰蛋白酶抑制剂。当昆虫摄入植物中分泌产生的蛋白酶抑制剂后，抑制昆虫的营养消化和吸收，降低昆虫对植物的取食，从而影响昆虫的生长和繁殖，降低寄主适合度，严重的会导致昆虫死亡。也就是说，寄主植物响应昆虫取食为害，产生大量可以作为蛋白酶抑制剂的植物防御物质，以阻碍营养消化和取食，从而减低昆虫为害或躲避为害。另外，有些植物次生物质还可以引起昆虫消化道细胞或组织发生一系列的病变，从而破坏昆虫的消化系统，如印楝素（azadirachtin）通过作用于昆虫的消化系统，引起昆虫中肠上皮细胞或组织坏死，导致消化道空穴化，并使中肠的再生细胞显著减少，最终引发昆虫消化功能异常，不能获取正常的营养和水分，导致昆虫不能正常发育而死亡。

不同植物所含有的次生代谢物质或其他有毒物质（如黄酮类、单宁、生物碱、强心甾、萜类等）会显著影响昆虫对植物的食物选择性和寄主适应性。作为协同进化的结果，昆虫也因此形成了不同措施来对抗有毒代谢物质并产生抗性，主要包括躲避（Avoidance）、排泄（Excretion）、储存（Sequestration）、代谢（Metabolic resistance）以及靶标突变（Target mutation）等方式进行，对不同植物解毒方式和能力的差异导致了昆虫对不同植物的选择性和适应性差异。在众多反防御机制中，目前研究最多的是解毒酶代谢。为应对来自植物次生物质以及多种外来物质的毒害作用，昆虫进化形成了以抗氧化酶和解毒酶为基础的多种解毒代谢机制。昆虫抗氧化酶和保护酶系主要包括过氧化物酶 POD、酚氧化酶 PO、超氧化物歧化酶 SOD、过氧化氢酶 CAT、多功能氧化酶 MFO 等。昆虫体内的解毒酶如细胞色素 P450 酶系（P450s）、谷胱甘肽 S-转移酶（GST）、羧酸酯酶（CarEs）、UDP-糖基转移酶等对植物次生物质的解毒代谢也是昆虫对寄主植物产生适应性的重要原因，因而国内外学者对这些酶的研究较多。

近 10 年以来随着组学（基因组、转录组、代谢组和蛋白组）的发展，新一代测序技术为在基因水平揭示昆虫—植物协同进化关系形成机制提供了很好的技术手段。食物等环境因子的变化能够重塑昆虫的转录组、代谢组和蛋白组。借助组学技术研究亚洲小车蝗食物适应机制，能够分析其取食不同植物在营养代谢、解毒、生长发育等相关基因表达上的差异。通过酶活测定和定量 PCR 验证，结合植物营养物质和次生代谢物质分析，明确其基于营养和解毒的食物选择和适应机制，能够揭示亚洲小车蝗食物适应的组学原理。

组学测序技术的发展为研究昆虫—植物关系及其适应机制提供了很好的技术平台。在转录组学水平上的研究发现昆虫取食不同寄主植物会导致其营养代谢、解毒代谢、信号转导和免疫反应相关基因产生变化，这些变化对于揭示昆虫食物适应机制具有重要意义。亚洲小车蝗对不同寄主存在适应性差异，主要表现在种群动态、生长发育、酶活性受寄主分布和种类的影响。本研究拟通过转录组测序与分析，明确其参与寄主适应过程的差异基因、生物学过程和通路等，阐明亚洲小车蝗对不同寄主植物适应性的组学基础。

2 材料与方法

2.1 测序样品

分别取食羊草 Lc、克氏针茅 Sk、糙隐子草 Cs 和冷蒿 Af 的亚洲小车蝗 5 龄蝗蝻各 10 头。将每个处理的 10 头亚洲小车蝗虫体部分均分为 2 组（作为两次重复）进行 RNA 提取和测序，确保每组 5 头个体对应来自处理的 5 个罩笼重复，亚洲小车蝗肠道部分采用同样的处理方法。按照取食植物，虫体样品编号为 OA_Sk_1，OA_Sk_2，OA_Lc_1，OA_Lc_2，OA_Cs_1，OA_Cs_2，OA_Af_1，OA_Af_2。肠道样品编号为 OA_Skg_1，OA_Skg_2，OA_Lcg_1，OA_Lcg_2，OA_Csg_1，OA_Csg_2，OA_Afg_1，OA_Afg_2。

2.2 试验材料

无水乙醇（分析纯）、EB、氯仿—异丙醇（分析纯）、DEPC、RNase-Free DNase I（Cat：E1091）、RNase-Free 水、总 RNA 提取试剂盒（Cat：R6934-01）、琼脂糖（Agrose ID0014-50G）、RNA-Seq 样品制备试剂盒、6X Loading Buffer、反转录试剂盒等；高压灭菌锅、低温离心机、凝胶成像仪、微量离心机、恒温水浴锅、电泳仪、−80℃超低温冰箱、紫外分光光度计、MultiGeneTM 梯度 PCR 仪、微量移液器、1.5ml 离心管，RNA spin column 过滤柱等。

2.3 RNA 提取

亚洲小车蝗虫体部分或肠道部分总 RNA 提取参考郝昆（2017）的方法，并检测提取质量（图 1）。

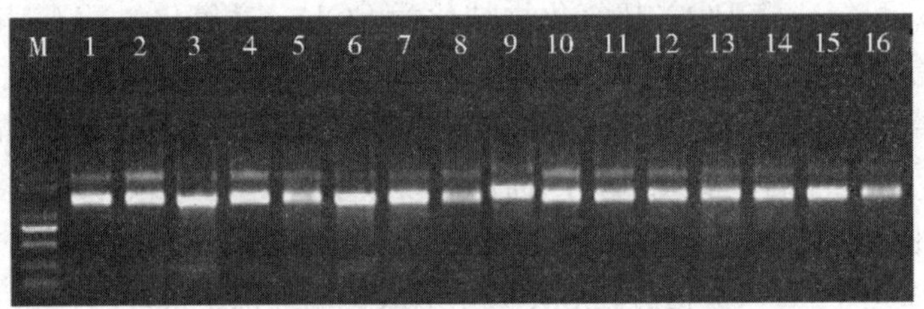

图 1　样品 RNA 提取 PCR 检测结果

2.4 文库构建及测序

对提取的 RNA 样品进行质量检测，确保 1.9＜OD260/OD280＜2.1，RIN 值＞8.0。检测合格的样品才能用于后续过程。

样品检测合格后，用带有 Oligo（dT）的磁珠富集真核生物 mRNA。随后将 mRNA 打断成短片段、进行 PCR 扩增、纯化 PCR 产物，得到最终的文库。文库构建完成后，进行初步定量和有效浓度准确定量。

库检合格后，将不同文库进行高通量测序，并进行质量评估。质量评估主要包括测序错误率分布检查和 A/T/G/C 含量分布检查。进行测序数据过滤，去除带接头的 reads；去除 N（N 表示无法确定碱基信息）的比例大于 10%的 reads；去除低质量 reads（质量值 sQ≤20 的碱基数占整个 read 的 50%以上的 reads）。

2.5 转录本拼接、基因功能注释及差异表达分析

亚洲小车蝗样品测序为无参考基因序列测序，获得 clean reads 后，需要对 clean reads 进行拼接以获取后续分析的参考序列。采用 Trinity 对 clean reads 进行拼接。分别为：茧（Inchworm）、蛹（Chrysalis）、蝶（Butterfly）。茧，分解 reads，构建 k-mer

(k =25) 字典，选择种子 k-mer 并进行两边延伸，形成 contig；蛹，将有重叠的 contigs 聚类，构成 components，每个 component 就成为一组可变剪切异构体 isoform 或同源基因可能的表征集合；蝶（Butterfly），化简每个 component 的 de Bruijn graph，输出可变剪切亚型的全长转录本，最终得到拼接结果文件：TRINITY. fasta。取每条基因中最长的转录本作为 Unigene，进行后续生物学分析。

为了获得全面的基因功能信息，分别进行了七大数据库的基因功能注释，包括：Nr（NCBI blast 2.2.28＋，e-value =1e^{-5}），Nt（NCBI blast 2.2.28＋，e-value =1e^{-5}），Pfam（HMMER 3.0 package，hmmscan，e-value = 0.01），KOG/COG（NCBI blast 2.2.28＋，e-value =1e^{-3}），Swiss-prot（NCBI blast 2.2.28＋，e-value =1e^{-5}），KEGG（KEGG Automatic Annotation Server，e-value=1e^{-10}）和 GO（Blast2GO v2.5，e-value = 1e^{-6}）。利用 RSEM 方法对基因表达量进行了分析。

3 结果与分析

3.1 测序数据质量分析

对取食羊草、克氏针茅、糙隐子草和冷蒿的亚洲小车蝗虫体测序数据质量分析（表1）表明，其产生了至少 7 473 480 个原始测序序列 raw reads、73 066 348 个过滤后的测序序列 clean reads 和 10.96G 的数据量 clean bases。而对于亚洲小车蝗肠道测序数据质量分析（表 2）表明，其产生了至少 74 854 240 个原始测序序列 raw reads、72 983 982个过滤后的测序序列 clean reads 和 10.95G 的数据量 clean bases。亚洲小车蝗虫体和肠道测序数据 Q20 和 Q30 分别接近或大于 90%，GC 含量（%）均大于 45%。

表 1 亚洲小车蝗虫体测序质量汇总（虫体）

Sample	Raw Reads	Clean reads	Clean bases	Error rate（%）	Q20（%）	Q30（%）	GC（%）
OA_Sk_1	88 551 484	86 812 822	13.02G	0.02	95.64	88.96	47.71
OA_Sk_2	106 035 394	103 712 382	15.56G	0.02	96.15	90.26	46.7
OA_Lc_1	81 423 216	79 415 554	11.91G	0.02	95.88	89.67	47.98
OA_Lc_2	87 027 806	84 501 744	12.68G	0.02	95.62	89.38	47.94
OA_Cs_1	74 734 806	73 066 348	10.96G	0.02	96.01	89.96	46.05
OA_Cs_2	88 691 840	86 786 648	13.02G	0.02	96.2	90.37	46.49
OA_Af_1	85 781 554	83 604 278	12.54G	0.02	95.7	89.3	45.48
OA_Af_2	87 555 228	85 598 508	12.84G	0.02	96.08	90.13	45.53

表 2 亚洲小车蝗肠道测序质量汇总（肠道）

Sample	Raw Reads	Clean reads	Clean bases	Error rate（%）	Q20（%）	Q30（%）	GC（%）
OA_Skg_1	82 841 718	80 679 978	12.1G	0.02	95.98	89.86	46.98
OA_Skg_2	91 473 024	89 101 154	13.37G	0.02	96.02	89.93	47.84
OA_Lcg_1	83 881 426	82 182 856	12.33G	0.02	96.23	90.33	46.29

（续）

Sample	Raw Reads	Clean reads	Clean bases	Error rate（%）	Q20（%）	Q30（%）	GC（%）
OA _ Lcg _ 2	80 552 654	78 126 240	11.72G	0.02	95.74	89.6	49.27
OA _ Csg _ 1	85 829 868	83 869 398	12.58G	0.02	96.07	89.99	46.14
OA _ Csg _ 2	76 153 200	74 395 436	11.16G	0.02	95.3	88.23	47.49
OA _ Afg _ 1	86 621 022	84 586 180	12.69G	0.02	96.21	90.29	45.58
OA _ Afg _ 2	74 854 240	72 983 982	10.95G	0.02	95.98	89.81	46.84

3.2 拼接转录本长度分析

亚洲小车蝗虫体测序结果分析表明（表 3），其拼接超过 194 804 064 个核苷酸序列。将 Trinity 拼接的转录组作为参考序列，得到 223 717 个转录本，其中 171 743 个最长的转录本作为独立基因 Unigenes。独立基因的 N50 和 N90 分别为 1184 和 248。200～500bp 区间独立基因分布最多，为 123 557（表 5）。

表 3　拼接长度分布情况一览表（亚洲小车蝗虫体）

项目	最小长度	平均长度	中间长度	最长长度	N50	N90	总核苷酸
转录本	201	871	356	28 782	1 965	283	194 804 064
独立基因	201	651	309	28 782	1 184	248	111 818 964

亚洲小车蝗肠道测序结果分析表明（表 4），其拼接超过 216 119 984 个核苷酸序列。将 Trinity 拼接的转录组作为参考序列，得到 277 924 个转录本，其中 219 737 个最长的转录本作为独立基因 Unigenes。独立基因的 N50 和 N90 分别为 935 和 241。200～500bp 区间独立基因分布最多，为 164 854（表 6）。

表 4　拼接长度分布情况一览表（亚洲小车蝗肠道）

项目	最小长度	平均长度	中间长度	最长长度	N50	N90	总核苷酸
转录本	201	778	331	28 279	1 700	264	216 119 984
独立基因	201	590	297	28 279	935	241	129 697 263

表 5　拼接长度频数分布情况一览表（亚洲小车蝗虫体）

转录本长度区间	200～500bp	500～1kbp	1kbp～2kbp	>2kbp	总核苷酸
转录本数量	140 665	34 155	23 682	25 215	223 717
独立基因数量	123 557	23 790	13 033	11 363	171 743

表 6　拼接长度频数分布情况一览表（亚洲小车蝗肠道）

转录本长度区间	200～500bp	500～1kbp	1kbp～2kbp	>2kbp	总核苷酸
转录本数量	186 117	40 184	25 745	25 878	277 924
独立基因数量	164 854	28 615	14 459	11 809	219 737

3.3 基因功能注释

亚洲小车蝗虫体测序独立基因 Unigenes 数据库比对结果（表 7）表明，共有45 517 个基因注释成功（26.5%），33 847 个注释到 NR 数据库（19.7%），6 155 个基因注释到 NT 数据库（3.58%），7 571 个基因注释到 KO 数据库（4.4%），16 759 个基因注释到 SwissProt 数据库（9.75%），28 250 个基因注释到 PFAM 数据库（16.44%），28 324 个基因注释到 GO 数据库（16.49%），11 700 个基因注释到 KOG 数据库（6.81%）。物种注释数据表明（图 2A），虫体转录组主要注释到内华达白蚁（*Zootermopsis nevadensis*）（21.4%），穹蛛属某虫（*Stegodyphus mimosarum*）（7.8%），赤拟谷盗（*Tribolium castaneum*）（5.5%），尼日尔黑蚁（*Lasius niger*）（5.0%），豌豆长管蚜（*Acyrthosiphon pisum*）（4.5%）。

亚洲小车蝗肠道测序独立基因 Unigenes 数据库比对结果（表 8）表明，55 414 个基因注释成功（25.21%），39 303 个注释到 NR 数据库（17.88%），8 839 个基因注释到 NT 数据库（4.02%），8 200 个基因注释到 KO 数据库（3.73%），18 311 个基因注释到 SwissProt 数据库（8.33%），32 598 个基因注释到 PFAM 数据库（14.83%），32 691个基因注释到 GO 数据库（14.87%），12 335 个基因注释到 KOG 数据库（5.61%）。物种注释数据表明（图 2B），肠道转录组主要注释到内华达白蚁（*Zootermopsis nevadensis*）（18.9%），穹蛛属某虫（*Stegodyphus mimosarum*）（8.7%），尼日尔黑蚁（*Lasius niger*）（5.3%），赤拟谷盗（*Tribolium castaneum*）（5.2%），豌豆长管蚜（*Acyrthosiphon pisum*）（4.3%）。

表 7 亚洲小车蝗虫体独立基因注释结果

数据库	基因数量	比例（%）
注释到 NR 库	33 847	19.7
注释到 NT 库	6 155	3.58
注释到 KO 库	7 571	4.4
注释到 SwissProt 库	16 759	9.75
注释到 PFAM 库	28 250	16.44
注释到 GO 库	28 324	16.49
注释到 KOG 库	11 700	6.81
注释到所有库	2 633	1.53
至少注释到一个库	45 517	26.5

表 8 亚洲小车蝗肠道独立基因注释结果

数据库	基因数量	比例（%）
注释到 NR 库	39 303	17.88
注释到 NT 库	8 839	4.02
注释到 KO 库	8 200	3.73
注释到 SwissProt 库	18 311	8.33

（续）

数据库	基因数量	比例（%）
注释到 PFAM 库	32 598	14.83
注释到 GO 库	32 691	14.87
注释到 KOG 库	12 335	5.61
注释到所有库	2 831	1.28
至少注释到一个库	55 414	25.21

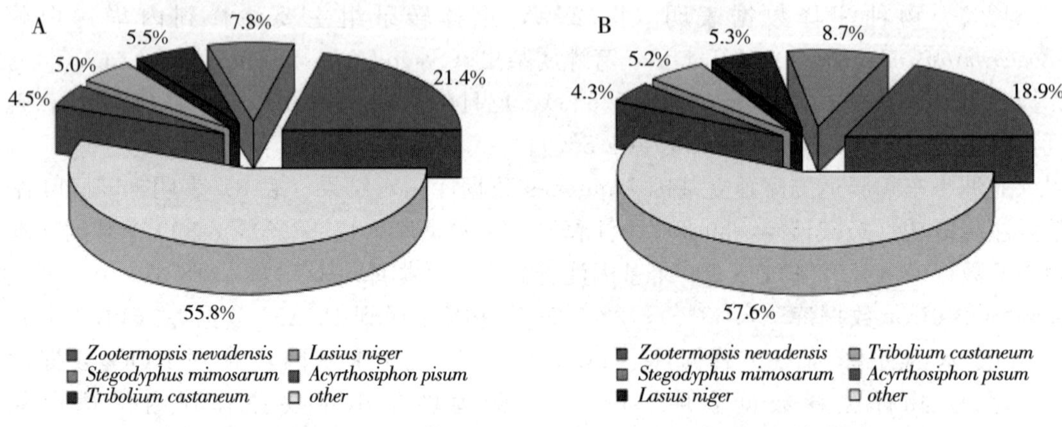

图 2　亚洲小车蝗虫体（A）和肠道（B）基因物种注释分类图

3.4　GO 和 KEGG 分析

注释到 GO 数据库的亚洲小车蝗虫体和肠道 Unigenes 分为 3 类（图 3，图 4），即细胞组分（cellular component）、分子功能（molecular function）和生物学过程（biological process）。基因主要富集于细胞过程（cellular process）、代谢过程（metabolic process）、物质结合和催化过程（binding and catalytic activity）。

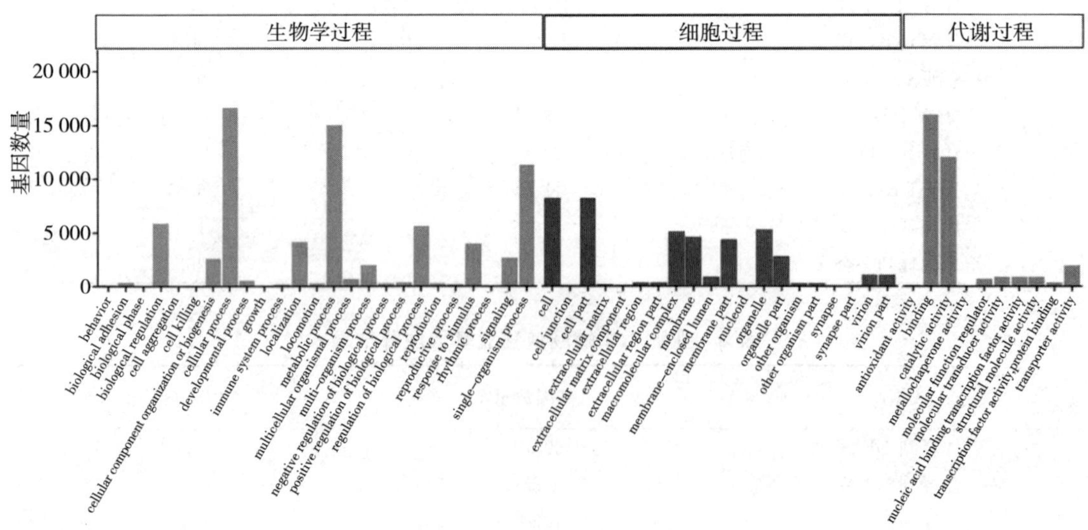

图 3　亚洲小车蝗转录组 GO 分类（虫体）

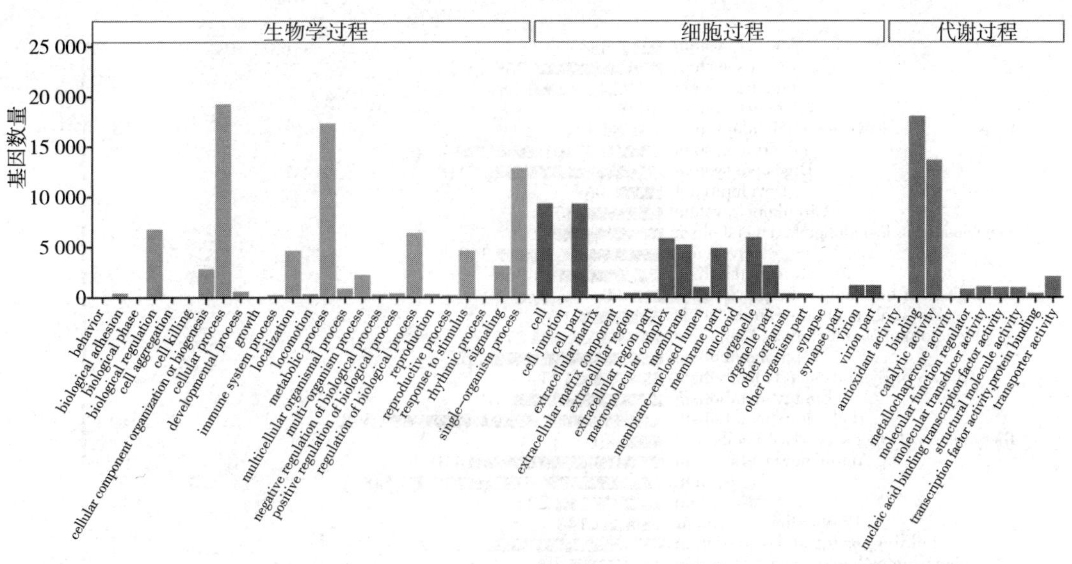

图 4 亚洲小车蝗转录组 GO 分类（肠道）

注释到 KEGG 数据库的亚洲小车蝗虫体和肠道 Unigenes 分别被富集到 267 个和 272 个通路上，其中虫体主要富集到信号转导（signal transduction）、碳水化合物代谢（carbohydrate metabolism）、转录（translation）、内分泌系统（endocrine system）和转运、分解代谢通路（Transport and catabolism）（图 5）。肠道基因主要富集于内分泌系统（endocrine system）、碳水化合物信号转导（carbohydrate metabolism signal transduction）、转录（translation）和分解代谢通路（transport and catabolism）（图 6）。

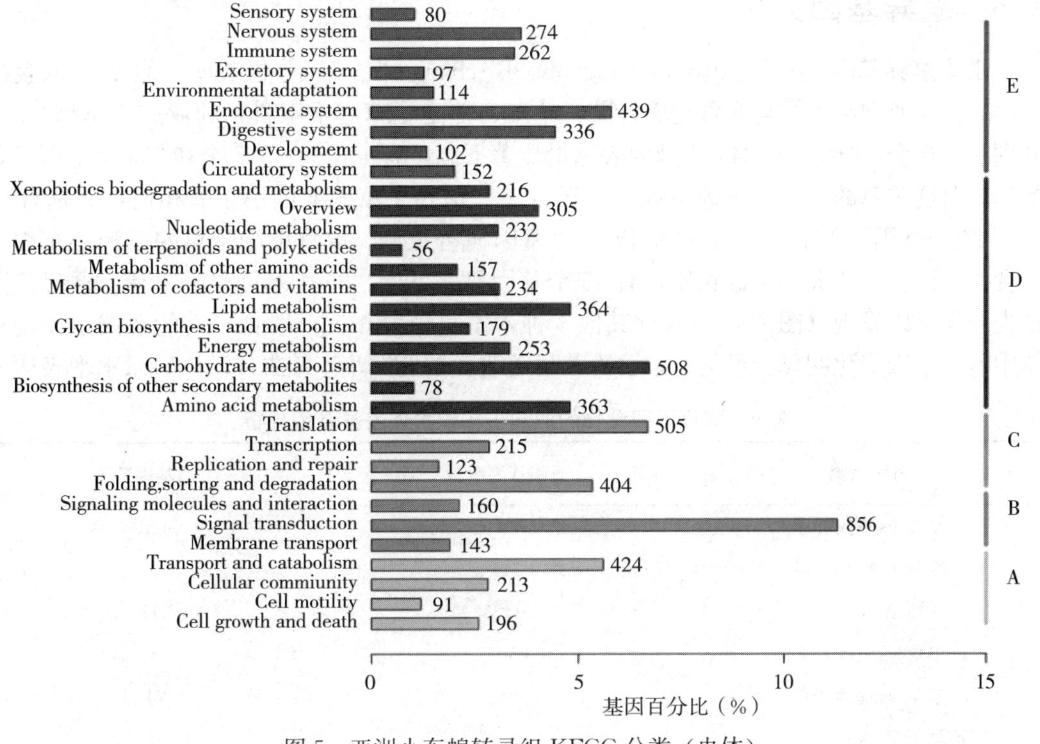

图 5 亚洲小车蝗转录组 KEGG 分类（虫体）

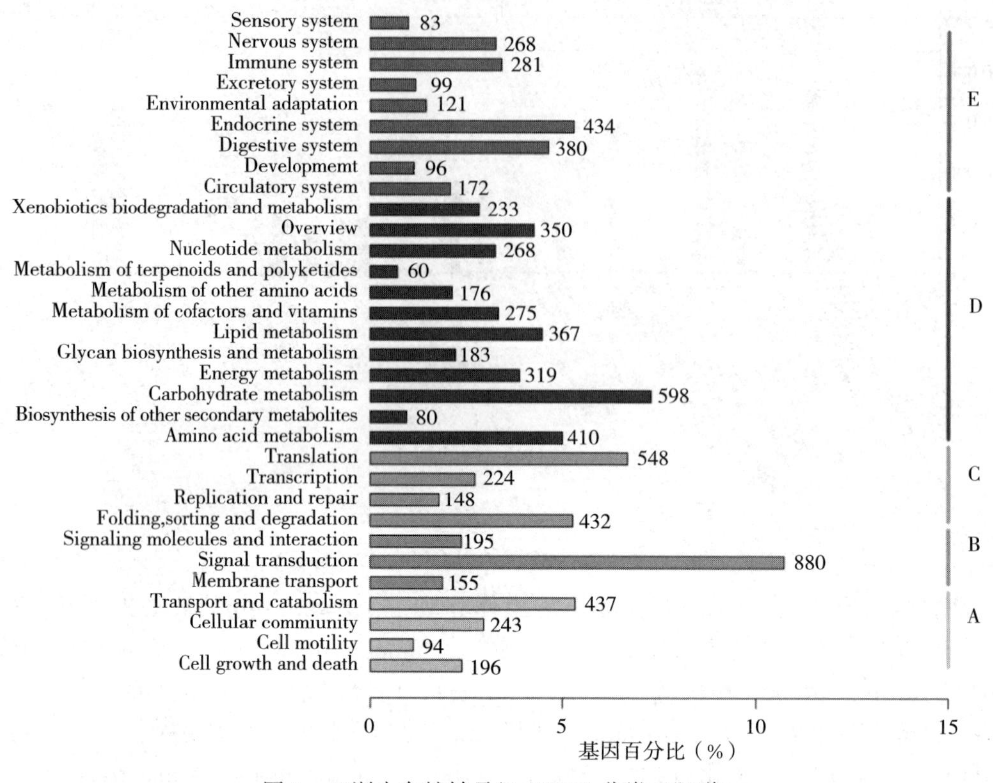

图 6　亚洲小车蝗转录组 KEGG 分类（肠道）

3.5　差异基因分析

虫体差异基因（q 值<0.05，｜log2. Fold _ change｜>1）分析表明（表 9），取食冷蒿(菊科)的亚洲小车蝗与取食克氏针茅、羊草、糙隐子草（禾本科）的亚洲小车蝗相比，分别有 690 个、318 个和 344 个基因表达量显著下调，有 448 个、317 个和 303 个基因显著上调。取食羊草的亚洲小车蝗与取食克氏针茅、糙隐子草的亚洲小车蝗相比，分别有 50 个和 24 个基因显著下调，有 69 个和 71 个基因显著上调。取食糙隐子草的亚洲小车蝗与取食克氏针茅的亚洲小车蝗相比，有 45 个基因显著下调、36 个基因显著上调。通过热图聚类同样可以发现（图 7），与取食其他 3 种禾本科植物相比，取食冷蒿的亚洲小车蝗虫体中差异基因变化明显。可见，取食冷蒿显著改变了亚洲小车蝗虫体基因转录水平表达。

表 9　取食不同食物的亚洲小车蝗虫体差异基因分析

寄主植物	下调基因数量	上调基因数量
冷蒿 vs 克氏针茅	690	448
冷蒿 vs 糙隐子草	344	303
冷蒿 vs 羊草	318	317
羊草 vs 克氏针茅	50	69
羊草 vs 糙隐子草	24	71
糙隐子草 vs 克氏针茅	45	38

肠道差异基因（q 值<0.05，｜log2. Fold _ change｜>1）分析表明（表 10），冷蒿、羊草、糙隐子草处理与克氏针茅处理相比，分别有 355 个、352 个和 380 个基因表达量显著下调，有 102 个、43 个和 33 个基因显著上调。取食冷蒿、羊草的亚洲小车蝗与取食糙隐子草的相比，分别有 95 个和 29 个基因显著下调，有 53 个和 19 个基因显著上调。冷蒿处理与羊草处理相比，有 97 个基因显著下调、50 个基因显著上调。通过热图聚类同样可以发现（图 7），与取食其他三种植物相比，取食克氏针茅的亚洲小车蝗虫体中差异基因变化明显。可见，取食克氏针茅显著改变了亚洲小车蝗肠道基因表达。

表 10　取食不同食物的亚洲小车蝗肠道差异基因分析

寄主植物	下调基因数量	上调基因数量
冷蒿 vs 克氏针茅	355	102
羊草 vs 克氏针茅	352	43
糙隐子草 vs 克氏针茅	380	33
冷蒿 vs 糙隐子草	95	53
羊草 vs 糙隐子草	29	19
冷蒿 vs 羊草	97	50

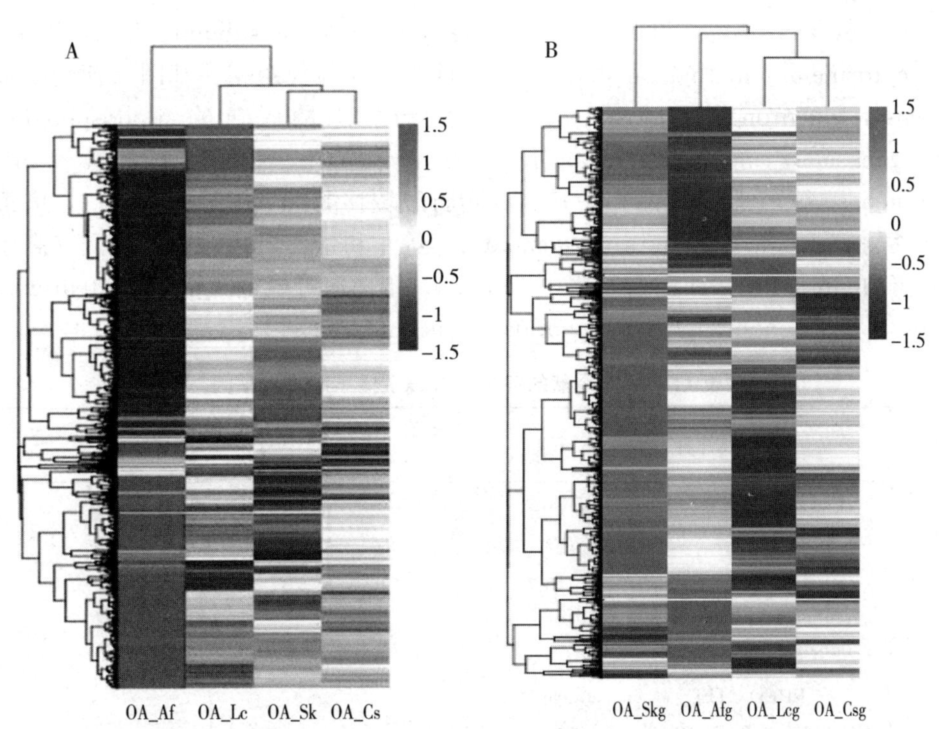

图 7　亚洲小车蝗转录组差异基因热图（A：虫体，B：肠道）

通过维恩图（Ven）分析亚洲小车蝗虫体基因发现（图 8A），取食冷蒿（菊科）的亚洲小车蝗与取食克氏针茅、羊草、糙隐子草（禾本科）的亚洲小车蝗相比存在 299 个共同差异基因（196 个下调，103 个上调）。

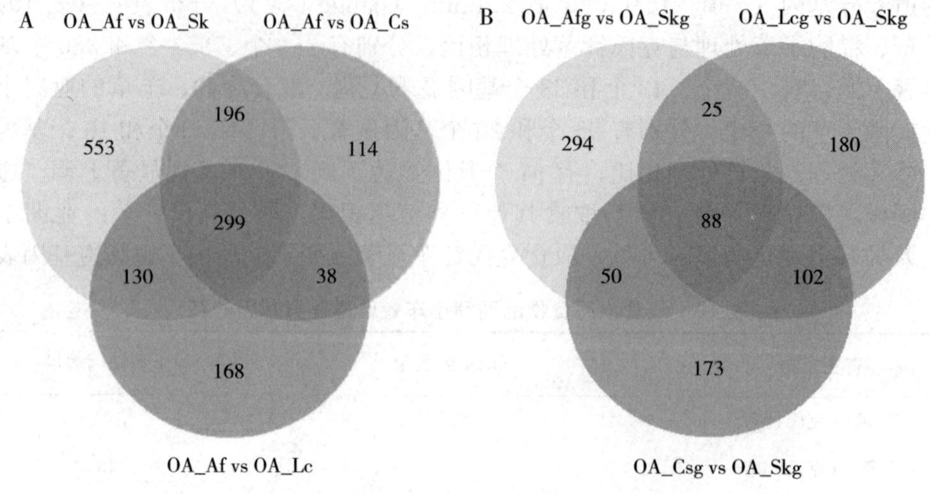

图 8 亚洲小车蝗虫体 A 和肠道 B 转录组差异基因维恩图

取食冷蒿的亚洲小车蝗虫体下调基因（表 11）主要包括昆虫表皮合成相关基因（如表皮蛋白 cuticular protein RR-1 motif 8，上表皮生长因子 Cysteine-rich with EGF-like domain protein 2，几丁质合成酶 chitin synthase 1 variant B 等）、DNA 复制相关基因［DNA 引发酶 DNA primase large subunit，核酸内切酶 endonuclease-reverse transcriptase，DNA 聚合酶 DNA polymerase alpha catalytic subunit，DNA 甲基转移酶 DNA（cytosine-5）-methyltransferase 等］、糖类合成与代谢相关基因（葡萄糖基转移酶 glucosyl glucuronosyl transferase，6-磷酸葡萄糖酶脱氢酶 6-phosphogluconate dehydrogenase，乙醇脱氢酶 alcohol dehydrogenase，葡萄糖脱氢酶 glucose dehydrogenase 等）、脂肪代谢相关基因（脂肪酸转移酶 lipoyltransferase 1，肉毒碱棕榈酰转移酶 carnitine O-palmitoyltransferase 1 等）和蛋白质代谢相关基因（高尔基体膜内在蛋白 Golgi integral membrane protein 4，蛋白质二硫键异构酶 protein disulfide-isomerase，肽酶 enom dipeptidyl peptidase 4 isoform X2 等）。

表 11 取食冷蒿的亚洲小车蝗虫体下调差异基因

基因	Nr 注释	Log 值 OA _ Af vs OA _ Cs	Log 值 OA _ Af vs OA _ Lc	Log 值 OA _ Af vs OA _ Sk
c84444 _ g1	Endocuticle structural glycoprotein SgAbd-9, partial [*Zootermopsis nevadensis*]	−1.670 7	−1.920 5	−1.828 7
c73001 _ g2	cuticular protein RR-1 motif 8 [*Antheraea yamamai*]	−2.025 4	−2.229 5	−2.084 7
c84969 _ g3	PREDICTED: endocuticle structural glycoprotein ABD-4 [*Ceratitis capitata*]	−1.322 8	−2.411 4	−1.56
c73896 _ g1	Cysteine-rich with EGF-like domain protein 2 [*Zootermopsis nevadensis*]	−1.330 3	−1.648 3	−1.569 8

（续）

基因	Nr 注释	Log 值 OA _ Af vs OA _ Cs	Log 值 OA _ Af vs OA _ Lc	Log 值 OA _ Af vs OA _ Sk
c78558 _ g5	RecName：Full＝Cuticle protein 1；AltName：Full ＝ Bc-NCP1 [*Blaberus craniifer*]	−2.816 8	−3.936 6	−3.424 9
c89119 _ g1	TPAputative cuticle protein [*Danaus plexippus*]	−2.291 2	−2.688	−2.098 9
c69967 _ g1	RecName：Full ＝ Endocuticle structural glycoprotein SgAbd-5 [*Schistocerca gregaria*]	−1.931 7	−2.241	−2.265 7
c84435 _ g1	RecName：Full ＝ Endocuticle structural glycoprotein SgAbd-3 [*Schistocerca gregaria*]	−1.324 9	−1.591 3	−1.695 1
c83044 _ g2	Collagen alpha-1 （X1） chain，partial [*Zootermopsis nevadensis*]	−1.525 2	−1.889 6	−1.721 7
c82379 _ g1	PREDICTED：endocuticle structural protein SgAbd-6 [*Ceratitis capitata*]	−1.891	−2.142	−2.114 4
c87369 _ g1	RecName：Full＝Cuticle protein 21；AltName：Full＝LM-ACP 21 [*Locusta migratoria*]	−2.221 9	−2.008 1	−2.135 4
c83430 _ g2	RecName：Full ＝ Endocuticle structural glycoprotein SgAbd-1 [*Schistocerca gregaria*]	−5.098 9	−6.980 3	−5.749 2
c74226 _ g1	chitin synthase 1 variant B [*Locusta migratoria manilensis*]	−1.610 8	−1.799 5	−1.713 7
c84112 _ g1	larvae cuticle protein [*Choristoneura fumiferana*]	−1.515 9	−1.960 8	−1.997 7
c83044 _ g1	PREDICTED：collagen alpha-1 （XI） chain-like [*Harpegnathos saltator*]	−1.637 4	−1.867 8	−1.529 2
c84240 _ g1	Outer dense fiber protein 3 [*Zootermopsis nevadensis*]	−1.788 1	−1.886 9	−1.996
c70420 _ g1	hypothetical protein YQE _ 04817，partial [*Dendroctonus ponderosae*]	−1.516 1	−1.744 7	−1.755 5
c86763 _ g1	DNA mismatch repair protein Msh6 [*Zootermopsis nevadensis*] DNA	−1.379 3	−1.527 1	−1.570 6
c64439 _ g1	DNA primase large subunit [*Zootermopsis nevadensis*]	−1.615 7	−1.876 9	−1.881 2
c88149 _ g2	Transposable element Tcb2 transposase，partial [*Stegodyphus mimosarum*]	−1.720 8	−1.824 8	−1.95

（续）

基因	Nr 注释	Log 值 OA _ Af vs OA _ Cs	Log 值 OA _ Af vs OA _ Lc	Log 值 OA _ Af vs OA _ Sk
c77582 _ g1	thymidylate synthase [*Litopenaeus vannamei*]	−1.524 6	−1.748 3	−1.901 8
c70950 _ g1	Deoxyuridine 5′-triphosphate nucleo tido hydrolase [*Zootermopsis nevadensis*]	−2.155 9	−1.767 2	−2.219 8
c79027 _ g1	PREDICTED: DNA (cytosine-5) -methyltransferase PliMCI-like [*Megachile rotundata*]	−1.291 2	−1.652 3	−1.772 4
c80389 _ g1	endonuclease-reverse transcriptase [*Eyprepocnemis plorans plorans*]	−1.731 9	−2.061 9	−2.009 5
c80451 _ g1	DNA polymerase alpha catalytic subunit, putative [*Pediculus humanus corporis*] >gi | 212509481 | gb | EEB12850.1 |	−2.572 9	−2.452 4	−2.676 5
c78893 _ g2	PREDICTED: DNA polymerase epsilon catalytic subunit A [*Bombyx mori*]	−1.247 9	−1.685 9	−1.414 6
c66549 _ g1	Histone H2A [*Zootermopsis nevadensis*]	−1.599	−1.874 4	−1.644
c80333 _ g1	Ribonucleoside-diphosphate reductase subunit M2 [*Zootermopsis nevadensis*]	−3.041	−3.213 7	−4.368 5
c86889 _ g2	Mcm5 [*Locusta migratoria*]	−1.197 1	−1.570 8	−1.212
c78788 _ g1	Mcm4 protein [*Locusta migratoria*]	−1.598 3	−1.734 7	−1.904 3
c79035 _ g2	hypothetical protein TcasGA2 _ TC005282 [*Tribolium castaneum*]	−1.424 2	−2.051 6	−2.168 3
c72384 _ g1	Mcm2 [*Locusta migratoria*]	−1.670 5	−2.497 1	−2.631 8
c85042 _ g5	glucosyl glucuronosyl transferases [*Locusta migratoria*]	−1.341 8	−1.665 1	−1.563 1
c75531 _ g2	Dolichyl-diphosphooligosaccharide-protein glycosyltransferase subunit 2 [*Zootermopsis nevadensis*]	−3.937 1	−4.593 9	−5.249 7
c81215 _ g3	Alcohol dehydrogenase [NADP+] [*Zootermopsis nevadensis*]	−2.110 9	−2.136 1	−2.060 1
c82327 _ g3	Dolichyl pyrophosphate Man9GlcNAc2 alpha-1, 3-glucosyltrans-ferase, partial [*Zootermopsis nevadensis*]	−1.703 8	−1.580 2	−1.705 4
c67285 _ g1	glucosyl glucuronosyl transferases [*Locusta migratoria*]	−1.487 1	−1.725 1	−1.504 5
c82932 _ g1	hypothetical protein KGM _ 19483 [*Danaus plexippus*]	−2.078 9	−2.138 2	−2.366 1

（续）

基因	Nr 注释	Log 值 OA _ Af vs OA _ Cs	Log 值 OA _ Af vs OA _ Lc	Log 值 OA _ Af vs OA _ Sk
c78115 _ g1	Dolichyl-diphosphooligosaccharide-protein glycosyl transferase 48 kDa subunit [*Zootermopsis nevadensis*]	−2.482 3	−2.651 4	−2.996 5
c88249 _ g1	PREDICTED：6-phosphogluconate dehydrogenase，decarboxylating isoform X1 [*Strongylocentrotus purpuratus*] >gi丨390352586丨	−1.334 2	−1.555 1	−1.487 2
c79822 _ g1	Dolichyl-diphosphooligosaccharide-protein glycosyl transferase subunit STT3A [*Zootermopsis nevadensis*]	−1.720 2	−1.901 7	−1.811 9
c84708 _ g1	PREDICTED：LOW QUALITY PROTEIN：glucose dehydrogenase [*Bombus impatiens*]	−1.903 6	−1.799 9	−1.841 3
c81743 _ g2	PREDICTED：L-aminoadipate-semialdehyde dehydrogenase-like [*Crassostrea gigas*] >gi丨762156683丨ref丨XP _ 011416476.1丨	−1.860 4	−1.874 5	−2.880 6
c85926 _ g1	GalNAc：polypeptide N-acetyl galactosaminyl transferase，putative [*Pediculus humanus corporis*]	−2.014 6	−2.109 5	−1.753
c76697 _ g1	Oligosaccharyltransferase complex subunit ostc-B [*Zootermopsis nevadensis*]	−1.574 1	−2.038	−1.747
c66378 _ g1	Macrophage mannose receptor 1，partial [*Harpegnathos saltator*]	−1.453 4	−1.746 8	−1.599 8
c83276 _ g1	glucuronosyltransferase，partial [*Zootermopsis nevadensis*]	−2.080 6	−2.625	−2.655 8
c85750 _ g3	N-acetylglucosamine pyrophosphorylases 1 [*Locusta migratoria*]	−1.6	−1.895	−1.745 6
c85204 _ g1	PREDICTED：venom dipeptidyl peptidase 4 isoform X2 [*Cerapachys biroi*]	−1.377 2	−1.633 4	−1.679 1
c81572 _ g2	Histone-lysine N-methyltransferase SETMAR，partial [*Stegodyphus mimosarum*]	−1.450 8	−2.105 4	−2.324 2
c84670 _ g1	PREDICTED：D-aspartate oxidase [*Pogonomyrmex barbatus*]	−1.474	−1.546 2	−1.514 7
c83848 _ g1	Golgi integral membrane protein 4 [*Zootermopsis nevadensis*]	−2.426 6	−2.109 8	−1.990 5
c79014 _ g1	Heterogeneous nuclear ribonucleoprotein H [*Zootermopsis nevadensis*]	−1.421 3	−1.569 9	−1.378 5

（续）

基因	Nr 注释	Log 值 OA _ Af vs OA _ Cs	Log 值 OA _ Af vs OA _ Lc	Log 值 OA _ Af vs OA _ Sk
c82265 _ g1	peptidyl-prolyl isomerase-1 [*Locusta migratoria*]	−1.938 5	−2.378 9	−2.179 1
c88896 _ g1	PREDICTED: zinc finger BED domain-containing protein 5-like [*Microplitis demolitor*]	−1.283 9	−1.684 1	−1.513 4
c75635 _ g1	protein disulfide-isomerase [*Schistocerca gregaria*]	−1.733 1	−2.130 9	−3.056 3
c83554 _ g5	Protein disulfide-isomerase A5 [*Zootermopsis nevadensis*]	−1.775 9	−2.778 7	−2.981 7
c85926 _ g1	UDP-GalNAc: polypeptide N-acetyl galactosaminyl transferase, putative [*Pediculus humanus corporis*]	−1.679 1	−2.140 2	−2.186 2
c79430 _ g1	Heterogeneous nuclear ribonucleoprotein K [*Zootermopsis nevadensis*]	−3.484 2	−4.370 8	−4.136 8
c87595 _ g1	PREDICTED: E3 ubiquitin-protein ligase UHRF1-like [*Saccoglossus kowalevskii*]	−2.078 4	−2.035 8	−2.210 2
c85750 _ g3	UDP N-acetylglucosamine pyrophosphorylases 1 [*Locusta migratoria*]	−1.937 2	−1.664 4	−1.630 8
c76783 _ g1	ER protein gp78 [*Locusta migratoria*]	−3.556 6	−3.228 9	−3.938 7
c86327 _ g1	Microsomal triglyceride transfer protein large subunit [*Zootermopsis nevadensis*]	−1.517 6	−1.755 6	−1.774 8
c80133 _ g1	Lipoyltransferase 1, mitochondrial [*Zootermopsis nevadensis*]	−2.066 9	−2.469 6	−2.585 5
c85835 _ g2	Putative fatty acyl-CoA reductase [*Zootermopsis nevadensis*]	−1.795	−1.885 1	−1.280 9
c82584 _ g1	Carnitine O-palmitoyltransferase 1, liver isoform [*Zootermopsis nevadensis*]	−1.725 4	−1.984 2	−1.92 6
c81249 _ g3	Myelin expression factor 2 [*Zootermopsis nevadensis*]	−1.694 5	−2.273	−2.094 9
c86921 _ g3	hexamerin-like protein 1 [*Locusta migratoria*]	−2.953 9	−3.242 3	−3.097
c72762 _ g3	GTP: AMP phosphotransferase mitochondrial [*Zootermopsis nevadensis*]	−1.647 4	−1.633 6	−1.800 8
c70647 _ g1	type I signal peptidase 21 kDa subunit [*Locusta migratoria manilensis*]	−1.880 7	−2.167 6	−2.288 4

（续）

基因	Nr 注释	Log 值 OA _ Af vs OA _ Cs	Log 值 OA _ Af vs OA _ Lc	Log 值 OA _ Af vs OA _ Sk
c78589 _ g1	Hypoxia up-regulated protein 1 [*Zootermopsis nevadensis*]	−2. 822 9	−2. 789 3	−4. 204 4
c88121 _ g1	Putative odorant-binding protein A10 OS = Drosophila melanogaster GN=a10 PE=1 SV=2	−1. 360 7	−1. 911	−2. 123 7
c73744 _ g1	PREDICTED: angiopoietin-4 [*Tribolium castaneum*]	−2. 948 4	−3. 213 1	−5. 153 2
c79918 _ g1	PREDICTED: prostaglandin reductase 1-like [*Nasonia vitripennis*] > gi | 645005875 | ref | XP _ 008204228. 1 |	−1. 972 9	−2. 172 5	−2. 363 7
c54528 _ g1	translocon-associated protein subunit delta-like (TRAP-delta) [*Coptotermes formosanus*]	−1. 670 7	−1. 920 5	−1. 828 7
c83837 _ g2	Juvenile hormone epoxide hydrolase 1 [*Zootermopsis nevadensis*]	−1. 450 8	−2. 105 4	−2. 324 2

取食冷蒿的亚洲小车蝗虫体上调基因包括（表 12）抗逆性和解毒代谢相关基因，如热激蛋白 heat shock protein 19. 8、细胞色素 P450 cytochrome P450 6k1、羧酸酯酶 carboxylesterase、细胞凋亡抑制剂 apoptosis inhibitor IAP 等。可见，与取食禾本科相比，取食冷蒿的亚洲小车蝗虫体物质能量代谢相关基因显著下调，抗逆性和解毒相关基因显著上调。

表 12 取食冷蒿的亚洲小车蝗虫体上调差异基因

基因	Nr 注释	Log 值 OA _ Af vs OA _ Cs	Log 值 OA _ Af vs OA _ Lc	Log 值 OA _ Af vs OA _ Sk
c88585 _ g1	heat shock protein 19. 8 [*Oxya chinensis*]	2. 639 8	1. 794 2	1. 204 4
c82555 _ g1	carboxylesterase [*Oxya chinensis*]	2. 450 8	2. 684 6	2. 135 8
c87127 _ g1	PREDICTED: inositol oxygenase isoform X1 [*Athalia rosae*]	1. 466 2	1. 736 9	1. 771 6
c87438 _ g1	RecName: Full = Cytochrome P450 6k1; AltName: Full = CYPVIK1 [*Blattella germanica*]	3. 098 2	4. 249 7	2. 964 9
c82717 _ g4	gastric caeca sugar transporter [*Locusta migratoria*]	2. 856 1	4. 683 1	3. 275 4
c87294 _ g1	PREDICTED: inter-alpha-trypsin inhibitor heavy chain H3 isoform X2 [*Acyrthosiphon pisum*]	2. 210 3	2. 64	1. 959 8
c82717 _ g3	gastric caeca sugar transporter [*Locusta migratoria*]	2. 193 7	1. 920 3	1. 476

（续）

基因	Nr 注释	Log 值 OA _ Af vs OA _ Cs	Log 值 OA _ Af vs OA _ Lc	Log 值 OA _ Af vs OA _ Sk
c86816 _ g2	carboxylesterase [*Locusta migratoria*]	5.545	6.739 9	4.189 1
c75889 _ g1	phosphoserine transaminase [*Blattella germanica*]	1.775	2.485 1	1.536 8
c80735 _ g3	Sorbitol dehydrogenase [*Zootermopsis nevadensis*]	1.509 2	2.194 1	2.072 7
c70968 _ g1	Hexokinase type 2 [*Zootermopsis nevadensis*]	1.947 8	2.303 6	2.813 6
c85322 _ g1	PREDICTED: putative inorganic phosphate cotransporter isoform X1 [*Megachile rotundata*]	2.478 7	3.084 7	1.735 7
c78438 _ g2	pacifastin-related peptide precursor PP-5 [*Schistocerca gregaria*]	2.508 8	3.202 5	2.477 7
c76294 _ g2	SCAN domain-containing protein 3 [*Larimichthys crocea*] >gi | 808863429 | gb | KKF14764.1 |	1.853 3	2.352 1	2.185 6
c85540 _ g2	PREDICTED: serine hydroxymethyltransferase, cytosolic [*Monomorium pharaonis*] >gi | 826419753 | ref | XP _ 012524775.1 |	3.490 8	2.170 5	2.952 6
c85487 _ g1	PREDICTED: nose resistant to fluoxetine protein 6-like [*Fopius arisanus*]	1.378 3	1.613 7	1.470 7
c85215 _ g1	PREDICTED: inter-alpha-trypsin inhibitor heavy chain H4-like isoform X2 [*Bombyx mori*]	3.372	3.517 8	3.565 8
c89091 _ g1	Insulin receptor [*Zootermopsis nevadensis*]	2.215 8	2.217 7	2.999 5
c83962 _ g1	PREDICTED: LOW QUALITY PROTEIN: putative leucine-rich repeat-containing protein DDB _ G0290503 [*Tribolium castaneum*]	1.562 8	2.009 8	1.270 4
c71543 _ g1	PREDICTED: uncharacterized protein LOC105383056 [*Plutella xylostella*]	1.375 5	3.197 8	2.710 2
c77777 _ g2	hypothetical protein TcasGA2 _ TC004196 [*Tribolium castaneum*]	2.370 3	2.575	2.160 1
c86628 _ g1	hypothetical protein DAPPUDRAFT _ 51498 [*Daphnia pulex*]	1.818	1.842 7	1.628 1
c88979 _ g4	hypothetical protein L798 _ 10809 [*Zootermopsis nevadensis*]	2.293 3	3.751 5	5.653 4

（续）

基因	Nr 注释	Log 值 OA _ Af vs OA _ Cs	Log 值 OA _ Af vs OA _ Lc	Log 值 OA _ Af vs OA _ Sk
c78178 _ g1	Xaa-Pro amino peptidase 2 [*Zootermopsis nevadensis*]	1.714 6	2.997 9	2.444 9
c80796 _ g3	AAEL012443-PA [*Aedes aegypti*] >gi | 108871163 | gb | EAT35388.1 | AAEL012443-PA [*Aedes aegypti*]	2.401 3	2.145	2.809 5
c89356 _ g2	hypothetical protein TcasGA2 _ TC004196 [*Tribolium castaneum*]	2.975 1	3.746 6	2.849 1
c84769 _ g2	Leucine-rich repeat-containing protein 20 [*Zootermopsis nevadensis*]	1.688 1	1.927 1	1.884 9
c67502 _ g1	4-hydroxyphenylpyruvate dioxygenase [*Zootermopsis nevadensis*]	1.410 4	1.600 1	1.447 3
c73696 _ g1	PREDICTED：putative protein FAM200D-like isoform X1 [*Python bivittatus*] >gi | 602668075 | ref | XP _ 0074-39591.1 |	2.032 2	1.767 9	1.526 2
c68127 _ g1	Homogentisate 1，2-dioxygenase [*Zootermopsis nevadensis*]	2.192 9	2.243	2.371 8

分析亚洲小车蝗肠道基因维恩图发现（图 8B），取食克氏针茅的亚洲小车蝗与取食冷蒿、羊草、糙隐子草的相比存在 88 个共同差异基因（均为上调）。这些上调基因主要为肠道营养消化和利用相关基因（表 13），如蛋白质消化相关的胰凝乳蛋白酶（Chymotrypsin BI、TPA _ exp：chymotrypsin 5，TPA _ exp：chymotrypsin 11，Predicted：peritrophin-1-like）、胰蛋白酶（TPA _ exp：trypsin 2A，TPA _ exp：trypsin 2B）和羧肽酶（Zinc carboxypeptidase A）等，糖类代谢相关的葡萄糖脱氢酶（Glucose dehydrogenase）、α-葡萄糖苷酶（alpha-glucosidase）和糊精葡聚糖转移酶（cyclomaltodextrin glucanotransferase）等，脂质消化代谢相关基因如三酰甘油去饱和酶（Predicted：pancreatic triacylglycerol lipase-like，putative C-5 sterol desaturase lipid digestion）等。可见取食克氏针茅的亚洲小车蝗肠道中糖类、脂肪、蛋白质消化和代谢相关基因显著上调。

表 13 取食克氏针茅的亚洲小车蝗肠道上调差异基因

基因	功能注释
c84444 _ g1	Endocuticle structural glycoprotein SgAbd-9，partial [*Zootermopsis nevadensis*]
c100009 _ g2	Retinoid-inducible serine carboxypeptidase，partial [*Zootermopsis nevadensis*]
c100560 _ g1	hypothetical protein KGM _ 05979 [*Danaus plexippus*]
c100700 _ g2	PREDICTED：peritrophin-1-like [*Megachile rotundata*]
c100700 _ g3	PREDICTED：piggyBac transposable element-derived protein 3-like [*Fundulus heteroclitus*]

（续）

基因	功能注释
c101210 _ g1	Chymotrypsin BI [*Zootermopsis nevadensis*]
c101571 _ g1	TPA _ exp：trypsin 2A [*Locusta migratoria*]
c101571 _ g2	PREDICTED：uncharacterized protein LOC105841933 isoform X1 [*Bombyx mori*]
c101913 _ g5	TPA _ exp：chymotrypsin 5 [*Locusta migratoria*]
c10207 _ g1	Retinoid-inducible serine carboxypeptidase，partial [*Zootermopsis nevadensis*]
c102341 _ g2	PREDICTED：peritrophin-1-like [*Orussus abietinus*]
c102402 _ g1	TPA _ exp：trypsin 2A [*Locusta migratoria*]
c102646 _ g1	unkown protein [*Riptortus pedestris*]
c102960 _ g1	cathepsin C [*Eriocheir sinensis*] >gi | 309380136 | gb | ADO65981. 1 | cathepsin C [*Eriocheir sinensis*]
c103740 _ g3	TPA _ exp：chymotrypsin 1 [*Locusta migratoria*]
c103902 _ g3	beta-glucosidase，partial [*Coptotermes formosanus*]
c103902 _ g5	Chymotrypsin BI [*Zootermopsis nevadensis*]
c103964 _ g3	TPA _ exp：trypsin 1B [*Locusta migratoria*]
c103983 _ g1	PREDICTED：retinoid-inducible serine carboxypeptidase-like [*Nasonia vitripennis*]
c104505 _ g1	TPA _ exp：chymotrypsin 3，partial [*Locusta migratoria*]
c104710 _ g2	cyclomaltodextrin glucanotransferase，partial [*Coptotermes formosanus*]
c104814 _ g1	PREDICTED：retinaldehyde-binding protein 1 [*Tribolium castaneum*] >gi | 642923430 | ref | XP _ 008193741. 1 |
c105138 _ g3	TPA _ exp：chymotrypsin 1 [*Locusta migratoria*]
c105711 _ g1	TPA _ exp：serine protease-like protein 1 [*Locusta migratoria*]
c106254 _ g1	PREDICTED：uncharacterized protein LOC105691252 [*Athalia rosae*]
c106254 _ g2	PREDICTED：uncharacterized protein LOC100124285 [*Nasonia vitripennis*]
c106454 _ g2	Luciferin 4-monooxygenase [*Zootermopsis nevadensis*]
c106536 _ g3	TPA _ exp：trypsin 1B [*Locusta migratoria*]
c106897 _ g1	PREDICTED：maltase A1 [*Acyrthosiphon pisum*]
c107151 _ g5	AGAP003501-PA-like protein [*Anopheles sinensis*]
c107190 _ g1	Sodium channel protein Nach [*Zootermopsis nevadensis*]
c107893 _ g1	AGAP001764-PA-like protein [*Anopheles sinensis*]
c107990 _ g2	PREDICTED：lipase 3 [*Tribolium castaneum*] >gi | 270005168 | gb | EFA01616. 1 | hypothetical protein TcasGA2 _ TC007185 [*Tribolium castaneum*]
c108087 _ g1	GK15164 [*Drosophila willistoni*] >gi | 194160964 | gb | EDW75865. 1 | GK 15164 [*Drosophila willistoni*]
c108497 _ g1	cathepsin C [*Fenneropenaeus chinensis*]
c111036 _ g1	RecName：Full=Cytochrome P450 4C1；AltName：Full=CYPIVC1 [*Blaberus discoidalis*] >gi | 155947 | gb | AAA27819. 1 | cytochrome P450 [*Blaberus discoidalis*]
c40162 _ g1	Adenosine deaminase [*Zootermopsis nevadensis*]

（续）

基因	功能注释
c48887 _ g1	PREDICTED：prion-like-（Q/N-rich）domain-bearing protein 25 [*Athalia rosae*]
c55198 _ g1	beta-glucosidase [*Reticulitermes flavipes*]
c61242 _ g1	hypothetical protein L798 _ 06469，partial [*Zootermopsis nevadensis*]
c72107 _ g1	Zinc carboxypeptidase A 1 [*Zootermopsis nevadensis*]
c73331 _ g1	TPA _ exp：chymotrypsin 1 [*Locusta migratoria*]
c75535 _ g1	alpha-glucosidase [*Periplaneta americana*]
c79475 _ g1	Chain A，Crystal Structure Of Beta-Glucosidase From Termite*Neotermes Koshunensis* In Complex With Tris>gi | 393715252 | pdb | 3VIF |
c85654 _ g1	glucosyl glucuronosyl transferases [*Locusta migratoria*]
c87073 _ g1	Zinc transporter ZIP1 [*Zootermopsis nevadensis*]
c88606 _ g1	nuclear transcription factor Tfp1 [*Locusta migratoria*]
c89490 _ g1	Integral membrane protein GPR177 [*Zootermopsis nevadensis*]
c89671 _ g1	TPA _ exp：trypsin 2B [*Locusta migratoria*]
c91432 _ g1	TPA _ exp：trypsin 2A [*Locusta migratoria*]
c92351 _ g1	PREDICTED：monocarboxylate transporter 12 isoform X1 [*Athalia rosae*]
c92675 _ g2	PREDICTED：retinoid-inducible serine carboxypeptidase-like [*Nasonia vitripennis*]
c93662 _ g3	TPA _ exp：chymotrypsin 11 [*Locusta migratoria*]
c95379 _ g2	Plasma alpha-L-fucosidase [*Zootermopsis nevadensis*]
c95776 _ g1	alpha-glucosidase family 31，partial [*Periplaneta americana*]
c95812 _ g10	PREDICTED：thymus-specific serine protease-like [*Athalia rosae*]
c95812 _ g2	conserved hypothetical protein [*Pediculus humanus corporis*] >gi | 212507437 | gb | EEB11382. 1 | conserved hypothetical protein [*Pediculus humanus corporis*]
c95812 _ g9	cathepsin C [*Sinonovacula constricta*]
c95861 _ g2	putative C-5 sterol desaturase [*Zootermopsis nevadensis*]
c96751 _ g2	Chain A，Crystal Structure Of Beta-Glucosidase From Termite *Neotermes Koshunensis* In Complex With Tris>gi | 393715252 | pdb | 3VIF |
c97097 _ g1	PREDICTED：dipeptidyl peptidase 1，partial [*Chinchilla lanigera*]
c97463 _ g2	PREDICTED：pancreatic triacylglycerol lipase-like [*Megachile rotundata*]
c98527 _ g1	Glucose dehydrogenase [acceptor] [*Zootermopsis nevadensis*]
c99106 _ g1	TPA _ exp：chymotrypsin 12 [*Locusta migratoria*]
c99106 _ g2	peritrophic matrix protein 9 precursor [*Tribolium castaneum*] >gi | 268309044 | gb | ACY95488. 1 | peritrophic matrix protein 9 [*Tribolium castaneum*]
c99226 _ g1	TPA _ exp：chymotrypsin 5 [*Locusta migratoria*]
c99303 _ g1	PREDICTED：D-serine dehydratase-like [*Meleagris gallopavo*] >gi | 733891510 | ref | XP _ 010710596. 1 |
c99356 _ g1	glucosyl glucuronosyl transferases [*Locusta migratoria*]
c99496 _ g2	PREDICTED：regucalcin-like isoform X2 [*Athalia rosae*]
c99527 _ g1	Chain A，Crystal Structure Of Beta-Glucosidase From Termite *Neotermes Koshunensis* In Complex With Tris>gi | 393715252 | pdb | 3VIF |
c99959 _ g1	PREDICTED：peritrophin-1-like [*Megachile rotundata*]

取食冷蒿（菊科）的亚洲小车蝗与取食克氏针茅、羊草、糙隐子草（禾本科）的亚洲小车蝗相比存在众多的差异基因。对这些差异基因的 GO 富集表明（校正 P 值<0.05）（表 14），取食冷蒿（菊科）的亚洲小车蝗与取食克氏针茅、羊草、糙隐子草（禾本科）的相比存在 23 个显著差异 GO 条目（7 个上调，16 个下调），主要分为 3 个方面生物学过程（BP）、细胞组分（CC）和分子功能（MF）。下调的 GO 条目主要包括几丁质结合 chitin binding（MF）、表皮结构组成 structural constituent of cuticle（MF）、脂肪酸合成过程 fatty acid biosynthetic process（BP）、碳水化合物代谢过程 carbohydrate metabolic process（BP）和寡糖转移酶复合体 oligosaccharyltransferase complex（CC）等。上调的 GO 条目主要包括信号转导调控 regulation of signal transduction（BP），细胞间信息传递 regulation of cell communication（BP），信号调控 regulation of signaling（BP），肌醇分解代谢过程 inositol catabolic process（BP），乙醇分解代谢过程 alcohol catabolic process（BP），多元醇分解代谢过程 polyol catabolic process（BP）和富羟基化合物分解代谢过程 organic hydroxy compound catabolic process（BP）。由此可见，取食冷蒿（菊科）的亚洲小车蝗表皮合成、物质与能量代谢过程下调，信号转导和对外源物质的代谢能力增强。

表 14 取食冷蒿的亚洲小车蝗虫体差异基因 GO 富集

类别	类	上调/下调	基因数量 Af vs Cs	基因数量 Af vs Lc	基因数量 Af vs Sk
生物学过程（BP）	fatty acid biosynthetic process	Down	8	7	13
	carbohydrate metabolic process	Down	19	31	47
	small molecule catabolic process	Down	8	6	11
	organic acid catabolic process	Down	7	—	10
	steroid metabolic process	Down	6	6	—
	carboxylic acid catabolic process	Down	—	11	9
	glycerol-3-phosphate metabolic process	Down	10	7	12
	valine metabolic process	Down	6	—	7
	regulation of signal transduction	Up	9	6	9
	regulation of cell communication	Up	8	—	6
	regulation of signaling	Up	9	7	—
	inositol catabolic process	Up	4	4	3
	alcohol catabolic process	Up	—	4	4
	polyol catabolic process	Up	4	5	4
	organic hydroxy compound catabolic process	Up	—	4	4
分子功能（MF）	structural molecule activity	Down	28	24	52
	chitin binding	Down	7	6	9
	structural constituent of cuticle	Down	14	14	28
	coenzyme binding	Down	13	—	22
	phosphogluconate dehydrogenase (decarboxylating) activity	Down	4	—	5
	transferase activity，transferring acyl groups	Down	—	—	17

（续）

类别	类	上调/下调	基因数量 Af vs Cs	基因数量 Af vs Lc	基因数量 Af vs Sk
细胞组成（CC）	endoplasmic reticulum	Down	7	17	12
	oligosaccharyltransferase complex	Down	5	4	—

对差异基因的 KEGG 富集表明（q 值<0.05）（表 15），取食冷蒿（菊科）的亚洲小车蝗与取食克氏针茅、羊草、糙隐子草（禾本科）的相比存在 16 条显著差异的 KEGG 通路（5 个上调，11 个下调）。其中，显著下调的通路主要包括 DNA 复制 DNA replication，蛋白质内质网处理过程 protein processing in endoplasmic reticulum，N-聚糖合成 N-Glycan biosynthesis，脂肪酸降解 fatty acid degradation，角质、蜡质合成 cutin，suberine and wax biosynthesis，脂肪酸代谢 fatty acid metabolism，碳代谢 carbon metabolism 等。显著上调的通路主要包括低氧诱导因子信号通路 HIF-1 signaling pathway，插头转录因子信号通路 FoxO signaling pathway，肌醇磷酸盐代谢 inositol phosphate metabolism，Rap 信号通路 Rap1 signaling pathway 和细胞色素 P450 外源物质代谢 metabolism of xenobiotics by cytochrome P450。由此可见，取食冷蒿（菊科）的亚洲小车蝗物质合成与能量代谢过程显著下调，信号转导和对外源有毒物质的代谢能力增强。

表 15 取食冷蒿的亚洲小车蝗虫体差异基因 KEGG 富集

通路	上调/下调	基因数量 Af vs Cs	基因数量 Af vs Lc	基因数量 Af vs Sk
DNA replication	Down	9	8	10
Fatty acid degradation	Down	10	7	9
N-Glycan biosynthesis	Down	6	5	9
Protein processing in endoplasmic reticulum	Down	12	9	17
Fatty acid metabolism	Down	15	12	16
Carbon metabolism	Down	14	—	13
Meiosis	Down	6	5	6
Protein digestion and absorption	Down	9	9	12
Cutin，suberine and wax biosynthesis	Down	8	—	9
Cell cycle	Down	5	6	—
Various types of N-glycan biosynthesis	Down	—	6	7
HIF-1 signaling pathway	Up	6	5	7
Metabolism of xenobiotics by cytochrome P450	Up	10	8	11
Rap1 signaling pathway	Up	6	5	—
FoxO signaling pathway	Up	—	4	6
Inositol phosphate metabolism	Up	—	6	6

对取食不同寄主植物的亚洲小车蝗肠道差异基因 GO 富集（校正 P 值<0.05）表明（表 16），取食克氏针茅的亚洲小车蝗与取食冷蒿、羊草、糙隐子草的相比存在 16 个共同差异 GO 条目（均为上调），分布于生物学过程 biological process（BP）和分子功能方面 molecular function（MF）。主要包括丝氨酸型肽酶活性 serine-type peptidase activity（MF），丝氨酸水解酶活性 serine hydrolase activity（MF），水解酶活性 hydrolase activity（MF），肽酶活性 peptidase activity（MF），羧肽酶活性 carboxypeptidase activity（MF），碳水化合物代谢过程 carbohydrate metabolic process（BP）和脂肪糖基化过程 lipid glycosylation（BP）。由此可见，取食克氏针茅的亚洲小车蝗肠道营养代谢相关过程显著升高。

表 16　取食针茅的亚洲小车蝗肠道差异基因 GO 富集

类别	类	上调/下调	基因数量		
			Sk vs Af	Sk vs Lcg	Skg vs Csg
分子功能（MF）	serine-type peptidase activity	Up	33	56	51
	serine hydrolase activity	Up	33	56	51
	hydrolase activity	Up	79	141	140
	peptidase activity，acting on L-amino acid peptides	Up	42	74	73
	peptidase activity	Up	43	76	75
	serine-type endopeptidase activity	Up	24	41	38
	hydrolyzing O-glycosyl compounds	Up	12	42	35
	endopeptidase activity	Up	28	50	47
	catalytic activity	Up	138	202	190
	carboxypeptidase activity	Up	6	8	8
	serine-type carboxypeptidase activity	Up	4	4	4
生物学过程（BP）	carbohydrate metabolic process	Up	27	59	53
	proteolysis	Up	41	71	70
	amino sugar metabolic process	Up	7	11	19
	metabolic process	Up	149	201	207
	lipid glycosylation	Up	8	6	7

对取食不同寄主植物的亚洲小车蝗肠道差异基因 KEGG 富集（q 值$<$0.05）表明（表 17），取食克氏针茅的亚洲小车蝗与取食冷蒿、羊草、糙隐子草的相比存在 5 条共同差异 KEGG 通路（均为上调）。主要包括半乳糖代谢 galactose metabolism，淀粉和蔗糖代谢 starch and sucrose metabolism，碳水化合物消化和吸收 carbohydrate digestion and absorption，戊糖和葡萄糖醛脂互变 pentose and glucuronate interconversions 和蛋白质消化与吸收 protein digestion and absorption。可见，取食克氏针茅的亚洲小车蝗肠道营养代谢相关过程及通路显著升高，营养消化与吸收能力增强。

表 17　取食克氏针茅的亚洲小车蝗肠道差异基因 KEGG 富集

通路	上调/下调	基因数量		
		Sk vs Af	Sk vs Lc	Sk vs Cs
Galactose metabolism	Up	10	29	28
Starch and sucrose metabolism	Up	14	26	24
Carbohydrate digestion and absorption	Up	5	17	19

（续）

通路	上调/下调	基因数量		
		Sk vs Af	Sk vs Lc	Sk vs Cs
Pentose and glucuronate interconversions	Up	9	9	11
Protein digestion and absorption	Up	6	12	13

4 讨论

本研究通过转录组分析了亚洲小车蝗对不同寄主植物的基因适应机制。前期对亚洲小车蝗与寄主植物的生态学、生物学关系的研究发现，在羊草、克氏针茅、糙隐子草和冷蒿四种寄主植物中，冷蒿（菊科）作为食物胁迫不利于亚洲小车蝗的生长发育（体重、发育历期、存活率和生长速率），而克氏针茅作为最优食物资源最利于亚洲小车蝗的生长发育和种群发生。同时，亚洲小车蝗对克氏针茅的取食量和食物近似消化率 *AD*、利用率 *ECI* 和转化率 *ECD* 最高。通过本研究的转录组学分析可以很好地揭示为什么亚洲小车蝗对克氏针茅的适应能力强，而对冷蒿的适应能力弱。

取食不同寄主植物的亚洲小车蝗生长发育指标的变化可以用表型可塑性的理论来解释。表型可塑性是生物界普遍存在的生物学现象，是生物感受环境改变而表型等发生变化的一种快速适应机制，广义的表型可塑性包括生物学特性、生化代谢、生理、行为、生长发育及生活史等的改变。同种生物转录组的变化能够解释表型可塑性，即表型的改变来自组学（基因表达）的变化，基因表达差异势必会影响到昆虫的表型。

环境因子变化导致的生物转录组学变化，或者说生物响应环境变化而产生的转录组差异是高度进化的还是非进化的，中性的、有利的还是有害的，这在生物学研究中仍难以阐明。这是因为在生物体中，即使一个酶的变化都能够影响很多酶、产物、基质及众多生命调控途径的变化，最终会影响昆虫生理、生长发育和形态特征的变化。这些变化有些是对生物体有利的，但有些则可能是有害的。即使转录水平变化带来的对生物体看似不利结果，在实际中则可能是有利的。比如说，转录组中某些基因表达的变化能够阻碍生物体的生长发育，这种不利于生物体的现象可能正是生物体为保证存活或种群繁衍而采取的适应性机制，在昆虫进化中具有重要的生物学意义。

通过本研究可以发现：①不同寄主植物导致植食性昆虫基因差异表达，生物的组学变化来源于环境因子的变化；②食物胁迫能够显著改变昆虫的基因表达，如本研究中取食冷蒿（食物胁迫）的个体与取食禾本科植物的个体相比，至少有 1138 个基因表达量显著变化，可见差异基因表达（数量或表达量）会随环境胁迫的增加而增加；③取食冷蒿（菊科）的亚洲小车蝗与取食克氏针茅、羊草、糙隐子草（禾本科）的亚洲小车蝗相比存在 299 个共同差异基因（196 个下调，103 个上调），并最终形成了两种差异较大的虫体表型，其中冷蒿作为胁迫显著降低了亚洲小车蝗生长发育，形成了较小的个体，禾本科植物处理则形成了较大个体。因此，受生态系统中已知的或未知的因子影响，生物体不是固定不变的，而是随时间和空间经常变化的。以上三点结论对于研究环境对生物体的影响具有重要的理论意义。

本研究发现取食冷蒿的亚洲小车蝗虫体受到食物胁迫，显著下调差异基因主要包括DNA复制、表皮合成，糖类、蛋白质和脂质合成及代谢相关基因，而上调基因包括抗逆性基因（如热激蛋白Hsp、细胞凋亡抑制剂）和解毒代谢等相关基因（如细胞色素P450、羧酸酯酶）。同样，差异基因GO和KEGG富集表明取食冷蒿的亚洲小车蝗虫体物质合成及代谢过程和通路（如表皮合成、碳水化合物代谢等）显著下调，而抗逆性和解毒代谢相关过程和途径（如外源物质代谢、低氧诱导信号途径等）显著上调。这些基因和通路的变化源于亚洲小车蝗对冷蒿胁迫的适应，食物胁迫显著改变了虫体基因表达，物质合成与能量代谢减弱，抗逆性和解毒能力增强（图9），这也解释了为什么取食冷蒿的亚洲小车蝗个体生长发育缓慢，且亚洲小车蝗不选择取食菊科冷蒿。其中，热激蛋白Hsp受环境因子的诱导与生物抗逆性紧密相关，细胞色素P450在生物解毒代谢中起到了重要作用，两者基因表达量的升高与外界胁迫刺激增加有关，高表达有利于亚洲小车蝗的生存，是亚洲小车蝗响应冷蒿胁迫的重要分子基础。

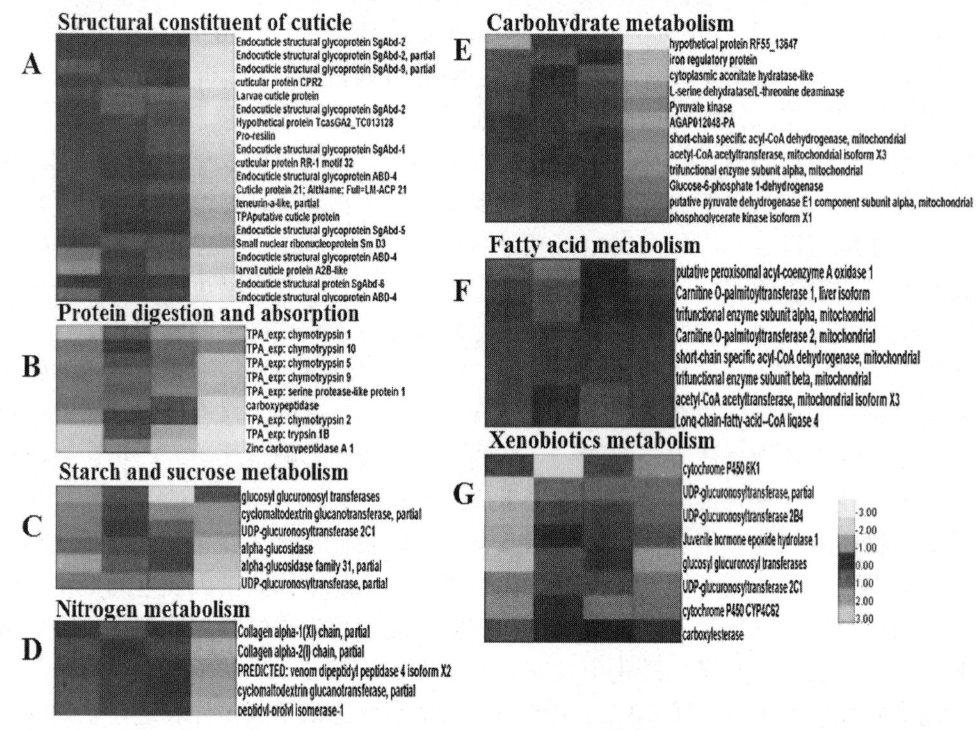

图9　取食不同寄主植物的亚洲车蝗能量代谢主要差异基因富集

同时，不同寄主植物会显著影响昆虫肠道的转录水平的变化。例如寡食性鳞翅目昆虫烟草天蛾 *Manduca sexta* 对特定食物具有特定的转录水平，而广食性的绿棉铃虫 *Heliothis virescens* 则对不同寄主植物表现出基本相同的转录水平。即使面对相同的寄主植物，不同昆虫在转录水平的变化不同。因此，本研究中取食不同寄主植物的昆虫肠道也会出现转录水平的差异。取食不同寄主植物的亚洲小车蝗肠道转录组分析结果可以解释其对针茅的高利用率、转化率和近似消化率。取食克氏针茅后，亚洲小车蝗肠道中营养物质（蛋白质、糖类和脂肪）消化与吸收相关的基因、生物学过程和通路显著上调，从而能够高效地利用食物资源。有研究也表明昆虫对利用率较高的寄主植物表现出高脂肪酶、蛋白酶和淀粉酶活性。

克氏针茅作为亚洲小车蝗的最佳食物资源，显著影响其生长发育、种群发生。本研究可以从昆虫转录水平、代谢和消化生理、昆虫—植物协同进化的角度揭示二者之间形成的紧密关系。对特定寄主植物的适应性是昆虫在长期进化过程中形成的应对环境及寄主变化的重要方式。亚洲小车蝗虫体和肠道营养物质消化及能量代谢、解毒代谢的相关基因、生物学过程、分子功能、细胞组分及通路的上调，表明亚洲小车蝗对克氏针茅已经进化形成了较为高级的代谢酶系和适应机制。也就是说，在本研究中所用亚洲小车蝗很可能为针茅适应型。从寄主生物化学特性的角度分析，在克氏针茅中很可能存在较高的营养成分或其他特殊物质，这些物质作为激发子诱导众多酶系基因的上调。

亚洲小车蝗肠道差异基因分析表明，取食克氏针茅的亚洲小车蝗导致众多的胰凝乳蛋白酶和胰蛋白酶显著上调，如 Chymotrypsin BI、TPA _ exp：trypsin 2A、TPA _ exp：chymotrypsin 5、Zinc carboxypeptidase A、TPA _ exp：trypsin 2B 和 TPA _ exp：chymotrypsin 11。这些消化酶的表达受许多因子影响，如昆虫生长发育阶段、中肠 pH 及寄主植物营养、次生代谢物质、蛋白酶抑制剂（PIs）等。其中，为了抵御昆虫的取食为害，寄主植物往往会产生蛋白酶抑制剂来干扰消化酶的分泌和活性。对棉铃虫的研究发现，其 4 龄期体内高蛋白酶活性与寄主植物 PIs 相关，蛋白酶抑制剂的存在同时能够诱导更多的蛋白酶分泌。本研究通过转录组学研究揭示了亚洲小车蝗对不同寄主植物的基因适应，但究竟这些差异基因具体受何物质（营养物质、次生代谢物质或蛋白酶抑制剂）的影响是今后需要研究的重要科学问题。

主要参考文献

李典谟，周立阳，1997. 协同进化—昆虫与植物的关系［J］. 应用昆虫学报，34（1）：45-49.

李新岗，刘惠霞，黄建，2008. 虫害诱导植物防御的分子机理研究进展［J］. 应用生态学报，19（4）：893-900.

BRUCE T J，PICKETT J A，2011. Perception of plant volatile blends by herbivorous insects-finding the right mix［J］. Phytochemistry，72（13）：1605-1611.

DICKE M，LOON J J A V，2000. Multitrophic effects of herbivore-induced plant volatiles in an evolutionary context［J］. Entomologia Experimentalis Et Applicata，97（3）：237-249.

FOX L R，1992. Contrary Choices：Possible exploitation of enemy-free space by herbivorous insects in cultivated vs. wild crucifers［J］. Oecologia，89（4）：574-579.

GOVIND G，MITTAPALLI O，GRIEBEL T，et al，2010. Unbiased transcriptional comparisons of generalist and specialist herbivores feeding on progressively defenseless Nicotiana attenuata plants［J］. Plos One，5（1）：e8735.

HAN J G，ZHANG Y J，WANG C J，et al，2008. Rangeland degradation and restoration management in China［J］. Rangeland Journal，30（2）：233-239.

HOGENHOUT S A，BOS J I，2011. Effector proteins that modulate plant-insect interactions［J］. Current Opinion in Plant Biology，14（4）：422-428.

KARASOV W H，MARTíNEZ D R C，CAVIEDES-VIDAL E，2011. Ecological physiology of diet and digestive systems［J］. Annual Review of Physiology，73（1）：69-93.

亚洲小车蝗表型可塑性的分子生态学基础

秦兴虎[1,2,3]，郝　昆[1]，马景川[1,3]，黄训兵[1,3]，涂雄兵[1,3]，
莫德·阿里[4]，巴里·皮特贵[5]，曹广春[1,3]，王广君[1,3]，
农向群[1,3]，道格拉斯·惠特曼[6]，张泽华[1,3]

1. 中国农业科学院植物保护研究所植物病虫害生物学国家重点实验室，北京，中国；2. 圣安德鲁斯大学生物学院，圣安德鲁斯，英国；3. 农业农村部锡林郭勒草原有害生物科学观测实验站，锡林浩特，中国；4. 孟加拉国水稻研究所昆虫学部，达卡，孟加拉国；5. 密歇根州立大学昆虫学系，东兰辛，美国；6. 伊利诺伊州立大学生物科学学院，伊利诺伊州，美国。

摘要　亚洲小车蝗是内蒙古草原上最为严重的为害种之一，其密度、环境诱发的型变是其暴发为害的主要原因，也是其适应生境异质性的主要基础。本研究通过田间实验确定了亚洲小车蝗体型可塑性指标。与此同时，利用基因表达谱筛选与定量、生境结构映射等手段构建了亚洲小车蝗生活力各项指标的“生态—基因结构图”。多因子双标图揭示生境植物高度、植物盖度和植物多样性等是亚洲小车蝗表型可塑性的重要生态决定因素。转录组结果揭示有10个基因与生境间生活力差异相关。荧光定量进一步确定有4个基因在亚洲小车蝗生活力指标可塑性当中起到了重要作用，分别是表皮蛋白、围食膜因子、根皮苷水解酶和抑制延伸因子。生态—基因结构图表明表皮蛋白决定蝗虫的体型可塑性，根皮苷水解酶和抑制延伸因子分别决定雌雄蝗虫的总体生活力。蝗虫表型可塑性总体受到生境结构的塑造，并通过表皮蛋白等基因调控。本研究揭示了亚洲小车蝗表型可塑性的分子生态学机制，为蝗虫监测预警，防治提供生态防控参考和基因靶标。

关键词　亚洲小车蝗，表型可塑性，环境变异，转录组，生态转录结构

1　前言

表型可塑性是进化生物学一个重要的和根本性的问题，因为表型差异是选择的原始材料；也就是说，环境选择表型的表型差异是选择过程的关键组成部分。表型变异主要来自两个来源：遗传变异和表型可塑性（PP）。此外，选择可导致物种的快速演化以及小空间尺度上的演化变化。假设在几分钟内就可以进行选择，因为突然发生的极端环境事件立即消除了所有不具有表型和遗传抗性的致死因素。因此，由表型可塑性快速形成的表型多样性不仅对于个体健康和存活而且对于生物进化都有重要的意义。

PP 中的进化被认为由生态环境中不同自然选择产生的，实验证明可塑性介导了自然界表型的适应性表达。在不同条件下由基因组和全基因组转录组产生的 PP 的表达是生物对不同生态环境的响应和适应。表型可塑性也可能比突变本身产生更多的表型变异。它不仅非常迅速，而且在个体的整个生命中似乎也是连续不断的。这些表型变化的时间范围可以从几秒（例如，稳态、行为和一些瞬时的颜色变化）到几分钟（例如某些形式的适应，以及一些防御和解毒酶的诱导）以及几个月或更长时间的，有时相对短期或直接的结果。因此，经历表型可塑性的群体不仅是供选择的移动目标，而且群体中不同的个体可能在不同方向上改变表型，从而造成表型的多样性变化，多种选择性因素可以作用于其中。

适应性可塑性使生物体能够响应环境异质性而使其适应性最大化。然而，很明显不同的栖息地可以诱导不同的表型，并且这个过程可能非常快——即在数小时或数天内。这种快速改变的表型多样性会在同一世代发生并在进化中发挥重要作用吗？这是一个重要的问题，有许多问题需要探究。然而，这问题的一个关键方面涉及揭示栖息地变化诱导的表型变化的机制。在更广泛的范围内，直到最近，在生物体中与 PP 相关的分子机制在很大程度上还没被完全揭示。幸运的是随着现代分子生物学和信息学的发展（如经典的 QTL 分析，RAD 测序，转录组学，蛋白质组学等），我们第一次开始了解环境和基因型的相互作用及将环境信号转化为 PP 的分子机制。最近，用于鉴定和量化表型性状的基因和环境因素的生态转录组构造方法已被用于分子生态学研究，以解释与表型性状相关的复杂生态和分子关系。这为增强我们对 PP 分子基础的理解提供了一个很好的机会。

本研究以蒙古高原优势种蝗虫亚洲小车蝗（*O. asiaticus* Bey-Bienko）为模式生物研究 PP 起源的分子基础。虽然内蒙古的草原看起来植被分布均匀，但事实上，它们呈现出环境条件的空间和时间动态镶嵌，包括坡度、暴露、土壤组成和湿度以及相对湿度（RH），以及植物群落组成、密度、成熟度、结构和地被覆盖率。目前，我们不知道这种环境变化如何影响蝗虫的生活力、种群动态以及这种害虫对植物的破坏程度，具体而言，即小环境变化如何快速改变表型，以及由此产生的表型变化如何影响这种害虫的生存、适应性和种群动态。以前的研究表明，温度、光照、食物、社会交流等一些刺激可以诱导蝗虫的 PP，包括生理、发育、形态、行为、生殖能力、生活史和害虫状态的变化。但这些因素如何作用于亚洲小车蝗仍然未知。

为了明确诱导 PP 的生态因子及其分子基础，本研究在内蒙古草原生态系统四种不同典型草地类型中分别饲养并记录了亚洲小车蝗的生活力（四种类型分别为克氏针茅、羊草、糙隐子草和冷蒿）。本研究调查了蝗虫在不同生境中的生活力和表型，包括由此产生的尺寸、质量、发育率、存活率和其他方面的变化。然后，本研究分析了可能影响 PP 的环境因素和转录组变化，将基因表达的变化与特定的酶、生物化学途径和表型变量联系起来，以获得全面的从分子到生物体的关于 PP 的基础的生化机制，包括环境如何影响转录组学变化，以及转录组学变化如何影响个体最终的适合度。本研究使得能够在讨论中解决与基因和环境相关的 PP 有关的六个基本问题：哪些因素诱发 PP？生物体如何呈现 PP？PP 在个体中的普遍程度如何？诱导 PP 的分子机制是什么？什么是 PP 的空间地理决定因素？PP 是否与压力正相关？

2 材料和方法

2.1 研究场所和种群

实验在我国内蒙古锡林郭勒盟农业农村部锡林郭勒草原（43°95′N，116°01′E）有害生物科学观测和实验站（SOESP）进行。该地区主要由典型草原组成，在植物高度、密度和覆盖度，植物物种多样性以及草种优势方面存在相当大的局部变化。本研究采用亚洲小车蝗作为研究的模式物种。

亚洲小车蝗主要分布在亚欧大陆草原，即从北亚到中亚和中国，尤其是整个内蒙古草原。周期性的蝗虫暴发，导致大量牧场植被破坏并造成巨大的经济和社会危害。该物种为中度多食性，但取食特定植物。虽然喜温，并喜欢栖居在阳光充足的裸露地面，它也会随着群落的变化在其他生境之间穿梭。秋季产卵入土，并越冬，然后在翌年6月初孵化。这些昆虫在7月下旬蜕皮为成虫，交配产卵一直延续到8～9月。

2.2 田间实验

为了研究生境差异如何影响动物PP，本研究在四种不同的草地类型（四种处理）中分别培养了亚洲小车蝗，分别是克氏针茅、羊草、糙隐子草和冷蒿。这些处理区域分别缩写为Sk、Cs、Lc和Af。Sk、Cs和Lc是禾本科，Af属于菊科（Asteraceae）。这些植物群落类型中的每一种在该地区都很常见，每种植物物种占其生境植物组成的90%。

2014年6月20日，本研究从位于西乌珠穆沁旗的蝗虫发生地区（距离实验站90km）收集约2 000多只2龄亚洲小车蝗。该地区位于锡林郭勒东部，植被低矮，植被稀疏，主要植被为Cs、Lc、Af。本研究将收集的小车蝗放入实验站的四个室外饲养笼（2m×1.5m×2m）中用上述四种草混合饲养，直至第3龄，随后将它们随机分配到四个处理组中。

每种处理包括5个重复，由10只雄性和10只雌性若虫组成；或者每个处理组有50只雄性和50只雌性。处理笼为1m×1m×1m，由铁框架上的1mm布网构成，布网为高透气性和透光性的网状覆盖物，以尽可能保持笼子内部和外部的物理条件一致。笼子在底部敞开，放在室外的地面上，覆盖在自然植被上，这使得蝗虫能够随意取食。在添加蝗虫若虫之前，将相互竞争的昆虫（如其他昆虫、食草动物）和天敌（如蜘蛛）从田间笼中取出。实验持续27d，在此期间，蝗虫取食笼内植物，从3龄开始发育一直到成虫。

所有处理均在200m直径范围内进行，所有重复都具有类似的气候。而且，在2015年，研究人员还通过将每个生境重复扩大到包含400个个体20个重复实验。为了检查候选基因表达与RNA-Seq的一致性，收集了样品并验证了它们的基因表达情况。

数据收集的方法如下：①统计20只罩笼中的每个罩笼的幸存者数量，每2d 1次直到蝗虫达到成虫；②计算从第1天开始（实验开始时，所有昆虫已是3龄）到成虫蜕皮的发育时间，大部分发生在第22天和第24天之间；③使用游标卡尺测量10只雄虫和10只雌虫（随机选择四个）在3龄第1天和5龄第1天的体长和鲜（湿）重；④植物种类、覆盖率（被植被覆盖的地面百分比）、高度、密度（单株植物数/m^2），植物多样性（植物辛普森多样性指数和植物香农—威纳指数）和地上生物量（干重），实验从蝗虫放入四个植物栖息地类型的第 1 天开始到第 27 天结束。

2.3 食物偏好测试

通过室内试验，本研究确定了亚洲小车蝗对四种主要植物（Sk，Lc，Cs 和 Af）的摄食偏好。试验在每个性别的 5 个 6L 容积塑料盒中进行，在 30℃±1℃和光周期（L/D）为 16∶8 的环境室中饲养，每盒两只成虫雌性或两只成虫雄性。在实验开始时，昆虫大约为 5 龄期（距成虫 10d 左右），试验前饥饿 24h，然后测试 6d。每隔 2d，从附近的田地获得新鲜的植物材料并带到实验室。从四种植物的每一种中切下 2g（±0.01g）重的叶子。将每 2g 样品的基部插入单个充水管中。每隔一天给每个笼子提供四个这样的管子。蝗虫可以在四种植物中自由选择取食 48h。每天，死的蝗虫都换上新的。每 2d 更换一次老叶子。48h 后收集取食剩余部分的叶子，在 80℃下干燥 24h 至恒重，并称重。对于给定样品，通过从原始干重（O）的估计值中减去未被消化的叶子的干质量（U），计算吃掉的干质量（E）。我们使用类似的方法来制备对照叶样品的 10 个重复，除了对照笼缺乏蝗虫外，其他条件都一致。对比对照和处理叶样品的湿干质量能够计算出蝗虫消耗的四种植物中每一种植物的湿重和干重以及总水分摄取量。由此计算出取食偏好。我们各测试了五个罩笼的雄性和雌性，每套罩笼为 6d。

在结果部分，蝗虫取食偏好为雌虫的选择性指数（SI），计算公式如下：$SI=D/P$，其中 D 是取食植物的干重质量百分比，P 是实际罩笼中所提供相同植物物种在总植物中所占的干重百分比。

2.4 统计分析

将生境条件（植物多样性、密度、覆盖度、高度、生物量）、雌性食物选择指数（SI）、优势植物和蝗虫生活力差异［相对增长率和存活率，雌虫体重，雌虫体长，雌虫整体生活力（=相对生长率×存活率）］数据用 $\log_{10}$ 转化。变量在四个栖息地处理间比较用 Tukey（HSD）分析，以及单向方差分析（ANOVA）（$P<0.05$）。数据分析使用 SAS 8.0 软件（SAS Institute，Cary，NC，USA）。使用 Pearson Correlation Coefficients 拟合环境变量、生活力和基因表达之间的相关性。用典型对应分析（CCA）分析影响蝗虫生活力的因素，并揭示物种、植物群落结构和特定基因表达之间的关系。本实验使用实验样地作为样本，蝗虫生活力变量作为物种数据，生境环境变量作为环境数据，基因表达水平作为可变数据。“不要使用蒙特卡洛置换测试进行转换”（排列数 999，完整模型）以指示主要因素和相关性。CCA 分析使用 CANOCO 4.5 完成。CCA 图（图 3C）和 T 值图（图 4C，D）使用 CanoDraw 4.5 进行。其他数据由 Origin 8.0 制作。

2.5 用于转录分析的样品

从每个重复笼中随机选择一只 5 龄成虫雌性用于转录分析的样品，共 20 个（5 个重复/处理×4 个处理＝20 个样品）。获取的雌虫先放在液氮中冷冻（Air Liquide，Voyageur 12）并保存在－80℃直到 RNA 分析。从处理的四种样品中制备测序和 cDNA

文库。将每个处理组合的 5 个个体用于测序；使用参考转录组制备方法制备 cDNA 文库（Cs、Lc、Sk 和 Af）。

2.6 准备总 RNA 和 cDNA 文库和 Illumina 测序

分别合并并匀质化同一种处理（=生境）中从五个体（每个笼子一个体）解剖出的相同数量的头部、胸部、腹部、腿部和卵巢。按照制造商的说明书，使用 TRIzol 试剂（Invitrogen，California，USA）提取每种处理的总 RNA。Illumina 测序由 Novogene Corporation 进行。

2.7 参考转录组组装和注释

数据融合后用于参考装配。对非冗余（NR）和核苷酸序列（NT）数据库 NCBI，SWISS-PROT，KEGG 和 KOG 进行的 BLAST 比对是在 e-value 小于 $1e^{-5}$ 下进行的。通过搜索 NR 数据库，使用 Blast2GOv2.5 注释基因的功能。

2.8 基因表达水平

将每个样品的 clean reads（通过用于制备参考转录组的筛选测序数据过程提取）映射到参考转录组上。在制图过程中，按照制造商的说明使用 RSEM 软件）。使用 Mortazavi 等的估算方法计算来自 RSEM 的比对结果以产生每个基因的读数并转换成 FPKM（每千万个基因片段）。最后生成 FPKM 密度分布以验证每个样品的表达谱。

2.9 差异表达基因的分析

在阈值 $adj<0.05$ 下，使用 DESeq 来分析读数数据并鉴定不同生境下的差异表达基因；$D_{gene}=\text{Log}_2(a/b)$（$a$ 是样品 A 的 FPKM，b 是样品 B 的 FPKM）做处理之间成对比较来确定基因表达的差异。D_{gene} 的值大于 2 或小于 −2 意味着两个样本之间的基因表达显著不同，否则它们没有任何差异。通过在所有比较中加入差异表达的基因来计算差异表达的候选基因的总数，同时避免重叠。

2.10 去冗余分析

本研究使用 Wallenius 非中心超几何分布，使用 GOseqR 进行差异表达基因（DEG）的基因本体论（GO）富集分析，同时用 DEGs 进行基因长度偏差调整。

2.11 KEGG 分析差异表达基因的显著富集

使用 KEGG 数据库，本研究进行了通路富集分析，以确定差异表达基因中涉及的主要生物化学途径和信号转导途径。各种途径中差异表达基因的上下游产物也得到了研究，以鉴定影响生境反应的底物。

2.12 通过实时 PCR 定量验证候选基因表达

2.12.1 蝗虫采样和 DNA 制备

在 2015 年，本研究重复了上述实验，但将每个生境的生物重复次数从 5 个增加到

20 个。由于样本量较大，本研究从每个笼子中随机选取 5 只成虫雌性和 5 只成虫雄性，每个处理（生境）包含 4 个重复，重复三次以进行 PCR 检测；使用 RNAprep 纯组织试剂盒(TIANGEN Biotech Co.，Ltd.，China）从每个重复样品中进行 RNA 提取，然后使用逆转录酶（TIANGEN Biotech Co.，Ltd.，China）将 RNA 样品反转录成 cDNA。

2.12.2 标准曲线构建

首先，为每个基因构建标准曲线。从蝗虫样品中提取 RNA，根据常用方法将其反转录成DNA，然后使用 SYBR Premix Ex Taq Ⅱ试剂盒（TaKaRa）在 iQ5 序列系统中检测（Applied Biosystems，Bio-Rad Company，美国）。根据制造商的说明，实时 PCR 方案的最终体积为 25μL。每管含有：2μL 样品 DNA（10ng），12.5μL SYBR Premix Ex Taq Ⅱ，1μL（20μmol/L）正向引物，1μL（20μmol/L）的反向引物。最后，添加 ddH_2O 以达到 25μL 的体积。PCR 方案包括 95℃ 30s，接着 45 个循环，94℃ 20s，各自优化的退火温度（如上所述）20s，72℃ 20s 和最终的 72℃循环 5min。进行无模板对照（NTC）以检测可能的样品污染。为了确保仅扩增目标产物，针对每个反应产生解离曲线以连续监测荧光。所有的实时 PCR 都是在专门用来做定量的房间内进行的，以避免污染。

以 β-肌动蛋白作为对照（参考）基因进行定量。标准曲线是使用分离纯化质粒的 DNA 作为标准产生的。分成六个浓度梯度（10^3，10^4，10^5，10^6，10^7，10^8）进行。通过分光光度测量（紫外—可见分光光度计，UV-2550，Shimadzu）测定了浓度（μg/μL），并且计算了靶 DNA 序列拷贝数作为靶 DNA 转录本的数量：［DNA 质量（μg）/DNA 摩尔质量］$\times 6.023\times 10^{23}$。计算转录本的数量为 10ng，即每个实时 PCR 测定中用作模板的体积。通过十倍连续稀释的转录本（稀释比例 $10^2\sim 10^8$），分别产生 *Ct* 值和拷贝量的 DNA 之间的四种基因的标准曲线方程。一式三份测定标准曲线上的每个点。根据标准曲线方程，可以获得 *Ct* 的值以确定每种物种的 DNA 拷贝数（以 $\log_{10}$形式）。使用公式 $-1+10^{(-1\text{slope}-1)}$ 从标准曲线的斜率值计算实时 PCR 扩增效率（*E*）。每个处理检测到的每个基因的拷贝数被用来构建表型性状的遗传（转录）结构。

3 结果

3.1 生境条件

在四个不同生境中［*C. squarrosa*（Cs），*L. chinensis*（Lc），*S. krylovii*（Sk）和 *A. frigida*（Af）］不同植物物种覆盖率不同。基于辛普森多样性指数，Sk 和 Af，与 Cs 和 Lc 相比具有显著更高的植物多样性（$F=23.14$，$df=18$，$P<0.000\ 1$）。但是 Sk 和 Af 之间没有区别。基于 Shannon-Weiner 指数，Lc 植物多样性显著降低，Sk 植物多样性指数增加（$F=16.24$，$df=19$，$P<0.000\ 1$）。Lc 植被盖度最高，与 Cs 相似（$F=1.93$，$df=19$，$P=0.165\ 1$）。Sk 的植被高度最高，与 Cs、Lc 和 Af 差异显著（$F=63.56$，$df=19$，$P<0.000\ 1$）。Lc 植被密度显著高于其他植被类型（$F=111.69$，$df=19$，$P<0.000\ 1$）。Lc 表现出最高的生物量，其次是 Af、Cs 和 Sk（$F=3.72$，$df=19$，$P=0.033\ 3$）（表 1）。

表 1　不同生境条件

生境	Sk	Cs	Lc	Af
辛普森多样性指数	0.95±0.004a	0.72±0.06b	0.54±0.04c	0.93±0.02a
Shannon-Weiner 指数	1.72±0.15a	1.01±0.30b	0.068±0.041c	0.72±0.06b
盖度（%）	49±8bc	66±5ab	83±10a	41±8c
高度（cm）	66±3a	22±2c	31±2b	32±3b
密度（stems/m^2）	88±26b	51±7b	639±47a	55±5b
生物量（g/m^2）	98.8±10b	102.5±7b	220.8±57a	167.1±14ab

在实验室饲养试验中，*O. asiaticus* 表现出强烈的摄食偏好。基于选择性指数（*SI*），蝗虫优选 Sk>Cs>Lc>Af（表 2）。蝗虫消耗有限的冷蒿（菊科），但会消耗较大比例的禾本科。当它们分开饲养时，*SI* 在雌性和雄性之间没有显著差异。Cs 和 Sk 的 *SI* 显著高于 Lc 和 Af（$F=9.94$，$df=19$，$P=0.000\,6$），但 Cs 和 Sk（$P=0.413\,8$）或 Lc 和 Af（$P=0.367$）没有显著差异。

表 2　不同生境中的蝗虫生活力

生境	Sk	Cs	Lc	Af
植物选择性指数	1.63±0.20a	1.39±0.21a	0.50±0.28b	0.18±0.19b
存活率	0.37±0.026a	0.45±0.055a	0.44±0.066a	0.16±0.099b
发育历期（d）	21.2±0.37b	20.4±0.25b	22.8±0.67a	23±0.45a
雌虫体重（mg）	598.7±59.4ab	624.5±23.9a	466.3±38.7b	586.7±55.9ab
雌虫体长（mm）	28.0±0.8ab	28.7±0.6a	26.5±0.3b	27.2±0.8ab
雌虫生长速率（%/d）	3.98±0.91a	3.72±0.74a	3.82±0.36a	1.88±0.88a
雌虫生活率指数	11.6±1.7a	12.4±0.7a	12.7±1.0a	5.4±2.6b

3.2　蝗虫在四种生境中的生活力

考虑到亚洲小车蝗对某些植物的取食偏好较高，并且在四个地块中植物可利用性各不相同（表 1），蝗虫生活力在四个生境之间差异不大（表 2）。Af 和 Lc 是最不喜食的植物种类，并且蝗虫表现（存活，发育时间，体重，体长，生长速率和总体生活力）在以这些植物为主的生境中最低（表 2）。蝗虫在 Af 栖息地的存活率明显较低（$F=4.09$，$df=19$，$P=0.026\,3$）。在 Af 生境中，蝗虫大多数拒食冷蒿，这在 Af 生境中占的比例最大。实际上，根据观察和估计，蝗虫被迫吃冷蒿。在两个 Af 的重复中，所有蝗虫都在第 27 天死亡，这表明以 Af 为主的生境通常不适合亚洲小车蝗生活。

与 Cs 和 Sk 生境相比，Af 和 Lc 生境中的蝗虫具有显著更长的发育时间（$F=7.54$，$df=19$，$P=0.002\,3$）。体长（$F=10.74$，$df=18$，$P=0.004\,4$）和体重（$F=8.82$，$df=18$，$P=0.008\,6$）在 Lc 中最低，并且显著低于 Cs，但与 Sk 相比没有显著差异，同样 Sk 和 Af 相比也没有显著差异（$F=1.71$，$df=19$，$P=0.205$）（表 2），但在 Af 栖息地观察到最低的蝗虫生长速率。Af 中蝗虫整体生活力（相对生长率×存活率，$F=4.13$，$df=18$，$P=0.025\,4$，表 2）最低，并显著低于其他处理。

3.3　参考转录组组装和注释

Illumina 对雌性成虫进行测序，每个样本产出大约 152 789 985 个核苷酸（转录本），其中的 45 950 081 条原始数据产生超过 41 669 258 条 clear reads。并产生了 178 711 个转录本和 144 883 个 Unigenes，其中 N50 的计数分别为 1 900 和 1 313。正如预期的那样，注释到 NCBI 非冗余蛋白质序列的一半序列与昆虫种类匹配，其中最丰富的是：*Zootermopsis nevadensis*（22.7%），*Stegodyphus mimosarum*（6.9%），*Tribolium castaneum*（6.3%），*Acyrthosiphon*（5.0%）。此外，在 7 个指定数据库中通过 BLAST 搜索成功注释了［注释来自非冗余（NR）数据库，30.32%］43 939 个独立基因（Unigenes，33 604）。主是最少的（4 481）来自核苷酸数据库（NT）。在直系同源蛋白质组（KOG）中，13 958 个注释基因被分配到 26 个组。（R）通用功能预测，（T）信号转导和（O）翻译后修饰，蛋白质周转和伴侣分子组含有最多注释基因（分别为 40 121 641 个和 464 个基因）。此外，KEGG 中有 9 268 个基因通路。大多数基因为信号转导，翻译和碳水化合物代谢（分别为 945 779 个和 628 个基因）。本研究已经将雌性的转录组数据提交给 NCBI 的 SRA 数据库（ID：SRP059063）。

3.4　不同表现型亚洲小车蝗转录表达水平的比较

根据 FPKM（每百万碱基每百万位映射读数的片段）所示，四种处理中的基因表达水平不同。四种样品的 FPKM 密度分布模式相似；它们在零点附近呈现一个峰值。Lc 处理的蝗虫表现出最高的密度（较高的表达率），其次是 Af、Cs 和 Sk。处理之间每个成对比较的差异表达的基因（q 值<0.005，｜log2. Fold _ change｜>1）为：Af 与 Sk：358（240 个下调，118 个上调）；Af 与 Lc：362（246 个下调，116 个上调）；Af 与 Cs：460（203 个下调，257 个上调）；Sk 与 Lc：404（196 个下调，208 个上调）：Sk 与 Cs：602（172 个下调，430 个上调）；Lc 与 Cs：565（198 个下调，367 个上调）（图 1A）。Af 具有最高数量表达量不同的基因，其次是 Sk、Lc 和 Cs（图 1B）。

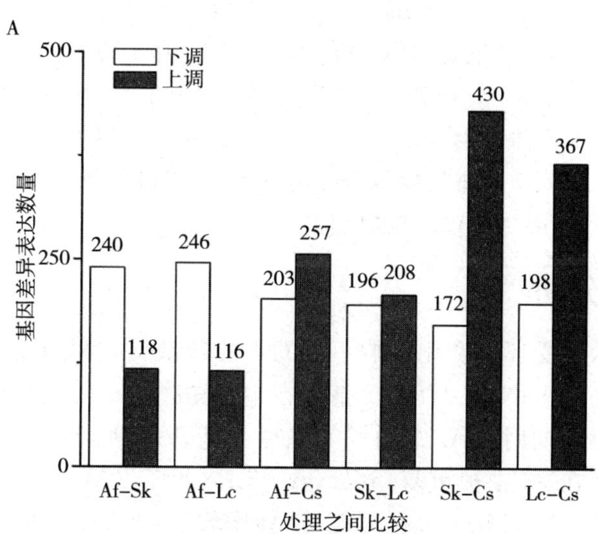

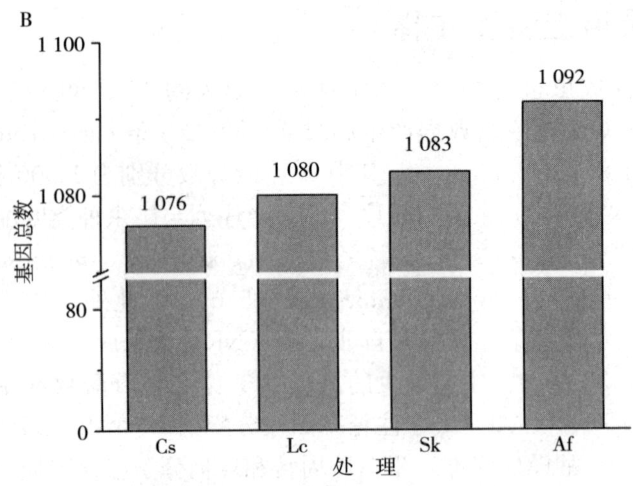

图 1 差异表达基因的分布和不同表达基因的总数

A. 差异表达基因的分布（DEGs）。X 轴表示处理，Y 轴表示 DEG 的数量。灰色条表示上调的基因，而白色条表示下调的基因。B. 不同表达基因的总数。所有基因的 q 值<0.005，｜log2. Fold _ change｜>1

为了鉴定参与响应栖息地异质性的基因，通过 K-均值聚类生成了倾向于与蝗虫存活率和总体生活力相关的特定基因表达模式。在所有四种处理中，随着总体生活力下降，39 个基因增加了它们的表达水平。这些基因包括 darpin、六聚蛋白样蛋白 4、致死蛋白/结晶蛋白和血淋巴蛋白等。相反，总体生活力下降导致 78 个基因表达下降，包括分叉蛋白抑制子、热休克蛋白 20.7、主要过敏原 Per 1.0101、纤维素等。为了研究它们的生物学功能，将所有差异表达的基因映射到 KEGG 数据库中的 265 条途径。研究发现，在不同的处理之间，包括半乳糖代谢、氨基糖和核苷酸糖代谢、聚糖降解和色氨酸代谢在内的 64 个途径显著富集（$P<0.05$）。

本研究还试图通过鉴定参与生长和发育的特定基因将蝗虫生活力与基因表达联系起来。与存活率较高的生境（Cs，Lc，Sk）相比，生存率最低（Af）处理的上调转录本包括脂肪酸合酶（FASN）、硬脂酰辅酶 A 去饱和酶（SCD）、乳糖酶—根皮苷水解酶（LCT）和热休克蛋白 Hsp。下调基因包括 UDP 葡萄糖 6-脱氢酶（UGDH）、RAC 丝氨酸/苏氨酸蛋白激酶（AKT）和天冬氨酸转氨酶（GOT）。然而，与其他较高存活率生境（Lc，Sk）不同，晶体蛋白（CRY/CRYAB）、分子伴侣 HtpG（HSP90A）、长链脂肪酸延长蛋白（ELOVL7）和寡糖转移酶复合体（SWP/OST/RPN）等上调基因在生存率最高的处理中（Cs）中有较高的增强。

3.5 通路富集分析

KEGG 分析揭示了受环境变化影响不同的重要转录反应和酶途径。在 Af 处理中，*LCT*、*malZ*、*SCD*、*FASN* 和 *HEXA* 基因在生物途径如半乳糖代谢、氨基糖和核苷酸糖代谢中反复富集。同时，Af 中的“氨基糖、核苷酸糖代谢，蛋白质在内质网中的代谢和处理”途径在 Af 中被重复降级。Af 与 Lc 下降，Af 与 Sk 下降，Af 与 Cs 下降。这些较低水平的生物和分子过程可能是 Af 中较长的发育时间和较低的相对生长速率的原因（表 2）。相反，所有这些途径在较高的生活力蝗虫中高度富集。此外，Af 中下调的基因参与了 PI3K-Akt 信号传导途径，VEGF 信号传导途径，TNF 信号传导途径和 RAC 丝氨酸/苏氨酸蛋白激酶（AKT）（Af 与 Lc 向下）。同时，环境诱导基因“*Hsp90*”“*Hsp70*”等在 Cs 中表现出较高的过表达。

3.6 基因功能注释

将总共 29 675 个亚单位分成 50 个分层结构的 GO 类（图 2）。这些转录本被归类为生物过程（47.97%），细胞组分（29.38%）和分子功能（22.65%）。

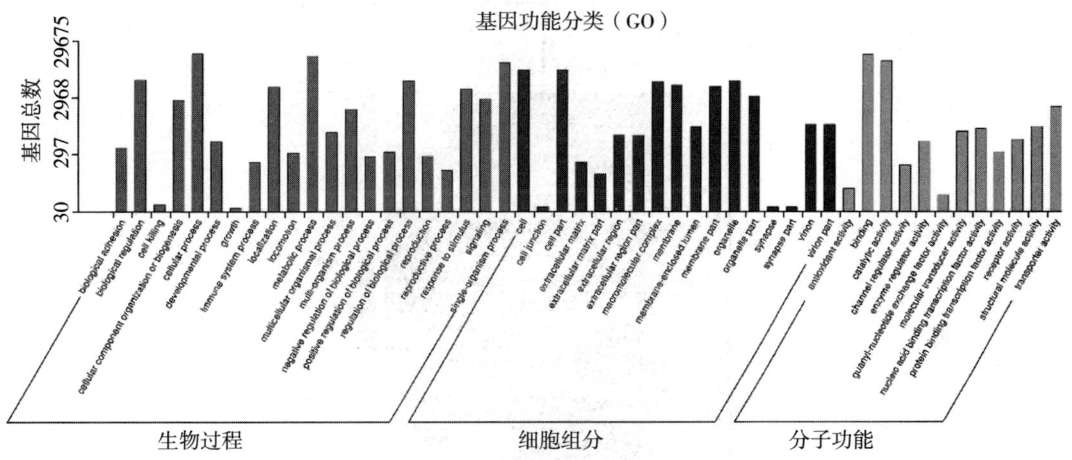

图 2 通过 GO 注释进行基因功能分类差异表达的基因被分为三个分层结构的 GO 术语：生物过程，细胞组分和分子功能

注：Y 轴表示每个 GO 项中基因的数量。

几丁质代谢、葡糖胺化合物代谢、几丁质结合和氨基糖代谢过程是所有处理中富集最高的 GO 过程。与低存活率生境（Af）相反，高数量的富集基因主要分配给细胞组分中的细胞外区域和分子功能中的水解酶活性。此外，与高存活生境（Cs，Sk）中的蝗虫相比，高度富集的基因注释到分子功能中的水解酶活性、分子功能中的催化活性和细胞组分中的胞外区。然而，其中许多与胁迫有关的基因在苛刻的低生活力生境中相对于有利的高生活力处理（包括碳水化合物代谢、蛋白水解、单一生物体发育过程和几丁质酶活性）富集不同。这些基因功能的差异表明分子水平上有更广的代谢途径相互作用，包括细胞和 PP。

3.7 蝗虫表型可塑性，植物群落结构与基因表达的关系

在所有四种处理中，雌虫体长和体重与植物密度呈负相关（体长 $N=36$，$r=-0.56$，$P=0.021\,1$，体重 $N=36$，$r=-0.54$，$P=0.015\,4$）。因此，较少密集的裸露地面和丰富的阳光生境产生更大、更重的蝗虫。Shannon-Weiner 指数（$N=20$，$r=-0.48$，$P=0.030\,4$）与发育时间呈负相关，这可能是因为多样性的植物产生了更多减缓蝗虫发育的次生化合物。相反，在较高植物密度（$N=20$，$r=0.43$，$P=0.057\,9$）和较高植物生物量（$N=20$，$r=0.43$，$P=0.058\,2$）生境中的蝗虫显示较长的发育时间，表明稀疏裸露的栖息地有益于蝗虫的发育。

不同生境中的蝗虫显示出独特的基因表达模式（图 3A），五个候选基因有序地沿着两个轴分布。邻近聚集的样品与相应的存活率相一致，表明基因表达模式导致生活力差异。这表明表型性状的生态转录组构建是可靠的。类似地，基因差异表达分析显示 10 个差异表达的转录本在不同生境之间共享（图 3B），但是只有 5 个相关基因可以使用当前数据库成功注释。它们是昆虫角质层蛋白（*ICP*）、围食膜因子-1（*Aper-1*）、乳糖酶根皮苷水解酶（*LCT*）、*Mpv17/PMP22* 和负伸长因子 A（*NELFA*）（表 3）。

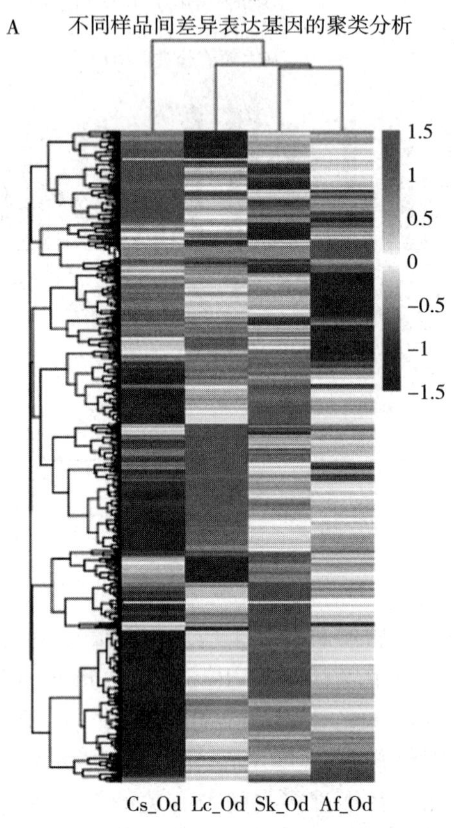

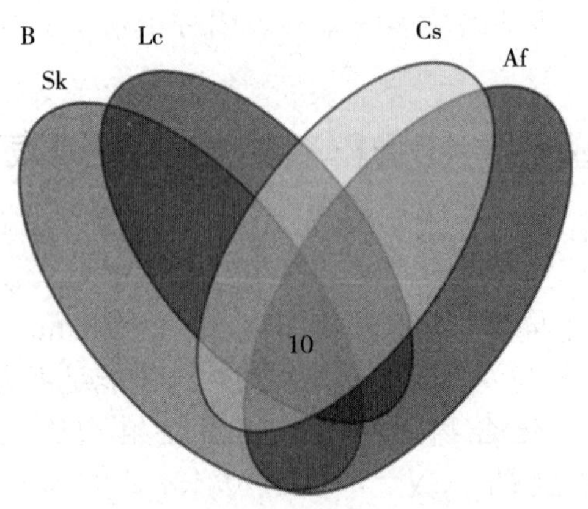

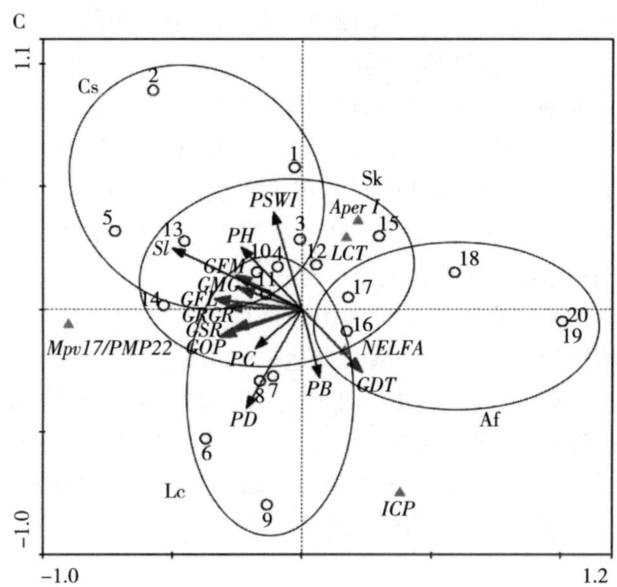

图 3　不同样品间差异表达基因的聚类分析、四个生境中常见的差异表达基因和蝗虫基因—植物群落的排序三序图

注：A. 不同样品间差异表达基因的聚类分析。红色表示较高表达的基因，而蓝色表示每个处理表达较低的基因，白色表示无差异。颜色的值表示 $\log_{10}$（*FPKM*＋1）。所有基因的 *q* 值＜0.005，｜log2. Fold _ change｜＞1。B. 四个生境中常见的差异表达基因。不同的椭圆形指不同的生境，其中数字表示所有栖息地中共享的基因数。C. 蝗虫基因—植物群落的排序三序图（双标图）。*GFM*，蝗虫雌虫体重；*GRGR*，蝗虫相对增长率；*GMG*，蝗虫的体重增长；*GFL*，蝗虫雌性长度；*GDT*，蝗虫发育时间；*GSR*，蝗虫成活率；*GOP*，蝗虫整体生活力；*PSWI*，植物 Shannon-Weiner 指数；*SI*，植物选择指数；*PH*，株高；*PD*，植物密度；*PB*，植物生物量；*PC*，植物盖度；*Aper-1*，围食膜因子-1；*Mpv17/PMP22*，22kDa 过氧化物酶体膜蛋白；*ICP*，昆虫角质层蛋白；*NELFA*，负延伸因子 A；*LCT*，乳糖酶—根皮苷水解酶。所有基因的 *q* 值＜0.005，*FPKM*＞0.5，｜log2. Fold _ change｜＞1。

表 3　四个生境共享的差异表达基因（DEGs）

基因编号	基因描述	功能描述	代谢通路
c82685 _ g1	昆虫表皮蛋白	昆虫表皮构成	—
c63539 _ g2	围食膜因子-1	几丁质结合	几丁质代谢
c77868 _ g1	根皮苷水解酶（*LCT*）	糖苷化合物代谢	糖类化合物代谢
c78664 _ g1	过氧化物酶膜蛋白（*Mpv17* / *PMP22*）	膜透性相关	—
c80521 _ g2	负延伸因子 A	RNA 转录调控相关	—

通过一个排序三元组来绘制蝗虫—基因—植物群落关系（图 3C）。与上述情况相一致，蝗虫的生活力主要通过以下方面来解释：蝗虫的植物固有功能性状——食物质量（食物选择性指数，*SI*），植物结构性质——植物密度（*PD*）和植物覆盖度（*PC*）。第一轴解释了 92.9%的物种/环境关系（环境相关性为 74.8%）。增加第二轴，这解释了 96.0%的物种/环境关系（其中 79.5%相关性）（图 3C）。基于这些证据，我们得出结论认为蝗虫 PP 受栖息地植物群落结构影响很大。从蝗虫—基因—植物群落图发现（图 3C），*LCT*、*Aper-1* 和 *NELFA* 的表达水平与蝗虫整体生活力呈负相关，而 *Mpv17/PMP22* 的表达与整体生活力呈正相关。

为了验证上述候选基因在蝗虫生活力中的作用，本研究克隆了它们的 DNA 片段并通过实时定量聚合酶链式反应定量了基因表达。QPCR 数据表明，四种处理的候选基因表达与转录组中的 *FPKM* 数据一致。四个生境中蝗虫种群表达 *ICP*（$N=48$，$P=0.014\ 3$，*Aper-1*（$N=48$，$P<0.000\ 1$）、NELFA（$N=48$，$P=0.066\ 8$）和 *LCT*（$N=42$，$P=0.000\ 3$）显著上升（图 4A）。然而，*Mpv17/PMP22* 的序列失败可能是由于随机剪接的片段与 *Mpv17/PMP22* 具有较低的相似性。

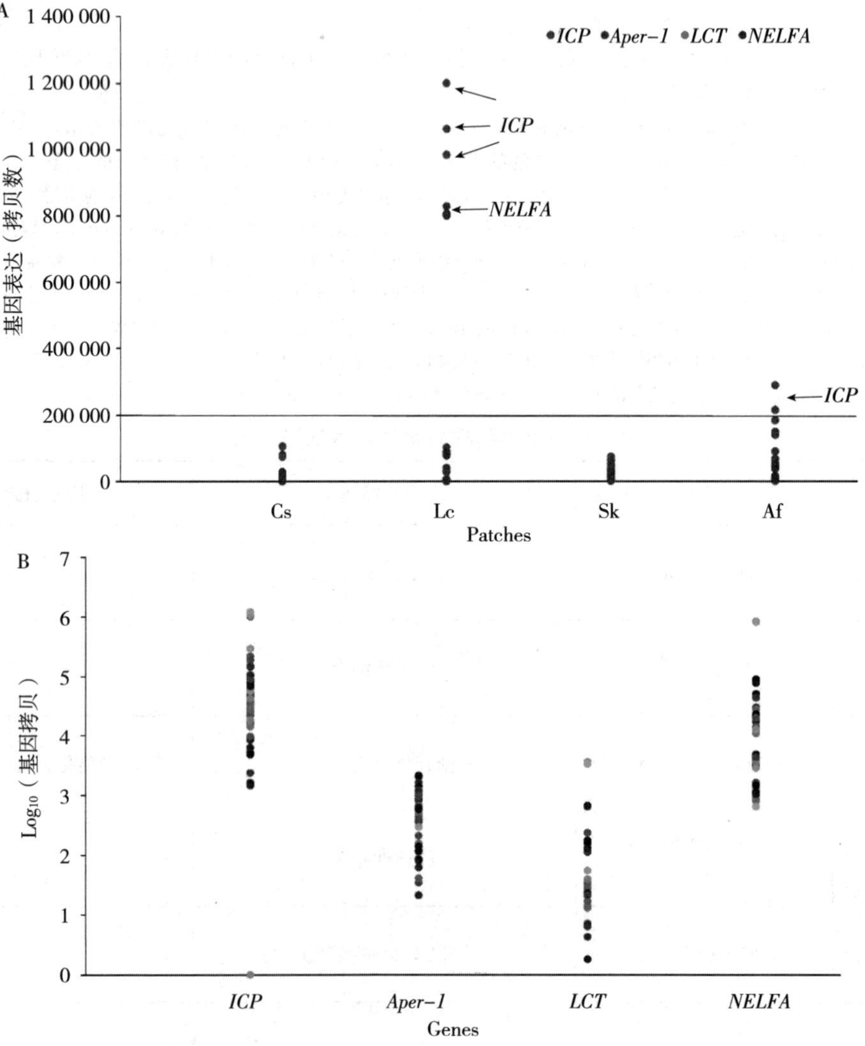

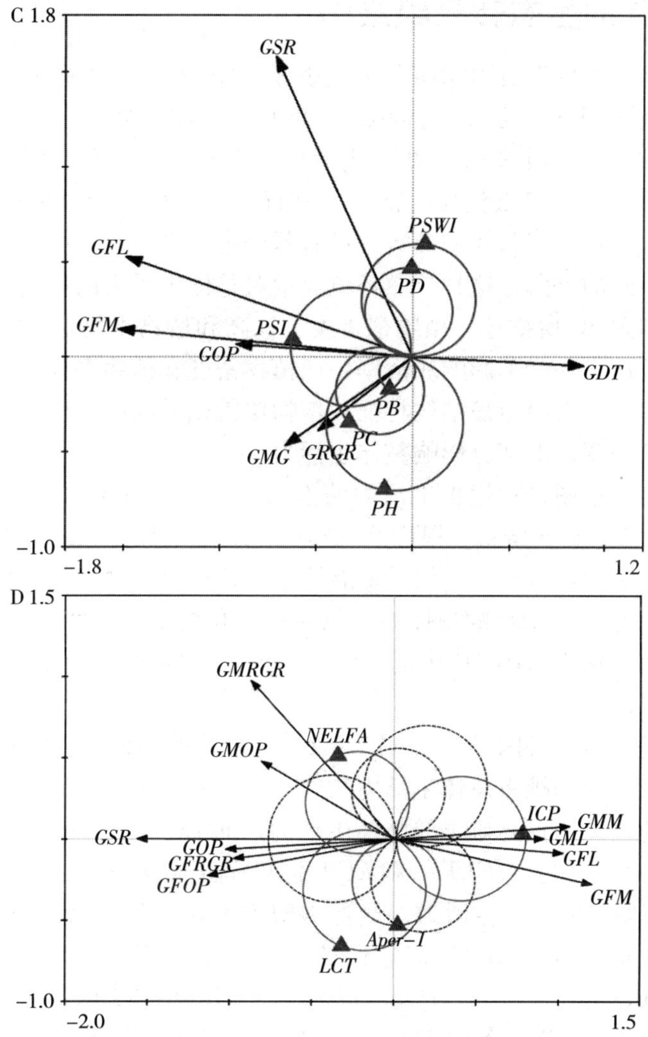

图 4　qPCR 检测的四个种群候选基因表达量、四种基因表达谱、蝗虫生活力与植物群落和基因之间的相互作用

注：A. 通过 qPCR 检测的四个种群的候选基因表达量。B. 四种基因表达谱。不同颜色的圆点表示样本个体，样本量，$N=48$。C. 蝗虫生活力与植物群落之间的相互作用。黑色箭头表示蝗虫的生活力，带红色三角形的红色圆圈表示植物群落结构变量及其影响。D. 蝗虫生活力与基因之间的相互作用。

GFM，蝗虫雌虫体重；*GFRGR*，蝗虫相对增长率；*GMG*，蝗虫的体重增长；*GFL*，蝗虫雌性长度；*GDT*，蝗虫发育时间；*GSR*，蝗虫成活率；*GOP*，蝗虫整体生活力；*PSWI*，植物 Shannon-Weiner 指数；*SI*，植物选择指数；*PH*，株高；*PD*，植物密度；*PB*，植物生物量；*PC*，植物盖度；*Aper-1*，围食膜因子-1；*Mpv17/PMP22*，22kDa 过氧化物酶体膜蛋白；*ICP*，昆虫角质层蛋白；*NELFA*，负延伸因子 A；*LCT*，乳糖酶—根皮苷水解酶。所有基因的 q 值<0.005，｜log2. Fold _ change｜>1。

有趣的是，Lc 和 Af 生境中的蝗虫在 *LCT* 和 *NELFA* 中显示出特别高的基因表达（图 4A，B）。此外，*LCT* 和 *NELFA* 在所有种群中的表达水平都高于其他基因（图 4B），表明它们在 PP 中的潜在重要性。为了明确展示分子—生态环境和蝗虫的关系，本研究使用 PP 数据、环境数据和基因表达数据（qPCR 数据）进一步构建了可塑性性状的生态转录组结构。

3.8 表型性状的生态转录组结构

本研究通过阐明蝗虫生活力如何受生境组成（图 4C）以及蝗虫的生活力如何与特定基因表达相关（图 4D）展示了亚洲小车蝗可塑性性状的生态转录组结构。蝗虫取食偏好（*PSI*，*W* 权重=1.7）是整个蝗虫生活力的主要决定因素，而其他环境变量只影响一个或多个部分来影响蝗虫整体生活力的特征。总体生活力还取决于生存率和增长率。然而，增长率、存活率和体型参数并没有紧密聚集在一起。相反，他们在环境选择方面表现出非常不同的方向。这种分散环境变量对整体生活力的影响使蝗虫能够平衡生存率和增长率。如图 4C 所描述，植物覆盖度、株高和植物生物量均能显著影响蝗虫体重增长和相对生长速率，但不影响成活率，而植物密度和植物多样性主要影响蝗虫成活率而不是生长速率。这表明植被结构特征（植物覆盖度、高度、生物量和密度）只能影响蝗虫生存或生长速率，即部分影响整体生活力。

基因—生活力双标图显示蝗虫生活力的不同主要由昆虫角质层蛋白（*ICP*）、负伸长因子 A（*NELFA*）和乳糖酶—根皮苷水解酶（*LCT*）控制（图 4D）。然而，位于水平轴上的昆虫角质层蛋白（*ICP*）似乎是能够充分解释生活力变化的核心基因。也就是说，*ICP* 的高表达值可以增加蝗虫体型（雌性长度和重量、雄性长度和重量），但降低蝗虫成活率和整体生活力（图 4D 中的 *GSR*、*GFOP*、*GMOP*、*GOP*）。相反，低 *ICP* 值具有相反的效果。

同样重要的是，负伸长因子 A（*NELFA*）或乳糖酶—根皮苷水解酶（*LCT*）起到部分影响雄虫生长速率和雄虫总体生活力的作用。也就是说，*NELFA* 的升高只会显著提高雄虫的生长速度从而提高雄虫的整体生活力，而 *LCT* 的升高只会提高雌虫的生长速度从而提高总体生活力。*NELFA* 和 *LCT* 同样呈正相关（$N=42$，$r=0.976$，$P<0.0001$），并相互影响蝗虫的生活力。尽管 *NELFA* 和 *LCT* 的升高可能与 *ICP* 的升高呈现相反的整体生活力（图 4D），但它们的基因表达的真值也呈正相关［相关性：r（*ICP*&*LCT*）$=0.938$，$N=42$，$P<0.0001$；r（*ICP*&*NELFA*）$=0.966$，$N=48$，$P<0.0001$］。这表明 *ICP*，*NELFA* 和 *LCT* 基因可能在分子事件中彼此互作，但对蝗虫表型性状的作用不同。相比之下，位于纵轴的 *Aper-1* 与生活力变量无关。*ICP*，*NELFA* 和 *LCT* 是蝗虫生活力的主要决定因素。

4 讨论

表型可塑性（PP）是地球上生命的普遍特征。大多数（如果不是全部的话）物种表现出某种形式的 PP，并且这种可塑性表现在生物组织的各个层面上（生物化学，生理学，发育学，形态学，行为学，生活史，物种相互作用，群落结构，以及进化）。PP 产生的变化深刻地影响了个体的生存和健康，人口密度和生物地理学，生态互作和进化。因此，理解基因和环境如何相互作用来调节 PP 对生态和进化具有根本意义。然而，虽然 PP 一直是生物学家 60 多年来的重要话题，但使用分子工具研究它是近期才有的事。但是，我们仍然不了解决定 PP 的分子生态学基础。

本文分析了亚洲小车蝗对不同生境的差异基因响应，通过将亚洲小车蝗饲养在四种天然栖息地当中，把生态学、生物学和转录组学关系与生活力结合起来，试图解决有关PP的六个基本问题：哪些因素诱导PP？测试物种（亚洲小车蝗）有多大程度呈现PP？PP在个体中的普及程度如何？什么是决定PP的基础和机制？什么是PP的空间地理组件？PP是否与压力呈正相关？

本文在四个不同的相邻植物群落中饲养亚洲小车蝗，然后比较生活力和转录组，研究了上述问题。基因—环境关联研究表明：①PP可以表现出非常小的地理/空间尺度；②PP受环境条件的影响很大，其影响非常普遍，影响着多方面的特征；③环境选择有利于表型可塑适应性；④*ICP*、*NELFA* 和 *LCT* 是影响PP的关键基因。

4.1 栖息地可以在小地理尺度上诱导蝗虫PP

在田间试验中，本研究在四个相邻的、平坦的草地上发现了蝗虫，这些地方的植物多样性、草地覆盖度和高度、植被密度和生物量以及优势植物各种营养特性都有差异（表1）。然而，所有的重复在蝗虫年龄、性别比例和密度方面都是相似的，并且所有重复都缺乏捕食者和竞争者。所有四个地点均位于直径200m的平坦“草地生态系统”内，所有实验蝗虫均来自同一群体。前面提到的这一做法旨在消除蝗虫社会方面、年龄、捕食者和竞争者威胁以及遗传问题的影响。因此，这些处理在坡度、土壤、光周期和大气候特征方面相似。

尽管如此，这四个处理间温度和环境的差异（表1）导致蝗虫生活力有显著差异（表2），由此导致转录组差异。这表明除了取食植物类型之外，小的当地栖息地的差异，如植物密度、植物覆盖度和生物量，以及它们伴随的物理差异（日光、温度、湿度、风等）可以作为刺激或在相对较短的时间内诱发普遍PP的因素。

这是一个重要的发现，原因是PP研究中观点存在着广泛的争议，其中一些假设认为PP需要重大的栖息地差异或威胁，如冬季与夏季，低海拔或高海拔或捕食/病原体。其他对比证据以及生态位理论支持了小规模环境选择可以诱发高PP的假设。本研究结果表明，大量的PP可能会出现在相对较小的环境差异和较小的地理距离上。当地的栖息地以多种方式在空间上变化。本研究表明，相距仅数米的生物体可以表达基于PP的差异。因此，小尺度生境种群会经历较大的PP，或许每个个体都调整其表型以其适应周围的环境。

4.2 表型可塑性的演变：表型可塑性有利于适应栖息地的异质性结构

压力在两种一般类型的PP中起主要作用：易感性和适应性（进化）PP。有害的压力因素（营养不良、寒冷、炎热、病原体、毒素、拥挤等）会破坏敏感个体的生理稳态，并对表型进行多方面的改变。伴随而言，适应性PP可以代表对有害压力的演变对策。在这两种情况下，各种压力因素可以直接诱导改变基因表达。

本研究中，PP的程度和方向与蝗虫经历的各种胁迫因素有关，营养胁迫占主导地位。亚洲小车蝗表现出强烈的摄食喜好。实验室饲养试验表明，亚洲小车蝗食物偏好是Sk>Cs>Lc>Af。发育速度、雌虫生长速度、存活率和整体生活力在Af生境中低于其他处理（表2）。Af处理包含最有利的宿主植物的比例最小，因此可能是最具营养压力的。因此，蝗虫的生活力往往是在植物低矮的生境和丰富的有利寄主植物的生境中高。此外，植物外在功能性状、植物密度和覆盖范围可能会限制栖息地空间并为蝗虫提供热环境。同样，Lc处理（具有最高的植物覆盖度和密度）显示出最低的雌虫体重和体长（表 2）。

PP 可以由许多因素诱发。本研究中，草覆盖率、植被密度和植被生物量的百分比影响了 PP。在所有四种处理中，雌虫体长和体重均与植物密度呈负相关。更高的植物密度和植物生物量使发育速度放缓（图 3C）。因此，茂密的植物群落（高密度和生物量）不利于该物种的生长和发育，并且产生更小、更轻的蝗虫。这些发现与以前的研究结果一致，即环境微观结构（包括植被结构、植物的精细尺度分布和温斑）可以影响蝗虫的行为和空间分布。由于蝗虫往往是喜温的，阴影限制了太阳放出的热量，从而降低了蝗虫体温，因此随着代谢速率的降低，蝗虫体长降低。密集的植被也产生高湿度，这可以使蝗虫病原体受益。

蝗虫栖息地选择和食物选择是蝗虫分布和暴发的主要决定因素，而研究表明，亚洲小车蝗丰度与植物覆盖度、密度和高度呈负相关的二次关系，其常栖息于阳光充沛的裸露地区。低植被重牧生境中亚洲小车蝗容易暴发，本研究表明，疏松的植被栖息地产生较大和较重的亚洲小车蝗，而密集、高植被生境偏向于更小、更轻的亚洲小车蝗。较小的体型、较大的后腿是有利的迁移表型。这表明，除优质食物外，栖息地植被结构特征对内蒙古草地蝗虫发生/迁徙/暴发调控起着重要作用。

此外，在 4 龄至成虫期间的栖息地环境选择过程中，蝗虫的生活力表现出灵活的可塑性，这种可塑性反作用于表型性状之间的折中可以反映生境压力大小。这代表了有益于蝗虫最终适应性（整体生活力）的表型可塑性的演变。根据结果，本研究总结了表型可塑性的两个进化意义：①在种群规模（或存活率较高）高且资源丰富（增长率较高）的情况下，生存与增长之间的生态平衡赋予高适应性。尽管如此，一些因素可能会降低增长率，但会使生存受益，反之亦然，这会抵消整体生活力的下降（图 4C）。②身体大小与整体生活力之间的生理学平衡，当个体大小（体重和体长）很小时，无论种群大小和存活率如何，都能赋予其高度适应性（图 4D）。更高的整体生活力是以减少身体尺寸为代价的。

4.3 什么是表型可塑性的分子基础？

四种处理中的每一种都表现出相似和不同的基因表达。Lc 栖息地具有最高的表达率，其次是 Af、Cs 和 Sk，但 Af 具有最高数目的不同表达基因（图 1B）。这些差异与蝗虫生活力的变化有关。与特定生物过程相关的表达模式以及对特定生理扰动的响应的系统表征提供了在每个栖息地中观察到的表达模式的框架解释。事实上，本研究确定了样品中与特定生物学特征相关的生理相关共表达基因簇。

基因表达是连接表型和适应性的复杂过程。蝗虫—基因—植物群落的排序图（图 3C）表明，蝗虫的生活力与特定的基因表达和植物群落结构有关。在四种处理中不同表达的五种基因被候选为 PP 相关基因：昆虫角质层蛋白（*ICP*），围食膜因子（*Aper-1*），乳糖酶—根皮苷水解酶（*LCT*），*Mpv17*/*PMP22* 和负伸长因子 A（*NELFA*）（表 3）。蝗虫基因表达的 *T* 值双标图（图 4D）表明，*ICP*、*NELFA* 和 *LCT* 是造成大量蝗虫 PP 的原因，揭示了由特定栖息因子刺激的 PP 潜在的独特基因调控。

表型变异的差异主要是遗传相互作用的结果。重要的是，我们发现一些性状在定量基因表达和环境之间具有双重关系，而与其他环境相比，它们是独特的，并且显示出基因与环境之间的相互作用。在生态学上，蝗虫具有不同的表型特征可以对不同的环境变化做出反应（图 4C），从而使可塑性适应环境压力。在分子水平上，体型（雌性长度、质量、雄性长度、质量）和生活力呈现相反的变化，主要受 *ICP* 调节，部分受 *NELFA* 和 *LCT* 调控（图 4D）。这表明身体尺寸和生活力相互补偿，身体尺寸和生理生活力之间的成本平衡。这从生态和分子上揭示了蝗虫为什么以及如何通过 PP 来发育适应环境变化的能力。

一般来说，*ICP* 在调节蝗虫 PP 方面发挥着核心作用。它的表达通过平衡身体尺寸的可塑性与整体生活力来控制蝗虫生长。也就是说，它的高表达增加了蝗虫体型，同时降低了整体生活力。有趣的是，*NELFA* 和 *LCT* 在 PP 中的作用呈现雌雄二型性的差异，并分别作为负责雄虫生活力和雌虫生活力的重要基因（图 5）。一般来说，*ICP*、*NELFA* 和 *LCT* 以互动和互补的方式起作用，以确定在环境选择下蝗虫的表型可塑性。但是，在未来的研究中，如果 RNAi 策略（或其他功能基因组工具）可用于该物种，那么上述假设仍有待在本文范围之外进行验证。

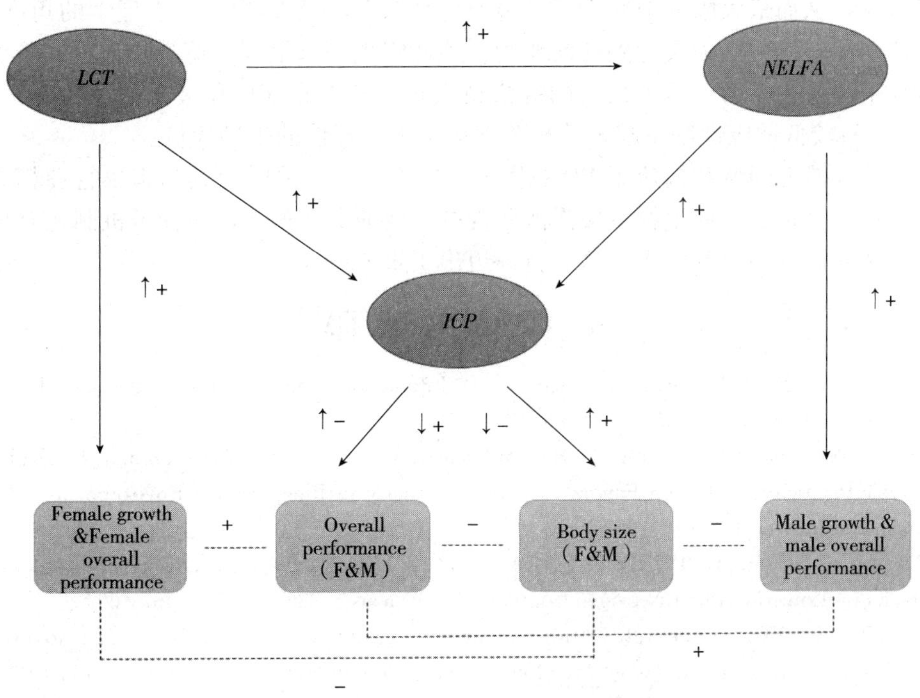

图 5 蝗虫表型可塑性分子控制的假设模型

注：连接线旁边的向上箭头（↑）表示上游基因的表达增加，而向下箭头（↓）表示上游基因的表达减少；“+”表示促进作用，而“−”表示抑制作用。

5 结论

在表型可塑性框架下，不同生境下个体生活力表现不同的可塑性性状；本研究结果与这个假设保持一致。但除此之外，本研究表明，生物体可能比以前认为的在更小的环境尺度上呈现 PP。本研究也有助于进一步阐明与 PP 相关的分子机制。本文强调转录是促进 PP 的主要机制。然而，许多其他机制也可用于生产 PP，包括环境对翻译、酶辅因子、激素或神经系统的直接影响。未来的研究，使用蛋白质组学或代谢组学工具，可能有助于更好地揭示其他机制，而不仅仅是参与 PP 的转录差异。很可能在表型变化期间，多种分子机制（例如转录组学、蛋白质组学和代谢组学）同时并且依次发挥作用，具有多种交互作用。系统规模的分析可能会揭示更复杂的相互作用，超越了转录组学的观察结果。此外，收集样本的时间只能提供整体转录反应时间的快照，因此如果样本是在不同的时间获得的，可能已经观察到与 PP 有关的其他潜在因素。最后，使用反向遗传策略如 RNAi，将是深度揭示和验证 PP 功能决定机制和基因直接作用的必要手段（Pittendrigh et al.，2015）。

构建可塑性特征的生态转录组结构是一种相对较新的方法，与传统方法识别特征的遗传结构相比具有一些独特的优势（Hunt and Hosken，2014）。在本研究中，通过研究群落组成如何作用于基因组以在亚洲小车蝗呈现 PP 来展示 PP 的生态转录组结构，记录了进化、PP 和生活力之间的关联。从生态学的角度来看，蝗虫生存率和增长分散了环境影响，从而最大限度地减少了环境对整体生活力的影响。从生理学的角度来看，蝗虫的体型和整体生活力会起到补偿作用，因此蝗虫可以根据环境选择通过调节可塑性体型特征来调节生活力。压力最大的蝗虫也表现出最高的 PP 和最低的适应度。因此，将较高 PP 与较低适应性联系起来的相关性揭示了可塑性的生理代价。

总之，本研究强调和构建了 PP 的生态—生物—分子关联及其与害虫管理相关的进化框架，这是其他分子或生物手段无法实现的。要充分了解 PP 的分子机制还有很长的路要走，然而，这项研究为实现这一目标迈出了重要的一步。

主要参考文献

AGRAWAL A A，2001. Phenotypic Plasticity in the Interactions and Evolution of Species [J] . Science (Washington D C)，294 (5541)：321-326.

BAYTHAVONG B S，2011. Linking the Spatial Scale of Environmental Variation and the Evolution of Phenotypic Plasticity：Selection Favors Adaptive Plasticity in Fine-Grained Environments [J] . The American Naturalist，178 (1)：75-87.

CEASE A J，ELSER J J，FORD C F，et al，2012. Heavy Livestock Grazing Promotes Locust Outbreaks by Lowering Plant Nitrogen Content [J] . Science，335 (6067)：467-469.

LEI Y，ZHU X，XIE W，et al，2014. Midgut transcriptome response to a Cry toxin in the diamondback moth，*Plutella xylostella* (Lepidoptera：Plutellidae) [J] . Gene，533 (1)：180-187.

MA Z，GUO W，GUO X，et al，2011. Modulation of behavioral phase changes of the migratory locust by the catecholamine metabolic pathway [J] . Proceedings of the National Academy of Sciences of the United States of America，108 (10)：3882-3887.

POWELL G，TOSH C R，HARDIE J，2006. Host plant selection by aphids：behavioral，evolutionary，and applied perspectives [J] . Annual Review of Entomology，51 (1)：309-330.

白纹雏蝗种群时空动态及对不同强度放牧的转录响应

秦兴虎[1,2,3]，马景川[1,3]，黄训兵[1,3]，罗伯特·卡伦巴赫[4]，
瑞安·洛克[4]，莫德·阿里[5]，张泽华[1,3]

1. 中国农业科学院植物保护研究所植物病虫害生物学国家重点实验室，北京，中国；2. 圣安德鲁斯大学生物学院，圣安德鲁斯，英国；3. 农业农村部锡林郭勒草原有害生物科学观测实验站，中国农业科学院植物保护研究所，锡林浩特，中国；4. 密苏里大学植物科学系，密苏里州，美国；5. 孟加拉国水稻研究所昆虫学部，加济布尔，孟加拉国。

摘要 放牧是导致内蒙古蝗灾暴发的重要原因之一，但是放牧对蝗虫的种群动态影响和蝗虫对放牧的生理响应并非完全清楚。并且，一直以来存在争议的中性干扰假说在植物研究中得到大量验证与应用，但是在昆虫中的研究仍然缺乏论证。本研究利用长期围栏放牧实验研究了白纹雏蝗的种群动态及其对放牧的转录组响应。结果显示长期放牧明显减少了植物生物量并影响了植物演替。昆虫多样性明显下降，并不符合中性干扰假说。白纹雏蝗前期、中期种群丰富度对干扰强度表现出了单峰响应，后期呈现线性下降。转录组显示，*betA* 和 *CHDH* 等基因表达量随着放牧强度显著升高。在高强度干扰处理中表达量升高的基因主要参与了丝氨酸蛋白酶活性、解剖结构发育、感官器官发育等过程。热激蛋白 HSP、核糖体蛋白等基因在蝗虫适应放牧强度中起到了重要作用。本研究揭示了蝗虫对放牧的响应机制，为合理放牧及蝗灾管理提供了理论支撑。

关键词 昆虫多样性，种群动态，转录组，白纹雏蝗，放牧

1 前言

草地为生态系统提供了必要的生态服务功能，为很多动植物提供给了生存栖息地，对社会经济发展非常重要。然而，草地生态系统对人类活动特别敏感，尤其是放牧。蝗虫是内蒙古高原最重要的分类群之一，也是草地生态系统的重要组成部分。一些蝗虫如白纹雏蝗、亚洲小车蝗广泛分布在禾本科植物草地（如克氏针茅、羊草）上，偶尔在冷蒿和猪毛蒿草地上，对草地植物组成有很大影响。尽管一些蝗虫物种在重度放牧草原上减少，但其他如白纹雏蝗仍然大量发生。由于严重的放牧和其他人为活动，蝗虫暴发频率增加，造成草产量损失严重，并对畜牧业构成威胁。另外，在环境条件恶劣的地区，草原生态系统的大规模退化导致沙尘暴频繁发生。

放牧对天然草地生境中的植物组成和微环境具有很大影响，与此同时，长期放牧造成

的草地退化和沙漠化对蝗虫的多样性和丰度有很大影响。许多研究调查了全球草地生态系统中放牧与蝗虫群落组成之间的关系，一些研究报道放牧对蝗虫多样性有促进作用，另一些报道有负面影响。最近的一些研究表明，放牧会减少蝗虫的多样性并增加主要害虫物种的丰度。一项研究表明，在中等生物量和植物物种丰富度的植物群落中，蝗虫丰度最低，多样性最高。另一项研究发现，重牲畜放牧通过降低植物的氮含量来促进蝗虫的暴发。人为干扰造成的环境波动和栖息地退化改变了植物多样性、食物质量、植物结构、微环境和草地生境中的C∶N∶P化学计量比，这对蝗虫进行了很大的定向选择。蝗虫为快速适应这种栖息地环境选择，就会可能通过改变生理变化来做出响应。此外，蝗虫转录组的改变可能会为改善生存，改变其行为，并增加其暴发的可能性。因此，更好地理解环境扰动对蝗虫转录组反应的影响对草地保护和生物多样性保护至关重要。

根据中度扰动假说（IDH），生态扰动很大程度的影响物种多样性的模式，在中等扰动水平（中度干扰）可以观察到最大的生物多样性。根据这一假设，每个栖息地都有明显的物种多样性和易受人为干扰的程度。IDH 得到了各种物种和生态系统研究者的支持，包括温带草原生态系统。然而，其他许多实证研究也描述了各种多样性干扰关系。一些研究人员认为 IDH 应该放弃经验和理论依据，而其他研究人员认为这些数据支持 IDH 的扩展和完善并认为 IDH 构成了竞争—入侵权衡理论的基础。

因此，蝗虫等移动生物体是否符合 IDH？移动生物在不同干扰强度下如何沿时间尺度变化？影响这种丰度—干扰关系的分了基础是什么？这些问题仍然不清楚，是 IDH 的有趣扩展。昆虫是草地生态系统稳定的重要组成部分；然而，对它们对重度放牧的时间和生理反应知之甚少。本研究选择了草原昆虫群落进行上述假设检验，并用白纹雏蝗作为模式物种来证明放牧干扰对蝗虫丰度和转录组反应的影响。

2 材料和方法

2.1 研究地点

研究地点位于中国内蒙古自治区中国农业科学院草原研究所草地生态保护与可持续利用研究站，该地处于欧亚大陆东部，草原海拔 1 121m 高度（116°32′E，44°15′N）。该地为半干旱大陆性气候，年平均气温－0.1℃，年降水量 350～450mm。最冷的月份是 1 月（平均气温－22.0℃，最低温度－41℃），最热月份是 7 月（平均气温 18.3℃，最高温度 38.5℃），年平均积温为 2 100～2 400℃。

研究地点的主要土壤类型是钙质栗钙土和钙质黑钙土。该地区是典型草原植被，并且以两种多年生草羊草和大针茅为主。其他常见物种包括多年生植物糙隐子草和冷蒿以及一年生植物小藜和猪毛菜。研究样地从 2007 年到 2014 年一直禁牧。羊群放牧始于 2014 年，此时开始调查和取样，本文中白纹雏蝗的种群动态和转录组研究于 2015 年 7 月初至 8 月中旬进行。

2.2 实验设计

2014 年封闭了土壤条件相对平坦的区域，并用 1.5m 高的铁网共建造了 14 座 1.33hm^2 的围墙（100m×125m），以防止羊进出围墙。15 个圈地被随机分配到 5 个处理：对照、轻度放牧、中度放牧、重度放牧和过度放牧，每个处理重复 3 次。根据当地的放牧管理规范，对照区（CK）、轻度放牧区、中度放牧区、重度放牧区和过度放牧区的绵羊数量分别为 0 只/小区、4 只/小区、8 只/小区、12 只/小区、16 只/小区，相当于每公顷 0 头、2 头、6 头、9 头、12 头羊。从 2014 年 6 月 10 日至 2015 年 9 月 10 日，允许羊在围栏内放牧取食。实验中使用的所有动物均由中国农业科学院提供。

2.3 植被调查

植被在 2015 年 8 月初以最大生物量采样。在每个小区内的五个随机选取的样方（1m×1m）中，评估每种植物的以下属性：覆盖（视觉估计）、身高（通过使用卷尺确定）、密度（植物数量/样方）和生物量（g/m^2）。通过使用剪刀将站立的植物材料剪切至地平面以上 1cm 来测量地上生物量。清除枯枝落叶，并按物种分离植物，暂时储存在纸质信封中，然后在 80℃下在实验室中干燥 48h 以获得干重。在距离封闭墙的大约 10m 范围内不采取植物样本以避免来自镀锌铁网的热量的影响。

2.4 昆虫调查

对 2014—2015 年的昆虫多样性进行调查发现，在内蒙古西乌珠穆沁旗 6 月下旬至 8 月下旬发生白纹雏蝗。根据其生命周期动态，2015 年 7 月上旬至 8 月中旬（每 20d）收集样品三次，分别对应于白纹雏蝗的早期、中期和晚期。使用扫网法收集所有昆虫，每个处理调查 15 次重复来估计昆虫物种多样性和白纹雏蝗丰度。在每个小区每次调查使用 200 复网，并且每个小区重复三次。调查时从距离地块边界至少 10m 外开展调查，以减少边缘效应。通过肉眼观察以确保收集到所有昆虫。只在 09:00 至 15:00 之间对昆虫生活适宜的条件下收集昆虫（阳光充足，云量最小，平静或无风），并随机抽样。网袋的内容物保存在自封袋中。所有被鉴定为白纹雏蝗的个体都被计数。

2.5 转录组样品

从 7 月下旬收集的样品中随机选取蝗虫共 5 个放牧强度处理 20 个样品（每个处理 2 个雌性和 2 个雄性×5 个处理＝20 个样品）。将蝗虫在液氮中冷冻（Air Liquide, Voyageur 12）并储存于－80℃直至 RNA 提取。

2.6 cDNA 文库的制备和测序

对于五种放牧处理中的每一种，将来自这四个个体的等量的身体组织（头、胸、腹部、腿和卵巢）合并并均化。按照制造商的说明使用 TRIzol 试剂（Invitrogen, CA, USA）提取总 RNA。通过琼脂糖凝胶电泳测定 RNA 质量（降解和污染），并且通过使用 NanoDrop TM 2000 分光光度计（Thermo Fisher Scientific）测定纯度。通过使用 Qubit H 2.0 荧光计（Life Technologies）测定 RNA 浓度，并使用 Agilent 2100 生物分析仪（Agilent Technologies）测定 RNA 完整性。使用 RNAprep pure Tissue Kit 提取 RNA。使用与寡核苷酸（dT）缀合的磁珠将 RNA 样品富集，并且将其片段化成 400～600bp 的片段，用作第一链和第二链 cDNA 合成的模板。然后使用 AMPure XP 珠子纯化双链 cDNA。在双链 cDNA 末端修复后，加入多聚 A 尾，然后连接测序接头。然后使用AMPure XP珠基于大小（150～200bp）选择cDNA片段并通过PCR扩增。使用AMPure XP珠粒纯化PCR产物以产生cDNA文库，其使用Illumina HiSeq 2000平台和Illumina的NGS Fast DNA文库制备集合进行测序。使用配对末端方法，测序阅读长度为200bp。

测量每个测序循环的G+C含量以确定A+T和G+C水平是否不同。使用Illumina HiSeq™2000平台，测序错误率（e）和基本质量（Q_{phred}）之间的关系可以描述如下：$Q_{phred}=-10\log_{10}(e)$，使用Illumina Casava版本1.8计算基本准确性与Phred得分之间的关系。

为了产生clean reads用于随后的装配和分析，从原始数据中删除连接物序列和低质量数据，如下所示：（1）去除/修剪连接物，（2）丢弃不被识别超过10%的Ns百分比数据，和（3）丢弃低质量数据（其中$Q_{值}$的百分比<5个碱基超过50%）。

2.7 转录本组装

使用Trinity软件版本v2012-10-05以$min_{kmercov}=2$进行转录本组装；其余参数用默认设置。装配过程根据前人描述。由Trinity组装的序列被用作后续分析的参考序列。三位一体组合阅读与一定长度的重叠形成较长的片段，而不具有N（重叠群），其进一步进行序列聚类以形成没有N的较长序列。对于每个基因，最长的装配序列［多于一个装配序列（转录物）对于每个基因］被认为是一个单基因。

2.8 注解

对NCBI非冗余多余（NR）和核苷酸序列（NT）数据库进行BLAST搜索，SWISS-PROT、PFAM、KEGG和KOG以$1e^{-5}$的值进行。通过搜索NR数据库，使用Blast2GO 2.5版（Götz等，2008）注释GO条目。

2.9 参考转录组组装和注释

对来自每种处理的数据组合用于参考组装。

2.10 基因表达分析

使用RSEM软件将每个样品的clean reads映射到参考转录组上。使用估计方法将每个基因的读数计数转换成FPKM。为了验证每个样品的表达谱，生成了FPKM密度图。为了分析读数计数数据并鉴定不同放牧强度处理下的差异表达基因，使用DEGSeq和$P_{adj}<0.005$的阈值比较不同放牧强度图中的FPKM。

2.11 去冗余分析

GO差异表达基因的GO富集分析通过使用基于Wallenius非中心超几何分析的GO_{seq}程序来调整基因长度。

2.12 差异表达基因的KEGG通路分析

为了鉴定差异表达基因参与的主要生物化学和信号转导途径，使用KEGG数据库进行途径富集分析。使用超几何测试来映射 KEGG 条目。使用 Benjamini 和 Hochberg 的 q 值进行 FDR 校正。评估差异表达基因的下游产物以鉴定与放牧强度响应相关的底物。用 q 值<0.005，｜log2. Fold change>1｜筛选差异表达的基因。

2.13 统计分析

用主成分分析评估蝗虫数量，植被变化和放牧强度之间的关系，使用 CANOCO 4.5 程序完成。对每个物种数据的草地生物量采样来自实验样地。使用蒙特卡罗置换测试（置换数量 999，全模型）来表示主要因素和相关性。主成分分析图（图 1）使用 CanoDraw 4.5 构建。其他图表数据是使用 Microsoft Excel 和 Origin 8.0 完成的。

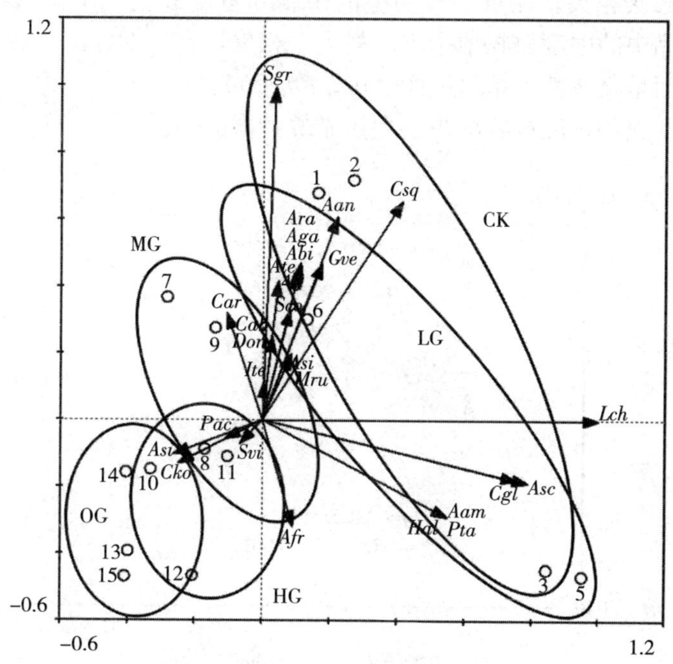

图 1　样地的排序三序图—植物物种—放牧强度

注：箭头表示植物物种的生物量；椭圆表示放牧强度；带数字的圆圈表示放牧强度内的小区编号；CK，对照（不放牧）；LG，轻度放牧（每公顷 3 只羊）；MG，适度放牧（每公顷 6 只羊）；HG，重度放牧（每公顷 9 只羊）；OG，过度放牧（每公顷 12 只羊）。

3 结果

3.1 植被变化

下列 5 个放牧强度水平之间，优势植物种类、草盖度、植株高度和植物生物量差异显著（$P<0.05$）：对照（不放牧）、轻度放牧（每公顷 3 只绵羊）、中度放牧（每公顷 6 只绵羊）、重度放牧（每公顷 9 只绵羊）和过度放牧（每公顷 12 只绵羊）。另外，放牧强度也影响了植物的演替（图 1）。在对照样地（羊草、大针茅、糙隐子草）中占主导地位的植物种类随着放牧强度的增加而显著下降（图 1）。主要植物在中度放牧强度下发生变化，在重牧场和过度放牧场地中，羊草、大针茅和糙隐子草，薹草和大籽蒿取代

为优势植物物种。与对照（不放牧）地块相比，轻度放牧和中度放牧地块物种丰富度增加，然后在重度放牧和过度放牧地块中物种丰富度显著下降（图 1）。

3.2 昆虫种类丰富度和白纹雏蝗时间变化

随着放牧强度梯度和时间的推移（2014—2015 年），昆虫物种多样性总量显著下降，与羊群密度呈显著线性关系（图 2A）。白纹雏蝗丰度也因放牧强度而异（图 2B，C），表明放牧对白纹雏蝗的时间动态具有显著影响。在五种放牧强度下，早期（7 月上旬）中白纹雏蝗丰度最低，中期最高（7 月下旬；图 2）。在早期和中期（早期：$df=14$，$F=8.47$，$P=0.005\ 1$；中间：$df=13$，$F=3.79$，$P=0.056\ 1$）中观察到丰度与放牧强度之间呈二次相关。在早期样品中的中度和重度放牧地中，白纹雏蝗的丰度最大，而在中期样品中的中度放牧地中丰度最大。相反，在后期样品中观察到白纹雏蝗丰度与放牧强度之间呈负线性关系（8 月中旬；$df=14$，$F=7.78$，$P=0.015\ 3$）。这些结果表明，重度放牧和过度放牧减少了白纹雏蝗种群大小。

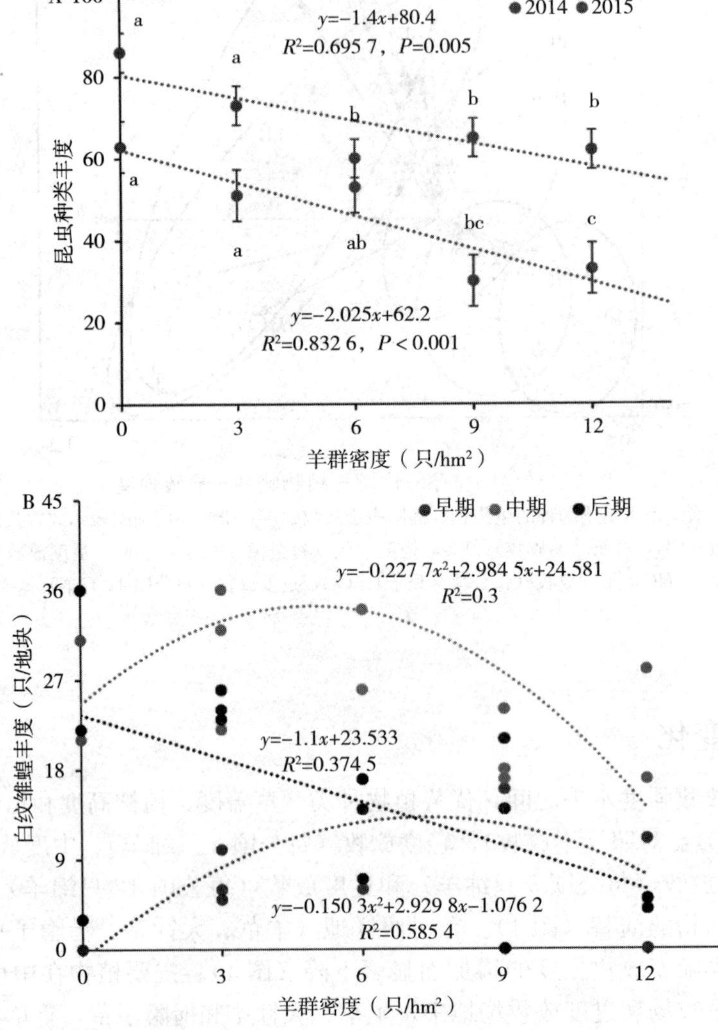

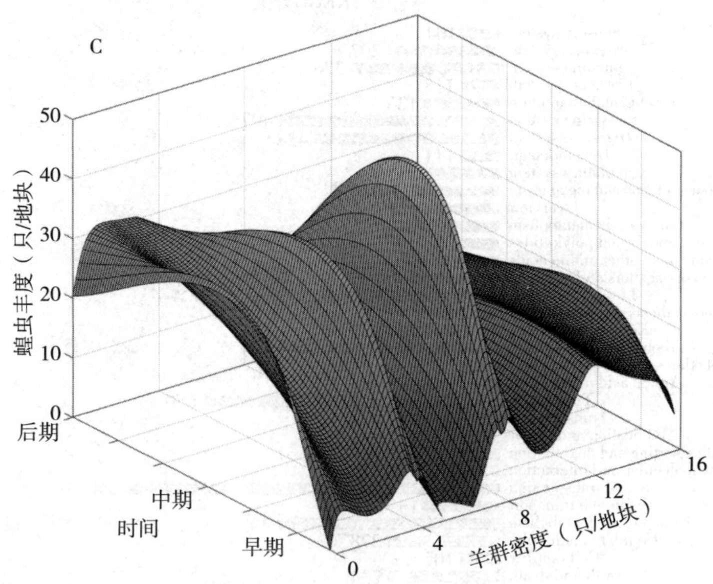

图 2　不同放牧强度梯度的昆虫总物种丰富度、白纹雏蝗丰度、放牧干扰—昆虫丰度关系

注：A. 不同放牧强度梯度的昆虫总物种丰富度的变化。结果以平均值±SE 表示。不同字母的比较在 $P<0.05$ 上显著。B. 在不同放牧强度下白纹雏蝗丰度。C. 时间依赖的放牧干扰—昆虫丰度关系。早期：7 月初；中期：7 月下旬；8 月中旬为后期。

3.3　参考转录组组装和注释

测序的白纹雏成虫转录组产生超过 43 362 497 个原始阅读和 154 164 934 个核苷酸中超过 42 359 852 个完整阅读。产生了 190 722 个转录本和 132 710 个独立基因序列，N50 值分别为 1 548 和 1 286。正如预期，在 NCBI 非冗余蛋白质序列数据库中注释的一半序列与昆虫种类相匹配，包括赤拟谷盗（15.4%）、豌豆蚜（6.9%）和人虱（6.5%）。其中对 7 个指定数据库（NR、NT、SWISS-PROT、PFAM、KEGG、KOG 和 GO）的 BLAST 搜索注释的 39 090 个（29.45%）独特序列中，28 999（21.85%）注释到 Gene Ontology（GO）数据库，4 530 注释到核苷酸数据库（NT）。在 EuKaryotic Orthologous Groups（KOG）数据库中，13 712 个注释基因被注释到 26 个组，大多数注释基因分为以下几组：R，一般功能预测（4 602 个基因）；T，信号转导机制（1 606 个基因）；O，翻译后修饰、蛋白质周转和分子伴侣（1 081 个基因）。8 600个基因注释到 KEGG 途径数据库中，其中大多数被归类为参与信号转导（939 个基因）、翻译（650 个基因）或碳水化合物代谢（550 个基因；图 3A）。白纹雏蝗的转录组数据已提交给 NCBI 序列阅读档案（SRA）数据库（ID：SRP058368）。

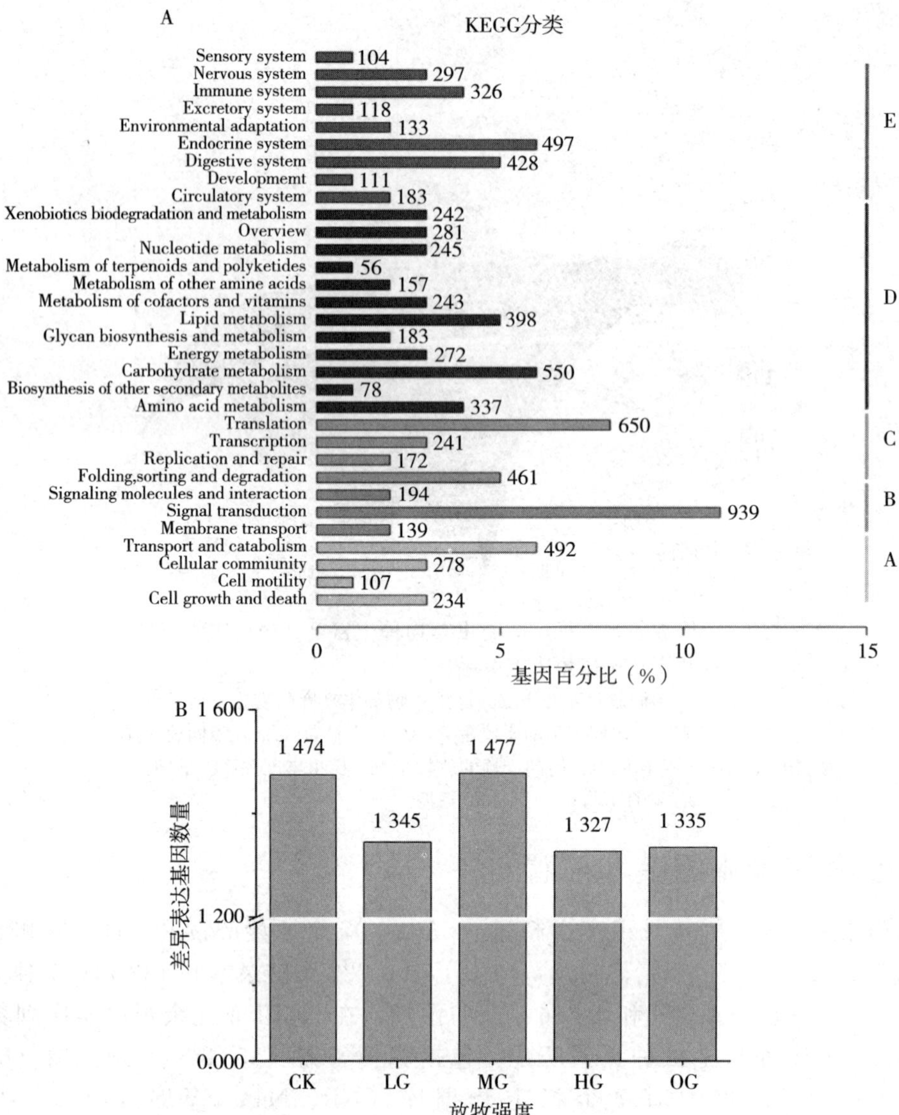

图 3　KEGG 分类和响应于不同放牧强度水平的白纹雏蝗的差异表达基因数量

注：A. KEGG 分类。X 轴表示占 KEGG 条目的基因的百分比，而 Y 轴表示 KEGG 条目。A、B、C、D、E 分别表示细胞过程、环境信息处理、遗传信息处理、代谢、生物系统。B. 响应于不同放牧强度水平的白纹雏蝗的差异表达基因的数量。CK，表示对照（不放牧）；LG，轻度放牧；MG，适度放牧；HG，重度放牧；OG，过度放牧。

3.4　白纹雏蝗沿放牧强度梯度的转录水平

不同放牧强度处理白纹雏蝗的转录水平不同，正如每百万碱基（FPKM）定位读数的片段所估计的。五个放牧强度图的 FPKM 分布相似。在重度放牧地中观察到最高的转录水平。在中度放牧地块观察到差异表达基因的最高数量（图 3B），在重度放牧和过度放牧地块中观察到最低数量。基因簇分析的结果显示，在对照地块（无放牧）和中等放牧地块中收集的蝗虫中具有相似的基因表达模式，并且注释了更多的基因（图 4A）。重牧和过度放牧地块之间的基因表达模式相似，并且在这些地块中收集到的白纹雏蝗中观察到更多下调的基因。涉及与放牧压力和蝗虫种群动态相关的应激反应的基因的分析表明，放牧强度增加导致某些基因（图 4B，C）上调，例如多蛋白样蛋白、含锚蛋白重复结构域的蛋白、冬眠素和晚期胰蛋白酶。随放牧强度增加而下调的基因（图 4D，E）包括黄-g 蛋白、钙黏蛋白相关肿瘤抑制因子样蛋白、核糖体蛋白 S5 和角质层蛋白。为了鉴定这些基因产物的生物功能，差异表达的基因被映射到 GO 和 KEGG 数据库。经过放牧处理的白纹雏蝗中超过 20 多条途径被显著富集（包括半乳糖代谢，溶酶体，淀粉和蔗糖代谢）以及其他聚糖降解（表 1，$P<0.05$）。

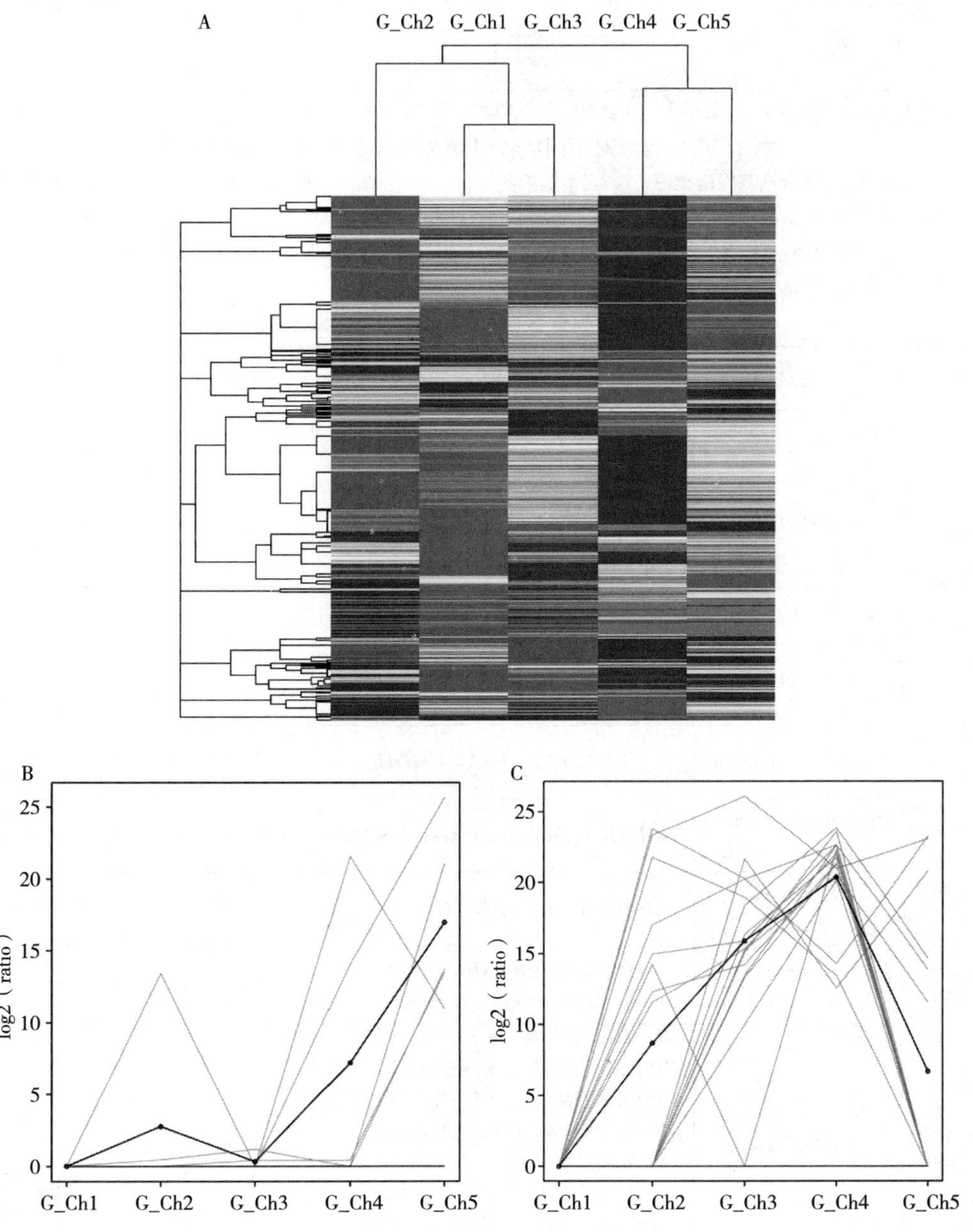

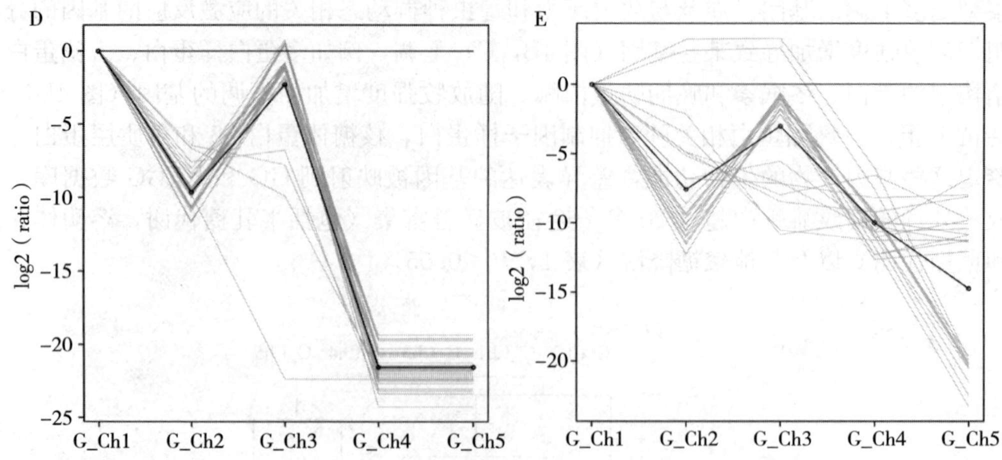

图 4　白纹雏蝗对不同放牧强度水平响应的基因表达模式

注：A. 差异表达基因聚类图；B. 五个基因的簇；C. 16 个基因的簇；D. 30 个基因簇；E. 23 个基因簇；显著差异表达设定为 q 值<0.005，｜log2. Fold change>1｜；G _ Ch1～G _ Ch5 分别表示放牧强度，分别为不放牧（G _ Ch1），轻度放牧（G _ Ch2），中度放牧（G _ Ch3），重度放牧（G _ Ch4）和过度放牧（G _ Ch5）。

表 1　受放牧强度影响的白纹雏蝗的 KEGG 途径

处理	通路	基因	丰度	q 值	基因数量
LG vs CK 上调	Galactose metabolism	*LCT*，*GLA*，*malZ*	0.145 631	$5.61E^{-11}$	15
	Lysosome	*CTSC*，*NPC1*，*ATPeV0C*，*ATP6L E3.2.1.25*，*MANBA*，*manB*，*GBA*，*srfJ*，*MAN2B1*，*LAMAN*，*uidA*，*GUSB*，*GLA*	0.074 074	0.000 194	10
	Starch and sucrose metabolism	*malZ*，*K01176*，*uidA*，*GUSB*，*E3.2.1.4*，*UGT*	0.051 613	0.013 187	8
	Other glycan degradation	*MAN2B1*，*LAMAN*，*E3.2.1.25*，*MANBA*，*manB*，*GBA*，*srfJ*，*FUCA*	0.121 212	0.015 276	4
MG vs CK 上调	Galactose metabolism	*E1.1.99.1*，*betA*，*CHDH*	0.058 252	0.042 584	6
HG vs CK 上调	Protein processing in endoplasmic reticulum	*HSPA18*，*CRYAB*，*htpG*，*HSP90A*	0.036 145	0.018 274	6
	Other glycan degradation	*MAN2B1*，*LAMAN*，*GBA*，*srfJ*	0.090 909	0.038 741	3
OG vs CK 上调	Protein processing in endoplasmic reticulum	*HSPA18*，*CRYAB*，*HSPA5*，*BIP*，*htpG*，*HSP90A*	0.054 217	$2.23E^{-09}$	9
LG vs CK 下调	Ribosome	*RP-S26e*，*RPS26*，*RP-L15e*，*RPL15*，*RP-L23e*，*RPL23*，*RP-S23e*，*RPS23*，*RP-L12e*，*RPL12*，*RP-S13e*，*RPS13*，*RP-S6e*，*RPS6*，*RP-L13Ae*，*RPL13A*，*RP-L17e*，*RPL17*，*RP-L5e*，*RPL5*，*RP-L8e*，*RPL8*，*RP-S5e*，*RPS5*，*RP-L9e*，*RPL9*，*RP-S3e*，*RPS3*，*RP-S4e*，*RPS4*，*RP-L26e*，*RPL26*，	0.107 143	0	33

（续）

处理	通路	基因	丰度	q 值	基因数量
LG vs CK 下调	Ribosome	*RP-S14e*，*RPS14*，*RP-LP0*，*RPLP0*，*RP-L7e*，*RPL7*，*RP-L13e*，*RPL13*，*RP-S15e*，*RPS15*，*RP-S8e*，*RPS8*，*RP-L10e*，*RPL10*，*RP-L21e*，*RPL21*，*RP-SAe*，*RPSA*，*RP-L32e*，*RPL32*，*RP-L18e*，*RPL18*，*RP-L4e*，*RPL4*，*RP-L11e*，*RPL11*，*RP-L3e*，*RPL3*，*RP-S3Ae*，*RPS3A*，*RP-L7Ae*，*RPL7A*，*RP-S2e*，*RPS2*	0.107 143	0	33
MG vs CK 下调	Galactose metabolism	*LCT*，*malZ*	0.058 252	0.005 069	6
HG vs CK 下调	Galactose metabolism	*LCT*，*malZ*	0.242 718	$4.43E^{-12}$	25
	Ribosome	*RP-S26e*，*RPS26*，*RP-L15e*，*RPL15*，*RP-L23e*，*RPL23*，*RP-S23e*，*RPS23*，*RP-L12e*，*RPL12*，*RP-S13e*，*RPS13*，*RP-S6e*，*RPS6*，*RP-L13Ae*，*RPL13A*，*RP-L17e*，*RPL17*，*RP-L5e*，*RPL5*，*RP-L8e*，*RPL8*，*RP-S5e*，*RPS5*，*RP-L9e*，*RPL9*，*RP-S3e*，*RPS3*，*RP-S4e*，*RPS4*，*RP-L26e*，*RPL26*，*RP-S14e*，*RPS14*，*RP-LP0*，*RPLP0*，*RP-L7e*，*RPL7*，*RP-L13e*，*RPL13*，*RP-S15e*，*RPS15*，*RP-S8e*，*RPS8*，*RP-L10e*，*RPL10*，*RP-L21e*，*RPL21*，*RP-SAe*，*RPSA*，*RP-L32e*，*RPL32*，*RP-L18e*，*RPL18*，*RP-L4e*，*RPL4*，*RP-L11e*，*RPL11*，*RP-L3e*，*RPL3*，*RP-S3Ae*，*RPS3A*，*RP-L7Ae*，*RPL7A*，*RP-S2e*，*RPS2*	0.107 143	$2.57E^{-06}$	33
	Lysosome	*CTSC*，*HEXAB*，*ATPeV0C*，*ATP6L*，*CD63*，*MLA1*，*TSPAN30*，*E3.2.1.25*，*MANBA*，*manB*，*GBA*，*srfJ*，*SLC17A5*，*LIPA*，*NPC1*，*CTNS*，*ATPeV0A*，*ATP6N*，*HGSNAT*，*ARSB*，*GLA*，*HEXAB*	0.140 741	$2.62E^{-05}$	19
	Starch and sucrose metabolism	*UGT*，*E3.2.1.28*，*treA*，*treF*，*E3.2.1.28*，*malZ*，*K01176*，*E3.2.1.4*	0.109 677	0.002 277	17
	Amino sugar and nucleotide sugar metabolism	*HEXAB*，*CHS1*，*E3.2.1.14*，*CHS1*，*UAP1*	0.151 515	0.004 541	10

（续）

处理	通路	基因	丰度	q 值	基因数量
OG vs CK 下调	Ribosome	*RP-L15e*，*RPL15*，*RP-L23e*，*RPL23*，*RP-S23e*，*RPS23*，*RP-S13e*，*RPS13*，*RP-S6e*，*RPS6*，*RP-L13Ae*，*RPL13A*，*RP-L17e*，*RPL17*，*RP-L5e*，*RPL5*，*RP-L8e*，*RPL8*，*RP-S5e*，*RPS5*，*RP-S3e*，*RPS3*，*RP-S4e*，*RPS4*，*RP-L26e*，*RPL26*，*RP-S14e*，*RPS14*，*RP-LP0*，*RPLP0*，*RP-L7e*，*RPL7*，*RP-L13e*，*RPL13*，*RP-S15e*，*RPS15*，*RP-S8e*，*RPS8*，*RP-L10e*，*RPL10*，*RP-L21e*，*RPL21*，*RP-SAe*，*RPSA*，*RP-L32e*，*RPL32*，*RP-L4e*，*RPL4*，*RP-L11e*，*RPL11*，*RP-L3e*，*RPL3*，*RP-S3Ae*，*RPS3A*，*RP-L7Ae*，*RPL7A*，*RP-S2e*，*RPS2*	0.094 156	0	29

缩写：CK，对照；HG，高度放牧；LG，轻度放牧；MG，中度放牧；OG，过度放牧。差异表达基因的 q 值均小于 0.05。

3.5 基因功能注释

将白纹雏蝗中总共 28 999 个 ungenenes 分为 50 个 GO 类别。这些转录本中的大部分被分配到生物过程（47.65%）、细胞组分（29.89%）或分子功能（22.46%）。在生物过程类别中，许多转录物似乎涉及细胞过程（16 580 个基因，22.04%）。在细胞成分类别中，许多转录物似乎参与细胞生物学（8 967 个基因，19.00%）。在分子功能类别中，许多转录物似乎参与结合（16 593 个基因，46.81%）。与对照地块（无放牧）中表达的基因相比，在轻度放牧地块中观察到最高数量的上调基因。它们包括涉及丝氨酸型、肽酶活性、丝氨酸水解酶活性，作用于 L-氨基酸肽的肽酶活性和水解酶活性的基因。在中等放牧地块中上调的基因涉及几丁质结合、代谢过程，含葡糖胺的化合物代谢过程，碳水化合物衍生物结合和氨基糖代谢过程。在重度放牧牧场中上调的基因包括涉及丝氨酸型内肽酶活性、丝氨酸型肽酶活性、丝氨酸水解酶活性、多细胞生物繁殖和脂质转运蛋白活性的基因。在过度放牧的地块中上调的基因包括涉及眼晶状体结构成分、单一生物体发育过程、解剖结构发育、感觉器官发育和发育过程代谢的基因。与对照区中的基因表达相比，中度放牧区中的下调基因仅属于两类：角质层和结构分子活性的结构成分。其他放牧处理中的下调基因涉及核糖体的结构成分、核糖体生物合成、核糖核蛋白复合物生物合成、翻译、核糖体、几丁质结合和几丁质代谢过程。

3.6 KEGG 通路富集

KEGG 通路分析提供了对放牧强度的转录响应所涉及的代谢通路。轻度放牧区中上调的基因主要参与半乳糖代谢、溶酶体代谢、淀粉代谢和蔗糖代谢以及其他聚糖降解（表 1）。只有三个参与半乳糖代谢的基因（*E1.1.99.1*，*betA*，*CHDH*）在中等放牧强度中显著上调。编码内质网中处理的蛋白质的基因（例如，*MAN2B1*，*HSP*）在高放牧和过度放牧的地块中显著富集（表 1）。除中度放牧地外，大多数下调基因与核糖体相关；他们包括 *RP-S26e*，*RPS26*，*RP-L15e*，*RPL15*，*RP-L23e*，*RPL23*，*RP-S23e*，*RPS23* 和 *RP-L12e*（q 值<0.05；表 1）。中度放牧地中的下调基因包括与半乳糖代谢相关的 *LCT* 和 *malZ*（q 值<0.05）。重度放牧牧场中的其他下调基因包括参与溶酶体、淀粉和蔗糖代谢以及氨基糖和核苷酸糖代谢的基因。

4 讨论

内蒙古草原生态系统中强度日益增大的放牧不断引起害虫的暴发和生物多样性丧失。前人的研究已经描述了放牧对蝗虫丰度的影响，一些蝗虫物种在放牧地区显著增加了它们的丰度。虽然白纹雏蝗是我国的一种稀有物种，但它是青藏高原的主要害虫之一。先前研究已经描述了草地蝗虫的物种组成、多样性和丰富度。然而，在内蒙古放牧干扰情况下白纹雏蝗时间动态和生理反应还没有系统研究。本研究通过评估白纹雏蝗对绵羊放牧的转录组反应，调查了白纹雏蝗的种群动态和涉及栖息地适应的分子机制；通过链接不同层次的生物多样性（植物群落组成、种群动态，以及对干扰水平的种内反应）来研究昆虫多样性与干扰关系。本研究表明昆虫物种多样性不符合 IDH。但白纹雏蝗种群动态表现出类似于 IDH 模式的单峰分布，在 7 月上旬和 7 月下旬中度放牧的地块中，种群规模显著增加；然而，雏蝗发生后期（8 月中旬）观察到放牧强度和种群大小呈负相关关系。本研究认为资源依赖的竞争和生理补偿理论是解释这些现象的主要理论。

如本研究所示，先前的实证研究已经描述了各种干扰—多样性/丰度关系，包括多项式和负线性关系。影响这些关系的因素包括种间竞争、营养级联、环境的波动，以及负频率依赖性或稳定机制。研究结果表明，随着放牧强度的增加，植物物种多样性总体下降，而在植物演替的早期和中期阶段白纹雏蝗丰度增加，在晚期演替中下降。这些多样性干扰关系反映了不同物种对资源和环境时间变化的反应。由于竞争能力和殖民化能力之间的折中，物种可能在中等干扰水平达到峰值。虽然本研究中，随着放牧强度的增加，昆虫的总多样性减少，但在干扰的中等水平白纹雏蝗丰度最高，这可能由资源竞争来解释：植物组成改变和物种多样性降低引起的食物资源分化和频率依赖捕食，以及种群密度和环境条件在空间和时间的波动。线性关系表明了蝗虫的资源依赖型竞争排斥和时间稳定性，其中长期物种多样性取决于环境变量均值的波动（即食物和微热）。白纹雏蝗二维丰度变化（图 2C）和二维生物水平的响应表明，白纹雏蝗丰度表现出时间干扰（植物丰度和资源依赖竞争的时间变化）和分子反应（营养级联和生理补偿）现象。

从生态学角度看，放牧导致植物快速演替，一些优势种数量减少，其他植物种类开始占主导地位；此外，放牧通过改变栖息地结构和食物的可获得性为蝗虫创造了更适宜的环境；同时，干扰减少了昆虫的总体物种多样性，从而削弱了竞争力。因此，资源依赖型竞争是蝗虫种群波动的一个原因。正如转录组分析所揭示的，白纹雏蝗的生理反应是迅速的。以前的研究表明，蝗虫的生活史特征可以受植物营养状况的影响。禾本科植物含有更多的碳水化合物，这对蝗虫的生存尤其重要。重度牲畜放牧已被证明可以降低植物的氮含量，高氮可以避免蝗虫的发生并降低蝗虫生活力。然而，本研究结果表明，较高的放牧强度会降低优质植物的丰度并增加食物压力，正如参与胁迫抗性的基因（如 *HSP* 和含锚蛋白重复结构域的蛋白质）的上调所证明的。这些基因模式与白纹雏蝗群体的生活力和种群丰度一致，这可以通过对食物质量和营养压力变化的生理补偿来解释。

草原的管理措施可以显著影响草地生态系统的健康。连续放牧显著降低植物生物量并影响植物的演替。本研究发现，重度放牧减少了主要植物物种羊草、大针茅和糙隐子草的生物量，这是当地食草动物和昆虫的主要食物。植物生物量的减少又反过来影响昆虫的时间动态。在过度放牧的土地上，白纹雏蝗的丰度最低，而在中等放牧的土地上丰度最高（图 2），这与其他蝗虫物种先前的研究结果一致。这些结果表明，适度放牧改善了白纹雏蝗的栖息地适宜性，增加了生存和暴发的可能性。然而，由于食物短缺，放牧强度增加了晚期蝗虫的死亡率，并可能降低成虫的繁殖力。

通过分析转录组来研究白纹雏蝗对绵羊放牧的快速群体响应和适应的分子机制，该转录组揭示了 5 种放牧处理中的 1 477 个差异表达基因。在重度放牧地中收集的蝗虫中观察到最高的转录水平，并且在中度放牧地中收集的蝗虫中观察到最高数目的差异表达基因（图 3B）。差异表达基因包括多蛋白样蛋白、含锚蛋白重复结构域蛋白、冬眠素、晚期胰蛋白酶，黄-g 蛋白、钙黏蛋白相关肿瘤抑制蛋白样蛋白、核糖体蛋白 S5 和角质层蛋白等适应性基因。据报道多聚蛋白在植物中对病毒抗性起作用，但在蝗虫中尚未得到充分研究。表皮蛋白基因在高放牧和过度放牧的地块中上调，可能在抗逆性方面发挥重要作用，正如身体角质层响应环境压力和食物质量的变化所证明的那样。此外，上调的基因主要参与丝氨酸型肽酶活性和几丁质代谢过程，而下调的基因主要参与角质层、结构分子活性和核糖体的结构成分。

作为快速适应的重要组成部分，蝗虫转录组反应需要及时、有效的基因和调控途径。研究表明，半乳糖代谢、溶酶体、淀粉和蔗糖代谢的内质网中的蛋白质加工是响应放牧的关键途径，参与内质网活动的相关基因是调控蝗虫生理差异形成的关键。这些转录水平的信息揭示了白纹雏蝗响应放牧压力的分子基础。

5　结论

本研究采用大型封闭草地来研究了内蒙古草原羊放牧对白纹雏蝗种群动态和基因表达的影响。研究发现，放牧影响栖息地质量，降低植物丰度和质量，影响植物的演替。这些效应指向资源依赖型竞争，解释单峰干扰—丰度动态与生理补偿。研究结果表明，草地害虫白纹雏蝗的转录变化是其适应牲畜放牧的基础。对适应性参与的差异表达基因的鉴定可能会为控制蝗虫种群以改善草地管理提供新的靶点。

主要参考文献

刘新民，2011. 放牧对内蒙古典型草原粪金龟子群落的影响［J］. 昆虫学报，54（12）：1406-1415.

任佳，卫媛，吕世杰，等，2016. 不同放牧时间对荒漠草原群落地下生物量的影响［J］. 畜牧与饲料科学，37（10）：32-35.

ROY A, III W B W, VOGEL H, et al, 2016. Diet dependent metabolic responses in three generalist insect herbivores *Spodoptera* spp. [J] . Insect Biochemistry & Molecular Biology, 71: 91-105.

SPECHT J, SCHERBER C, UNSICKER S B, et al, 2008. Diversity and beyond: plant functional identity determines herbivore performance [J] . Journal of Animal Ecology, 77 (5): 1047-1055.

TERMONIA A, HSIAO T H, PASTEELS J M, et al, 2001. Feeding specialization and host-derived chemical defense in Chrysomeline leaf beetles did not lead to an evolutionary dead end [J]. Proceedings of the National Academy of Sciences of the United States of America, 98 (7): 3909-3914.

YU S J, 1984. Interactions of allelochemicals with detoxication enzymes of insecticide-susceptible and resistant fall armyworms [J] . Pesticide Biochemistry & Physiology, 22 (1): 60-68.

ZHUSALZMAN K, ZENG R, 2015. Insect response to plant defensive protease inhibitors [J] . Annual Review of Entomology, 60 (1): 233-252.

连续放牧对昆虫多样性和营养级变化的影响研究

马景川[1,2]，黄训兵[1,2]，秦兴虎[1,2]，丁　勇[3]，洪　军[4]，
杜桂林[4]，李新一[4]，高文渊[5]，张卓然[5]，王广君[1,2]，
王　宁[3]，张泽华[1,2]

1. 中国农业科学院植物保护研究所植物病虫害生物学国家重点实验室，北京100193；2. 农业农村部锡林郭勒草原有害生物科学观测实验站，锡林浩特 026000；3. 中国农业科学院草原所，呼和浩特 010020；4. 内蒙古草原工作站，呼和浩特 010020；5. 全国畜牧总站，北京 100125。

摘要　大型食草动物放牧干扰究竟如何影响昆虫群落结构是一直以来不断探索解决的科学问题。为此，本研究设置每 1.33hm^2 0 头、4 头、8 头、12 头、16 头的围栏放牧持续干扰，通过连续 3 年昆虫种类数量调查统计，分析了不同放牧强度对昆虫群落结构的影响及适应作用机制。结果表明，放牧影响昆虫多样性、物种丰富度、数量、营养级结构。持续放牧首先改变昆虫数量，其次改变物种丰富度，最终引起昆虫多样性的变化。轻度放牧会增加昆虫多样、物种丰富度和数量。昆虫多样性在中度干扰时维持较高水平。不同放牧持续时间对昆虫数量影响不同，同一放牧时间对昆虫不同营养级影响不同。放牧干扰后植食性昆虫呈先上升后下降趋势，而天敌昆虫为显著下降趋势，表明更高营养级更容易受到放牧影响。对昆虫群落、植物群落和放牧强度三者之间的关系进行冗余分析可知，不同放牧强度对不同昆虫类群的影响不同，重度放牧强度植被有利于蚁科昆虫，中度放牧植被有利于蝗科和叶蝉科昆虫，轻度放牧植被利于肉食性昆虫。本研究对于指导合理放牧和昆虫多样性保护具有重要指导意义。

1　前言

放牧方式有季节性放牧、轮牧、间歇性放牧、持续性放牧。对季节性放牧、轮牧、持续放牧和间歇性放牧 4 个不同放牧管理方式的响应进行研究发现轮牧能使物种多样性更多存在，而持续放牧物种多样性最低，轮牧是维持植物和昆虫多样性的最佳管理方式。同时还有围栏放牧和自由放牧，围栏放牧会显著降低昆虫种类。生境变化是影响昆虫生存和繁衍的重要因素，对人类干扰环境后昆虫的变化，我们了解得还严重不足。因此，研究放牧干扰后昆虫的变化规律很重要。放牧强度对昆虫多样性的影响目前没有一致性的结论。因生态系统、季节及昆虫种类的不同，昆虫多样性的变化趋势也不同。放牧对昆虫多样性的变化造成多方面的影响，包括直接影响、植被影响和土壤影响。直接

影响包括家畜直接取食、践踏等；植被影响包括植物种类组成的变化、植被高度的变化等；土壤影响包括 pH、水含量、土壤的密度等。

放牧对昆虫负面影响中，取食植物不同部位（种子、茎、叶等）的昆虫对大型食草动物取食的敏感性有很大的不同，由于家畜频繁取食植物，一些内生性昆虫往往被意外取食，从而导致一些昆虫种群变小；家畜的选择性取食植物与一些昆虫进行资源竞争，造成食物资源的匮乏，导致昆虫数量的下降；还有一些外生性昆虫在卵和幼虫时期因为活动能力有限，也会被意外取食或者践踏导致数量下降。相反，放牧对昆虫还有正面影响，家畜的粪便、身体、血液等又为昆虫提供直接的资源。粪便为粪食性昆虫提供食物资源，家畜躯体作为寄主为寄生性昆虫提供营养物质，血液为嗜血性昆虫（蚊、虻、蚤等）提供食物资源从而使嗜血性昆虫数量和种类增加。大型食草动物对节肢动物多样性的直接影响只有粪金龟类群可进行量化，因为其他昆虫类群缺乏量化，无法有数据上的证据。然而，放牧对节肢动物多样性的直接影响与下面的间接影响相比是微不足道的。

放牧干扰作用依其强度不同对植被的影响也不同。牧草再生能力的大小是确定合适放牧率、放牧时期和放牧频率的重要指标，也是判断牧草是否有补偿性生产的指标之一。草地生态系统的稳定维持包含多个营养级的相互关系，如生产者、消费者、分解者等，并且各营养级之间保持平衡稳定的关系。在没有人类干扰的条件下，植物种类和昆虫种类呈正相关关系，但是越来越多的证据表明放牧干扰打破了这种关系。通常在放牧草原昆虫物种丰富度比无放牧草原低。

大型食草动物的选择性取食对植被结构和群落具有深刻的影响，植物高度、盖度、密度、生物量、植物异质性和植物凋落物都会发生显著变化，造成一些植物器官的缺失，同时还造成生境破碎化和斑块化。根据动态平衡模式（dynamic equilibrium model），较高营养级因为对环境有较低的忍受度，倾向于迁移到较高植被环境中，从而保持最大的物种多样性。适度放牧会使植物高度变化，导致植物异质性的加大。高矮不同的植被类型提供不同的生物因子条件、不同的垂直生态位，从而为不同昆虫不同发育阶段生长需求提供合适的条件，为在植物里边或者植物化蛹的物种提供庇护场所，增加捕食性昆虫对猎物的搜索面积。同时，密集的植被可以作为温度的缓冲，在比较冷的天气或者在极端气候条件下提供温暖的庇护所。

根据结构多样性假说（structural diversity hypothesis），在高植物多样性草地具有较高结构多样性，轻度放牧会形成较高的物种丰富度。但随着放牧率的提高，高结构多样性降低，放牧期间地上总生物量下降，大型食草动物的取食可能会降低植物异质性，减少昆虫的多样性。而过重度放牧会造成植被盖度下降，土壤裸露度的增加和食物资源有效性的减少不利于昆虫躲藏，增加被捕食的风险。地下与地上生物量的比例随着放牧率的增大而增大，地上净初级生产力的比例则随着放牧率的增大而减小，因此，利于一些地下昆虫而不利于地上昆虫。而一些植物种类的减少和组织器官的消失，又会造成专食性昆虫数量下降或消失。相反，植物被取食后会有丰富的营养再生，食物资源质量高，利于一些种类的生存。

放牧还会对植被在空间尺度上产生影响。放牧可能在小尺度内呈现为植被结构均匀，在大尺度中会造成植被结构斑块化，从而有利于景观多样性维持生态环境的稳定。

大型食草动物通过取食植物减少落叶、粪便和践踏，直接或间接影响草原土壤中碳吸收、循环和储存。同时，影响降解土壤有机质的微生物数量群落结果和活动。放牧强度过重则家畜的反复践踏造成土壤裸露度增加，压实土壤表面，造成土壤非毛管孔隙减少，通气性、渗透性和蓄水能力受到不良影响，不利于昆虫的定殖，从而潜在地影响昆虫丰富度。大型食草动物通过排泄粪便影响草地营养物质的循环，改变土壤化学成分，改变土壤生物种类和数量。有研究认为随着放牧强度增加，土壤中全氮含量降低，这些因素又会引起植物资源质量改变，进而影响昆虫多样性。

大型食草动物的过度取食造成土壤裸露度增加，会导致微环境变暖和土壤温度增加，从而利于多种喜温昆虫产卵和生活；同时，土壤含水量下降，随土壤含水量降低，植被地下生物量也显著降低，而地下昆虫随土壤含水量降低呈先增大后降低趋势。

尽管放牧对地下动物区系有强烈影响，但是很少有报道研究食草动物通过改变土壤影响地上昆虫。一些昆虫它们的生活史中有些时期是在地下度过的，例如卵和幼虫。在这些生长阶段，节肢动物会对大型食草动物改变的土壤营养、pH 和湿度水平做出反应。因此，对土壤对节肢动物的影响的认识还有很大欠缺。

生物间在长期的进化过程中相互作用，是维持生态环境的稳定的基础。在研究昆虫与植物进化关系中经历了协同进化（co-evolution）、顺序进化（sequential evolution）、弥散协同进化（diffuse co-evolution）、地理马赛克进化（geographic mosaic theory of co-evoliton）和多营养级协同进化（multitrophic co-evolution）。植食性昆虫数量、种类数量和多样性往往与植物生物量、种类组成和当地范围的栖境结构有关，植物和植食性昆虫种类丰富度的关系是通过增加植物种类数量造成植食性昆虫资源多样性的增加。植食性昆虫通过识别寄主植物挥发物质诱导植食性昆虫取食或逃避行为，植物化学多样性会增加昆虫群落多样性，在放牧草地生态系统中，植物合成次生代谢物加强，对大型食草动物没有影响，但是增加对植食性节肢动物的吸引力。专一性昆虫往往可以忍受或者利用被大型食草动物取食叶片掉落后合成的次生化合物与植物协同进化，同时植物通过上行效应也影响昆虫。

大型食草动物取食对昆虫多样性的负面影响比植物多样性更大。因为，放牧通过取食一些优势种植物而增加一些新种的竞争性从而增加植物多样性；在时间和空间范围内植物和昆虫对栖息地的需求不同；植物对放牧有更好的可塑性。在一个较大的空间范围内，景观组成和结构与一些昆虫种类的数量有关。这些关系在一定范围内，因为昆虫种类对周围景观的反应不同，这取决于它们的大小、移动性和功能特点。很多研究认为节肢动物在局部对景观因子的多样性结构有相对影响。然而，尽管它们作为草地生态系统关键生物因子，但很少有在大尺度景观空间范围内对植物群落和直翅目的关系的研究。

近年来由于放牧率的增加，掌握放牧对植物和动物生物多样性的研究非常重要。国内外在放牧对植被和昆虫的影响方面均有大量的研究，但是昆虫主要集中在一类昆虫研究，并且放牧干扰主要是放牧和无放牧两个处理，尤其是我国对放牧干扰后草原昆虫群落结构的变化研究比较薄弱。本文通过研究典型草原不同放牧强度干扰后，植物组成，昆虫多样性、丰富度、数量，优势种昆虫变化，营养级关系，植被和昆虫的相关性分析，从昆虫发生规律角度，合理评价放牧干扰，这对草地生态系统可持续发展和草地昆虫生物防治有重要意义。

2 材料与方法

2.1 研究样地

研究区域位于中国农业科学院草原研究所草原生态保护与可持续利用研究与示范基地（北纬 116°32′08.57″，东经 44°15′24.43″），位于内蒙古锡林浩特市朝克乌拉苏木，海拔1 111～1 121m。地区气候为典型大陆季风气候，区域年平均降水量 350～450mm，年平均温度－0.1℃，1 月最冷（平均－22.0℃，极端温度－41.1℃），7 月温度最高（平均 18.3℃，极端最高 38.5℃），≥5℃的积温在 2 100～2 400℃。土壤为栗钙土，植被为典型草原类型（typical steppe），羊草、克氏针茅和大针茅在群落中占优势地位，糙隐子草、冷蒿等多年生植物为常见种，一、二年生植物主要有灰绿藜、猪毛菜等。

2.2 实验材料

样方框（大小：1m×1m）、剪刀、信封、米尺、电子天平（万分之一）、电热恒温箱鼓风干燥箱（DHG-9140A）、AvaSpec-2048×14×2 便携式双通道地物波谱仪、笔记本电脑。

2.3 实验设计

实验样地 2007—2014 年间禁牧，以割草利用为主，植被长势良好，本实验于 2014 年开始设置，实验设计为 5 个放牧强度，3 个重复，每个放牧小区面积 1.33 hm²（东西长 125m，南北长 110 m，两边夹角 78°）。2014 年 6 月 10 日开始放牧，放牧持续 90d（实验期间家畜一直在放牧区内）实验动物为乌珠穆沁 2 龄羯羊，设置 5 个放牧强度，无放牧(Non-grazing，CK)：放牧压为 0；轻度放牧（Light grazing，LG)：每小区放养 4 只，放牧压为每年 170 SSU·d/hm²；中度放牧（Moderate grazing，MG)：放养 8 只，放牧压为每年 340 SSU·d/hm²；重度放牧（Heavy grazing，HG)：放养 12 只，放牧压为每年 510SSU·d/hm²；过重度放牧（Over grazing，OG)：放养 16 只，放牧压为每年 680 SSU·d/hm²。每个放牧强度设置 3 个重复小区，每个放牧小区面积 1.33hm²（东西长 125m，南北长 110m，两边夹角 78°）（图 1）。2014 年 6 月 10 日开始放牧，持续放牧 90d（试验期间家畜一直在放牧区内），试验动物为乌珠穆沁 2 龄羯羊。

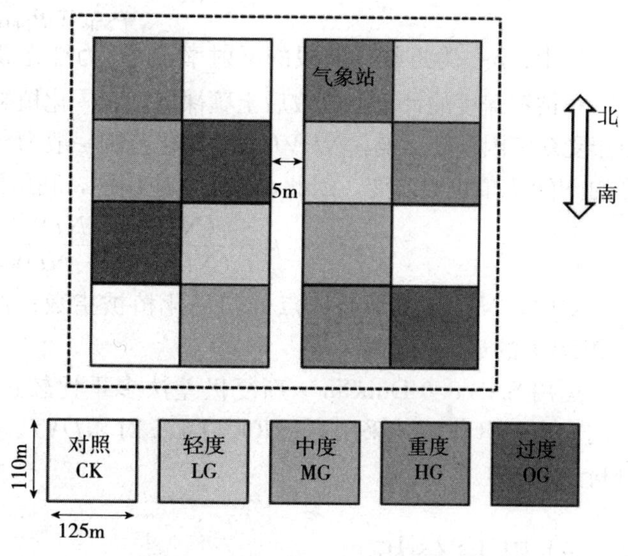

图 1　不同放牧强度实验的样地设置

2.4 植被调查方法

在2014年8月，各个小区采用五点取样法进行植被调查，将样方框（1m×1m）放到选取的调查样点（距离围栏边界10m以上），调查样方框内植物的种类，用米尺测量每种植物高度，目测每种植物盖度，统计每种植物的密度，每种植物距离地面1cm剪下分种放入信封中，带回实验室用电热恒温箱鼓风干燥箱烘干，用电子天平称重，记录每种植物地上生物量。

2.5 蝗虫调查方法

每小区采用对角线扫网法，网口直径38cm，每条线100复网，每小区共200复网，采集后放入自封袋带回实验室放入冰箱冷冻死亡处理后，进行统计计数。

2.6 数据处理

植物群落中植物种的重要值（importance value）＝（相对盖度＋相对密度＋相对频度)/3 。植被指数计算：将田间统计数据使用光谱仪自带数据软件 Viewer 的分析模块（NDVI. mod），对反射光谱进行分析。归一化植被指数 *NDVI*，是植被光谱的红光吸收谷和近红外反射峰数值之差和这两个波段的数值之和的比值。

$$NDVI=\frac{(\rho_{NIR}-\rho_{RED})}{(\rho_{NIR}+\rho_{RED})}$$

式中：ρ_{NIR}为近红外波段的反射率，ρ_{RED}为红光波段的反射率。

植被覆盖度的计算：放牧后土壤裸露，归一化植被指数 *NDVI* 理论上应该接近0，但由于受众多因素的影响，*NDVI* 值的变化范围一般为－0.1～0.2，无放牧小区植被高覆盖度的 *NDVI* 值也会改变。因此，在实际应用中，利用像元二分模型植被覆盖度，即

$$f=\frac{(NDVI-NDVI_{min})}{(NDVI_{max}-NDVI_{min})}$$

式中，*NDVI* 为调查样点的归一化植被指数；$NDVI_{max}$和 $NDVI_{min}$分别为研究区内 *NDVI* 的最大值和最小值。

运用 SAS 8.0 Duncan's 新复极差法多重比较进行 *NDVI*（$P=0.05$）方差分析，并用 Origin 8 作图，采用 CANOCO 4.5 对 *NDVI*、植被环境因子和蝗虫密度进行冗余分析（RDA）。

3 结果与分析

3.1 不同放牧强度下植物种类及重要值

通过植被调查共有12科32种植物，研究发现不同放牧强度优势种植物重要值排序依次为，无放牧：羊草＞灰绿藜＞糙隐子草＞黄囊薹草＞大针茅＞猪毛菜；轻度放牧：羊草＞灰绿藜＞黄囊薹草＞糙隐子草＞大针茅＞猪毛菜；中度放牧：灰绿藜＞羊草＞黄囊薹草＞糙隐子草＞大针茅＞猪毛菜；中度放牧：羊草＞灰绿藜＞糙隐子草＞黄囊薹草＞猪毛菜＞大针茅；过度放牧：羊草＞灰绿藜＞黄囊薹草＞大针茅＞猪毛菜＞糙隐子

草。随放牧强度的增加几种优势种植物重要值变化规律不一致。羊草的重要值整体呈下降趋势，大针茅不受影响，糙隐子草和灰绿藜呈先上升后下降趋势，黄囊薹草呈上升趋势（表1）。从中可以看出，羊草在不同放牧强度占有绝对优势种地位，其他优势物种受放牧影响比较明显。

表1　不同放牧强度植被种类组成及重要值

植物种类	重要值				
	CK	LG	MG	HG	OG
羊草	0.425	0.359	0.225	0.314	0.238
大针茅	0.060	0.046	0.098	0.067	0.075
糙隐子草	0.075	0.078	0.100	0.179	0.058
灰绿藜	0.118	0.174	0.234	0.268	0.233
黄囊薹草	0.062	0.098	0.108	0.154	0.105
猪毛菜	0.016	0.044	0.051	0.079	0.071
洽草	0.007	0.000	0.000	0.000	0.000
矮葱	0.015	0.026	0.020	0.011	0.021
双齿葱	0.006	0.000	0.000	0.000	0.010
细叶葱	0.014	0.008	0.020	0.000	0.021
野韭	0.007	0.008	0.011	0.000	0.010
黄花蒿	0.020	0.022	0.000	0.011	0.000
乳白花黄芪	0.007	0.008	0.010	0.011	0.011
刺穗藜	0.008	0.012	0.041	0.012	0.012
扁蓄豆	0.013	0.017	0.010	0.032	0.000
细叶鸢尾	0.006	0.000	0.000	0.000	0.010
米口袋	0.007	0.000	0.000	0.000	0.000
唐松草	0.000	0.000	0.010	0.011	0.010
鹤虱	0.013	0.029	0.020	0.022	0.010
轴藜	0.006	0.000	0.000	0.000	0.010
阿尔泰狗娃花	0.008	0.001	0.000	0.000	0.000
菊叶委陵菜	0.006	0.000	0.000	0.000	0.000
大籽蒿	0.000	0.017	0.000	0.000	0.010
花旗竿	0.000	0.010	0.010	0.000	0.000
狗尾草	0.000	0.008	0.000	0.001	0.000
地梢瓜	0.000	0.008	0.000	0.000	0.000
瓦松	0.000	0.008	0.000	0.000	0.000
草木樨	0.000	0.009	0.000	0.000	0.000
星毛委陵菜	0.000	0.000	0.010	0.000	0.000
西伯利亚羽茅	0.000	0.000	0.013	0.000	0.000
冷蒿	0.000	0.008	0.021	0.001	0.031
二裂委陵菜	0.000	0.000	0.000	0.000	0.010

3.2　不同放牧强度对植被参数的影响

方差分析表明放牧对植物碎屑、生物量、密度、高度、盖度均有显著影响（$P<$

0.05)，放牧强度不同对植被变化作用不同。轻度放牧与无放牧比较植物碎屑、生物量、高度、盖度均无显著差异，放牧压力中度及其以上会显著降低（$P<0.05$）（图 2A，B，D，E）。而轻度放牧是显著增加植物密度（$P<0.05$），然后随放牧强度增加密度下降（图 2C）。猪毛菜生物量随放牧强度增加呈显著上升趋势（$P<0.001\,5$）（图 2F），灰绿藜生物量不受放牧强度影响（图 2G），糙隐子草（$P<0.003\,3$）、大针茅（$P<0.027\,8$）和羊草（$P<0.020\,9$）随放牧强度增加呈显著下降趋势，其中在轻度放牧时生物量均不受影响（图 2H～J）。说明不同植物对放牧有不同的耐受程度，放牧显著改变植物资源结构。

对不同放牧强度下禾本科和非禾本科生物量比较分析发现，轻度放牧对禾本科生物量没有显著影响，放牧强度增加会显著降低禾本科生物量（$P<0.000\,1$），而中度放牧对非禾本科生物量没有显著影响，随放牧强度增加两者生物量均下降。将同一放牧强度下禾本科和非禾本科生物量比较，在无放牧（$P<0.002\,8$）、轻度（$P<0.045\,6$）、中度（$P<0.047\,0$）、重度（$P<0.032\,9$）放牧处理下两者均有显著差异，在过重度放牧时两者没有显著差异。与非禾本科相比放牧对改变禾本科生物量更加显著（图 3）。

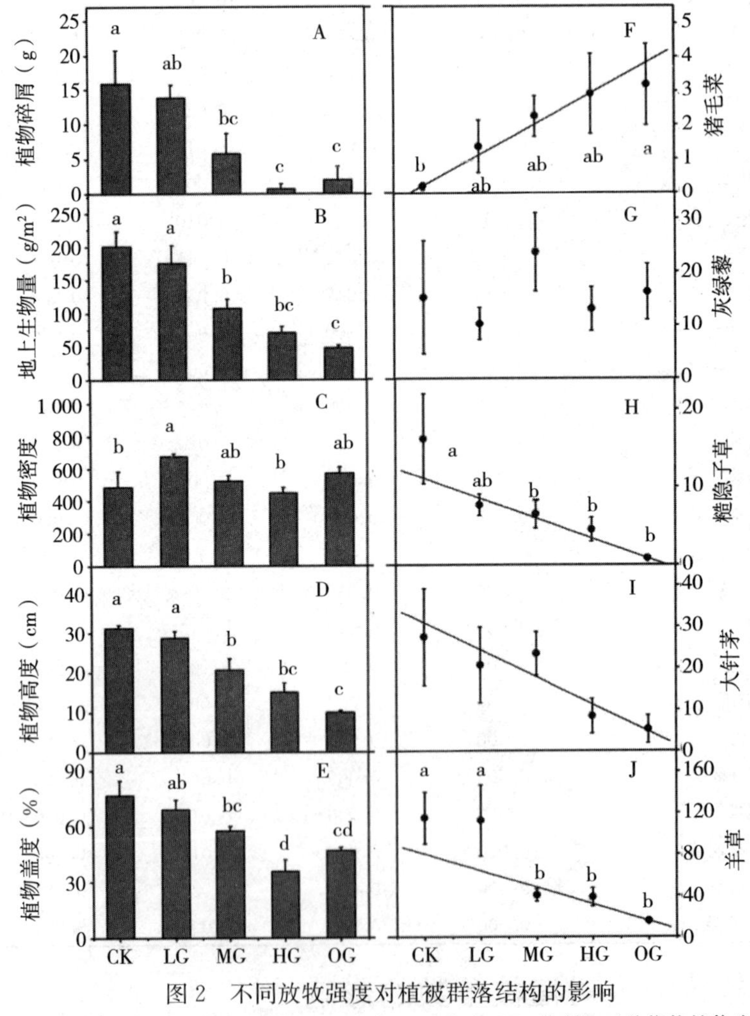

图 2 不同放牧强度对植被群落结构的影响

A. 植物碎屑 B. 地上生物量 C. 密度 D. 高度 E. 盖度和五种优势植物生物量
F. 猪毛菜 G. 灰绿藜 H. 糙隐子草 I. 大针茅 J. 羊草变化方差分析

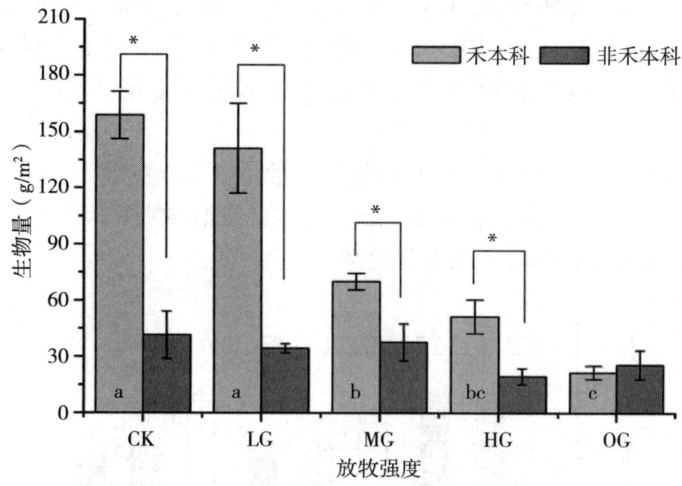

图 3　不同放牧强度禾本科生物量与非禾本科生物量

注：不同小写字母代表不同放牧强度下禾本科之间有显著差异，*代表同一放牧处理禾本科和非禾本科之间有显著差异（$P<0.05$）。

3.3　不同放牧强度中总昆虫数量的变化

随放牧强度的增加昆虫数量呈显著的下降趋势（$P<0.001$），其中 2014 年昆虫下降趋势较平缓，2015 年下降趋势迅速，而 2016 年下降趋势又比较平缓（图 4）。在大型食草动物干扰下昆虫丰富度先略微增加，然后显著减少，说明昆虫丰富度对放牧的有一定的适应过程。

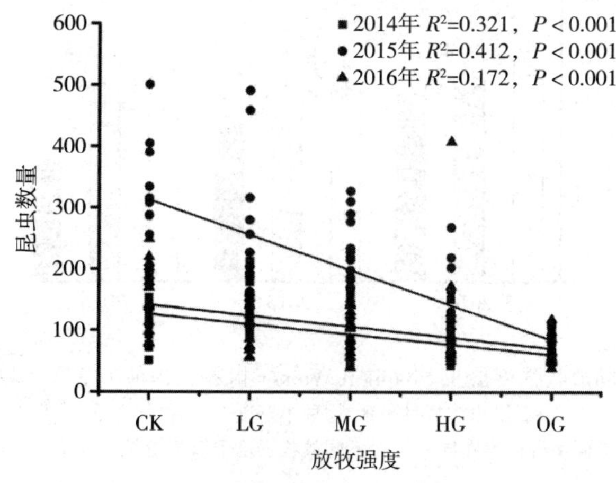

图 4　不同放牧强度昆虫数量变化

3.4　不同放牧强度中总昆虫多样性指数、物种丰富度和数量

不同放牧强度大型食草动物的取食显著影响昆虫 Shannon-Weiner 指数、物种丰富度和昆虫数量（图 5）。但是在年际间的重复测量方差分析显示，昆虫 Shannon-Weiner 指数、物种丰富度和昆虫数量没有显著性差异（表 2）。在 2014 年，随放牧强度增加显著改变昆虫数量（$P<0.05$）；在 2015 年，随放牧强度增加显著改变昆虫

物种丰富度和昆虫数量（$P < 0.05$）；在 2016 年，随放牧强度增加显著改变昆虫多样性、物种丰富度和数量（$P < 0.05$）。连续三年不同放牧强度下昆虫多样性、物种丰富度和数量，在无放牧和轻度放牧处理时均没有显著差异，而随放牧梯度的增加呈显著下降趋势。

总的来说，连续三年放牧首先改变的是昆虫数量，其次是物种丰富度的变化，然后是昆虫多样性的变化。轻度放牧会略微增加昆虫多样性、物种丰富度和数量（图 5A～C，2014 年），后随放牧强度增加呈下降趋势。

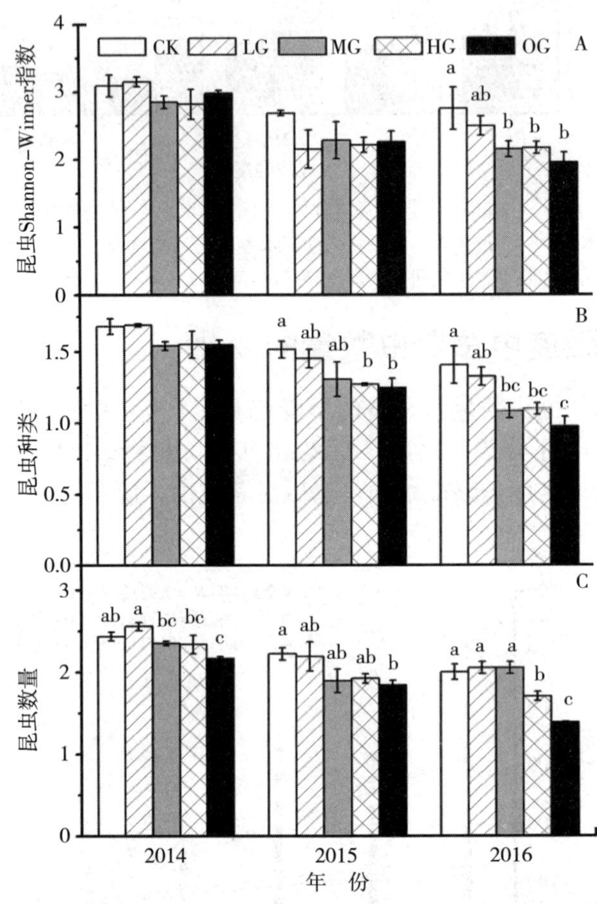

图 5 不同放牧强度昆虫 Shannon Weiner 指数、物种丰富度、数量变化

A. 昆虫多样性 B. 物种丰富度 C. 物种数量

注：不同字母代表在同一年在不同放牧强度下有显著性差异 $P<0.05$。

表 2 昆虫多样性和放牧年份和大型食草动物放牧互作的响应

昆虫变量		年	放牧	年×放牧
自由度		2.30	4.30	8.30
昆虫 Shannon-Weiner 指数	F	23.83***	3.6*	0.91 NS
昆虫种类丰富度	F	47.55***	9.61***	0.72 NS
昆虫数量	F	51.64***	15.14***	2.19 NS

（续）

昆虫变量		年	放牧	年×放牧
蚁科数量	F	13.96***	0.31 NS	3.66**
蝗科数量	F	53.21***	7.79**	1.93 NS
叶蝉科数量	F	32.62***	15.57***	0.77 NS

注：*** $P<0.001$；** $P<0.01$；* $P<0.05$；NS：没有显著性差异（$P>0.05$）。

3.5 不同放牧强度中不同时间昆虫变化

不同放牧时间干扰后昆虫的变化动态不同（图 6）。在 2014 年，放牧干扰 30d 后（7.10）轻度放牧昆虫总量显著上升，然后显著下降，而在放牧 60d（8.10）和 90d（9.10）后呈显著下降趋势（$P<0.05$）。在 2015 年，放牧之前昆虫数量略微上升，然后下降；在放牧干扰 10d 后数量达到最大值，重度和过重度与其他放牧强度有显著性差异（$P<0.05$）。放牧 30d 后达到昆虫数量最低值，中度及其以上放牧强度与对照和轻度放牧有显著性差异（$P<0.05$）。在 2016 年，也是在放牧 10d 后昆虫数量达到最大值，放牧干扰后各处理与对照有显著性差异（$P<0.05$）。

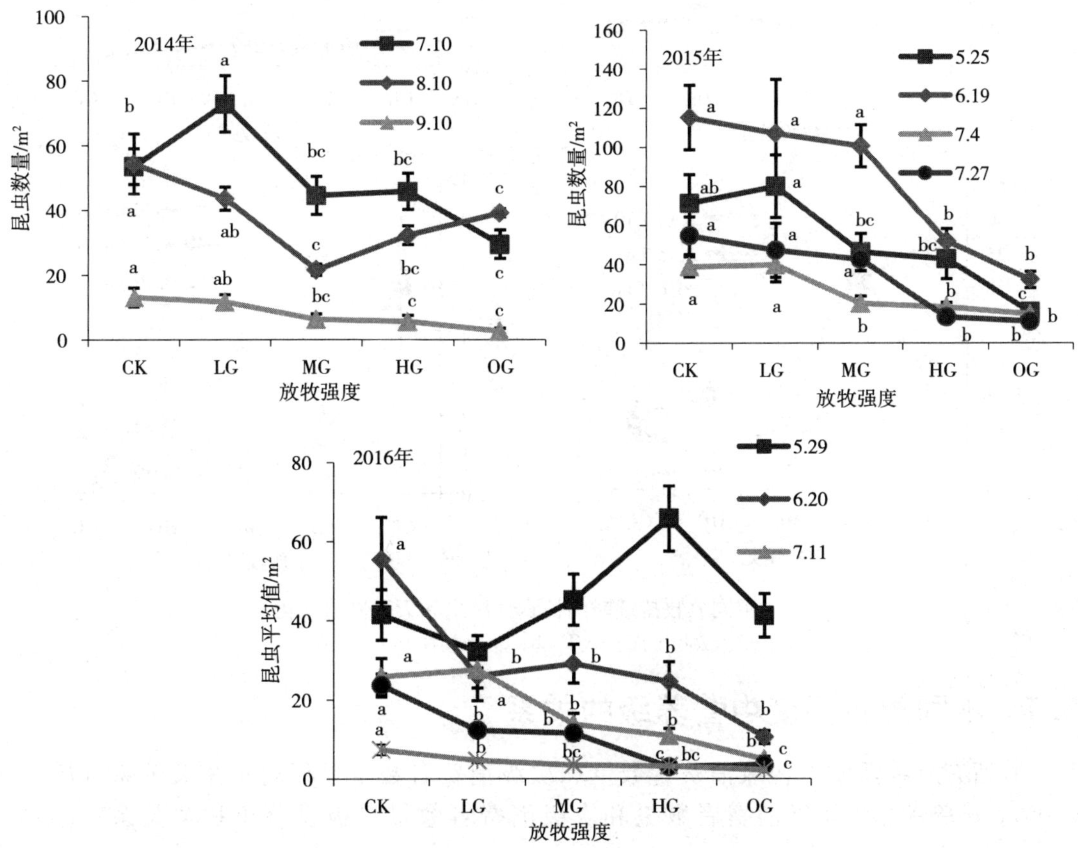

图 6 放牧前和放牧不同时间后昆虫数量变化

注：不同小写字母代表在同一调查时间有显著性差异 $P<0.05$。

3.6 不同放牧时间后植食性和天敌昆虫数量变化

不同放牧持续时间对昆虫数量影响不同，同一放牧时间对昆虫不同营养级影响不同（图 7）。连续性三年放牧一个月后植食性昆虫数量呈先上升后下降趋势（图 7a），两个月后呈下降趋势（图 7b），在放牧干扰第一年各处理昆虫数量最多（图 7a，b）。天敌昆虫数量在 2014 年放牧一个月后也是呈先上升后下降趋势与植食性昆虫数量变化一致（图 7c），2015 年和 2016 年呈下降趋势；在放牧两个月后整体呈下降趋势（图 7d），在 2015 年天敌昆虫数量达到最大值（图 7c，d）。说明不同放牧干扰时间不同营养级敏感性不同，中度干扰有利于昆虫数量的增加，持续性放牧会导致栖境中昆虫数量的下降。

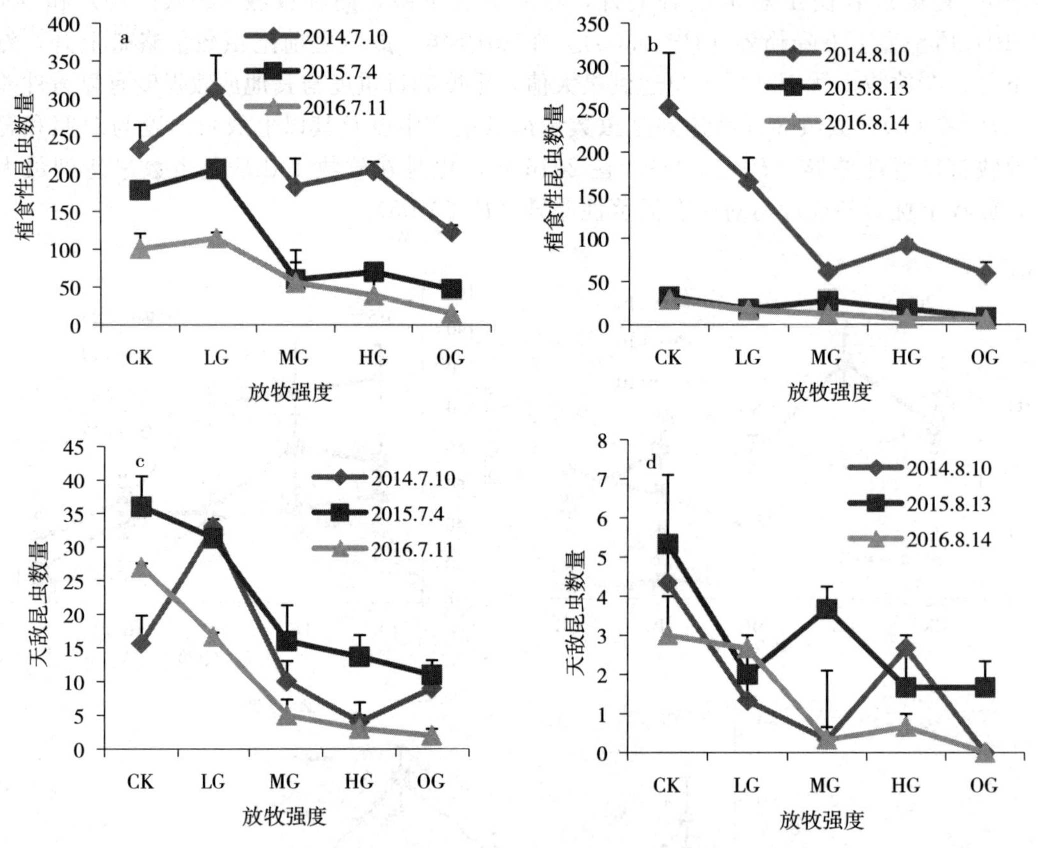

图 7 不同放牧持续时间植食性昆虫和天敌昆虫变化

a、c. 为放牧干扰一个月 b、d. 为放牧干扰两个月

3.7 不同放牧强度中营养级的关系

在所有放牧强度下初级消费者数量和次级消费者数量呈显著正相关关系（$P<0.05$），试验地总体初级消费者数量和次级消费者数量呈极显著正相关关系（$P<0.0001$）（图 8）。

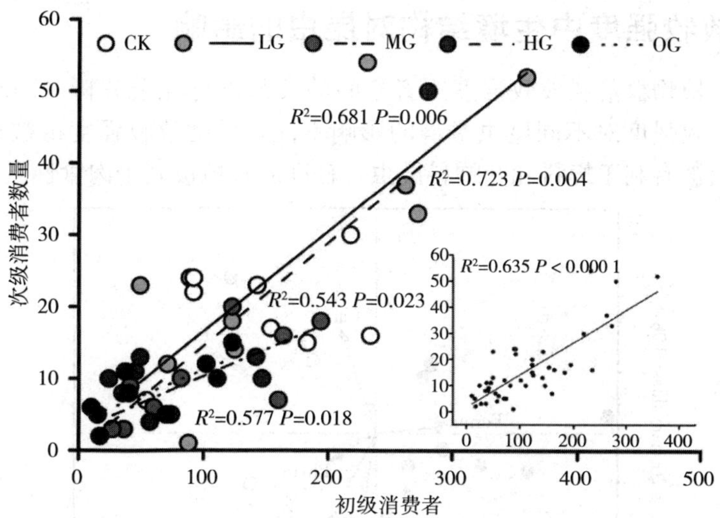

图 8　不同放牧强度下初级消费者和次级消费者关系

注：主图为不同放牧强度两者线性关系，次图代表所有处理中初级消费者和次级消费者关系。

3.8　不同放牧强度中优势种类群的变化趋势

不同放牧强度年际间的重复测量方差分析结果显示，蚁科数量在年际间有显著性差异（$P<0.01$）（表 2），但是连续三年的调查发现放牧强度不影响蚁科数量（图 9a）。对蝗科数量分析发现 2016 年呈显著先上升后下降的二次关系 $y=-0.064x^2+0.382x+12.819$，$R^2=0.377$，$P=0.023\ 3$（图 9b）。叶蝉科数量分析发现 2014 年呈显著线性下降关系 $y=-0.047\ 6x^2-3.005x+107.009$，$R^2=0.32$，$P=0.039\ 2$，2015 年和 2016 年呈显著二次关系分别是 $y=-0.321\ x^2+2.243x+67.712$，$R^2=0.371$，$P=0.024\ 6$ 和 $y=-0.146x^2+0.083\ 3x+39.133$，$R^2=0.636$，$P<0.000\ 1$（图 9c）。说明不同昆虫类群对不同放牧强度和放牧持续时间的敏感程度不同。

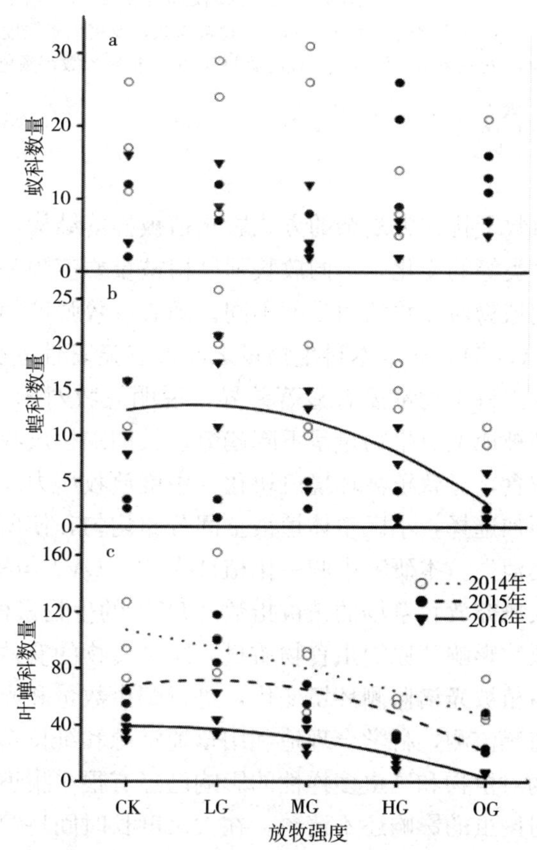

图 9　不同放牧强度不同放牧年份对蚁科、蝗科、叶蝉科数量的影响

3.9 不同放牧强度中生境结构对昆虫的影响

昆虫群落、植物群落和放牧强度三者之间的关系进行冗余分析（RDA）（图 10）。结果显示不同放牧强度对不同昆虫类群的影响不同，重度放牧强度植被有利于蚁科昆虫，中度放牧植被有利于蝗科和叶蝉科昆虫，轻度放牧植被利于肉食性昆虫。

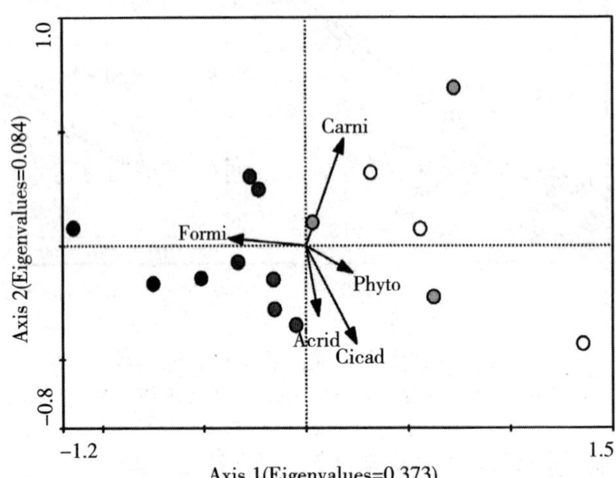

图 10 不同放牧强度下昆虫类群和植被参数冗余分析

注：空心圆代表无放牧（CK）植被参数，浅灰代表轻度放牧（LG）植被参数，灰色代表轻度放牧（MG）植被参数，深灰代表轻度放牧（HG）植被参数，黑色代表轻度放牧（OG）植被参数。

4 讨论

放牧干扰作为复杂的方式影响植被群落结构，会引起植物群落的植被覆盖度、生物量、种类等的变化。不同放牧强度植被重要值顺序不同说明大型食草动物的选择性取食和不同植物对放牧的耐受度不同。随着放牧强度的增加禾本科植物的生物量有显著差异（$P < 0.05$），非禾本科生物量之间没有显著性差异，同时只有在过重度放牧时禾本科与非禾本科生物量没有显著差异，说明放牧对禾本科的影响更大。随着放牧强度的增加，植被地上总生物量呈下降趋势，长期围栏放牧因为轻度放牧压力下羊群的践踏和选择性取食，导致植被环境斑块化，中度放牧压力及以上小区因食物资源相对缺乏，羊群取食不加选择，小区整体植被空间分布均匀，使所有植物生物量下降甚至一些不耐受植物种类消失。本研究中归一化植被指数 *NDVI* 与植被地上总生物量呈显著正相关关系，与他人研究放牧草场的植被指数 *NDVI* 的生物量模型趋势一致。

放牧影响草原蝗虫食物质量，减少食物的有效性，同时改变微环境。本文通过研究放牧后植被光谱监测环境变化，进行蝗虫数量和光谱的相关分析，为进一步开展放牧区蝗灾遥感监测，科学合理地利用草地资源和维持畜牧业可持续发展奠定了基础。大型食草动物对植物和昆虫多样性的影响已经有很多报道。然而在典型草原大尺度长时间研究放牧对昆虫的影响还不清楚。在大尺度长时间持续性多个放牧梯度研究发现，放牧对植物和昆虫种群的负面影响有一定的阈值，从昆虫发生规律角度合理评价放牧干扰，对草地生态系统可持续发展和草地昆虫生物防治有重要意义。

定量评估放牧后对植物和昆虫多样性的影响，发现放牧不显著影响植物物种丰富度而显著改变昆虫多样性和丰富度，这个结果支持节肢动物多样性比植物多样性更容易受放牧的影响。因为昆虫不同阶段活动范围不同，大型食草动物取食后增加昆虫间的竞争性排斥，而植物可以通过可塑性增加地下生物量和植株矮小化来适应放牧造成的影响。在高放牧强度时昆虫数量和多样性降低，也支持了植物异质性假说，增加植物空间异质性会增加昆虫多样性。

由于重度放牧显著降低植物盖度、高度、生物量和植物碎屑，这些变化使食物资源质量下降、有效性降低和微环境变化，这些原因导致放牧后昆虫总量的下降。连续放牧累积效应，昆虫数量首先受影响，其次是昆虫物种丰富度，最后是昆虫多样性，可见连续重度放牧最终使昆虫多样性降低不利于生态系统的稳定。

不同放牧持续时间对昆虫数量影响不同，同一放牧时间对昆虫不同营养级影响不同。在放牧时间较短时植食性昆虫呈先上升后下降趋势，而天敌昆虫基本呈下降趋势。因此，放牧会影响更高营养级。不同昆虫类群对放牧的敏感程度不同，叶蝉科作为植食性小型昆虫，活动范围有限，因此放牧第一年和第二年昆虫数量随放牧强度增加呈先上升后下降趋势，第三年为显著下降趋势。中等程度干扰有利于维持较高多样性水平，符合中度干扰假说。蝗虫作为大型植食性昆虫，活动能力较强，但昆虫数量在放牧第三年呈先上升后下降趋势，可能是因为生境变化昆虫有迁出和迁入，最终导致昆虫数量下降。而蚁科作为杂食性昆虫，连续三年放牧昆虫数量不受影响，对放牧敏感程度较低。

对放牧强度和昆虫群落、植物群落三者之间的关系进行冗余分析，可知不同放牧强度的植被参数不同对不同昆虫类群的影响不同，重度放牧强度植被有利于蚁科昆虫，中度放牧植被有利于蝗科和叶蝉科昆虫，轻度放牧植被利于肉食性昆虫。放牧干扰会改变植被、昆虫、土壤间相互关系，这些复杂的因子造成昆虫群落对长时间多梯度的反应不同，具体什么因子造成不同类群的变化还需要进一步研究。

主要参考文献

王仁忠，1998. 放牧和刈割干扰对松嫩草原羊草草地影响的研究［J］. 生态学报，18（2）：210-213.

王艳芬，汪诗平，1999. 不同放牧率对内蒙古典型草原地下生物量的影响［J］. 草地学报，7（3）：198-203.

BARTON P S，SATO C F，KAY G M，et al，2016. Effects of environmental variation and livestock grazing on ant community structure in temperate eucalypt woodlands［J］. Insect Conservation and Diversity，9（2）：124-134.

CEASE A J，ELSER J J，FORD C F，et al，2012. Heavy Livestock Grazing Promotes Locust Outbreaks by Lowering Plant Nitrogen Content［J］. Science，335（6067）：467-469.

HEWITT G B，ONSAGER J A，1983. Control of Grasshoppers on Rangeland in the United States：A Perspective［J］. Journal of Range Management，36（2）：202-207.

NOORDWIJK C G E V，FLIERMAN D E，REMKE E，et al，2012. Impact of grazing management on hibernating caterpillars of the butterfly *Melitaea cinxia* in calcareous grasslands［J］. Journal of Insect Conservation，16（6）：909-920.

ROGERS L E，1978. Grasshopper Food Habits within a Shrub-Steppe Community［J］. Oecologia，32（1）：85-92.

ZHONG Z，WANG D，ZHU H，et al，2014. Positive interactions between large herbivores and grasshoppers，and their consequences for grassland plant diversity［J］. Ecology，95（4）：1055-1064.

不同龄期及密度亚洲小车蝗取食对牧草产量的影响

卢　辉[1,2]，余　鸣[2]，张礼生[2]，张泽华[2]，龙瑞军[1]

1. 甘肃农业大学草业学院，甘肃兰州 730070；2. 中国农业科学院植物保护研究所植物病虫害生物学国家重点实验室，北京 100193。

摘要　采用田间罩笼和人工模拟取食两种方式，分别测定了亚洲小车蝗 1～3 龄、4 龄、5 龄和成虫在虫口密度 5 头/m^2、15 头/m^2、30 头/m^2 下取食牧草对草地产草量的影响。结果表明：低龄期蝗虫取食对牧草有明显的超补偿生长作用，产草量增加，罩笼试验产草量高于模拟取食试验；随亚洲小车蝗龄期增加，取食量加大，草地产草量迅速下降，成虫期产草量最低。罩笼方法与模拟方法结合能真实地反应蝗虫取食与草地产草量的相互关系。

关键词　农业昆虫学，亚洲小车蝗，产草量，田间罩笼，人工模拟

亚洲小车蝗是我国北方草原的优势蝗虫，以禾本科植物为食，已有学者对其食量、生活史、防治指标做了研究。在研究蝗虫对草地生产力的影响时，有两种方法：罩笼法和模拟法。前者通过采集蝗虫置于罩笼内实地进行试验，但易受外界干扰；后者通过刈割模拟蝗虫取食，受外界干扰少，但与蝗虫田间取食仍有差异。对亚洲小车蝗在天然草场取食对牧草产草量影响的研究尚未见同时采用上述两种方法互补分析的报道。本研究通过田间罩笼和人工模拟两种方式，对亚洲小车蝗取食对产草量的影响进行系统研究，分析总结内在规律，评价两种方法及组配效果，为深入研究奠定基础。

1　材料与方法

1.1　试验地点

试验地点位于内蒙古自治区锡林郭勒盟白音锡勒牧场一分场亚洲小车蝗发生区。该区草原类型属温带半干旱草原，海拔 900～1 300m，北温带干旱大陆性气候，年降水量 200～350mm，年均气温－3℃。试验区 60hm^2，地势平坦，植被均匀度较好，群落类型属克氏针茅＋羊草＋糙隐子草草地，散生小叶锦鸡儿、碱韭、冷蒿等植物。选取 30hm^2 为田间罩笼试验区，另外 30hm^2 作为人工模拟试验区。试验前用 25%氰·马乳油（虫胆畏，张家口金赛制药有限公司生产）稀释 40 倍液喷洒，以排除非试验蝗虫取食干扰。

1.2 田间罩笼试验

在罩笼试验区设置罩笼(1m×1m×1m),将罩笼内虫口密度分别控制为CK(0头/m^2)、5头/m^2、15头/m^2、30头/m^2 4个水平，每个水平设3次重复，在1～3龄、4龄、5龄、成虫4个历期内网捕同龄蝗虫雌雄各半分别放入罩笼，共48个罩笼，隔3天检查1次，补充死亡和缺失蝗虫。每个历期结束时取出罩笼内蝗虫，待牧草生长季结束时，取下罩笼剪草测产，称鲜重、干重，用SPSS软件（10.0版）统计分析。

1.3 人工模拟取食

1.3.1 食性研究

根据亚洲小车蝗栖息生境地牧草出现的多度，选择克氏针茅、羊草、糙隐子草、小叶锦鸡儿、碱韭、冷蒿作为模拟试验的供试牧草，保持新鲜，随机排列于40cm×30cm×30cm的养虫缸内，分别放入50头试虫，从10～19h连续观察试虫对各种牧草的取食频次，并根据下式计算相对频数（relative frequency)。

$$F_R = \frac{x}{\sum_{i=1}^{n} x}$$

式中，F_R 为相对频数，x 为试虫对某一种植物的全部取食次数，n 为供试植物种类。

当 $F_R>0.5$ 为嗜食，$F_R=0.5\sim0.25$ 为喜食，$F_R<0.25$ 为少食，$F_R<0.003\sim0.025$ 为偶食；$F_R=0$ 为不食。

1.3.2 按取食顺序进行模拟取食

根据食性研究结果确定人工模拟的剪草顺序。在模拟试验区模拟0头/m^2、5头/m^2、15头/m^2、30头/m^2 4种虫口密度时1～3龄、4龄、5龄、成虫4个历期不同取食量在牧草叶片顶端剪草，每3天剪草1次，每小区1m^2，3次重复，共48个小区。

2 结果与分析

2.1 食性

食性选择结果表明（表1)，亚洲小车蝗嗜食克氏针茅，少食羊草、糙隐子草、小叶锦鸡儿和碱韭，偶食冷蒿。

表1 亚洲小车蝗嗜食性选择

牧草名称	频次（T_R）	频数（F_R）
克氏针茅	69	0.610
羊草	23	0.200
糙隐子草	12	0.106
小叶锦鸡儿	5	0.044
碱韭	3	0.027
冷蒿	2	0.018

2.2 不同龄期及密度亚洲小车蝗取食对牧草产量的影响

2.2.1 1～3龄亚洲小车蝗取食对牧草产量影响

罩笼试验中1～3龄亚洲小车蝗取食后，所有处理的牧草产草量明显高于对照组（图1），而且随着虫口密度的增加，牧草产草量也增加，其中30头/m^2时处理产草量最大，与组内4个水平相比差异显著（$P<0.05$）。说明低龄蝗虫高密度下的取食增加了草地产草量。模拟取食试验中，5头/m^2处理的产草量为228.3g/m^2，显著高于其他处理（$P<0.05$），CK（0头/m^2）、15头/m^2和30头/m^2处理的产草量基本维持在190 g/m^2的水平，处理间差异不显著。

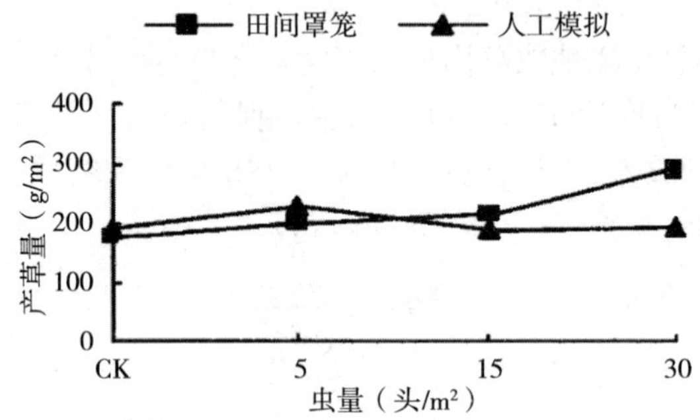

图1 不同密度1～3龄亚洲小车蝗取食对牧草量的影响

2.2.2 4龄亚洲小车蝗取食对牧草产量影响

亚洲小车蝗4龄时罩笼试验各处理的产草量高于对照组，说明牧草对高龄亚洲小车蝗取食仍具有超补偿反应，但各密度处理间差异不显著（$P<0.05$）。模拟取食时，5头/m^2处理的产草量显著高于其他处理，说明低密度下高龄亚洲小车蝗的取食仍刺激了牧草的生长；15头/m^2和30头/m^2处理的产草量低于对照，说明高龄亚洲小车蝗在高密度下已失去了对牧草生长的刺激作用，转而开始限制牧草的生长（图2）。

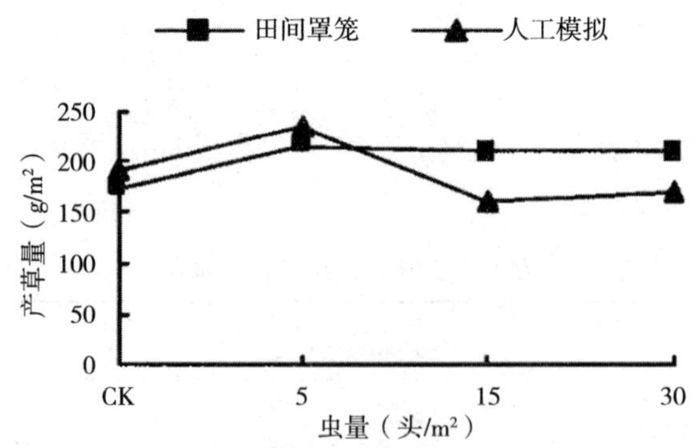

图2 不同密度4龄亚洲小车蝗取食对牧草产量的影响

2.2.3 5龄亚洲小车蝗取食对牧草产量影响

亚洲小车蝗5龄期时，罩笼试验随虫口密度的增加产草量下降，但下降缓慢，处理间差异不显著；与1～4龄期相比，亚洲小车蝗的食量明显增加（图3）。这与关敬群等人的研究结果相符，即蝗虫 5 龄期是暴食期，但历期较短。模拟取食试验除 5 头/m^{2}处理产草量略高于对照组外，其余两个处理均低于对照组。

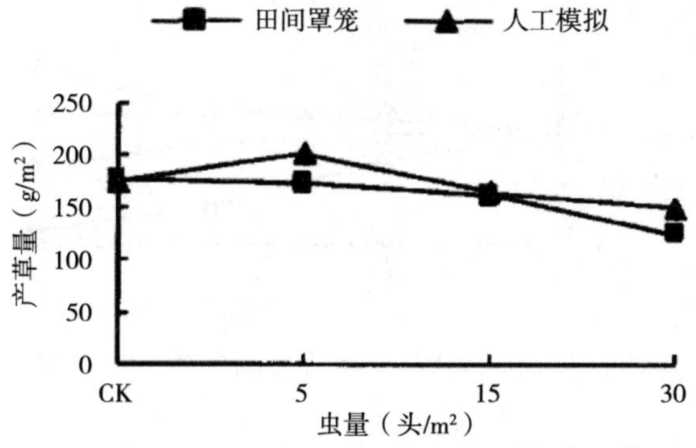

图 3　不同密度 5 龄亚洲小车蝗取食对牧草量的影响

2.2.4　成虫期亚洲小车蝗取食对牧草产量影响

成虫期罩笼和模拟试验产草量都随着虫口密度增加而减少，说明成虫的取食量远大于幼虫。而罩笼试验产草量要明显低于模拟取食试验（图 4）。

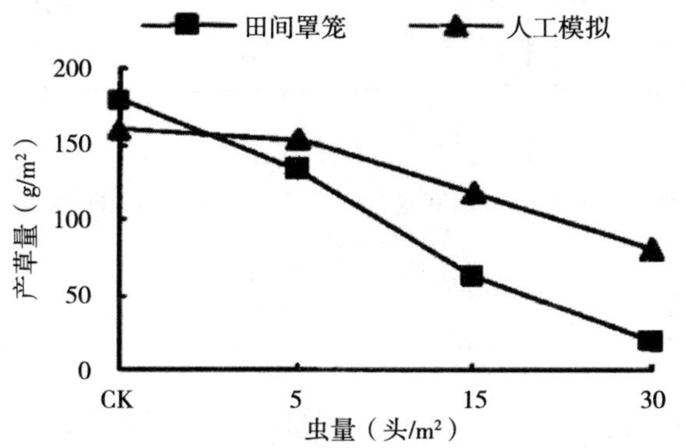

图 4　不同密度亚洲小车蝗成虫取食对牧草产草量的影响

2.3　亚洲小车蝗罩笼试验和模拟取食对牧草产量影响的比较

罩笼试验中，亚洲小车蝗 1～4 龄时，牧草产量随虫口密度的增加而增加，1～3 龄密度由 5 头/m^{2}增加到 30 头/m^{2}时，产草量由 74.1 g/m^{2}增至 288.2 g/m^2，4 龄密度由 5 头/m^{2}增加到 30 头/m^{2}时，产草量由 174.1 g/m^{2}增加到 209.7 g/m^2，超补偿生长明显；5 龄时随虫口密度增加牧草产草量缓慢减少，产草量由虫口密度为 5 头/m^{2}时的 176.6 g/m^{2}减少到 30 头/m^{2}时 126g/m^2；成虫期牧草产草量随虫口密度增加急剧下降，产草量由 5 头/m^{2}时 178.3g/m^{2}减少到 30 头/m^{2}时 19.6g/m^2（图 5）。

模拟取食试验中，亚洲小车蝗 1～5 龄 5 头/m^{2}的处理牧草补偿生长显著，产草量都在 200g/m^{2}以上，其他处理产草量均低于 200g/m^2；成虫期由 5 头/m^{2}减少到 30 头/m^{2}时，产草量从 158.9g/m^{2}减至 80.5g/m^2，但下降趋势显著小于罩笼试验；其余处理的变化模式与罩笼试验相似（图 6）。总体上看，模拟取食各处理的产草量均高于罩笼试验。

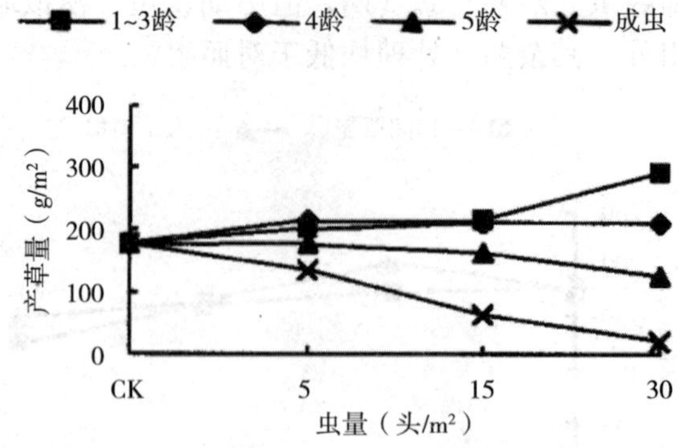

图 5　罩笼试验不同密度亚洲小车蝇取食对牧草产量的影响

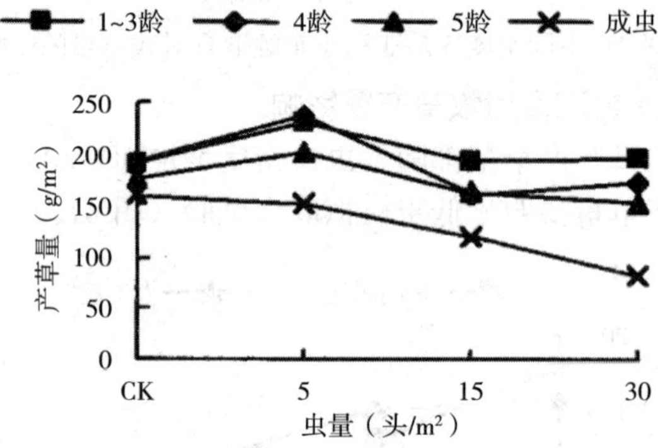

图 6　人工模拟不同密度亚洲小车蝗对产草量的影响

3　结论与讨论

1～4 龄期亚洲小车蝗的取食促进牧草产量增加，可能是蝗虫的唾液作用。Dyer 等报道，蝗虫取食对格兰马草（*bouteloua gracilis*）生长产生刺激，使该草分蘖数量大于机械剪割的对照。轻度取食刺激密丛型的针茅等植物形成不定根，分蘖增加，促使牧草长出更多的枝条、不定根和匍匐茎来扩大种群的范围，即生态学上的超补偿作用；另一方面干扰学说认为，中度干扰有助于增加生态系统的初级生产力。5 龄期亚洲小车蝗密度 30 头/m^2和成虫阶段模拟取食产草量都高于罩笼试验，主要原因是蝗虫的取食是不规则的，不仅取食掉具有光合能力的叶片，还毁坏牧草生长点，影响了牧草的分蘖和生长。而模拟方法只剪取牧草上部，对牧草的生长点和分蘖能力损伤较小。亚洲小车蝗低龄期时，罩笼试验牧草补偿生长十分明显，较真实地反映了蝗虫取食与草地生产力的关系。而模拟取食试验则不能真实反映蝗虫轻度取食引起的草地补偿生长效应，模拟取食与真实取食之间存在差异。究其原因，一方面是模拟剪切有时因剪切过低破坏牧草生长点，另一方面蝗虫取食后反吐液刺激牧草生长。但罩笼试验低龄期蝗虫存活率较低，也会影响到试验的准确性并增加试验的可操作难度，因此在罩笼试验的同时结合模拟取食试验，才能更真实地反映试验结果。在测定蝗虫对草地产草量的影响时，罩笼方法与模拟取食方法相结合更能真实反映其相互关系。

主要参考文献

关敬群，魏增柱，1989. 亚洲小车蝗食量测定［J］. 应用昆虫学报（1）：8-10.
卢辉，2005. 不同龄期及密度亚洲小车蝗取食对牧草产量的影响［J］. 植物保护，31（4）：55-58.
盛承发，宣维健，2003. 正确理解和应用经济阈值［J］. 应用昆虫学报，40（1）：90-92.
BELSKY A J，CARSON W P，JENSEN C L，et al，1993. Overcompensation by plants：Herbivore optimization or red herring?［J］. Evolutionary Ecology，7（1）：109-121.
DYER M I，BOKHARI U G，1976. Plant-Animal Interactions：Studies of the Effects of Grasshopper Grazing on Blue Grama Grass［J］. Ecology，57（4）：762-772.

典型草原亚洲小车蝗危害对植物补偿生长的作用

卢 辉[1]，韩建国[1]，张泽华[2]

1. 中国农业大学草地研究所，北京 100094；2. 中国农业科学院植物保护研究所植物病虫害生物学国家重点实验室，北京 100081。

摘要 以内蒙古典型草原亚洲小车蝗为对象，通过田间罩笼和人工模拟取食两种方式，比较了亚洲小车蝗 4 个龄期及 3 种密度下对典型草原不同植物补偿性生长反应的特点。结果表明，3 龄、4 龄期罩笼试验地上生物量高于模拟取食（$P<0.05$），5 龄、成虫罩笼试验地上生物量显著低于模拟取食试验（$P<0.05$），说明亚洲小车蝗的取食对植物生长存在明显的补偿生长作用。5 龄亚洲小车蝗密度小于 16 头/m^{2}时，地上生物量与对照间差异不显著（$P>0.05$），植物表现等补偿生长；成虫亚洲小车蝗密度大于 4 头/m^{2}时，地上生物量显著低于对照区（$P<0.05$），植物表现欠补偿生长；3 龄、4 龄亚洲小车蝗密度大于 4 头/m^{2}时，地上生物量显著高于对照区（$P<0.05$），植物表现超补偿生长。亚洲小车蝗 3 龄、4 龄期，羊草和冷蒿出现超补偿生长，其他植物种群均出现等补偿生长；5 龄和成虫期随密度增加，均出现欠补偿生长。

关键词 亚洲小车蝗，补偿生长，地上生物量，罩笼试验

亚洲小车蝗以禾本科植物为食，是中国北方严重危害草原的蝗虫之一。蝗虫取食后有无补偿作用争论很多，争论的焦点主要集中在两个方面，一是植物组织的部分被取食后是否有超补偿作用；二是如果超补偿存在，是否说明在一定的密度条件下蝗虫取食有利于植物生长。对于植物补偿性生长有 3 种观点：①超补偿生长，被取食植物的表现优于未被取食的对照；②等补偿生长，被取食植物的表现与未被取食的对照相同；③欠补偿生长，被取食植物的表现低于未被取食的对照。蝗虫取食既有抑制植物生长的机制，也有促进植物生长的机制。国内外有关研究集中于大型食草动物取食后对植物造成的补偿生长，对蝗虫为害后造成的补偿生长研究较少。通过罩笼法和模拟剪切法，测定亚洲小车蝗不同密度、不同龄期对草地生物量的影响，以分析亚洲小车蝗对草原植被造成的补偿生长，评估蝗虫对植物危害程度，为深入研究亚洲小车蝗生态阈值奠定基础。

1 试验地概况

试验地位于内蒙古自治区锡林郭勒盟白音锡勒牧场典型草原区，位于 43°26′N～44°39′N，116°25′E～117°39′E，海拔 900～1 300m，气候属温带半干旱大陆性气候，春季

干旱少雨，风大沙多，冬季寒冷而漫长；年均温度为 2℃，气温日较差大，年降水量 200～350mm，降水量变率大，70%的降水集中在 7～9 月，年均日照时间 2 600h，无霜期 170d 左右，土壤类型为栗钙土。试验区草地类型为羊草草原，草层高度为 30～50cm，盖度为 60%～85%。群落建群种为羊草，优势种为大针茅和糙隐子草，主要伴生种有冷蒿、细叶葱、冰草、菊叶委陵菜等植物。

2 试验设计和方法

试验分为罩笼和模拟取食 2 种，在试验区随机设置罩笼（1m×1m×1m），将罩笼内亚洲小车蝗密度分别控制在 0 头/m^2、4 头/m^2、16 头/m^2和 32 头/m^2 4 个水平，每水平设 4 次重复，在 3 龄、4 龄、5 龄、成虫 4 个历期内网捕同龄蝗虫雌雄各半放入罩笼，共 64 个罩笼。每 3d 检查 1 次，补充死亡和缺失蝗虫，每个历期结束时取出罩笼内蝗虫，待牧草生长季结束，取下罩笼，割去地表植物，按植物种类分类，在 60℃烘箱中烘干、称量。在模拟试验区，模拟 0 头/m^2、4 头/m^2、16 头/m^2和 32 头/m^2 4 种虫口密度时，根据亚洲小车蝗 3 龄、4 龄、5 龄、成虫 4 个历期不同取食量，对小区植物进行模拟剪切，在植物叶片顶端剪切，每 3d 剪切 1 次，每个小区面积 1m^2，4 次重复，共 64 个小区。

3 结果与分析

3.1 罩笼和人工模拟试验对比

罩笼试验，3 龄亚洲小车蝗取食后，所有处理的植物地上生物量明显高于对照($P<0.05$)，随着虫口密度的增加，地上生物量也增加，其中 32 头/m^2的处理地上生物量最大，与组内 4 个处理相比差异显著（$P<0.05$）。4 龄时，罩笼试验各处理的地上生物量高于对照组，牧草对高龄亚洲小车蝗取食仍具有超补偿反应，但各密度处理间差异不显著（$P>0.05$）。5 龄期时，笼罩试验随虫口密度的增加地上生物量下降，但下降缓慢，处理间差异不显著；成虫期，随蝗虫密度增加，植物地上生物量显著下降（图 1）。

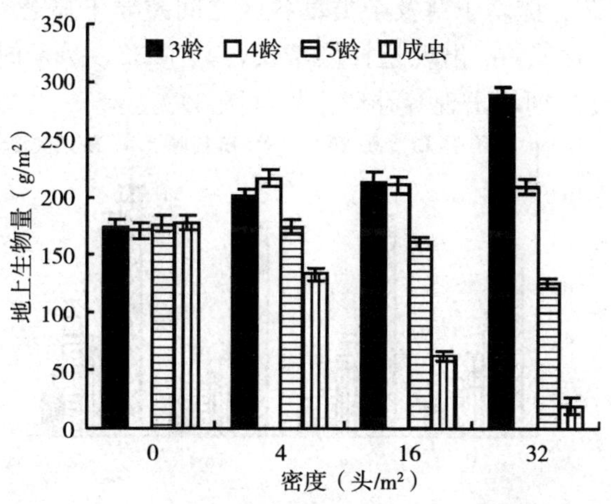

图 1 罩笼不同密度亚洲小车蝗对地上生物量的影响

模拟 3 龄期取食试验，4 头/m^{2}处理的地上生物量为 227.8g/m^2，显著高于其他处理（$P<0.05$），对照组、16 头/m^{2}和 32 头/m^{2}地上生物量基本维持在 190g/m^{2}的水平，处理间差异不显著，低密度下高龄亚洲小车蝗的取食刺激了牧草的生长，存在补偿生长；模拟 4 龄期取食，16 头/m^{2}和 32 头/m^{2}处理的地上生物量显著低于对照组，说明此时亚洲小车蝗高密度下已失去了对植物的生长刺激，转而开始限制植物的生长。模拟 5 龄期取食试验，除 5 头/m^{2}处理地上生物量略高于对照组外，其余 2 个处理均低于对照组。成虫期罩笼和模拟试验地上生物量都随着虫口梯度增加而减少，说明成虫的取食量远大于幼虫（图 2）。

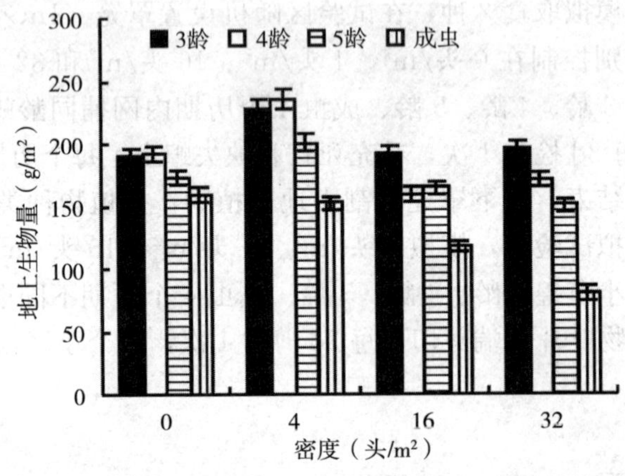

图 2　人工模拟不同密度亚洲小车蝗对地上生物量的影响

亚洲小车蝗 3 龄、4 龄期，罩笼试验地上生物量要显著高于模拟取食试验，植物群落表现为超补偿生长；5 龄期和成虫期时低于模拟取食试验，表现为欠补偿生长。在 4 头/m^{2}密度下，罩笼试验地上生物量显著低于模拟取食试验；密度大于 4 头/m^2，罩笼试验内植物地上生物量变化剧烈，总体上看，罩笼试验明显存在补偿生长。

3.2　不同植物种群地上生物量的变化

亚洲小车蝗 3 龄期时，羊草和冷蒿地上生物量 32 头/m^{2}密度下显著高于其他密度下（$P<0.05$），大针茅、糙隐子草及杂类草各区之间差异不显著（$P>0.05$），表明羊草和冷蒿在密度为 4～32 头/m^{2}出现超补偿生长，其中 32 头/m^{2}时超补偿生长量最大，其他植物种群的各密度处理均出现等补偿生长（图 3）。

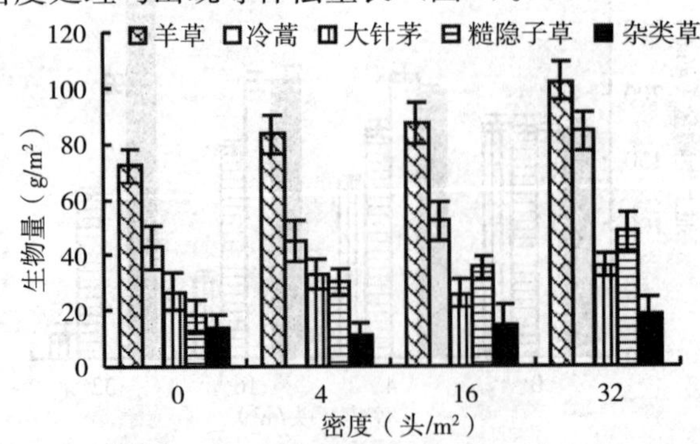

图 3　不同密度 3 龄亚洲小车蝗对不同植物产草量的影响

4 龄期时，随着蝗虫密度增加，羊草有明显的超补偿生长，其他植物在不同密度下有等补偿生长（图 4）；5 龄期，蝗虫密度小于 16 头/m^2时，冷蒿存在超补偿生长，而其他植物等补偿生长，密度大于 16 头/m^2，羊草和冷蒿地上生物量显著下降，由于 5 龄期是亚洲小车蝗的暴食期，取食量很大，因此蝗虫超过一定的密度，植物为欠补偿生长（图 5）。

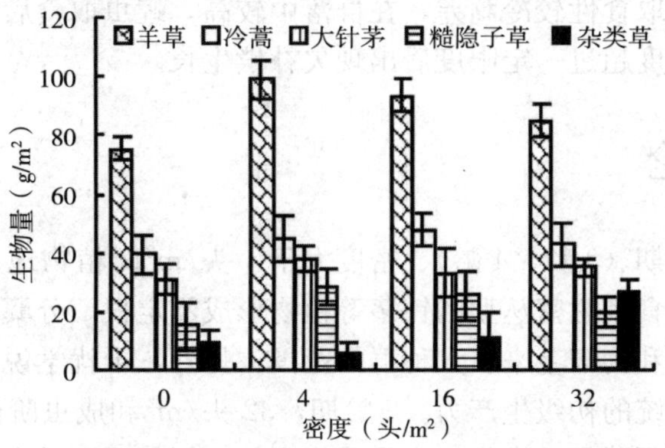

图 4　不同密度 4 龄亚洲小车蝗对不同植物产草量的影响

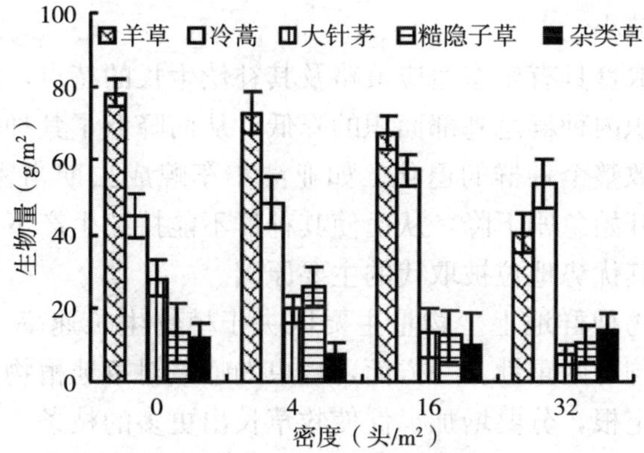

图 5　不同密度 5 龄亚洲小车蝗对不同植物产草量的影响

成虫期，随着蝗虫密度增加，羊草和冷蒿地上生物量急剧下降，密度大于 4 头/m^2时，冷蒿地上生物量下降速度显著低于羊草（图 6）。冷蒿是典型适宜放牧的小半灌木，营养繁殖能力很强，耐牧性较强，在适宜放牧条件下，冷蒿能产生大量枝条，放牧是刺

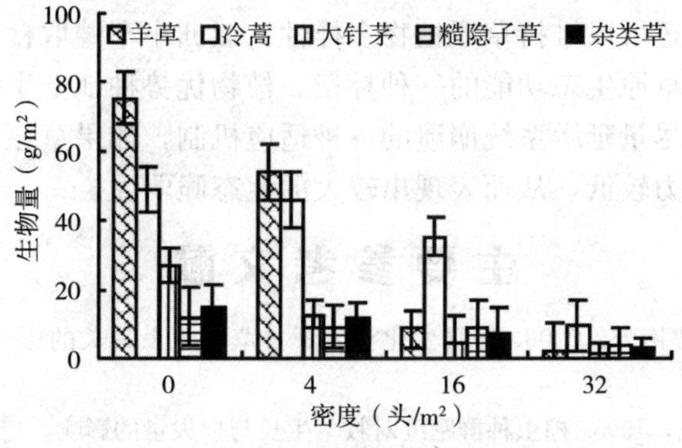

图 6　不同密度成虫亚洲小车蝗对不同植物产草量的影响

激冷蒿生长的一个有利因子，在蝗虫取食下，冷蒿同样具有很强的补偿作用，在亚洲小车蝗成虫期，蝗虫取食量增加，冷蒿的补偿作用也明显增强。这就是冷蒿在羊草草原地上生长量中占绝对优势的原因。同时，冷蒿在受到蝗虫取食后变得十分矮小，特别是在蝗虫密度较大区域几乎贴近地表生长，这是冷蒿逃避蝗虫采食的一种行为反应，而羊草靠根茎繁殖，耐蝗虫取食性较冷蒿差，在群落中较高，蝗虫取食后恢复生长能力不及冷蒿，当蝗虫龄期和密度超过一定限度后出现欠补偿生长。

4 讨论和结论

亚洲小车蝗低龄期（3 龄、4 龄）、密度大于 4 头/m^2时植物地上生物量增加，存在超补偿作用，轻度取食刺激密丛型的针茅等植物形成不定根，分蘖增加，促使牧草长出更多的枝条、不定根和匍匐茎来扩大种群的范围。另外，干扰学说的观点认为，中度干扰有助于增加生态系统的初级生产力。5 龄期，32 头/m^2和成虫阶段模拟取食产草量都高于罩笼试验，主要原因是蝗虫的取食是无规则的，不仅取食具有光合作用的叶片，还毁坏牧草生长点，影响了牧草的分蘖和生长。而模拟方法只剪取牧草上部，对牧草的生长点和分蘖能力损伤较小。

羊草种群对蝗虫取食具有生态适应策略及其补偿生长的特点，主要原因：高强度的取食最终导致单位面积内种群总基部面积的降低，从而降低了其种群生产力及其在群落中的竞争力，最终导致整个种群的退化。如亚洲小车蝗成虫期当密度高于 4 头/m^2时，羊草种群地上生物量开始急剧下降，从而使其种群不能持续生产下去，这可能是该种群在蝗虫高强度取食下其优势地位被取代的主要原因。

在蝗虫取食下植物种群地上生物量主要取决于植物生长速率、枯萎速率和外界干扰，蝗虫对植物的影响有两重性。一方面，蝗虫的唾液对草地植物生长产生刺激，轻度取食刺激植物形成不定根，分蘖增加，促使牧草长出更多的枝条、不定根和匍匐茎来扩大种群的范围；另一方面，蝗虫为害后的整株植物光合能力下降，这主要取决于取食后保留在植株上嫩叶的相对比例，被取食后的植株往往通过加快叶片和茎秆的生长速率来恢复整个植株的光合能力，对于许多牧草而言，这种补偿性光合能力普遍存在。当亚洲小车蝗密度较低时，如 4 头/m^2时，每丛植株地上净光合效率均高于没有蝗虫为害的植株，表现出较高的超补偿生长，但随着蝗虫密度的增大，地上净初级生产力的补偿生长随之降低。补偿生长还可以维持草原植物多样性，亚洲小车蝗取食后，植物种群的超补偿生长可以看成是对草原生态功能的一种补偿，植物优势种地上生物量下降，而杂类草地上生物量增加，是尽量延缓系统崩溃的一种适应机制，如果草原植物多样性贫乏，则对蝗虫干扰的缓冲能力较低，从而表现出较大的生态脆弱性。

主要参考文献

陈素华，乌兰巴特尔，曹艳芳，2006. 气候变化对内蒙古草原蝗虫消长的影响［J］. 草业科学（8）：78-82.

贺达汉，王新谱，郑哲民，1998. 蝗虫种群密度对牧草生长与损失量的影响［J］. 植物保护学报（2）.

卢辉，2008. 典型草原亚洲小车蝗危害对植物补偿生长的作用 . 草业科学，25（5）：112-116.

卢辉，余鸣，张礼生，等，2005. 不同龄期及密度亚洲小车蝗取食对牧草产量的影响［J］. 植物保护（4）：55-58.

刘庚山，庄立伟，郭安红，2006. 内蒙古草原亚洲小车蝗龄期气候预测初步研究［J］. 草业科学（1）：71-75.

LOCKWOOD J A，1993. Environmental Issues Involved in Biological Control of Rangeland Grasshoppers（Orthoptera：Acrididae）with Exotic Agents［J］. Environmental Entomology，22（3）：503-518.

模拟亚洲小车蝗为害与草地植被恢复能力研究

刘朝阳[1]，刘　艳[2]，曹广春[1]，牙森·沙力[1]，吴惠惠[1]，王广君[1]，张泽华[1]

1. 中国农业科学院植物保护研究所植物病虫害生物学国家重点实验室，北京 100193；2. 沈阳农业大学园艺学院，辽宁沈阳 110866。

摘要　根据生命表设置成虫密度 A＝12 头/m² 和 B＝15 头/m² 共 2 个处理，模拟亚洲小车蝗各虫态取食。结果表明：植被无干扰恢复 3 年后，草地群落结构 Shannon-Weiner 多样性指数和物种丰富度在 A 样地为 0.82 和 3.40，在 B 样地为 0.74 和 3.40，与对照相比均无显著差异；两个样地 Pielou 均匀度指数分别为 0.69 和 0.60，显著高于对照（$P<0.05$）。植被恢复演替进程中建群种克氏针茅优势度逐年提高，小叶锦鸡儿和冷蒿等退化标志植物优势度呈下降趋势。草地生产力水平和植被盖度在 A 样地为 155.16g/m² 和 59.10％，与对照无显著差异；B 样地为 139.76g/m² 和 54.2％，显著低于对照（$P<0.05$）。用克氏针茅生殖生长指标评价群落恢复状况，结果表明抽穗率、分蘖数和冠幅在 A 样地为 41.55％、45.20 个和 32.69 cm，B 样地为 41.76％、44.60 个和 27.16cm，除 B 样地冠幅 27.16cm 与对照显著差异外（$P<0.05$），其余性状与对照均无显著差异。模拟亚洲小车蝗为害的草地在 3 年后植被得到了一定恢复，个别指标仍与对照存在显著差距，完全恢复到对照水平需更长时间。

关键词　亚洲小车蝗，草地，克氏针茅，植被恢复

亚洲小车蝗是内蒙古草原蝗虫主要优势种，常导致严重的经济损失和生态破坏，关于其食性和食量的研究表明亚洲小车蝗喜食禾本科（Gramiae）植物，非喜食植物会负向影响其生长生殖状况。一般情况下，亚洲小车蝗 4 龄、5 龄和成虫期取食量之和占其全历期的 96.6％，低密度为害时对牧草有超补偿作用，而随其密度增加牧草产量损失逐渐增大。有学者依据有关损失估计与防治费用，提出其防治经济阈值。也有研究表明，以禾本科植物为优势种且植被稀疏的群落有利于亚洲小车蝗生存，同时其灾害也会改变草地群落结构。因此，本文试图通过模拟蝗虫取食方法，阐明草地受害的承受能力和恢复能力，为探索蝗虫可持续治理提供理论依据。

1　材料与方法

1.1　研究区概况

研究区位于内蒙古锡林浩特市西郊（43°55′17″N，115°57′50″E），海拔 1 000～1 100m，年均降水量为 261mm，面积为 15hm²，以克氏针茅为建群种的典型草原。

1.2 模拟取食

根据亚洲小车蝗各虫态食量和种群生命表，模拟成虫期残存密度为 A（12 头/m^2）和 B（15 头/m^2）两个处理各虫态的取食情况，每处理 5 个重复。于 2008—2010 年 6～9 月进行模拟试验：1～3 龄每龄期末进行模拟取食，4 龄后食量较大，为提高模拟取食数据准确性，4～5 龄每龄期 2 次，成虫期 4 次。模拟取食过程采用对比称重法自上而下剪取禾本科植物，试验区用化学农药处理，以消除植食昆虫造成的影响。

1.3 草地恢复状况研究

于 2011 年 8 月分别对 2008—2010 年的处理进行调查，并以未为害区域为对照，分析克氏针茅生殖生长状况、草地群落结构和生产力恢复状况。

1.3.1 建群种生殖生长指标调查

本试验用抽穗率、分蘖数和冠幅 3 个指标来反映克氏针茅的生殖生长状况。在 2011 年 8 月牧草生长旺期分别在 3 块区域各虫口密度试验区随机选取健康成熟的克氏针茅 20 株，调查每株的生殖枝数和营养枝数。同时在每个试验区选取 20 株健康成熟的克氏针茅测量其冠幅。

表 1 模拟趋势数据

龄期	模拟取食历期（d）	模拟种群数量（头/m^2）		模拟取食牧草干重（g/m^2）	
		A	B	A	B
卵	—	96	121	0	0
1 龄	7	59	74	2.6	3.26
2 龄	9	34	43	4.13	5.22
3 龄	8	22	28	6.25	7.95
4 龄	10	16	20	11.1	13.88
5 龄	6	13	16	23.72	29.18
成虫	35	12	15	57.53	73.03

1.3.2 草地群落结构和生产力的恢复状况

在 2011 年 8 月牧草生长旺期分别对各试验区的植被密度、盖度和地上生物量进行调查。

盖度：通过目测估计得出各样方植被的总盖度和分盖度，以百分数计。

密度：测量每种植物在一个样方中出现的个数。

生物量：将植被分种群齐地面剪取，80℃烘干 30h 后测量其生物量（g/m^2）。

1.4 分析指标

抽穗率（%）＝生殖枝数/（生殖枝数＋营养枝数）×100%；

分蘖数（个）＝生殖枝数＋营养枝数；

冠幅（cm）＝$\sqrt{长轴 \times 短轴}$；

物种丰富度 S 为样方内出现的物种数，Shannon-Weiner 多样性指数 $H=-\sum(P_i \ln P_i)$，其中 $P_i=n_i/N$；

Simpson 优势度指数 $D=\sum(P_i^2)$；

Pielou 均匀度指数 $E=H/\ln S$；

植物物种优势度 $SDR=(Y'+C'+D')/3\times100\%$，其中：$Y'$为相对产量，$C'$为相对盖度，$D'$为相对密度，$n_i$ 为样方内每种植物的密度，N 为样方内各种植物的密度之和。

1.5 数据分析

采用 SAS 9.1 进行单因素方差分析（One Way ANOVA）比较不同数据组间的差异，并确定各数据组平均值和标准误。

2 结果与分析

2.1 不同恢复年份草地群落结构变化

亚洲小车蝗的为害导致次年植物 Shannon-Weiner 多样性指数、物种丰富度和 Pielou 均匀度指数均显著大于对照水平（$P<0.05$），Simpson 优势度指数显著低于对照水平（$P<0.05$）。随着恢复年份的增加，亚洲小车蝗为害后的草地 Shannon-Weiner 多样性指数和物种丰富度逐步降低，恢复 3 年后与对照相比无显著差异，草地 Simpson 优势度指数逐年上升，草地重新向较简单的群落结构转变。草地 Pielou 均匀度指数 3 年后仍高于对照水平（表 2）。

表 2 不同恢复年份草地群落结构的变化

	虫口密度（头/m²）	Shannon-Weiner 多样性指数	Simpson 优势度指数	Pielou 均匀度指数	物种丰富度
对照	0	0.66±0.06d	0.69 ± 0.08a	0.41 ± 0.04b	5.00 ± 0.00bc
恢复 1 年的样地	12	1.27 ± 0.20ab	0.39 ± 0.15c	0.68 ± 0.05a	6.60 ± 1.04ab
	15	1.31 ± 0.10a	0.39 ± 0.09c	0.65 ± 0.04a	7.80 ± 1.03a
恢复 2 年的样地	12	1.00 ± 0.11bc	0.47 ± 0.10bc	0.61 ± 0.03a	5.40 ± 0.76b
	15	1.16 ± 0.07ab	0.45 ± 0.09bc	0.61 ± 0.04a	6.80 ± 0.42ab
恢复 3 年的样地	12	0.82 ± 0.01cd	0.49 ± 0.03bc	0.69 ± 0.05a	3.40 ± 0.28c
	15	0.74 ± 0.10cd	0.56 ± 0.14ab	0.60 ± 0.07a	3.40 ± 0.28c

表 3 不同恢复年份各植物种类优势度

	植物优势度						
	恢复 1 年的样地		恢复 2 年的样地		恢复 3 年的样地		对照
	12 头/m²	15 头/m²	12 头/m²	15 头/m²	12 头/m²	15 头/m²	0 头/m²
克氏针茅	67.59	68.20	76.09	66.85	76.05	78.72	89.50
糙隐子草	9.74	7.22	11.29	12.50	5.31	1.37	2.41
羊草	0.26	0.00	0.00	0.00	0.00	0.00	0.00

（续）

	植物优势度						
	恢复 1 年的样地		恢复 2 年的样地		恢复 3 年的样地		对照
	12 头/m^2	15 头/m^2	12 头/m^2	15 头/m^2	12 头/m^2	15 头/m^2	0 头/m^2
扁穗冰草	0.00	0.00	0.24	0.00	0.00	0.00	0.00
篦齿蒿	0.00	0.00	4.74	0.00	0.00	0.00	0.51
大籽蒿	0.48	0.00	0.00	0.00	0.00	0.00	0.00
猪毛菜	0.36	2.21	0.10	0.14	0.00	0.00	0.00
高二裂委陵菜	0.00	0.11	0.00	0.00	0.00	0.00	0.00
芯芭	0.38	1.18	0.14	1.71	0.00	0.00	0.00
莳萝蒿	0.00	6.83	0.00	0.00	0.00	0.00	0.00
灰菜	0.11	0.00	0.00	0.37	0.00	0.09	0.00
薹草	5.83	4.54	2.73	0.00	0.58	0.28	4.42
冷蒿	8.65	5.89	0.45	2.96	0.00	0.46	0.00
扁蓿豆	2.29	0.63	1.56	5.35	0.00	0.00	1.54
沙葱	1.68	0.14	0.22	0.98	0.00	0.18	0.31
星毛委陵菜	0.33	0.00	0.00	0.00	0.00	0.00	0.00
细叶鸢尾	0.00	0.29	0.00	0.00	0.00	0.00	0.00
云香草	0.57	0.00	0.00	0.00	0.00	0.00	0.00
地梢瓜	0.00	0.00	0.00	0.00	0.00	0.00	0.33
防风	0.00	0.53	1.24	0.26	0.00	0.00	0.00
银灰旋花	0.00	0.15	0.00	0.30	4.25	4.99	0.25
胡枝子	1.49	2.19	1.20	3.96	0.00	0.00	2.21
小叶锦鸡儿	0.43	0.00	0.00	0.00	0.00	0.00	0.00
木地肤	0.00	0.00	0.00	4.62	0.00	0.00	0.00

亚洲小车蝗的为害导致翌年建群种克氏针茅优势度下降，冷蒿、小叶锦鸡儿等退化标志植物和其他杂类草优势度上升，草地出现逆向演替趋势。随着恢复年份增加，克氏针茅优势度逐步上升，退化标志植物优势度降低，恢复初期的大籽蒿、猪毛菜、芯芭、灰菜、防风、扁穗冰草、篦齿蒿和木地肤等植物也陆续减少和消失。这种现象导致草地群落的多样性和物种丰富度逐步下降，克氏针茅逐渐占据主导优势（表 3）。

表 4　不同恢复年份草地盖度和生产力

	虫口密度（头/m^2）	总盖度（%）	草地生产力（g/m^2）
对照	0	62.20±1.89d	172.39±4.20c
恢复 1 年的样地	12	48.10±3.62ab	137.88±13.74ab
	15	45.50±2.76a	119.79±12.75a
恢复 2 年的样地	12	50.20±2.63ab	142.99±2.80ab
	15	47.90±2.89ab	131.51±5.60ab

（续）

	虫口密度（头/m^2）	总盖度（%）	草地生产力（g/m^2）
恢复3年的	12	59.10±1.74cd	155.16±11.46bc
样地	15	54.20±4.13bc	139.76±13.46ab

表5　不同恢复年份克氏针茅的生殖状况的变化

	虫口密度（头/m^2）	冠幅（cm）	抽穗率（%）	分蘖数（个）
对照	0	35.31±2.00b	45.15±1.80c	47.60±2.72b
恢复1年的	12	24.59±2.58a	37.52±2.85ab	41.35±4.74ab
样地	15	23.29±3.28a	35.33±4.05a	40.50±4.61a
恢复2年的	12	25.31±4.21a	39.82±2.31ab	42.65±3.98ab
样地	15	24.58±2.33a	39.50±4.19ab	41.80±4.19ab
恢复3年的	12	32.69±4.51b	41.55±4.58bc	45.20±6.11ab
样地	15	27.16±3.68a	41.76±5.29bc	44.60±5.55ab

2.2　不同恢复年份草地总盖度和生产力的变化

亚洲小车蝗的为害使翌年草地的盖度和生产力显著低于对照水平（$P<0.05$）。随恢复年份的增加，草地盖度和生产力逐渐增大。成虫密度为12头/m^2的样地恢复3年后均与对照无显著差异，但15头/m^2的样地恢复3年后的盖度和生产力均显著低于对照水平（$P<0.05$）。由此可知，经过3年恢复，较低密度为害样地的盖度和生产力已恢复到对照水平，但高密度为害样地的盖度和生产力与对照水平都还有一定差距（表4）。

2.3　不同恢复年份克氏针茅生殖生长状况的变化

亚洲小车蝗的为害导致翌年克氏针茅冠幅、分蘖数和抽穗率等显著低于对照水平（$P<0.05$）。随恢复年份的增加，克氏针茅的抽穗率和分蘖数逐步提高，经过3年的恢复均与对照无显著差异。克氏针茅冠幅也逐步增大，成虫密度为12头/m^2的样地恢复3年后与对照无显著差异，但15头/m^2的样地冠幅仍显著低于对照水平（$P<0.05$）（表5）。

2.4　草地恢复进程中各指标间相关分析

相关分析结果表明，Shannon-Weiner多样性指数与克氏针茅冠幅呈负相关，与抽穗率、分蘖数、克氏针茅优势度均呈极显著负相关（$P<0.01$）。Simpson优势度指数与分蘖数、克氏针茅优势度呈显著正相关（$P<0.05$），与抽穗率呈极显著正相关（$P<0.01$）。物种丰富度分别与冠幅呈显著负相关关系（$P<0.05$），与抽穗率、分蘖数、克氏针茅优势度呈极显著负相关关系（$P<0.01$）。Pielou均匀度指数与其他指标均无显著相关性。草地盖度分别与抽穗率呈显著正相关关系（$P<0.05$），与冠幅、分蘖数呈极显著正相关关系（$P<0.01$）。草地生产力与冠幅、抽穗率和分蘖数呈显著正相关关系（$P<0.05$）。

3　讨论

蝗灾会导致草地退化，群落逆向演替。亚洲小车蝗为害后，草地生产力和总盖度与对照相比下降幅度为20%～35%，符合轻度退化标准。建群种克氏针茅优势度下降，退化标志植物冷蒿、小叶锦鸡儿等优势度上升，草地出现逆向演替趋势。亚洲小车蝗取食特性抑制了优势种克氏针茅的优势度，系统有了剩余资源为猪毛菜、芯芭等物种提供了发展机会，导致草地植被多样性、物种丰富度和均匀度上升，群落优势度下降，其结果符合Connell提出的中度干扰假说。草地恢复3年后退化标志植物银灰旋花种群密度仍较高，15头/m^2样地表现更为明显，从而导致群落均匀度偏高，表明群落完全恢复还需更长时间，同时也说明典型草原抗干扰能力较差。恢复进程中克氏针茅生殖生长状况与草地生产力和盖度呈正相关，与草地植被多样性呈负相关，也可反映草地恢复程度。模拟蝗虫取食大大提高了试验可控性，其结果能很好解释蝗虫为害后草地恢复进程。试验没有涉及蝗虫唾液对牧草生长的刺激作用，以及蝗虫取食对牧草分蘖的影响，人工模拟与蝗虫取食对牧草影响差异还需进一步研究。

4 结论

模拟亚洲小车蝗为害可分析草地退化程度。随恢复年份增加草地重新向简单群落转变，植物多样性和物种丰富度逐步降低，群落优势度显著增加，草地盖度和生产力也得到有效改善。建群种克氏针茅生殖生长状况可用来反映草地恢复程度。在无干扰条件下，为害后经过3年草地得到了一定的恢复，但个别指标仍与对照有显著差异，完全恢复到对照水平需更长时间。

主要参考文献

康乐，陈永林，1994. 草原蝗虫营养生态位的研究［J］. 昆虫学报，37（2）：178-189.

李博，1997. 中国北方草地退化及其防治对策［J］. 中国农业科学，30（6）：1-9.

李鸿昌，席瑞华，陈永林，等，1983. 内蒙古典型草原蝗虫食性的研究Ⅰ. 罩笼供食下的取食特性［J］. 生态学报，3（3）：214-228.

刘朝阳，刘艳，曹广春，等，2012. 模拟亚洲小车蝗为害与草地植被恢复能力研究［J］. 草地学报，20（4）：772-777.

卢辉，韩建国，2008. 典型草原三种蝗虫种群死亡率和竞争的研究［J］. 草地学报，16（5）：480-484.

卢辉，余鸣，张礼生，等，2005. 不同龄期及密度亚洲小车蝗取食对牧草产量的影响［J］. 植物保护，31（4）：55-58.

CONNEL J H，1978. Diversity in tropical rain forests and coralrefs［J］. Science，199（4335）：1302-1310.

DYER M I，BOKHAVI U G，1975. Plant-animal interactions studies of the efects of grashopper grazing on the blue grama gras［J］. Ecology，57（4）：762-772.

亚洲小车蝗在不同生境中的群落动态研究

张未仲[1]，吴惠惠[1]，刘朝阳[1]，曹广春[1]，张泽华[1]，格西格[2]

1. 中国农业科学院植物保护研究所植物病虫害生物学国家重点实验室，北京 100193；2. 内蒙古锡林郭勒盟镶黄旗草原工作站，镶黄旗 013250。

摘要 亚洲小车蝗是内蒙古草原主要的蝗虫为害种，为了研究其在不同生境中的动态规律，在内蒙古锡林郭勒盟镶黄旗，采用野外剪样方和扫网的方法，研究了亚洲小车蝗发生时，不同生境中植物与蝗虫种群结构的变化，并进行了室内食量验证。结果表明，亚洲小车蝗数量同植物盖度呈负相关（$R=-0.7708$，$P<0.01$），同植物生物量呈负相关（$R=-0.9052$，$P<0.01$），草场中蝗虫多样性同植物多样性呈正相关（$R=0.5884$，$P<0.05$）；蝗虫总数同植物盖度呈负相关（$R=-0.7593$，$P<0.01$），同植物生物量呈负相关（$R=-0.8597$，$P<0.01$）；羊草为优势种的样地中的蝗虫数量少于针茅为优势种的样地；室内饲养表明，亚洲小车蝗对羊草的消耗量大于针茅（$P<0.05$）；以上结果说明，亚洲小车蝗选择草场时优先选择合适的栖境而不是食料植物。亚洲小车蝗的防治重点应放在适合小车蝗栖息的地点，而不仅是食料植物为主的地区。

关键词 亚洲小车蝗，不同生境，食性，食量

亚洲小车蝗隶属于直翅目，蝗总科，斑翅蝗科，是北方草原的主要为害种，主要取食禾本科植物，是内蒙古典型草原优势蝗虫种之一，而且亚洲小车蝗常选择放牧强度高且较为干旱的生境，是内蒙古草原草场退化的指示种之一。

食性食量分析是研究蝗虫营养生态位的基础。营养生态位是指动物对起食物资源能够实际和潜在占据、利用或适应的部分。通过对蝗虫的食性食量分析可以了解其取食特性，以及对植物资源的利用情况，进而分析草原蝗虫的营养生态位，从而可以了解蝗虫群落的结构以及多样性和稳定性，并且能够探讨环境因素的变化对蝗虫群落生态关系的影响，特别是草原植物群落结构的组成变化与蝗虫群落结构及数量之间的关系，这对于完善草原管理，指导蝗虫综合治理也有着重要的现实意义。从 20 世纪 60 年代开始，已经用野外罩笼、模拟取食，嗉囊分析等方法对亚洲小车蝗食性食量进行了分析，确定了亚洲小车蝗食谱主要为禾本科植物，以及自然条件下其个体寿命及食量。近年来研究了亚洲小车蝗取食对植物的补偿生长的影响及损失估计，并提出了防治阈值。以前的研究，通过野外罩笼，来研究食性食量，可以近似模拟蝗虫野外自然条件下的取食动态，但是由于地理风貌、植被分布，以及气候（温度、湿度）等多种因素的影响，蝗虫在自然条件下的取食受外界影响较大，不利于通过控制实验条件以进行单因素分析。而室内观测结果与野外的实际草场观测相比，虽然有一定的差异，但可以方便地控制实验条

件，有利于定量分析，并且对野外的观测数据有一定的修正作用。野外实验同室内观测相结合的研究方法尚未见报道。

本文希望通过在蝗虫发生时，采用剪样方的方法确定自然条件下不同草场的植被变化，用扫网及抛样框方法分析蝗虫种群动态，并结合室内亚洲小车蝗的食量分析，来反映亚洲小车蝗在不同生境中的取食情况，为野外防治提供理论依据。

1　材料与方法

1.1　样地选择

实验样地选在内蒙古锡林郭勒盟镶黄旗。经度 113°83′E，纬度 42°25′N，该地降水偏少且分布不均，在牧草生长的关键季节（5～8 月）的有效降水量不足 150mm，全旗可利用的地表水基本没有。春季常有沙尘暴，冬季常有旱灾、雪灾发生。地区日照年日照时数 3 031.6h，平均日照百分率 68%。地区气温年平均气温 3.1℃，月平均气温从 7 月 20.4℃到 1 月－16.5℃。无霜期较短，平均为 120d 左右，最大冻土深度 154cm。

2010 年、2011 年在亚洲小车蝗的发生季节，选择 3 块较为平坦但优势种不同的样地。1 号地为围栏草地，以羊草为优势种，盖度约为 45%；2 号地和 3 号地为放牧草场，以针茅为优势种，退化较严重，盖度＜35%。样地主要分布有克氏针茅、羊草、糙隐子草、旋覆花、小叶锦鸡儿、冷蒿等植物。

1.2　样地调查方法

在每块样地随机选取 $1m^2$ 样方，数码相机垂直摄像，用实验室软件分析样方的总盖度。记录样方内所有植物种类，每种植物的盖度、高度、密度。将样方内所有的植物地表部分分类剪下，分别保存于信封内，在室内烘干，称量植物干重，记录每种植物的生物量。每块样地 5 次重复。每隔 15d 采样一次。

1.3　蝗虫调查方法

2010 年用扫网的方法采集蝗虫样本。200 次一个处理，重复 10 次。2011 年用 1m×1m×1m 无底样框采集蝗虫样本，重复 10 次。3 块样地每隔 10d 采样一次。先将采集的蝗虫放入无水乙醇中保存，回到室内记录蝗虫种类、数量、龄期。

1.4　亚洲小车蝗室内饲养方法

在野外采集羊草、克氏针茅，在室内擦洗干净，取新鲜叶片组织，称取 1～1.5g，底端用棉花包裹，浸水，塞入 2mL 离心管，放入塑料盒中。挑选相同龄期的亚洲小车蝗，雌、雄分别饲养。一个盒中放入 3 只，并在盒盖扎孔通气，以没有放虫的盒作为对照。重复 5 次。每隔 24h，换虫，称量剩余的草重量，计算蝗虫的取食量。从 3 龄一直做到成虫。

1.5　数据分析方法

1.5.1　生物多样性比较

用两种常见的生物多样性指数分析植物和蝗虫多样性。

辛普森多样性指数（Simpson's diversity index）

公式（1）：$D = 1 - \sum_{i=1}^{S} P_i^2$

香农—威纳指数（Shannon-Weiner index）

公式（2）：$H = -\sum_{i=1}^{S} P_i \log 2P_i$

上述公式中，设种 i 的个体数占群落中总个体数的比例为 P_i，S 为物种数目并且分析植物与蝗虫多样性之间，以及植物生物量与蝗虫数量的相关性。

1.5.2 室内蝗虫取食量计算方法

取食量＝对照植物生物量－取食后生物量

1.5.3 数据处理分析

对蝗虫数量与植物盖度、植物生物量之间作相关及回归分析；蝗虫多样性与植物多样性之间作相关分析；蝗虫食量进行单因素方差分析。数据用统计软件 SAS 8.0 完成。

2 结果与分析

2.1 三块样地植物与蝗虫概况

分别在 2010 年和 2011 年这两年的 6～8 月，选取 3 块样地调查了植物盖度与生物量，蝗虫数量以及植物与蝗虫的多样性。其中，1 号地草场的盖度、平均生物、蝗虫数量和亚洲小车蝗数量在蝗虫生长季明显区别于其他两块样地。总体上，2011 年样地植物生物量均高于 2010 年。

2.2 植物盖度与蝗虫数量的关系

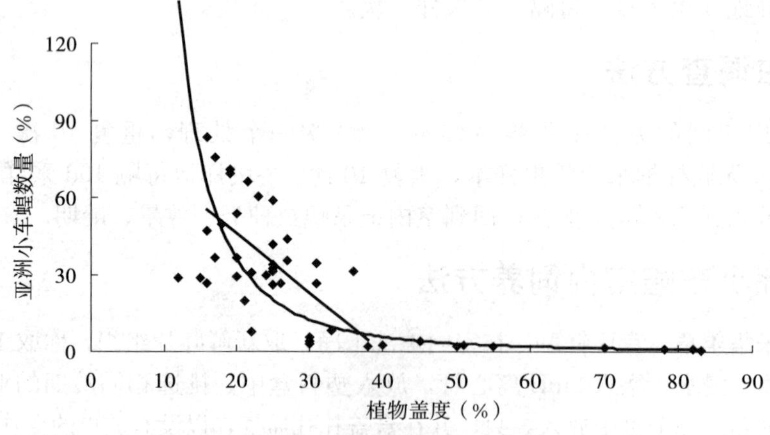

图 1 亚洲小车蝗数量与植物盖度关系

为了研究亚洲小车蝗数量与植物盖度之间的关系，将每次调查的样地植物盖度同小车蝗数量做相关性分析。3 块样地的植物盖度同亚洲小车蝗数量呈负相关（$Y = 23\,342X^{-2.605\,2}$、$R = -0.770\,8$、$F = 120.45$、$P < 0.01$，图 1）。但是，当植物盖度大于 25%时，亚洲小车蝗数量趋于稳定；当盖度小于 15%时，亚洲小车蝗数量急剧增加。

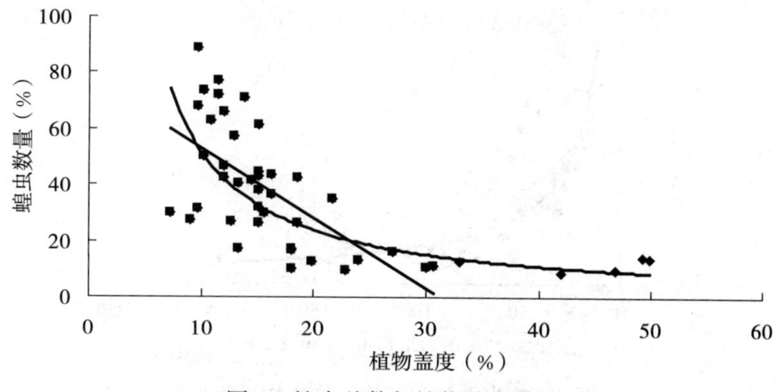

图 2　蝗虫总数与植物盖度关系

为了研究植物盖度同蝗虫总体数量之间的关系，将每次调查的样地植物盖度同蝗虫数量做相关性分析。3 块样地的植物盖度同蝗虫总数呈负相关，蝗虫的数量随着植物盖度的增大而减小（$Y=666.77X^{-1.1136}$、$R=-0.7593$、$F=58.59$、$P<0.01$，图 2）。但是，当植物盖度大于 25%时，蝗虫总数随盖度增加而减少且趋于稳定，当盖度小于 15%时，蝗虫数量随着盖度的降低而迅速增加。

2.3　植物生物量与蝗虫数量的关系

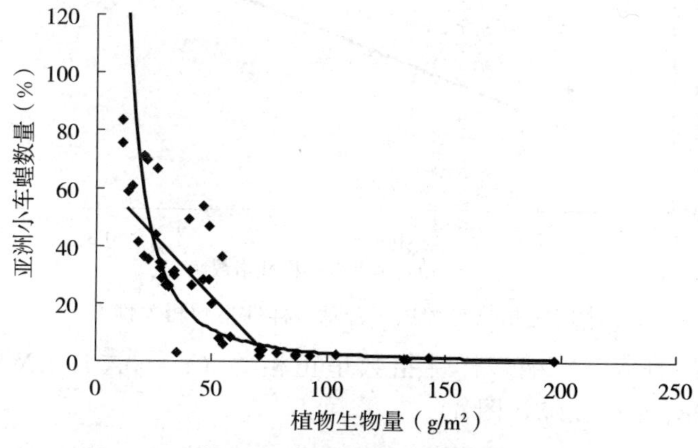

图 3　亚洲小车蝗数量同植物平均生物量关系

3 块样地的植物生物总量同亚洲小车蝗数量呈负相关，蝗虫的数量随着植物生物量的增大而减小（$Y=35541X^{-1.8893}$、$R=-0.9052$、$F=78.11$、$P<0.01$，图 3）。当植物生物量大于时 70g/m^2 时，亚洲小车蝗数量趋于稳定；当植物生物量小于 70g/m^2 时，小车蝗数量随生物量减小逐渐增大；当植物生物量小于 30 g/m^2 时，随着生物量的减小亚洲小车蝗数量急剧增大。

3 块样地的植物生物总量同蝗虫总数呈负相关，蝗虫的数量随着植物生物量的增大而减小（$Y=1497.5X^{-0.87}$、$R=-0.8597$、$F=59.83$、$P<0.01$，图 4）。当植物生物量大于时 70g/m^2 时，蝗虫数量趋于稳定；当植物生物量小于 70g/m^2 时，蝗虫数量随生物量减小逐渐增大；当植物生物量小于 30 g/m^2 时，随着生物量的减小蝗虫数量急剧增大。

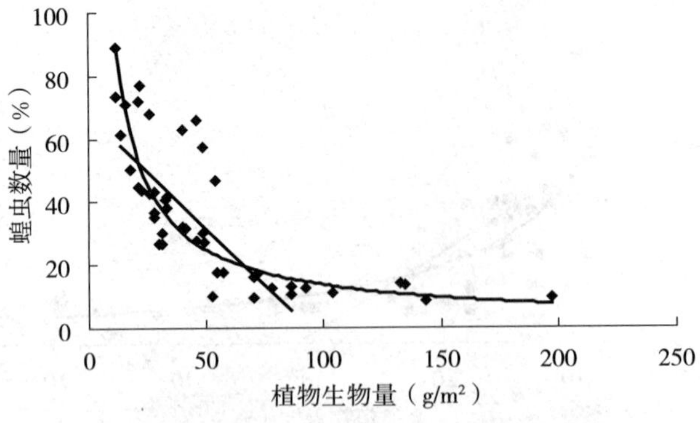

图 4　蝗虫总数与植物平均生物量关系

2.4　植物多样性与蝗虫多样性的相关性

相关分析可知，植物同蝗虫之间辛普森多样性指数呈正相关（$Y=0.702\ 6X+0.094\ 7$ 、$R=0.588\ 4$、$F=3.78$、$P<0.05$，图 5）。

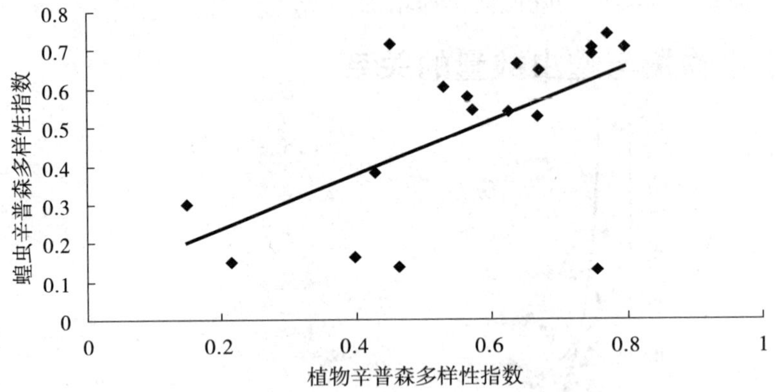

图 5　植物与蝗虫辛普森多样性指数相关性

植物同蝗虫的香农—威纳多样性指数呈正相关（$Y=0.579\ 4X+0.315\ 8$、$R=0.521\ 5$、$F=5.98$、$P<0.05$，图 6）。

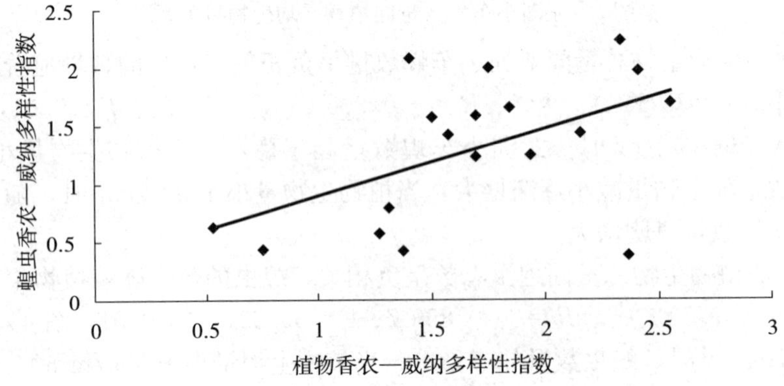

图 6　植物与蝗虫香农—威纳多样性指数相关性

2.5 亚洲小车蝗室内植物消耗量分析

表 1 亚洲小车蝗雌虫每日植物消耗量

日期（月-日）	克氏针茅雌虫消耗量（g/m²）	羊草雌虫消耗量（g/m²）
07-01	0.038±0.009Abc	0.041±0.022Ae
07-06	0.072±0.031Bbc	0.120±0.039Acd
07-07	0.092±0.068Abc	0.123±0.088Acd
07-08	0.138±0.065Aab	0.128±0.02Abc
07-11	0.130±0.068Bab	0.171±0.026Aab
07-14	0.197±0.061Ba	0.298±0.064Aa
07-17	0.129±0.063Bab	0.248±0.046Aab
07-19	0.191±0.063Aa	0.241±0.092Aab
07-20	0.151±0.067Bab	0.317±0.065Aa
07-22	0.138±0.046Bab	0.265±0.071Aab
07-26	0.113±0.042Bab	0.252±0.062Aab

注：小写字母表示同种植物间差异性，大写字母表示不同植物间差异性，相同字母表示差异不显著。下同。

从表 1 可知，亚洲小车蝗雌虫对克氏针茅、羊草的消耗量都随时间推移而逐渐增大，且羊草消耗量高于克氏针茅。两种植物的消耗量在 7 月 14 日达到一个高峰然后稍有下降，克氏针茅消耗量在 7 月 19 日回升后有所下降，羊草在 7 月 20 日达到最大值后有所下降。7 月 14 日前都是蝗蝻，14 日以后都是成虫。7 月 1 日 3 龄蝗蝻植物消耗量最低，6 日、7 日是 4 龄蝗蝻，8 日和 11 日分别是 5 龄蝗蝻、4 龄和 5 龄蝗蝻间，14 日之前，6 日、11 日羊草消耗量明显高于克氏针茅（$P<0.05$），14 日以后，除 19 日外，每日雌虫对羊草消耗量均明显高于克氏针茅（$P<0.05$），但是同种植物之间没有显著差异（$P>0.05$）。

表 2 亚洲小车蝗雄虫每日植物消耗量

日期（月-日）	克氏针茅雄虫消耗量（g/m²）	羊草雄虫消耗量（g/m²）
07-01	0.040±0.007Ab	0.056±0.023Ae
07-06	0.042±0.022Bb	0.10±0.028Aab
07-07	0.041±0.015Ab	0.077±0.051Acd
07-08	0.054±0.022Aa	0.086±0.012Abc
07-11	0.054±0.032Ba	0.136±0.046Aab
07-14	0.099±0.029Aa	0.147±0.060Aa
07-17	0.083±0.034Aa	0.119±0.065Aab
07-19	0.062±0.032Aa	0.109±0.026Aab
07-21	0.034±0.021Bb	0.119±0.063Aab
07-22	0.049±0.028Ba	0.120±0.061Aab
07-26	0.035±0.031Ba	0.113±0.031Aab

从图 8 可以看出亚洲小车蝗雄虫对克氏针茅、羊草的消耗量都有一个缓慢增高然后逐渐降低的趋势，并且对羊草的消耗量大于克氏针茅。两种植物消耗量在 7 月 14 日达到最大值，在 17 日、19 日间有一个波动，然后逐渐降低，在蝗蝻期只有 6 日、11 日对两种植物消耗量有显著差异（$P<0.05$）；在成虫期 21 日后两种植物间消耗量差异显著（$P<0.05$），但是同种植物之间没有显著差异（$P>0.05$）。

3 结论与讨论

由于全球性气候变化和人类对草原自然资源过度开发利用，导致了草地生态环境逐渐恶化，蝗灾频繁发生且为害程度不断加剧。由于草地面积锐减，草场沙漠化和盐碱化日益加重，造成草地生物量急剧减少及生物多样性的破坏，严重影响了草原畜牧业可持续性发展和牧区的经济建设。研究蝗虫、草地生物量及生物多样性之间的关系，对于明确危害程度，提供防治策略，改善生态环境，保持草原牧区畜牧业的持续发展都有重要意义。

蝗虫的分布和种群结构同植物群落类型和结构密切相关。本实验研究表明植物多样性同蝗虫多样性呈正相关。两种多样性指数中，植物与蝗虫之间辛普森多样性指数相关性略高于香农—威纳多样性指数相关性。1 号地是围栏草地，草地植物均匀度好，多样性高，因此蝗虫种类最多。2 号地、3 号地是放牧草地，植被退化较为严重，植物物种均匀度较差，因此蝗虫种类较少。通过剪样方与扫网调查共同分析表明植物生物量、盖度与亚洲小车蝗数量以及蝗虫整体数量都呈负相关，且相关性均极显著。1 号样地以羊草为优势种，生物量最大，蝗虫数量却最少。2 号、3 号两块样地以克氏针茅为优势种，克氏针茅生物量明显低于 1 号样地的羊草生物量，但是蝗虫数量却明显高于 1 号地。蝗虫与植物生物量的相关性大于蝗虫同盖度的相关性。由于亚洲小车蝗为优势种，植物生物量同亚洲小车蝗数量的相关性高于植物生物量同蝗虫整体数量相关性。室外试验在 3 块样地中，当盖度小于 15%，或植物生物量小于 70g/m^{2}时，蝗虫数量急剧增大。

蝗虫生态位研究，国内外已经做了大量的工作。李鸿昌、卢辉等已经用野外罩笼实验研究表明，亚洲小车蝗喜食羊草，少食克氏针茅，偶食冷蒿。本实验在室内用两种植物饲养，结果显示亚洲小车蝗的取食量羊草大于克氏针茅，同前人的研究相符。另外室内用冷蒿喂养蝗虫，取食量为 0，而且发生自残现象，表明亚洲小车蝗不食冷蒿。同以前的研究相比，亚洲小车蝗对冷蒿的不喜程度更为明显。关敬群等对亚洲小车蝗雌雄间食量差异已做过研究，但是他们选用盆栽谷苗作为食料，在研究蝗虫对草场的危害时，没有明显的针对性。本实验用两种草原植物作为食物，研究表明，亚洲小车蝗对植物的消耗量随虫龄的增加而增大，在刚进入成虫期时达到最大值而后略有下降。在试验过程中，雌雄虫在成虫期对羊草的消耗量都高于克氏针茅，而同种植物间植物的消耗量在高龄蝗蝻和成虫期没有明显差异。

室内外试验综合分析表明亚洲小车蝗喜食羊草，少食克氏针茅，即在喜食的植物占优势的植物群落里，如果生境不适合，则蝗虫的数量依旧不高。而在非喜食植物占优势的草地草场，只要环境适宜，蝗虫的数量仍然很高。这表明蝗虫并不是根据对食料的喜好来选择栖息地，而是根据生境的适应与否来选择，环境因子对蝗虫群落的影响大于植物群落对蝗虫群落的影响。这个结论同贺达汉、康乐的研究结果，即蝗虫优先选择合适的栖境相吻合。再结合生物多样性分析结果，1 号地是围栏草地，2 号地、3 号地是放牧草地，围栏草地生物多样性高于放牧草地，放牧的重要地区是干旱和半干旱地区，同时也是蝗虫的多发区。过度放牧破坏了草地植被，同时诱发了蝗虫的发生，蝗虫的发生则加剧了草地的破坏，造成了恶性循环。本实验研究表明，过度放牧行为造成草地退化，易形成蝗虫合适的栖境，从而造成了蝗灾的发生。在生产中应实行合理放牧，提高植物覆盖度，降低蝗虫种群数量，达到防治蝗虫的目的。

主要参考文献

贺达汉，郑哲民，1996. 环境因子对蝗虫群落生态效应的数值分析［J］. 草地学报，4（3）：213-220.

康乐，陈永林，1994. 草原蝗虫营养生态位的研究［J］. 昆虫学报，37（2）：178-189.

李鸿昌，陈永林，1985. 内蒙古典型草原蝗虫食性的研究Ⅱ在自然植物群落内的取食特性［J］. 草原生态系统研究，1：154-165.

李鸿昌，席瑞华，陈永林，1983. 内蒙古典型草原食性研究Ⅰ罩笼供食下的取食特性［J］. 生态学报，3（3）：214-228.

杨群芳，廖志昌，李庆，等，2008. 西藏飞蝗食性及防治指标［J］. 植物保护学报，35（5）：399-404.

张未仲，吴惠惠，刘朝阳，等，2013. 亚洲小车蝗在不同生境中的群落动态研究［J］. 植物保护，39（2）：25-30.

KANG L，CHEN Y L，1995. Dynamics of grasshopper communities under different grazing intensities in Inner Mongolian steppes［J］. Entomologia Sinica，2：265-281.

SHELDEN J K，ROGERS L E，1978. grasshopper food habits within a shrubsteppe community［J］. Oecologia，32：85-92.

内蒙古草原针茅、羊草对亚洲小车蝗适合度影响的定量分析

张未仲[1]，贺兵[2]，曹广春[1]，张泽华[1]，乌亚汗[2]

1. 中国农业科学院植物保护研究所植物病虫害生物学国家重点实验室，北京 100193；2. 内蒙古锡林郭勒盟镶黄旗草原工作站，镶黄旗 013250。

摘要 亚洲小车蝗是内蒙古草原主要的蝗虫为害种，为了研究其在不同生境中的生长和发育规律，在内蒙古锡林郭勒盟镶黄旗，采用野外笼罩与室内饲养的方法，研究了亚洲小车蝗发生时，其三个密度种群在不同生境中的生命力指标，并定量分析了针茅和羊草对适合度的影响。结果表明，当 60%＞针茅盖度＞25%时，蝗虫生长增长趋于快速，当 50%＞羊草盖度＞25%时，r_m值随盖度增大而增大。当蝗虫密度＜18 头/m^{2}时，r_m值随取食量大而增大。当 0.1g/头＞针茅平均取食量＞0.03g/头时，r_m值增长趋于快速。当 0.05g/头＞羊草平均取食量＞0.02g/头时，减小趋于平缓。以上结果为草场植被的合理布局且减少蝗虫为害提供了依据。

关键词 亚洲小车蝗，适合度，不同生境，定量分析，盖度

亚洲小车蝗隶属于直翅目，蝗总科，斑翅蝗科，是内蒙古草原的主要为害种，主要取食针茅、羊草、糙隐子草等禾本科植物。而且亚洲小车蝗常选择放牧强度高、较为干旱的生境，因此也是内蒙古草原草场退化的指示种之一。由于禾本科植物在退化草场中分布较少，对亚洲小蝗的生长发育造成一定的影响，因此，研究其在退化草场的生长发育能力对于内蒙古退化草场的恢复有重要意义。

自从适合度概念提出后，人们已采用制作生命表的方法对多种昆虫进行了研究。研究内容多集中于抗药性昆虫种群相对适合度或寄主对昆虫适合度的影响。研究抗性昆虫相对适合度，可以明确不同抗性昆虫种群对不同药剂的适合程度差异，为药剂的合理使用、昆虫的综合治理提供策略参考。研究昆虫同寄主适合度为预测昆虫分布、了解危害程度及确定潜在寄主提供了理论依据。昆虫适合度研究主要为昆虫和药剂、昆虫和寄主及环境的相关定性分析。目前蝗虫同寄主适合度相关研究很少，为了研究亚洲小车蝗与草场的适合度关系，我们绘制了简易蝗虫生命表，并比较了生命力指标。

目前对蝗虫的研究主要集中在营养生态位，以及群落密度、食性对草地及其经济阈值的对应关系方面，已有研究表明草地植被盖度同蝗虫分布呈显著相关，在针茅和羊草混生草地，蝗虫对针茅、羊草都有取食。不同食料对蝗虫的发育、产卵都有影响，但是对蝗虫的报道多为单因素相关定性分析。本文对适合度的相关因素（植被盖度、蝗虫密度、蝗虫取食量等）进行了多因素相关定量研究，明确了亚洲小车

蝗生命力同各因素的关系，为退化草场植被的恢复与合理布局、降低蝗虫的危害提供了理论参考。

1 材料与方法

1.1 样地概况

实验样地选在内蒙古锡林郭勒盟镶黄旗。经度 113°83′E，纬度 42°25′N，该地降水偏少且分布不均，在牧草生长的关键季节（5～8 月）有效降水量不足 150mm，全旗基本没有可利用的地表水。春季常有沙尘暴，冬季常有旱灾、雪灾发生。地区日照年日照时数 3 031.6h，平均日照百分率 68%。地区气温年平均气温 3.1℃，月平均气温从 7 月 20.4℃到 1 月−16.5℃。无霜期较短，平均为 120d 左右，最大冻土深度 154cm。

2012 年在亚洲小车蝗的发生季节，选择 3 块不同优势种较为平坦的样地。1 号地为围栏草地，以羊草为优势种，盖度约为 50%，2 号地和 3 号地为放牧草场，以针茅为优势种，退化较严重，盖度<30%。样地主要分布有克氏针茅、羊草、糙隐子草、旋覆花、冷蒿等植物。

1.2 野外试验方法

在三块样地中笼罩实验。每块样地中放置 1m×1m×1m 纱网罩笼。在罩笼中分别设置 6 头/m^2、16 头/m^2、28 头/m^2，3 个密度水平，雌雄各半，重复 5 次。共 15 个罩笼。3 龄开始喂养。每天观测蝗虫各龄期数目，记录观测结果。观测持续到蝗虫全部死亡为止。将记录结果整理为蝗虫生命表。

1.3 亚洲小车蝗室内单头饲养方法

在野外采集羊草、针茅，在室内擦洗干净，取新鲜叶片组织，称取 1～1.5g，底端用棉花包裹，浸水，塞入 2mL 离心管，放入塑料盒中。一个盒中放入 1 头蝗虫，雌、雄分别饲养。并在盒盖上扎孔通气，重复 5 次。每隔 24h，称量蝗虫体重，从 3 龄一直持续死亡。计算蝗虫相对生长率。

1.4 数据分析方法

1.4.1 生物多样性比较

用常见的生物多样性指数分析植物和蝗虫多样性。

辛普森多样性指数（Simpson’s diversity index）

$$D=1-\sum_{i=1}^{S}P_i^2$$

上述公式中，设种 i 的个体数占群落中总个体数的比例为 P_i，S 为物种数目。并且分析植物与蝗虫多样性之间，以及植物生物量与蝗虫数量的相关性。

1.4.2 室内蝗虫相对生长率计算方法

$$\text{相对生长率}\ RGR=\frac{B}{\bar{B}\times T}$$

$\bar{B}$ 为试验期间试虫的平均体重；T 为试验进行的天数。

种群生长瞬时速率（内禀增长能力）

$$r_m = \frac{\ln\left(\frac{N_T}{N_0}\right)}{T}$$

式中：N_T 为一个世代的虫量；N_0 为开始时的虫量；T 为生长周期。

1.4.3 数据处理分析

对蝗虫各样地各密度间雌雄比、发育历期、存活率做单因素方差分析。对植物盖度、生物量、多样性之间作单因素方差分析。将克氏针茅盖度、羊草盖度、蝗虫密度、克氏针茅取食量、羊草取食量分别同 r_m 值分别做回归分析，然后将各因素相关方程相加，将观测数据代入，根据 r_m 值矫正检测，得出理论 r_m 值。并将理论值与实际值相关性进行分析。数据用统计软件 SAS 8.0 完成。

2 结果与分析

2.1 三块样地比较

如表 1 所示，1 号地羊草盖度与生物量均显著高于 2、3 号样地（$P<0.05$），1 号地生物多样性却低于 2、3 号样地（$P<0.05$）。2 号地克氏针茅盖度生物量明显高于 2、3 号样地（$P<0.05$）。

表 1 三块样地概况比较

样地	植物种类	盖度（%）	生物量（g）	生物多样性
1 号地	羊草	47.67±2.51A	162.67±53.37A	0.46±0.18B
	黄花蒿	7.33±4.04	31.33±9.29	
2 号地	羊草	8.67±4.04B	18.25±5.47B	
	克氏针茅	53.33±5.33A	96.67±17.95A	0.65±0.19A
	黄花蒿	24.33±6.92	42.67±5.03	
3 号地	糙隐子草	11.67±2.08	46.67±5.01	
	克氏针茅	23.33±3.51B	16.72±4.17B	0.63±0.07A
	旋覆花	17.21±3.14	14.61±3.21	

注：雌雄比数值为平均值±标准差。大写字母表示不同样地间相同植物差异性，相同字母表示差异不显著。

2.2 三块样地笼罩饲养亚洲小车蝗概况

如表 2 所示，在蝗虫 4 龄时，随着龄期的增大，1 号地各密度蝗虫雌雄比均逐渐增大。5 龄时，2 号地中密度雌雄比最接近 1∶1，但与 1 号地差异性仍不显著（$P>0.05$）。当蝗虫成虫时，2 号地中密度蝗虫雌雄比最接近于 1∶1 的原始比例，且同其余两块样地差异性显著（$P<0.05$）。

表 2 三块样地不同密度蝗虫雌雄比

样地	密度	雌雄比		
		4 龄	5 龄	成虫
1 号地	低密度	1.24±0.43aB	1.20±0.45aB	1.74±0.37aA
	中密度	0.80±0.14 bB	1.20±0.28aA	1.70±0.27aA
	高密度	0.74±0.13bA	1.36±0.36aB	1.44±0.31aA
2 号地	低密度	1.16±0.48bB	1.96±0.09aA	1.76±0.54aA
	中密度	1.52±0.27aA	1.10±0.22cA	1.22±0.18bB
	高密度	0.76±0.09bA	1.52±0.27bA	1.26±0.13bA
3 号地	低密度	1.44±0.13aA	2.20±0.45aA	0.96±0.09bB
	中密度	0.58±0.04cC	0.62±0.11cB	1.54±0.09aA
	高密度	0.74±0.13bA	1.44±0.36bA	1.36±0.36aA

注：雌雄比数值为平均值±标准差。小写字母表示同一样地密度间差异性，大写字母表示同一密度不同样地间差异性，相同字母表示差异不显著。

如表 3 所示，三块样地各个密度蝗虫的发育历期均随龄期的增加而增大。4 龄时 2 号地中高密度蝗虫发育历期明显高于其余两个样地。5 龄及成虫时，2 号地同 3 号地中高密度的发育历期明显高于 1 号地（$P<0.05$），2 号地同 3 号地之间没有明显差异($P>0.05$)。

表 3 三块样地不同密度蝗虫发育历期

样地	密度	发育历期		
		4 龄	5 龄	成虫
1 号地	低密度	6.60±0.54bB	7.40±0.89bB	12.2±0.83aA
	中密度	6.40±0.89bB	8.60±0.54aB	11.6±0.54bB
	高密度	8.20±0.45aA	8.20±0.84aB	11.4±0.89bB
2 号地	低密度	7.80±1.10aA	9.40±0.89aA	11.8±0.84cA
	中密度	7.60±1.52aA	9.60±1.14aA	12.8±0.45bA
	高密度	7.00±0.71bB	9.20±0.11bA	13.6±0.89aA
3 号地	低密度	7.20±1.09bB	9.80±0.84aA	12.4±0.44bA
	中密度	7.80±0.44bB	9.60±1.34aA	13.2±1.30aA
	高密度	8.40±0.45aA	8.60±1.14bB	12.8±0.44cA

注：发育历期数值为平均值±标准差。小写字母表示同一样地密度间差异性，大写字母表示同一密度不同样地间差异性，相同字母表示差异不显著。

如表 4 所示，三块样地不同密度蝗虫存活率都随龄期增大而逐渐降低。从 4 龄到成虫时，2 号地中密度存活率始终明显高于其余两块样地（$P<0.05$）。在成虫时，1 号地与 3 号地各密度蝗虫存活率均没有明显差异（$P>0.05$）。

表 4 三块样地不同密度蝗虫存活率

样地	密度	存活率		
		4 龄	5 龄	成虫
1 号地	低密度	0.60±0.12bB	0.47±0.07aA	0.30±0.07bB
	中密度	0.56±0.08bC	0.51±0.05aC	0.43±0.03aB
	高密度	0.70±0.03aA	0.44±0.06aB	0.31±0.02bB

（续）

样地	密度	存活率		
		4 龄	5 龄	成虫
2 号地	低密度	0.63±0.07bB	0.47±0.08cA	0.40±0.15aA
	中密度	0.85±0.06aA	0.74±0.03aA	0.55±0.05aA
	高密度	0.77±0.03aA	0.61±0.02bA	0.42±0.03bA
3 号地	低密度	0.77±0.09aA	0.43±0.15bA	0.30±0.07bB
	中密度	0.73±0.08bB	0.60±0.03aB	0.43±0.03aB
	高密度	0.81±0.03aA	0.64±0.02aA	0.31±0.02bB

注：存活率数值为平均值±标准差。小写字母表示同一样地密度间差异性，大写字母表示同一密度不同样地间差异性，相同字母表示差异不显著。

2.3 室内饲养蝗虫生长速率比较

如表 5 所示，三种食料喂养亚洲小车蝗，试验期间雌虫相对生长率高于雄虫。取食克氏针茅的雌虫相对生长率其余两种食料，尤其是成虫后差异性显著（$P<0.05$）。雄虫在试验期间羊草与克氏针茅间差异不显著（$P<0.05$）。

表 5 不同植物喂养亚洲小车蝗虫相对生长率比较

	植物种类	4 龄	5 龄	成虫
雌虫	克氏针茅	0.22±0.01A	0.21±0.03A	0.25±0.01A
	羊草	0.20±0.01A	0.18±0.02A	0.21±0.02B
	羊草+冷蒿	0.17±0.01B	0.16±0.02B	0.18±0.02B
雄虫	克氏针茅	0.19±0.02A	0.18±0.02A	0.14±0.01A
	羊草	0.18±0.02A	0.17±0.02A	0.14±0.03A
	羊草+冷蒿	0.16±0.01B	0.15±0.01B	0.13±0.02A

注：生长率数值为平均值±标准差。大写字母表示雌雄间差异性，相同字母表示差异不显著。

2.4 种群生长瞬时速率比较

如表 6 所示，三块样地低密度和高密度 r_m 值没有明显差异（$P>0.05$）。2 号地中密度蝗虫的 r_m 值明显高于其余两块样地（$P<0.05$）。

表 6 三块样地不同密度蝗虫 r_m 值

样地	密度	r_m 值
1 号地	低密度	0.36±0.04bA
	中密度	0.45±0.03aB
	高密度	0.41±0.04aA
2 号地	低密度	0.38±0.04cA
	中密度	0.55±0.11aA
	高密度	0.42±0.05bA

（续）

样地	密度	r_m值
3 号地	低密度	0.41±0.05aA
	中密度	0.46±0.02aB
	高密度	0.42±0.04aA

注：r_m 数值为平均值±标准差。小写字母表示同一样地密度间差异性，大写字母表示同一密度不同样地间差异性，相同字母表示差异不显著。

2.5 多因素拟合方程

将样地盖度、蝗虫密度与室内蝗虫取食量作为自变量，r_m 值为因变量拟合方程为：

$$Y=0.355e^{0.0061x_1}+0.00007{x_2}^2-0.00346x_2-0.007{x_3}^2+0.0265x_3+0.3661e^{4.1966x_4}+0.2723{x_5}^{-0.1633}-0.9132$$

其中：X_1 为克氏针茅盖度；X_2 为羊草盖度；X_3 为蝗虫密度；X_4 为克氏针茅取食量；X_5 为羊草取食量。

通过方程计算可知，蝗虫生长发育受到克氏针茅、羊草盖度、蝗虫密度，以及克氏针茅、羊草取食量的影响。r_m值同克氏针茅盖度呈指数函数关系，随盖度增大而增大。在盖度<25%时，r_m值随盖度增长较为平缓，当 60%>盖度>25%时，增长趋于快速。当羊草盖度<25%时，r_m值随盖度增大而减少，当 50%>羊草盖度>25%时，随盖度增大而增大。当蝗虫密度<18 头/m^2时，密度同 r_m 值虫呈正相关，当蝗虫密度>18 头/m^2时，密度同 r_m值呈负相关。蝗虫生长发育水平同克氏针茅取食量呈指数函数关系，r_m值随盖度增大而增大。当 0.03g/头>克氏针茅取食量>0.01g/头时，r_m值随取食量增长较为平缓，当 0.1g/头>克氏针茅取食量>0.03g/头时，增长趋于快速。r_m值同羊草取食量呈幂函数相关，r_m值随羊草取食量增大而减小，当 0.05g/头>羊草取食量>0.03g/头时，减少得较为明显，当 0.2g/头>取食量>0.05g/头时，减小趋于平缓。

2.6 将 r_m 理论值与实际值进行相关性检测

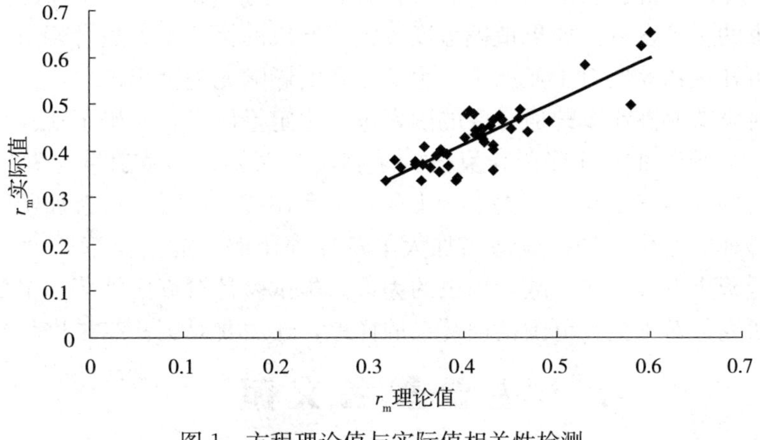

图 1　方程理论值与实际值相关性检测

如图 1 所示，理论值与实际值方程为 $Y=0.9326x+0.0402$，$F=119.14$，

$r=0.857\,2$，相关性较好（$P<0.05$）。

3 结论与讨论

研究昆虫种群动态时，制作生命表是一个重要的方法。从20世纪50年代开始，生命表的制作已经在昆虫上得到了广泛的应用。本实验只对生活力进行研究，研究了雌雄比、发育历期、存活率三个指标。由于笼罩及室内饲养对亚洲小车蝗活动范围和生存空间有较大的限制，造成蝗虫未产卵就大量死亡，因此对于繁殖力没有涉及。根据三块样地对比表明，1号地羊草样地雌虫比例在整个发育期都在逐渐增大。而2号克氏针茅为主的样地，在成虫后雌雄比基本趋于1∶1，接近笼罩试验的起始比例。发育历期从5龄开始2号地与3号地都普遍高于1号样地，而2、3号样地之间差异不显著。但是成虫时，2号地存活率明显高于其余两块样地。室内饲养表明喂食克氏针茅和羊草，对亚洲小车蝗雄虫生长没有明显的影响，但是对雌虫的相对生长率而言，以克氏针茅为食的蝗虫明显好于以羊草为食的蝗虫。而且，亚洲小车蝗不取食冷蒿，同羊草混养，也并没有加大对羊草的取食，而相对生长率也没有明显提高。结合室内外研究可知，亚洲小车蝗不适合在羊草为单一优势种的样地生长，而适合在克氏针茅为主要优势种的样地存活，同 Arianne J 等研究结果一致。

通过拟合方程表明影响适合度的因素有克氏针茅盖度、羊草盖度、蝗虫密度和对克氏针茅、羊草的取食量。不同的蝗虫密度会对植被盖度造成不同程度的破坏，从而影响蝗虫的取食量，对蝗虫的发育产生不同程度的影响。当蝗虫密度较小时，植被盖度相对较高，为害不明显。当蝗虫密度增大时，植物盖度减少，地表裸露程度增大，适于蝗虫生存，造成恶性循环。而当密度过大时，植被盖度急剧减少，种间竞争也增大，不利于蝗虫发育。克氏针茅和羊草在同一块样地生长时存在竞争关系，当一种植物盖度增大时，另一种会相应减少。赵成章等研究表明亚洲小车蝗分布和发生数量同克氏针茅盖度呈极显著正相关，本实验研究表明亚洲小车蝗群落同克氏针茅盖度间的相关关系不是简单相关，而是呈指数函数关系。蝗虫取食量受到蝗虫密度和植被盖度两个因素的制约。当植被盖度较小时，蝗虫密度增大，由于存在种间竞争，蝗虫的平均取食量也会减少，从而影响蝗虫的生长发育。如果植被盖度过大，造成的栖境也不适合蝗虫生长。从各因素关系分析可知植物盖度对于亚洲小车生长发育的影响尤为突出。

本试验对影响亚洲小车蝗适合度的因素进行了定量研究，明确了亚洲小车蝗同各因素间的关系。由研究可知当50%>克氏针茅盖度>25%、羊草盖度<25%时，蝗虫生长发育情况较好。当蝗虫在密度大于6头/m^2接近18头/m^2时，为害加剧。因此在亚洲小车蝗为优势种的退化草地，应适当加大羊草播种比例，提高羊草盖度，控制蝗虫密度，从而降低蝗虫发育水平，减少蝗虫的为害。本试验针对克氏针茅、羊草为优势种的样地进行了研究，对于更大范围植被复杂的样地，还需要对试验结果进一步校正。

主要参考文献

贺达汉，等，1997. 荒漠草原蝗虫营养生态位及种间食物竞争模型的研究［J］. 应用生态学报，8（6）：605-611.

康乐，陈永林，1994. 草原蝗虫营养生态位的研究［J］. 昆虫学报，37（2）：178-189.
吴益东，沈晋良，谭福杰，等，1996. 棉铃虫对氰戊菊酯抗性品系和敏感品系的相对适合度［J］. 昆虫学报，39（3）：233-237.
张茂新，凌冰，梁广文，2004. 不同寄主植物对黄曲条跳甲的适合度及自然种群增长的影响［J］. 华南农业大学学报，25（3）：64-66.
张未仲，贺兵，曹广春，等，2013. 针茅及羊草对亚洲小车蝗生活力影响的定量分析［J］. 草业学报，22（5）：302-309.
CLOUTIER C，DOUGLAS A E，2003. Impact of a parasitoid on the bacterial symbiosis of its aphid host［J］. Entomologia Experimentalis et Applicata，109（1）：13-19.

群居型、散居型意大利蝗形态特征的数量分析

张洋，高松，牙森・沙力[1,2]，曹广春[1,2]，张泽华[1,2]

中国农业科学院植物保护研究所植物病虫害生物学国家重点实验室，北京 100193；农业农村部锡林浩特草原有害生物防治重点野外科学观测试验站，内蒙古锡林浩特 026000。

摘要 意大利蝗是新疆草原的主要害虫之一，为了从形态上精确区分群居型和散居型意大利蝗，本文用数值分类学的方法对两型成虫的10个形态指标和5个形态指标比值进行了数量分析。方差分析结果表明：两型成虫在所测量的10个形态指标上都存在着显著性差异（$P<0.05$）；形态指标比值中前翅长度（E）与后足股节长度（F）比值E/F在两型成虫之间也存在显著性差异（$P<0.05$），其中群居型E/F比值为1.42～1.94，散居型E/F比值为0.90～1.39。聚类分析根据形态和性别将样本分为4组，第Ⅰ组是群居型雄性意大利蝗、第Ⅱ组为群居型雌性意大利蝗、第Ⅲ组为散居型雄性意大利蝗、第Ⅳ组是散居型雌性意大利蝗。主成分分析构建了3个反映形态特征及其比值信息的综合指标，主成分1、主成分2和主成分3，三者的贡献率分别为82.96%、13.86%、2.65%，3个主成分的累积贡献率为99.48%。主成分进一步确定了E/F比值在两型区分上的重要作用，推断E/F比值可以作为群居型、散居型意大利蝗成虫的判定指标。

关键词 意大利蝗，群居型，散居型，数量性状

意大利蝗，属直翅目 Orthoptera，蝗总科 Acridoidea，斑腿蝗科 Acridoidea，主要分布于前苏联欧洲部分、欧洲东南部、地中海沿岸、北非、中亚、西亚。在中国主要分布于新疆海拔800～2 300m的荒漠、半荒漠草地，在青海、甘肃也有分布。意大利蝗寄主范围广泛，取食范围达17科45种植物，喜食冷蒿、新疆鼠尾草、黄花苜蓿。意大利蝗有聚集习性，当蝗蝻的数量达到一定密度时，它们互相聚集拥挤，致使体色变深，进而形成群居型的蝗群。大发生时$1m^2$就有30多头雌性成虫同时产卵，在$0.5m^2$内可以挖出140块蝗卵。群居型蝗群可以进行长距离的扩散和迁飞，造成远大于散居型蝗群的危害。1997—1999年间，意大利蝗在哈萨克斯坦暴发成灾，面积达22万hm^2，直接经济损失达1 500万美元；1999年秋，意大利蝗从哈萨克斯坦、俄罗斯迁入我国新疆阿勒泰、塔城、博尔塔拉地区并产卵，造成了严重危害；2007年意大利蝗在新疆危害面积高达196.2万hm^2。

用形态测量方法研究蝗虫的型变现象，是常用技术手段。20世纪50年代，Dirsh和Symmons用E/F（前翅长度与后足股节长度比值）、F/C（后足股节长度与头宽比值）比值作为非洲飞蝗两型形态差异的定量测定，指出两型蝗虫的E/F、F/C比值的频率分布范围和高峰不同，这不仅从形态比值上探讨了不同形态非洲飞蝗的形态差异，

也为以后蝗虫的两型形态学研究提供了思路和依据。之后国外对沙漠蝗、非洲飞蝗、亚洲飞蝗的形态研究也进行了一些工作，但研究重点集中在影响蝗虫型变的因素、型变机理以及遗传性因素对不同形态蝗虫体色和行为的影响等方面。国内的黄文亮对群居型、散居型东亚飞蝗的形态进行了测量和比较，指出除了通常采用的体色及前胸背板以外，还可以采用 E/F、F/C、M/C 等形态比值来作为两型的区分依据。郭志永等进一步研究了东亚飞蝗的行为和形态型变的判定指标，同样把 E/F、F/C 比值定为东亚飞蝗形态型变的判定指标。型变与聚集行为、群集迁飞相关联，因此在研究蝗虫发生规律时，首先要判定蝗虫的形态和比例，而形态型变指标能为蝗虫的形态鉴别提供依据，可以在蝗虫由密度较低向密度较高、由散居型向群居型转变的过程中起到警示作用。

1 材料与方法

1.1 供试材料

本研究所采用的试验样本采集于新疆阿勒泰地区。采集时间为 2009 年 7 月和 2010 年 7 月。

1.2 方法

1.2.1 测量指标及比值

根据第四届国际蝗虫学会议（1936）所规定的测量标准，以游标卡尺（精确度：0.01 mm）测量了 789 头意大利蝗成虫的干制标本。参数包括体长（L）、前翅长度（E）、头高（HC）、头宽（C）、前胸背板长度（P）、前胸背板高度（H）、前胸背板宽度（M）、后足股节长度（F）、后足股节宽度（WF）、后腿胫节长度（T）、前翅长度与后足股节长度比值（E/F）、后足股节长度与头宽比值（F/C）、前胸背板长度与头宽的比值（P/C）、前胸背板高度与头宽的比值（H/C）和前胸背板宽度与头宽的比值（M/C）。

1.2.2 数据统计

用数值分类学的方法对意大利蝗种群进行归纳分析。用方差分析（ANOVA）对 2 种生态型意大利蝗的形态参数进行分析比较。将这 10 个形态指标和 5 个形态指标比值以形态、雌雄、年份分组共 15 个参数（变量）进行聚类分析（HCA）和主成分分析（PCA）。以上分析均通过 SAS 分析软件进行。

2 结果与分析

2.1 意大利蝗种群形态指标

对意大利蝗种群的 10 个形态指标进行方差分析，结果表明，所测量的 10 个形态指标除后足股节宽度在不同种群中表现出显著性差异（$P<0.05$），其他形态指标：体长、前翅长度、头高、头宽、前胸背板长度、前胸背板高度、前胸背板宽度、后足股节长度、后腿胫节长度都表现极显著性差异（$P<0.01$）（表 1）。测量值的大小在种群中可以一致表现为：群居型雌性个体＞散居型雌性个体＞群居型雄性个体＞散居型雄性个体。

表 1　意大利蝗成虫形态参数

形态指标	操作单元（OTU）			
	群居型雌虫	群居型雄虫	散居型雌虫	散居型雄虫
体长（mm）*L*	25.60 ±0.19aA	19.73 ±0.11cC	24.58±0.21bB	17.91±0.14dD
前翅长度（mm）*E*	24.40 ±0.21aA	18.00±0.15cC	19.29±0.23bB	12.47±0.20dD
头高（mm）*HC*	7.05 ±0.11aA	5.34 ±0.10cC	6.77±0.07bB	4.96±0.06dD
头宽（mm）*C*	4.55±0.05aA	3.69±0.04cC	4.45±0.07bB	3.43±0.05dD
前胸背板长度（mm）*P*	5.83±0.07aA	4.18±0.04cC	5.67±0.08bB	3.87±0.06dD
前胸背板高度（mm）*H*	6.21±0.07 aA	4.49±0.05cC	5.91±0.08bB	4.22±0.06dD
前胸背板最窄处宽度（mm）*M*	4.74±0.06aA	3.48±0.05cC	4.58±0.07bB	3.28±0.05dD
后足股节长度（mm）*F*	15.53±0.13aA	11.71±0.12cC	14.62±0.12bB	9.74±0.13dD
后足股节宽度（mm）*WF*	4.56±0.05aA	3.46 ±0.01cB	4.29±0.06bA	3.20±0.03dB
后足胫节长度（mm）*T*	13.60±0.11aA	9.97±0.13cC	12.01±0.14bB	8.46±0.14dD

注：表中数据为平均值±标准误；同一行中不同小写字母表示在 0.05 水平上差异显著，不同大写字母表示在 0.01 水平上差异显著。下同。

2.2　意大利蝗种群形态指标比值

在探索判别两型意大利蝗形态型变的指标中，选择 *E*/*F*、*F*/*C*、*P*/*C*、*M*/*C*、*H*/*C* 比值作为研究目标。形态指标比值结果显示（表 2）：*E*/*F* 比值区分效果显著，群居型意大利蝗成虫的 *E*/*F* 比值为 1.42～1.94，散居型意大利蝗成虫的 *E*/*F* 比值为 0.90～1.39，群居型 *E*/*F* 比值显著大于散居型（$P<0.05$），可以推断 *E*/*F* 比值可以作为意大利蝗成虫形态型变的判定指标。在其他 4 个形态指标比值中，*M*/*C* 和 *P*/*C* 比值在雌、雄虫之间都存在着显著性差异（$P<0.05$），雌虫的 *M*/*C* 和 *P*/*C* 比值显著大于雄虫，而在不同形态中没有显著性差异。*F*/*C*、*H*/*C* 比值在群居型和散居型意大利蝗及雌、雄意大利蝗中的区分效果都不明显，并且存在比较大的交叉数集，不再对其进行更深一步的讨论与分析。

表 2　意大利蝗成虫形态参数比值

比值	操作单元（OTU）			
	群居型雌虫	群居型雄虫	散居型雌虫	散居型雄虫
前翅长度/后足股节长度 *E*/*F*	1.58±0.06aA	1.58±0.06aA	1.29±0.04bB	1.27±0.05bB
后足股节长度/头宽 *F*/*C*	3.53±0.11aA	3.26±0.06bB	3.30±0.08bB	3.01±0.08Cc
前胸背板长度/头宽 *P*/*C*	1.28±0.06aA	1.14±0.06bB	1.28±0.05aA	1.13±0.05bB
前胸背板高度/头宽 *H*/*C*	1.37±0.06aA	1.23±0.06dC	1.34±0.04bB	1.24±0.04Cc
前胸背板最窄处头宽 *M*/*C*	1.04±0.03aA	0.95±0.04dB	1.03±0.04bA	0.96±0.04cB

2.3　群居型和散居型意大利蝗数量性状聚类分析

按形态、年份、性别将意大利蝗种群形成 8 个操作单元（或分类单元，简称 OTU）：09GF、10GF、09GM、10GM、09SF、10SF、09SM、10SM；同时选择对构建意大利蝗形态特征有重要作用的 8 个形态参数：*L*、*E*、*HC*、*P*、*F*、*T*、*E*/*F*、*F*/

C，进行聚类分析。结果显示（图 1）：此 8 个操作单元可分成 4 组。第Ⅰ组由群居型雄性意大利蝗（09GM、10GM）构成；第Ⅱ组由群居型雌性意大利蝗（09GF、10GF）组成；第Ⅲ组由散居型雄性意大利蝗（09SM、10SM）形成；第Ⅳ组是由散居型雌性意大利蝗（09SF、10SF）形成。聚类分析的结果说明：在不同年份意大利蝗种群的形态特征保持着一定的稳定性，这为形态鉴别奠定了基础，同时也进一步确认了意大利蝗的形态特征在不同形态和性别间确实都存在着显著性差异（$P<0.05$），并且意大利蝗雄虫之间的差异性要大于雌虫。

2.4 群居型和散居型意大利蝗数量性状主成分分析

选择与聚类分析中同样的 8 个数量性状为运算参数以雌雄、形态和年份分组进行运算。通过主成分分析，共获得 8 个主成分。主成分分析结果表明：前 3 个主成分占总信息量的 99.48%，第 1 个主成分 $Prin1=0.37L+0.37E+0.38HC+0.37P+0.38F+0.39Ti+0.17E/F+0.35F/C$，特征值为 6.637 1，说明了总变异的 82.96%，反映了体长（L）、前翅长度（E）、头高（HC）、前胸背板长度（P）、后足股节长度（F）、后腿胫节长度（Ti）、E/F 比值在形态构建上的综合作用。并且以上各个指标的系数相接近，因此是形态指标及其比值的加权平均，表达出群居型、散居型意大利蝗雌、雄虫的形态变异程度。第 2 个主成分 $Prin2=-0.20L+0.23E-0.23HC-0.27P-0.10F-0.02Ti+0.85E/F+0.22F/C$，特征值为 1.109 0，能说明总变异的 13.86%，在前翅长度（E）、E/F、F/C 上有正系数。在体长（L）、头高（HC）、前胸背板长度（P）、后足股节长度（F）、后腿胫节长度（Ti）有负系数，其中 E/F 比值系数最大，第 2 个主成分反映 E/F 比值的作用重要。第 3 个主成分 $Prin3=0.34L+0.26E+0.08HC-0.02P+0.19F-0.20Ti+0.25E/F-0.82F/C$，特征值为 0.212 1，能说明总变异的 12.87%，其中体长（L）和前翅长度（E）具有较高的系数，反映了体长和前翅长度对构建形态特征的重要作用。

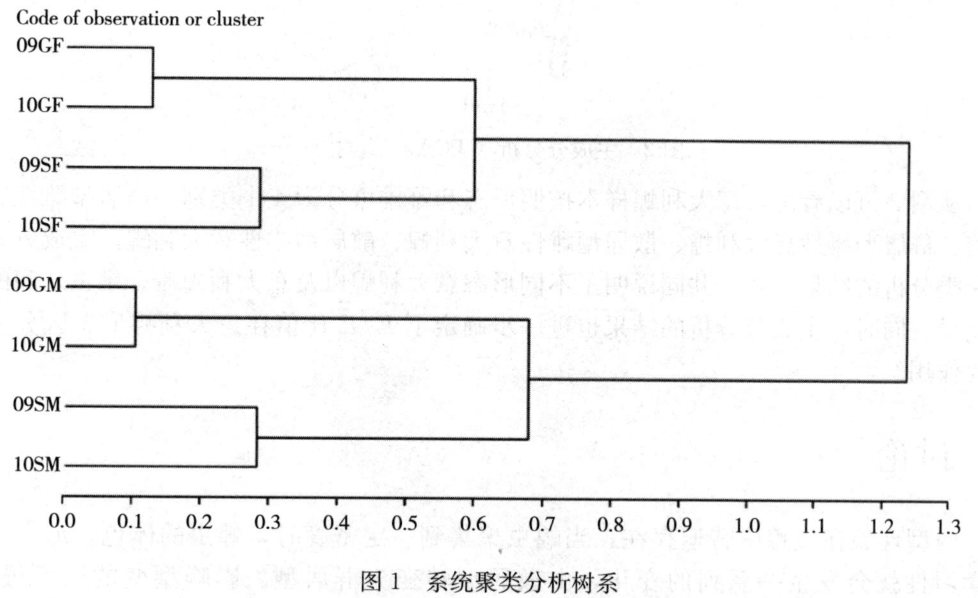

图 1 系统聚类分析树系

表 3　群居型、散居型意大利蝗数量性状主成分得分

年份	生态型	♀/♂	代码	主成分得分		
				Prin1	Prin2	Prin3
2009 年	G	♀	09GF	3.327 4	0.372 2	−0.089 6
		♂	09GM	−0.785 6	1.310 3	−0.293 2
	S	♀	09SF	1.940 1	−1.222 6	−0.311 8
		♂	09SM	−2.404 6	−0.502 2	−0.821 3
2010 年	G	♀	10GF	2.676 9	0.613 2	0.264 6
		♂	10GM	−1.324 2	1.276 4	0.282 9
	S	♀	10SF	0.567 9	−1.397 7	0.4896
		♂	10SM	−3.997 9	−0.449 6	0.4787

通过对群居型和散居型意大利蝗（2009，2010）数量性状及其参数平均值运算得到了前 3 个主成分得分（表 3）。由于第一主成分和第二主成分的累积贡献率已经达到 96.83%，第三主成分的贡献率仅为 2.65%，因此以主成分 1 和主成分 2 做二位排序图(图 2)，从图中可以看出不同形态、不同年份、不同性别意大利蝗成虫形态之间的相互关系。

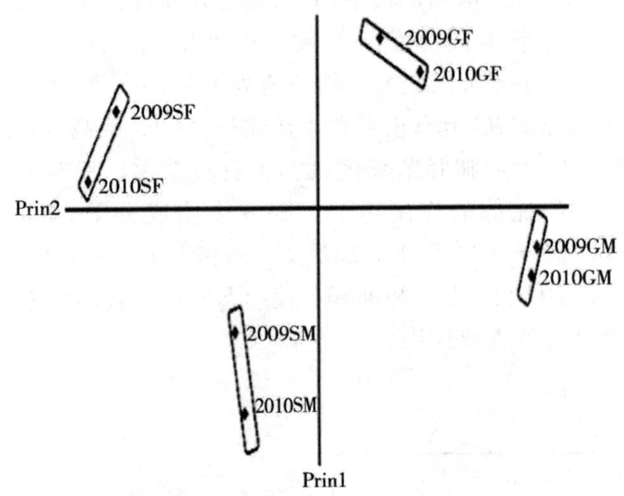

图 2　主成分分析（PCA）二位排序

从图 2 可以看出，意大利蝗样本按照形态和雌雄可分为 4 个类别：群居型雌性意大利蝗、群居型雄性意大利蝗、散居型雌性意大利蝗、散居型雄性意大利蝗。主成分分析与聚类分析的结果一致，共同说明了不同形态意大利蝗以及意大利蝗雌、雄虫之间的形态差异。同时，主成分分析的结果也进一步确定了 E/F 比值在意大利蝗形态区分上的重要作用。

3　讨论

两型现象在飞蝗中普遍存在，当蝗虫聚集到一定密度时，蝗虫的体色、形态、生物学习性就会发生一系列的变化，由散居型转变为群居型。影响型变的因素很多，如龄期、虫口密度、内分泌、化学信息素等都是影响型变的重要因子。群居型蝗虫可以进行长距离的迁飞，造成的危害比散居型蝗虫大得多。1999 年和 2000 年哈萨克斯坦的意大利蝗多次迁入我国新疆地区，对我国农牧生产造成了严重损失。群居型意大利蝗体色较散居型的深，前翅有 2 条明显的白色长条纹，并且前胸背板上有大量的黑色斑点，而散居型的意大利蝗没有明显的白色条纹和黑色斑点。虽然蝗虫体色、前胸背板的差异可以帮助区分不同生态型的蝗虫，但是受到标本的严重制约，为进一步精确区分群居型和散居型意大利蝗，本研究在数量性状水平上探索了两型意大利蝗的数量性状关系。蝗虫的形态特征与其习性及逃避天敌等紧密相关。本研究中方差分析与聚类分析的结果共同表明：同性别的群居型意大利蝗的各个形态参数要比散居型的大。主成分分析表明，差异最为显著的是与运动有关的 3 个特征：前翅长度、后足股节长度和后足胫节长度。首先，蝗虫的前翅、后足股节和后足胫节分别与蝗虫的飞翔、跳跃有关，群居型意大利蝗的这 3 个形态指标明显大于散居型，这对群居型意大利蝗的飞行、跳跃有着重要作用。其次，体长与蝗虫的能量供给和储存有关，群居型意大利蝗的体长也大于散居型，可以为其长距离迁飞中提供更多的物质和能量。另外，前胸背板长、宽、高与飞行肌的发育程度相关联，群居型意大利蝗与散居型相比，这 3 个形态指标也较大，群居型意大利蝗有着更为发达的飞行肌。最后，头宽、头高与蝗虫的飞行阻力有关，这两个指标在两型意大利蝗之间虽有差异，但差异性没有上述的运动器官显著。蝗虫的运动能力并非由一种运动器官来决定，而是由运动器官和其他器官配合形成一个完整的运动体系来决定的。这种综合的运动体系（形态指标比值）通过数据处理后，更能说明两种形态之间的差异程度。在探索区分群居型和散居型意大利蝗成虫的指标中，参考了东亚飞蝗及沙漠蝗的形态型变判别指标，选择了受密度影响较大的 5 个形态指标比值 E/F、F/C、P/C、H/C、M/C 进行运算，其中 E/F 比值在两型区分上效果显著，可以推断两型意大利蝗 E/F 比值的临界点为 1.40，E/F 比值可以作为区分群居型和散居型意大利蝗的形态指标。主成分分析也进一步肯定了 E/F 比值在意大利蝗形态区分上的重要作用。在意大利蝗的其他 4 个形态指标比值研究中，对两型意大利蝗的区分效果不明显，并且在群居型和散居型之间存在较大的数据交叉现象，不宜作为意大利蝗形态型变的判定指标。意大利蝗是新疆草原的主要害虫，并且两种形态往往在蝗虫多发区同时存在。形态型变判定指标的确定可以使工作人员在意大利蝗的野外调查中，根据对标本的测量分析，结合调查的种群密度，确定群居型意大利蝗的形态及比例，做好意大利蝗的提前防治工作，降低群居型意大利蝗大规模迁飞而造成不可估计的损失。

主要参考文献

郭志永，石旺鹏，张龙，等，2004. 东亚飞蝗行为和形态型变的判定指标 [J]. 应用生态学报 (5)：859-862.

黄亮文，1965. 东亚飞蝗二型的形态测量比较 [J]. 昆虫知识 (4)：40-42，44.

张洋，高松，牙森·沙力，等，2011. 群居型、散居型意大利蝗形态特征的数量分析 [J]. 应用昆虫学报，48 (4)：854-861.

AHMED H，MAGZOUB O B，1999. Insights for the management of different locust species from new findings on the chemical ecology of the desert locust［J］. Insect Science and Its Application，4（4）：369-376.

DIESH V M，1953. Morphometrical studies on phase of the desert locust（*Schistocerca gregaria* Forskal）［M］. Anti-Locust Bull：16-34.

HÜGELE B F，OAG V，BOUAÏCHI A，et al，2000. The role of female accessory glands in maternal inheritance of phase in the desert locust *Schistocerca gregaria*［J］. Journal of Insect Physiology，46（3）：275-280.

冷蒿和苜蓿对意大利蝗生长及生殖力的影响

黄训兵[1]，张　洋[2]，曹广春[1]，涂雄兵[1]，吴乐年[3]，徐光青[4]

1. 中国农业科学院植物保护研究所植物病虫害生物学国家重点实验室，北京100193；2. 河南农业大学农学院，郑州450002；3. 新疆维吾尔自治区哈巴河县治蝗灭鼠办公室，哈巴河836700；4. 新疆维吾尔自治区阿勒泰地区治蝗灭鼠办公室，阿勒泰836500。

摘要　以紫花苜蓿、冷蒿以及二者1∶1混合饲喂意大利蝗1龄蝗蝻，单食冷蒿不能完成生活史，混食发育进度要快于单食紫花苜蓿。以三种食料分别饲喂意大利蝗成虫，研究其生长及生殖力的变化，结果表明：与单食紫花苜蓿和混食相比，单食冷蒿抑制了成虫体长、体重、雌雄成虫寿命、交配率和单雌产卵量，导致交配期提前，雌虫死亡率升高，而对卵囊内卵粒数无影响。与单食紫花苜蓿相比，混食促进了卵囊内卵粒数的增加，其余指标没有显著变化。这些结果表明两种牧草的隔离种植对减轻意大利蝗为害是十分必要的。

关键词　意大利蝗，冷蒿，紫花苜蓿，生长，生殖力

意大利蝗主要分布于欧洲大陆、地中海沿岸、北非、中亚、西亚以及我国新疆海拔800～2 300m的荒漠、半荒漠草原，是新疆农牧区分布广泛的优势种害虫之一。其寄主范围广，取食范围达17科45种植物。近年来随苜蓿种植面积增大，意大利蝗持续成灾。但其较少为害作为荒漠草原优势种植物的冷蒿，虽然已有研究表明冷蒿对意大利蝗有较强的吸引作用。这可能与冷蒿对意大利蝗会产生一定的不利影响有关。

现有结果表明，蝗虫种群密度、生长和繁殖能力受食料影响显著。对西藏飞蝗的研究发现，成虫期以取食禾本科作物最适宜其生长、生殖，产卵前期短，寿命长达90d左右，但取食十字花科植物时，产卵前期延长，寿命短，仅有10d左右；对于亚洲小车蝗，成虫期以羊草饲喂时，其生长和生殖能力最高，用冷蒿或菊叶委陵菜饲喂的亚洲小车蝗则不能产卵；对于东亚飞蝗，以大豆、油菜等双子叶植物为食时其死亡率增加，取食稗草时其成虫寿命延长，取食玉米时其产卵量最多。

有鉴于此，我们2010年开展了冷蒿、苜蓿对意大利蝗发育历期影响的试验，2012年就冷蒿和苜蓿对意大利蝗成虫生长及生殖力的影响进行了深入探索，以期进一步了解意大利蝗的生长和生殖特性，为意大利蝗的生态防治提供一定的理论指导。

1 材料与方法

1.1 试验材料

试虫：本研究所采用的意大利蝗采集于新疆阿勒泰地区，群居型1龄蝗蝻采集时间为2010年6月，群居型成虫采集时间为2012年7月，地理及植被信息见表1。

表1 意大利蝗采集信息

年份	采集地点	北纬	东经	海拔（m）	植被概况
2010	中哈边境45号界碑	47.78°	85.60°	537	分布有羊草、苜蓿及冷蒿
2012	哈巴河县塔勒德	48.15°	86.47°	631～643	主要分布植被为羊草

仪器及材料：游标卡尺（精度0.01mm）、养虫笼（100cm×100cm×100cm）、电子天平（精度0.01g）、铲子、剪刀。

食料：采集的新鲜冷蒿、紫花苜蓿。

1.2 试验方法

1.2.1 饲喂不同食料后对意大利蝗发育历期的影响

2010年6月，在哈巴河县农业农村部草地螟监测站，设置三组试验以观察发育历期，各重复五次，每笼放入野外采集的群居型意大利蝗1龄蝗蝻，雌、雄各15头，每天以新鲜紫花苜蓿30g、冷蒿30g以及混合食料30g（紫花苜蓿15g，冷蒿15g）饲喂，观察记录意大利蝗雌、雄虫的死亡情况及龄期变化。

1.2.2 饲喂不同食料后对意大利蝗成虫寿命、交配、产卵的影响

2012年，在哈巴河县农业农村部草地螟监测站内同样设置三组试验，各重复五次，每笼放入野外采集的群居型意大利蝗雌、雄成虫各30头，每天9:00和14:00以新鲜紫花苜蓿200g、冷蒿200g以及混合食料200g（紫花苜蓿100g、冷蒿100g）饲喂意大利蝗，8:00～18:00每隔1h观察意大利蝗成虫交配、产卵情况及雌、雄虫的死亡头数，将死虫拣出，直至笼内蝗虫全部死亡，挖出笼内卵囊，统计卵囊内卵粒数，记录数据。交配率观察，成虫产卵前选取部分雌成虫进行解剖，观察受精囊，判断是否成功交配，计算交配率。

1.2.3 饲喂不同食料后对意大利蝗成虫体长、体重的影响

饲喂28d后，从各笼选取完整的意大利蝗，用电子天平（精度0.01g）分别测量雌、雄成虫体重，游标卡尺（精度0.01mm）测量雌、雄成虫体长，记录数据。测量后，成虫分别放回原笼罩继续饲喂。

1.3 数据处理

意大利蝗发育历期、成虫寿命计算方法为：

$$\overline{L}=(\sum_{i=1}^{n} i * N_i)/N_t$$

其中：i 为个体发育历期的天数，N_i 为历期为 i 天的个体数，N_t 为蝗虫试验种群

的个体总数（李鸿昌等，1987）。

意大利蝗雌虫一般可产卵 3～5 块，为表现不同食料对意大利蝗产卵能力的影响，单雌产卵量＝（卵块总量/产卵意大利蝗雌虫数）。

数据分析采用 SAS 8.0 进行。

2 结果分析

2.1 饲喂不同食料后意大利蝗发育历期的变化

不同食料饲喂意大利蝗 1 龄蝗蝻发现，取食冷蒿的意大利蝗 1 龄蝗蝻不能完成其生活史，两周内全部死亡。对于紫花苜蓿及混食条件下的意大利蝗发育历期（表 2）显示：在 1 龄、2 龄时两种食料条件下意大利蝗发育历期无显著性差异（$P>0.05$）；但是混合饲喂条件下意大利蝗 3 龄、4 龄、5 龄、6 龄历期要显著小于单食紫花苜蓿（$P<0.05$），可见，混食的意大利蝗发育进度要快于单食紫花苜蓿的意大利蝗。

表 2 不同食料条件条件下意大利蝗的发育历期（d）

	苜蓿		苜蓿、冷蒿 1：1 混合	
	雌虫	雄虫	雌虫	雄虫
1 龄	10.12±0.89a	9.23±1.13a	9.16±1.30a	10.15±0.97a
2 龄	9.12±1.03a	8.96±0.74a	10.04±1.52a	9.57±0.86a
3 龄	13.29±1.21a	14.17±0.97a	8.96±0.79b	7.53±0.81b
4 龄	14.97±0.89a	13.62±1.31a	11.91±0.93b	8.87±0.83c
5 龄	17.41±1.95b	19.76±2.02a	12.34±1.31d	16.18±1.70c
6 龄	10.19±1.24a		7.57±0.89b	
成虫	31.23±2.78d	40.29±4.26b	38.56±3.59c	46.10±3.94a

注：表中数据为平均值±标准误；同一行中小写字母表示 0.05 水平。

2.2 饲喂不同食料后意大利蝗成虫体重变化

昆虫成虫的体重是反映其生长和生殖能力的重要指标，因此本文首先研究了三种食料对意大利蝗成虫体重的影响。由表 3 可知，意大利蝗雌性成虫在取食不同食料 28d 后，单食紫花苜蓿的体重最大，混食次之，两者无明显差异但均显著大于单食冷蒿的体重（$P<0.05$）。在雄性成虫的体重中，混食最大，与单食紫花苜蓿差异不显著（$P>0.05$），但显著大于单食冷蒿（$P<0.05$）。

表 3 不同食料条件下意大利蝗成虫体重（g）

	雌成虫	雄成虫
紫花苜蓿	1.07±0.024a	0.32±0.009ab
冷蒿	0.94±0.028b	0.31±0.007b
紫花苜蓿＋冷蒿混合（1：1）	1.01±0.014a	0.34±0.006a

注：表中数据为平均值±标准误；同一列中小写字母表示 0.05 水平。

2.3 饲喂不同食料后意大利蝗成虫体长比较

昆虫成虫的体长是反映其生长和生殖能力的重要指标，因此本文研究了三种食料对意大利蝗成虫体长的影响。由表4可知，饲喂不同食料28d后，意大利蝗雌性成虫的体长，单食紫花苜蓿最大，显著大于单食冷蒿（24.80±0.68）（$P<0.05$），但两者与混食差异不显著（$P>0.05$）。意大利蝗雄性成虫体长，单食紫花苜蓿与混食差异不显著，但两者显著大于单食冷蒿（$P<0.05$）。

表4　不同食料条件下意大利蝗成虫的体长（cm）

	雌成虫	雄成虫
紫花苜蓿	26.35±0.24a	18.54±0.24a
冷蒿	24.80±0.68b	17.45±0.24b
紫花苜蓿＋冷蒿混合（1∶1）	25.37±0.25ab	18.98±0.19a

注：表中数据为平均值±标准误；同一列中小写字母表示0.05水平。

2.4 饲喂不同食料后意大利蝗成虫寿命比较

昆虫成虫的寿命是反映其生长及生殖能力的重要指标，本文研究了三种食料对意大利蝗成虫寿命的影响。由表5可知，意大利蝗雌性成虫寿命：单食紫花苜蓿最长，为45.4d±0.886d，显著大于（$P<0.05$）单食冷蒿和混食的意大利蝗雌性成虫，而单食冷蒿显著低于（$P<0.05$）混食。雄性成虫平均寿命：单食紫花苜蓿最长，为42.5d±1.045d，与混食差异不显著，但两者均显著大于（$P<0.05$）单食冷蒿。单食冷蒿导致意大利蝗雌、雄成虫寿命的缩短。

表5　不同食料条件下意大利蝗成虫寿命（d）

	紫花苜蓿	冷蒿	混合（1∶1）
雌成虫	45.4±0.886a	38.6±0.764b	41.3±0.894c
雄成虫	42.5±1.045a	34.4±0.903b	39.6±0.923a

注：表中数据为平均值±标准误；同一行中小写字母表示0.05水平。

2.5 饲喂不同食料后意大利蝗成虫交配期比较

昆虫成虫的交配期是反映其生长和生殖能力的重要指标之一，因此本文研究了三种食料对意大利蝗成虫交配期的影响。由图1可知，单食冷蒿的成虫交配最早，集中在7月26日至8月2日；单食紫花苜蓿的成虫交配最晚，集中在7月31日至8月12日；混食的成虫交配较晚，集中在7月28日至8月6日。表明，取食冷蒿交配期明显提前，而混食和单食紫花苜蓿交配期较晚。

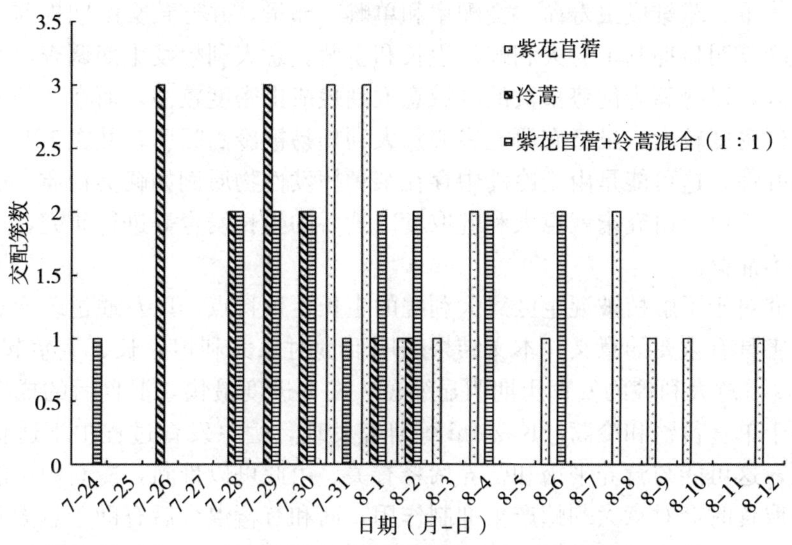

图1 不同食料条件下意大利蝗成虫交配观察

2.6 饲喂不同食料后意大利蝗成虫生殖力比较

昆虫成虫的交配率、死亡率、单雌产卵量以及卵囊内卵粒数是反映其生殖力的重要指标，因此本文研究了三种食料对意大利蝗成虫以上四种指标的影响。由表6可知，交配率，单食紫花苜蓿显著高于（$P<0.05$）单食冷蒿，但两者与混食无显著性差异。死亡率，单食紫花苜蓿及混食之间无显著性差异，但均显著小于（$P<0.05$）单食冷蒿。单雌产卵量，单食冷蒿显著低于（$P<0.05$）单食紫花苜蓿，但两者与混食无显著差异。卵囊内平均卵粒数，单食冷蒿与单食紫花苜蓿无显著差异，但均显著低于混食（$P<0.05$）。可见，虽然雌成虫单食冷蒿导致交配期明显提前，但有效交配率和产卵量显著降低，产卵前死亡率最大，而对卵囊内卵粒数影响不明显。单食冷蒿降低了意大利蝗雌成虫生殖力，而混食表现为促进作用。

表6 不同食料条件下意大利蝗雌成虫生殖力

	紫花苜蓿	冷蒿	1：1混合
交配率（%）	80.53±8.96a	66.29±8.72b	72.85±7.49ab
死亡率（%）	52.67±5.96a	68.67±7.81b	60.00±3.80a
单雌产卵量（个）	1.4±0.1a	1.0±0.2b	1.3±0.1ab
卵囊内卵粒数（粒）	29.90±1.016a	25.30±1.033a	32.10±1.472b

注：表中数据为平均值±标准误；同一行中不同小写字母表示0.05水平差异显著。

3 结论与讨论

植物是影响昆虫取食行为、生长和生殖能力的重要因素，与昆虫的发生和暴发密切相关。本文研究发现，1龄蝗蝻取食冷蒿不能完成其生活史，单食冷蒿抑制了意大利蝗成虫体长、体重、雌雄成虫寿命、交配率和单雌产卵量，并导致交配期提前，死亡率升高。这表明冷蒿明显抑制了意大利蝗的生长和生殖。意大利蝗发生期调查也发现，在新疆阿勒泰地区，以冷蒿为优势植被的区域意大利蝗成虫密度较小，而在苜蓿分布区意大利蝗成虫种群密度较大。虽已有研究表明意大利蝗易被冷蒿吸引，并在12h内成虫对其有一定的偏好性，这可能是由于冷蒿中存在某种挥发性物质例如萜类物质，能吸引意大利蝗取食。由于以上研究未就意大利蝗取食冷蒿后的生长发育等进行研究，所以与本文研究结果并不冲突。

混食研究对于了解植被混生区意大利蝗的生长生殖特点，以及通过改变意大利蝗栖境以减少为害具有重要的意义。本文结果表明混食对意大利蝗生长、生殖起促进作用，1龄蝗蝻混食后意大利蝗的发育历期明显缩短，发育进度最快，混食后的成虫卵囊内卵粒数明显高于单食苜蓿和冷蒿。Kazumi等研究发现，蝗虫发育过程中不适食料的存在有重要意义，这可能与营养平衡和营养稀释有关。由此可以推断，冷蒿中可能含有某种物质，单一取食时会对意大利蝗产生抑制作用，而和苜蓿混合后有助于意大利蝗的生长发育。由于畜牧养殖中存在牲畜“无蒿不肥”的现象，所以这些物质的分离、鉴定及作用模式的研究将对人工牧草的改良提供帮助。

综上所述，在以冷蒿为主的荒漠草原及附近进行苜蓿的种植，会为意大利蝗创造合适的混食环境，可能会加大意大利蝗对冷蒿和苜蓿的危害，以及意大利蝗暴发成灾的概率，而两种牧草的隔离种植应该可以减轻意大利蝗的危害。

主要参考文献

陈永林，2000. 蝗虫再猖獗的控制与生态学治理［J］. 中国科学院院刊，5：341-345.

何建平，奚耕思，任耀辉，2004. 黄胫小车蝗受精囊的亚显微结构［J］. 昆虫学报，6：725-731.

黄春梅，1995. 新疆巴里坤草原优势种蝗虫食性与蝗科中亚科分类系统关系的研究［J］. 昆虫分类学报，17：128-134.

黄辉，朱恩林，2001. 哈萨克斯坦蝗灾严重发生［J］. 世界农业，6：46-47.

黄训兵，张洋，曹广春，等，2013. 冷蒿和苜蓿对意大利蝗生长及生殖力的影响［J］. 环境昆虫学报，35（5）：617-622.

BELOVSKY G E，SLADE J B，1995. Dynamics of two Montana grasshopper populations：relationships among weather，food abundance and intraspecific competition［J］. Oecologia（Berlin），101（3）：383-396.

DUDAREVA N，PICHERSKY E，GERSHENZON J，2004. Biochemistry of plant volatiles［J］. Plant Physiology，135（4）：1893-1902.

KAZUMI M，NAOTA M，2004. Diet mixing and its effect on polyphagous grasshopper nymphs［J］. Ecological Research，19：269-274.

典型草原三种蝗虫种群竞争关系的研究

吴惠惠[1]，徐云虎[2]，曹广春[1]，格希格都仁[2]，刘朝阳[1]，
贺兵[2]，额尔登巴图[2]，王广君[1]，张泽华[1]

1. 中国农业科学院植物保护研究所植物病虫害生物学国家重点实验室，北京 100193；2. 内蒙古自治区锡林郭勒盟镶黄旗草原工作站，锡林郭勒 013250。

摘要 为探讨典型草原优势蝗虫种内、种间竞争模式，以及栖境对蝗虫种间竞争的影响，本文设计田间罩笼及正交试验分析研究了内蒙古典型草原 3 种优势蝗虫（亚洲小车蝗、毛足棒角蝗和鼓翅皱膝蝗）的种群竞争关系。结果表明，亚洲小车蝗和毛足棒角蝗的种内竞争随着密度的增加而加大，并随着栖境食物量的减少而加大；鼓翅皱膝蝗由于栖境不适，种内竞争与密度没有相关性；混合种群正交试验结果显示，亚洲小车蝗有较强的种间竞争能力，而栖境对毛足棒角蝗竞争能力的影响较大。表明栖境和种群密度影响蝗虫群落动态。栖境适合时，亚洲小车蝗种间竞争力大于其他两种蝗虫。

关键词 死亡率，种内竞争，种间竞争，栖境

蝗虫是草原生态系统中的初级消费者，其分布具有明显的集团性。蝗虫本身的特性及竞争、栖境的特性，以及食物的有效性是决定蝗虫种群动态和分布的重要因素。栖境结构的组成及变化，对蝗虫种群数量产生重要影响，同时，在适合蝗虫生存的栖境中，随着种群密度的增加，栖境质量将下降，则反过来影响蝗虫的栖境选择。尽管蝗虫种间存在着明显的食物分化，但蝗虫种群密度及其所利用食物的有效性和质量性的周期性波动，有可能提供竞争的机会，至少是间歇性的。而蝗虫种群之间的竞争作用不仅可以通过降低出生率、增加死亡率的方式影响蝗虫种群数量动态，而且可以在个体水平上改变蝗虫生长的速度和形态，从而影响蝗虫种群的生活模式。总之，蝗虫种内与种间竞争的关系模式、蝗虫栖境选择与种间竞争的关系是研究蝗虫种群数量动态变化的关键因子。

内蒙古锡林郭勒盟典型草原优势种亚洲小车蝗、毛足棒角蝗和鼓翅皱膝蝗的生物学特征、生活习性已有大量研究。所以本文在前人研究的基础上，比较分析了 3 种蝗虫的取食特性，同时采用野外罩笼方法，调查了不同密度下 3 种蝗虫成虫的死亡率，并设计正交试验分析不同密度及不同栖境下 3 种蝗虫的死亡率，旨在掌握典型草原 3 种蝗虫不同密度下群落结构和功能变化、种间竞争和栖境选择，预测群落的发展演替动态，同时也为草原蝗虫的有效防治提供科学理论依据。

1 材料与方法

1.1 试验区自然概况

试验区位于内蒙古自治区锡林郭勒盟镶黄旗草原，分布于42°15′N～42°25′N，113°45′E～113°83′E。地势较为平坦，海拔高度相差无几。该地区属于中温带半干旱大陆性季风气候，年降水量267.9mm。地区年平均气温3.1℃，无霜期平均为120d左右。主要土壤类型为栗钙土。

试验选择3种草地类型，分别为Ⅰ克氏针茅草原：主要植被类型为克氏针茅，散生糙隐子草、小叶锦鸡儿、银灰旋花、冷蒿等植物，在该样地进行亚洲小车蝗和鼓翅皱膝蝗的密度试验及正交试验；Ⅱ羊草草原：主要植被类型为羊草，散生糙隐子草、小叶锦鸡儿、银灰旋花、冷蒿、木地肤、克氏针茅等植物，在该样地进行毛足棒角蝗的密度试验及正交试验；Ⅲ克氏针茅富含杂类草草原：主要植被类型为克氏针茅、篦齿蒿、二裂委陵菜等，散生糙隐子草、小叶锦鸡儿、冷蒿等植物，在该样地进行正交试验。

1.2 蝗虫食性研究

选择克氏针茅、羊草、糙隐子草、小叶锦鸡儿、银灰旋花、冷蒿、篦齿蒿和木地肤作为供试牧草，保持新鲜，称取相同重量牧草，分别对三种蝗虫进行单独的连续强迫饲喂，观察蝗虫取食及死亡情况。

1.2.1 种蝗虫单种群不同密度的田间死亡率

网捕亚洲小车蝗、毛足棒角蝗和鼓翅皱膝蝗成虫，按雌雄比1∶1放入罩笼（1m×1m×1m），亚洲小车蝗和毛足棒角蝗的虫口密度分别为6头/m^2、16头/m^2和26头/m^2，鼓翅皱膝蝗的虫口密度为4头/m^2、6头/m^2和10头/m^2，3次重复。各罩笼内植被类型和最初生物量大致相同。试验从2011年6月25日开始，到7月15日结束，共20d，每5d检查1次，记录死亡数，并补充与死亡蝗虫相同数量的蝗虫。

1.2.2 种蝗虫混合种群死亡率正交试验

采取4因素3水平正交试验，因素A为亚洲小车蝗虫口密度，水平为6头/m^2、10头/m^2和16头/m^2；因素B为毛足棒角蝗虫口密度，水平为6头/m^2、10头/m^2和16头/m^2；因素C为鼓翅皱膝蝗虫口密度，水平为4头/m^2、6头/m^2和10头/m^2；因素D为不同的Ⅰ、Ⅱ、Ⅲ号样地。2011年6月25日网捕亚洲小车蝗、毛足棒角蝗和鼓翅皱膝蝗相应数目成虫，按雌雄比1∶1放入罩笼（1m×1m×1m），10d后记录存活数，计算死亡率。

1.3 数据处理

蝗虫种内密度试验采用多重比较和简单相关方法分析。

正交试验的试验数据采用极差分析和方差分析。

以上数据用SAS 8.0软件统计分析。

2 结果

2.1 食性分析

亚洲小车蝗和毛足棒角蝗食性相似，嗜食羊草、糙隐子草和克氏针茅，不食小叶锦鸡儿、银灰旋花、木地肤和冷蒿；而鼓翅皱膝蝗食性杂，对禾本科牧草嗜好程度没有亚洲小车蝗和毛足棒角蝗强。见表1。

表1 3种草原蝗虫食性选择

种类	羊草	克氏针茅	糙隐子草	小叶锦鸡儿	银灰旋花	冷蒿	木地肤
亚洲小车蝗	2	2	2	0	0	0	0
毛足棒角蝗	2	2	2	0	0	0	0
鼓翅皱膝蝗	1	1	1	2	2	2	2

注：0级为不食，供试植物无缺刻，试虫有死亡或自残现象；1级为少食，供试植物有明显缺刻，试虫取食叶片面积0～30%；2级为嗜食，试虫取食叶片面积30%以上。

2.2 3种蝗虫密度试验田间死亡率

多重比较结果表明，不同密度处理5d后，亚洲小车蝗、毛足棒角蝗和鼓翅皱膝蝗高、中、低密度间死亡率差异不显著，但是鼓翅皱膝蝗死亡率比其他两种蝗虫显著偏高（$P<0.05$）；处理10d后亚洲小车蝗和毛足棒角蝗的死亡率，高密度（26头/m^2）时比其中密度（16头/m^2）和低密度（6头/m^2）时显著增高（$P<0.05$），鼓翅皱膝蝗各密度之间的死亡率差异不显著；处理15d和20d后，亚洲小车蝗的死亡率低密度（6头/m^2）时与其高密度（26头/m^2）时相比显著降低（$P<0.05$），毛足棒角蝗和鼓翅皱膝蝗的死亡率各密度处理之间差异不显著（表2）。

表2 罩笼内3种不同蝗虫的死亡率比较

蝗虫种类	起始密度（头/m^2）	死亡率				死亡率与密度的相关性
		5d	10d	15d	20d	
亚洲小车蝗	6	(0.000±0.000) bA	(0.000±0.000) dA	(0.067±0.115) dA	(0.000±0.000) dA	—
	16	(0.000±0.000) bC	(0.000±0.000) dC	(0.267±0.000) cdB	(0.356±0.038) bcdA	**
	26	(0.000±0.000) bB	(0.600±0.223) bA	(0.493±0.115) abcA	(0.653±0.266) abA	*
亚洲小车蝗死亡率与处理时间的相关性		—	**	**	**	
毛足棒角蝗	6	(0.000±0.000) bA	(0.000±0.000) dA	(0.133±0.115) dA	(0.133±0.000) cdA	**
	16	(0.044±0.038) bBC	(0.000±0.000) dC	(0.156±0.077) dAB	(0.244±0.077) bcdA	**

（续）

蝗虫种类	起始密度（头/m^2）	死亡率				死亡率与密度的相关性
		5d	10d	15d	20d	
毛足棒角蝗	26	(0.107±0.046) bC	(0.227±0.023) cB	(0.347±0.023) bcdA	(0.413±0.023) abcdA	**
毛足棒角蝗死亡率与处理时间的相关性		**	**	*	**	
鼓翅皱膝蝗	4	(0.556±0.192) aA	(0.667±0.000) abA	(0.556±0.192) abcA	(0.711±0.327) abA	—
	6	(0.556±0.096) aB	(0.833±0.000) aA	(0.611±0.096) abB	(0.556±0.096) abcB	—
	10	(0.741±0.160) aA	(0.852±0.064) aA	(0.741±0.064) aA	(0.852±0.257) aA	—
鼓翅皱膝蝗死亡率与处理时间的相关性		—	—	—	—	

注：同列中，不同小写字母间差异显著（$P<0.05$）；同行中，不同大写字母间差异显著（$P<0.05$）；* 表示显著相关（$P<0.05$）；* * 表示极显著相关（$P<0.01$）；—表示不相关。

亚洲小车蝗连续低密度（6 头/m^2）处理 5d、10d、15d、20d 时，死亡率差异不显著；中密度（16 头/m^2）处理 5d、10d 时死亡率差异不显著，但是随时间延长，罩笼内植物减少，15d、20d 时死亡率显著增加（$P<0.05$）；高密度（26 头/m^2）处理 5d 时死亡率为零，10d、15d、20d 时死亡率显著增加（$P<0.05$），但彼此之间差异不显著。由表 2 可知Ⅰ号样地亚洲小车蝗的承载量约为 11 头/m^2。

毛足棒角蝗连续低密度（6 头/m^2）处理 5d、10d、15d、20d 时，死亡率差异不显著；中密度（16 头/m^2）和高密度（26 头/m^2）处理死亡率均随时间延长而显著增加（$P<0.05$），但 15d、20d 时的死亡率差异不显著。由表 2 可知Ⅱ号样地毛足棒角蝗的承载量为 16 头/m^2。

鼓翅皱膝蝗各密度处理试验开始时死亡率较高，均超过 50%，但彼此之间差异不显著，并且鼓翅皱膝蝗死亡率与试验处理时间及密度相关性均不显著。

2.3 混合种群正交试验

正交试验亚洲小车蝗死亡率结果表明，4 个因素中，亚洲小车蝗虫口密度及样地环境对亚洲小车蝗死亡率的影响呈极显著水平（$P<0.01$），且样地环境对其影响比亚洲小车蝗虫口密度大；毛足棒角蝗虫口密度对亚洲小车蝗死亡率的影响呈显著水平（$P<0.05$）；鼓翅皱膝蝗的虫口密度对亚洲小车蝗死亡率的影响不显著。亚洲小车蝗和毛足棒角蝗为低密度的Ⅱ号样地组合，亚洲小车蝗死亡率最低；亚洲小车蝗为中密度，毛足棒角蝗为高密度的Ⅰ号样地组合，亚洲小车蝗死亡率最高（表 3、表 4）。

表 3　亚洲小车蝗死亡率正交试验结果

	A	*B*	*C*	*D*	试验指标			
					Ⅰ	Ⅱ	Ⅲ	T_t
1	1	1	1	1	0.4	0.2	0.2	0.8

（续）

	A	B	C	D	试验指标			
					Ⅰ	Ⅱ	Ⅲ	T_t
2	1	2	2	2	0	0	0	0
3	1	3	3	3	0.4	0.4	0.4	1.2
4	2	1	2	3	0.3	0.3	0.7	1.3
5	2	2	3	1	0.8	0.8	0.8	2.4
6	2	3	1	2	0.1	0.6	0.2	0.9
7	3	1	3	2	0	0.267	0.267	0.534
8	3	2	1	3	0.6	0.467	0.467	1.534
9	3	3	2	1	0.8	0.733	0.800	2.333
*K*1	2.000	2.634	3.234	5.533	3.4	3.767	3.834	11.001
*K*2	4.600	3.934	3.633	1.434				
*K*3	4.401	4.433	4.134	4.034				
kl	0.222	0.293	0.359	0.615				
*k*2	0.511	0.437	0.404	0.159				
*k*3	0.489	0.493	0.459	0.448				
极差	0.289	0.200	0.100	0.455				

注：*A* 为亚洲小车蝗虫口密度；*B* 为毛足棒角蝗虫口密度；*C* 为鼓翅皱膝蝗虫口密度；*D* 为Ⅰ、Ⅱ、Ⅲ号样地。

表 4　亚洲小车蝗死亡率正交试验方差分析

变异来源	平方和（SS）	自由度（df）	均方（MS 或 S^2）	F 值	显著水平
A	0.465	2	0.233	12.478	**
B	0.192	2	0.096	5.140	*
C	0.045	2	0.023	1.212	
D	0.956	2	0.478	25.631	**
误差 *e*	0.336	18	0.019		
总变异	1.994	26			

注：$F_{0.05}$（2，18）=3.55；$F_{0.01}$（2，18）=6.01；*A* 为亚洲小车蝗虫口密度；*B* 为毛足棒角蝗虫口密度；*C* 为鼓翅皱膝蝗虫口密度；*D* 为Ⅰ、Ⅱ、Ⅲ号样地。

正交试验毛足棒角蝗死亡率结果表明，4 个因素中，样地环境对毛足棒角蝗死亡率的影响呈极显著水平（$P<0.01$），其余 3 个因素对其影响不显著。毛足棒角蝗死亡率在Ⅱ号样地最低，Ⅲ号样地最高（表 5、表 6）。

表 5　毛足棒角蝗死亡率正交试验结果

	A	B	C	D	试验指标			
					Ⅰ	Ⅱ	Ⅲ	T_t
1	1	1	1	1	0.4	1	1	2.4

（续）

	A	B	C	D	试验指标			
					Ⅰ	Ⅱ	Ⅲ	T_t
2	1	2	2	2	0.4	0.9	0.7	2.0
3	1	3	3	3	0.867	1	1	2.867
4	2	1	2	3	1	0.8	0.6	2.4
5	2	2	3	1	1	0.5	0.8	2.3
6	2	3	1	2	0.267	0.4	0.4	1.067
7	3	1	3	2	1	0.2	0.4	1.6
8	3	2	1	3	0.8	1	0.9	2.7
9	3	3	2	1	1	1	0.8	2.8
K1	7.267	6.400	6.167	7.500	6.734	6.8	6.6	20.134
K2	5.767	7.000	7.200	4.667				
K3	7.100	6.734	6.767	7.967				
k1	0.807	0.711	0.685	0.833				
k2	0.641	0.778	0.800	0.519				
k3	0.789	0.748	0.752	0.885				
极差	0.167	0.067	0.115	0.367				

注：A 为亚洲小车蝗虫口密度；B 为毛足棒角蝗虫口密度；C 为鼓翅皱膝蝗虫口密度；D 为Ⅰ、Ⅱ、Ⅲ号样地。

表 6　毛足棒角蝗死亡率正交试验方差分析

变异来源	平方和（SS）	自由度（df）	均方（MS 或 S^2）	F 值	显著水平
A	0.150	2	0.075	1.365	
B	0.020	2	0.010	0.183	
C	0.060	2	0.030	0.543	
D	0.709	2	0.354	6.441	**
误差 e	0.990	18	0.055		
总变异	1.929	26			

注：$F_{0.05}$（2，18）=3.55；$F_{0.01}$（2，18）=6.01；A 为亚洲小车蝗虫口密度；B 为毛足棒角蝗虫口密度；C 为鼓翅皱膝蝗虫口密度；D 为Ⅰ、Ⅱ、Ⅲ号样地。

正交试验鼓翅皱膝蝗死亡率结果表明，4 个因素中没有对鼓翅皱膝蝗死亡率的影响达显著水平的因素（表 7，表 8）。

表 7　鼓翅皱膝蝗死亡率正交试验结果

	A	B	C	D	试验指标			
					Ⅰ	Ⅱ	Ⅲ	T_t
1	1	1	1	1	1	1	1	3
2	1	2	2	2	0.5	0.833	0.5	1.833

（续）

	A	B	C	D	试验指标			
					Ⅰ	Ⅱ	Ⅲ	T_t
3	1	3	3	3	0.444	1	1	2.444
4	2	1	2	3	1	0.5	1	2.5
5	2	2	3	1	0.556	0.889	0.667	2.112
6	2	3	1	2	1	0.333	1	2.333
7	3	1	3	2	0.444	0.667	0.444	1.555
8	3	2	1	3	1	1	0	2
9	3	3	2	1	1	0.667	0.833	2.5
$K1$	7.277	7.055	7.333	7.612	6.944	6.889	6.444	20.277
$K2$	6.945	5.945	6.833	5.721				
$K3$	6.055	7.277	6.111	6.944				
$k1$	0.809	0.784	0.815	0.846				
$k2$	0.772	0.661	0.759	0.636				
$k3$	0.673	0.809	0.679	0.772				
极差	0.136	0.148	0.136	0.210				

注：A 为亚洲小车蝗虫口密度；B 为毛足棒角蝗虫口密度；C 为鼓翅皱膝蝗虫口密度；D 为Ⅰ、Ⅱ、Ⅲ号样地。

表 8　鼓翅皱膝蝗死亡率正交试验方差分析

变异来源	平方和（SS）	自由度（df）	均方（MS 或 S^2）	F 值	显著水平
A	0.089	2	0.044	0.513	
B	0.113	2	0.057	0.655	
C	0.084	2	0.042	0.485	
D	0.204	2	0.102	1.182	
误差 e	1.556	18	0.086		
总变异	2.046	26			

注：$F_{0.05}$（2，18）＝3.55；$F_{0.01}$（2，18）＝6.01；A 为亚洲小车蝗虫口密度；B 为毛足棒角蝗虫口密度；C 为鼓翅皱膝蝗虫口密度；D 为Ⅰ、Ⅱ、Ⅲ号样地。

3　讨论

3.1　食物对种内竞争的影响

亚洲小车蝗和毛足棒角蝗食性相似，以禾本科牧草为主，而鼓翅皱膝蝗对于禾本科牧草偏嗜程度较差。罩笼内前 15d 鼓翅皱膝蝗死亡率显著高于另外两种蝗虫（$P<0.05$），而亚洲小车蝗和毛足棒角蝗之间的死亡率差异不显著。说明鼓翅皱膝蝗可利用的食物资源少，种内竞争激烈，因而死亡率急剧升高，而亚洲小车蝗和毛足棒角蝗在有充足的食物来源时死亡率较低，可见食物限定显著影响蝗虫死亡率。

3.2 种群密度对竞争的影响

一般认为，在高密度的条件下可使蝗虫死亡率增高，所以通过密度依赖因素的作用，实现密度调节。围绕食物、空间的种内竞争是最基本的调节机制。本试验中，高密度时，3种蝗虫种内竞争最强烈，亚洲小车蝗和毛足棒角蝗在试验的20d内死亡率一直呈上升趋势，最高分别达65.3%和41.3%，而鼓翅皱膝蝗平均死亡率一直居高不下，最高达85.2%；中密度时，各种群也存在较强的种内竞争，15d之后各密度蝗虫种群持续为害，罩笼内食物减少，亚洲小车蝗和毛足棒角蝗的种内竞争增加，其死亡率较低密度下死亡率显著升高；低密度时，亚洲小车蝗和毛足棒角蝗种内竞争趋于平缓，种群密度下降缓慢。上述结论符合密度自我调节假说。

在试验过程中，鼓翅皱膝蝗各密度处理死亡率一直较高，原因可能在于该样地并不是鼓翅皱膝蝗的理想样地，试验设计的4头/m^2、6头/m^2和10头/m^2的密度水平对于鼓翅皱膝蝗均较高。鼓翅皱膝蝗与亚洲小车蝗、毛足棒角蝗所适宜的生境条件有所不同，需进一步对其栖境选择进行试验摸索。

3.3 栖境对蝗虫种群竞争的影响

混合种群正交试验10d后各蝗虫死亡率表明，亚洲小车蝗的种间竞争力最强（各处理平均死亡率为40.7%），而毛足棒角蝗和鼓翅皱膝蝗种间竞争力较弱（74.6%、75.1%）。混合种群中，亚洲小车蝗与毛足棒角蝗之间存在食物的竞争，但由于毛足棒角蝗个体较小，对栖境选择相对严格，在Ⅱ号样地之外的其他样地较难获得生存空间，与亚洲小车蝗的种间竞争表现较弱。但是在毛足棒角蝗最适合生存的Ⅱ号样地，其平均死亡率（51.9%）低于鼓翅皱膝蝗的平均死亡率（63.6%）。

正交试验结果表明，内蒙古锡林郭勒盟典型草原上，亚洲小车蝗是明显的优势种。亚洲小车蝗的栖息环境和自身虫口密度是影响其分布和种群动态的主要因素，与其存在食物竞争关系的毛足棒角蝗的虫口密度也可影响其种群动态；毛足棒角蝗对栖境要求严格，在其适合的栖境之外死亡率增加，其自身虫口密度及其他种群的虫口密度也就无法对其死亡率构成显著性影响；而由于食物有效性和栖境特性的双重原因，混合种群中，鼓翅皱膝蝗降低密度以适应种间竞争。

主要参考文献

康乐，李鸿昌，陈永林，1989. 内蒙古锡林河流域直翅目昆虫生态分布规律与植被类型关系的研究［J］. 植物生态学与地植物学学报，13（4）：341-349.

卢辉，韩建国，2008. 典型草原三种蝗虫种群死亡率和竞争的研究［J］. 草地学报，16（5）：480-484.

卢辉，韩建国，张泽华，等，2008. 锡林郭勒典型草原植物多样性和蝗虫种群的关系［J］. 草原与草坪（3）：21-24.

王婷，2007. 新疆7种主要蝗虫对寄主植物的选择及其系统进化关系研究［D］. 乌鲁木齐：新疆师范大学.

吴惠惠，徐云虎，曹广春，等，2012. 内蒙古典型草原草地类型对蝗虫群落优势种群的生态效应［J］. 中国农业科学，45（20）：4178-4186.

吴惠惠，徐云虎，曹广春，等，2012. 典型草原三种蝗虫种群竞争关系的研究［J］. 植物保护，38（6）：35-39.

BEHMER S T，JOERN A，2008. Coexisting generalist herbivores occupy unique nutritional feeding niches［J］. Proceedings of the National Academy of Sciences of the United States of America，105（6）：1977-1982.

EHRLICH P R，RAVEN P H，1964. Butterflies and plants：A study in coevolution［J］. Evolution，18（4）：586-608.

FRANCIS F，GERKENS P，HARMEL N，et al，2006. Proteomics in *Myzus persicae*：effect of aphid host plant switch［J］. Insect Biochemistry & Molecular Biology，36（3）：219-227.

KEMP W P，HARVEY S J，O'NEILL K M，1990. Patterns of vegetation and grasshopper community composition［J］. Oecologia，83（3）：299-308.

意大利蝗取食特性及损失估计研究

薛智平[1]，张泉[2]，牙森·沙力[1]，王广君[1]，
阿不都外力·伊玛木[2]，肖宏伟[3]

1. 中国农业科学院植物保护研究所植物病虫害生物学国家重点实验室，北京 100193；2. 新疆维吾尔自治区畜牧厅治蝗灭鼠办公室，乌鲁木齐 830001；3. 新疆玛纳斯县蝗虫鼠害预测预报防治站，832200。

摘要 本文在野外条件下对意大利蝗的取食特性、食量进行了研究；同时用笼罩和模拟方法测定了意大利蝗对田间产草量造成的损失。研究结果表明：意大利蝗若虫喜食冷蒿、针叶薹草；而成虫则喜食冷蒿、新疆鼠尾草、黄花苜蓿。意大利蝗 3 龄、4 龄、5 龄、6 龄若虫以及成虫日平均食量分别为 14.27mg/头、18.77mg/头、20.80mg/头、27.65mg/头、29.26mg/头；在 4 头/m^2、8 头/m^2、12 头/m^2、16 头/m^2 密度下，笼罩产草量损失分别为 5.66g/m^2、16.45g/m^2、26.78g/m^2、26.41g/m^2；模拟产草量损失分别为 6.23g/m^2、19.40g/m^2、26.65g/m^2、30.85g/m^2。相关性分析结果表明，两者显著相关。上述结果对于指导意大利蝗的防治和更有效地控制意大利蝗的为害具有非常重要的意义。

关键词 意大利蝗，食量，损失估计

近年来，由于全球气候变化及对自然资源的不当利用，造成生态环境破坏，为蝗灾的发生创造了条件，加重了蝗灾的危害程度。如 1997—1999 年，意大利蝗、亚洲飞蝗在哈萨克斯坦、乌兹别克斯坦及我国发生为害，仅哈萨克斯坦直接经济损失就达 1 500 万美元；2000 年，意大利蝗在新疆草原 200 多万 hm^2 草场发生为害。因此，研究意大利蝗的取食、为害规律，评估其对草场造成的损失，对于指导意大利蝗的防治，更有效地控制意大利蝗的为害具有重要意义，同时可以为制定意大利蝗防治指标提供依据。

2008 年 5～8 月，作者在新疆维吾尔自治区昌吉回族自治州玛纳斯县对意大利蝗在野外自然状态下的取食特性及取食量进行了研究，并评价了意大利蝗对草场造成的损失，为进一步控制该害虫的为害奠定了基础。

1 材料与方法

1.1 试验地概述

试验地位于新疆维吾尔自治区昌吉回族自治州玛纳斯县县城以南 72km 处，

86°07′50″E，43°54′14″N，海拔1 309m左右，植被类型属于山地荒漠、半荒漠草场。试验地内包括7科13属13种植物。其中，冷蒿、针叶薹草、针茅为优势种。

1.2 试验材料

试虫：意大利蝗若虫及成虫。

仪器及材料：电子天平（精度为0.001g）、圆柱形铁纱网养虫笼（$d=26$cm，$h=40$cm）、烘干箱、笼罩、剪刀、镊子。

1.3 试验方法

1.3.1 取食特性研究

选择10种优势种植物（表1）作为供试植物，野外条件下设置100cm×100cm×100cm纱网笼罩饲养3～5龄若虫50头。笼中移栽供试植物与地面平齐，重复5次。10:00～19:00每0.5h观察一次试虫取食频次，每次观察1min记录取食频数，并根据下式计算相对频数。

$$RFN=\frac{X}{\sum_{i=1}^{n}X}$$

公式中：RFN 为相对频数，X 为供试虫对某一种植物的全部取食次数，n 为供试植物种类。当 $RFN\geqslant 0.5$ 为嗜食，$0.25\leqslant RFN<0.5$ 为喜食，$0.025\leqslant RFN<0.25$ 为少食，$0.003\leqslant RFN<0.025$ 为偶食，$RFN=0$ 为不取食。

成虫的取食特性测定方法同上。

1.3.2 食量及对食物近似消化力测定

野外在直径26cm、高40cm的圆柱形铁纱笼中，以10g冷蒿饲喂试虫15头，同一龄期10次重复且雌雄虫分别饲养各为5笼，每日记录试虫龄期及死亡数，以相同发育进度个体补充死亡试虫，收集粪便、剩余及毁损掉落叶片，在80℃下烘干至恒重，对比称重法称量试虫食量及粪便量。本试验从3龄开始计算。

蝗虫对食物近似消化力计算公式：

$$近似消化力=\frac{食量(干重)-粪便量(干重)}{食量(干重)}\times 100\%$$

1.3.3 损失估计

田间罩笼：野外以100cm×100cm×100cm笼罩，饲养1龄若虫4头、8头、12头、16头至成虫期，同时平行笼罩饲养各龄期蝗虫50～100头，用以补充相同发育进度的缺失个体，雌虫产卵后死亡个体不再补充，设置空白对照，5次重复，每隔3d调查1次，记录并补充各笼罩内死亡虫数。成虫期全历期后剪草测产，65℃烘干至恒重后称量干重。

人工模拟：在100cm×100cm×100cm样方内，以1.3.2测定的食量为标准，模拟各龄若虫及成虫4头、8头、12头、16头剪取叶片顶端，每隔3d模拟剪草1次，5次重复，设置空白对照。成虫期全历期后剪草测产，称量鲜重，65℃烘干至恒重后称量干重。

结合田间罩笼与人工模拟方法测定的结果，分析牧草产量损失。

2 结果分析

2.1 取食特性研究

由表1可知，意大利蝗若虫对冷蒿、针叶薹草取食的相对频数均为0.25，说明比较喜食这两种植物；对新疆鼠尾草、丝叶蓍、黄花苜蓿的取食相对频数分别为0.22、0.20、0.05，表明对上述3种植物的喜好程度为少食；对针茅、紫花芨芨草、阿尔泰狗娃花取食的相对频数分别为0.02、0.01、0.01，表明其对上述3种植物的喜好程度为偶食；对羊茅、冰草取食的相对频数为0，说明意大利蝗不取食羊茅和冰草。

与若虫取食特性相比较，意大利蝗成虫喜食冷蒿（*RFN*＝0.28）、新疆鼠尾草（*RFN*＝0.25）、黄花苜蓿（*RFN*＝0.25）；少食针叶薹草（*RFN*＝0.1）、丝叶蓍（*RFN*＝0.08）、阿尔泰狗娃花（*RFN*＝0.03）；偶食紫花芨芨草（*RFN*＝0.02）、针茅（*RFN*＝0.01）；不食羊茅（*RFN*＝0）与冰草（*RFN*＝0）。

表1 意大利蝗取食特性

供试植物	若虫		成虫	
	取食次数（次）	*RFN*	取食次数（次）	*RFN*
冷蒿	26	0.25	33	0.28
新疆鼠尾草	22	0.22	29	0.25
黄花苜蓿	5	0.05	29	0.25
针叶薹草	25	0.25	12	0.10
丝叶蓍	20	0.20	9	0.08
阿尔泰狗娃花	1	0.01	3	0.03
紫花芨芨草	1	0.01	2	0.02
针茅	2	0.02	1	0.01
羊茅	0	0	0	0
冰草	0	0	0	0

2.2 食量及食物近似消化力的测定

研究发现，意大利蝗3龄、4龄、5龄、6龄若虫及成虫每头日平均食量分别为14.27mg、18.77mg、20.80mg、27.65mg和29.26mg，表明随着龄期的增大，意大利蝗的食量逐渐增大（图1）。雌成虫食量显著大于雄成虫，表现为暴食为害；同时发现意大利蝗3龄、4龄、5龄、6龄若虫及成虫对食物近似消化力分别为95%、58%、56%、24%和3%，说明随着龄期的增大，意大利蝗对食物利用程度却逐渐降低(图2)。

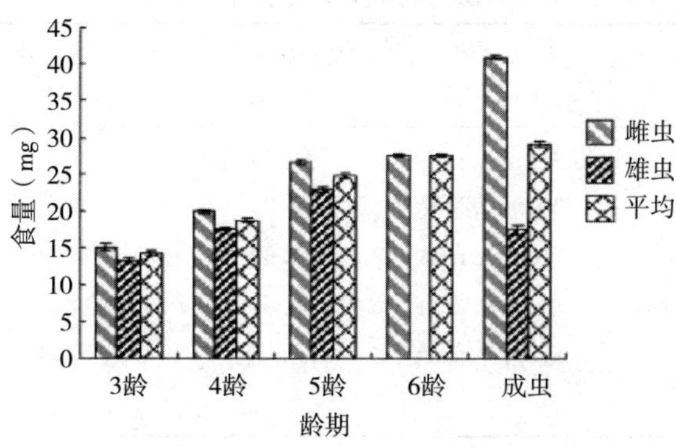

图1　意大利蝗各发育阶段食量

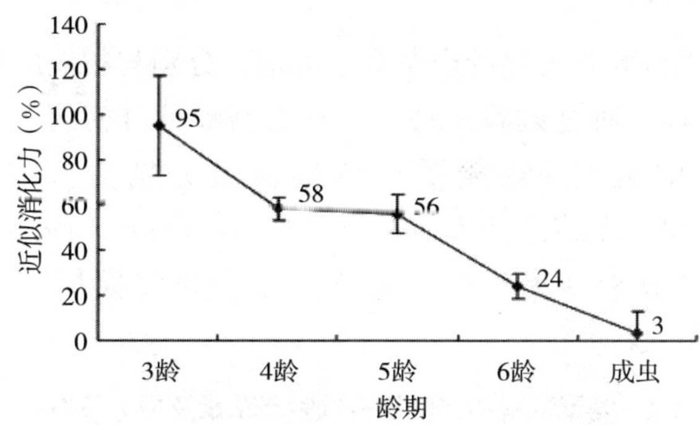

图2　意大利蝗各龄期食物近似消化力

2.3　损失估计

意大利蝗造成的损失包括摄入（食量）和非摄入损失（掉落量）。由于1～2龄若虫损失量较小，试验误差难以控制，所以从3龄期开始进行测定。发育历期与日损失量的乘积为发育阶段损失量，各阶段之和为每头蝗虫个体一生对牧草的损失量。研究发现意大利蝗3龄若虫到成虫各阶段的发育历期分别为4d、12d、12d、4d、28d（表2），日损失量分别为28.32g、35.32g、47.92g、92.06g、115.71g（表3），最终获得每头蝗虫一生对牧草的总损失量约为4.720 4g。

表2　意大利蝗种群特征

发育阶段	种群密度（头/m^2）	存活率（%）	发育历期（d）
3龄	10.4	65.00	4
4龄	7.5	72.08	12
5龄	6.4	85.83	12
6龄	5.7	88.13	4
成虫	4.3	75.36	28

注：表中发育历期是各龄期笼养天数，种群密度为笼罩条件下测得的数据。

表 3　意大利蝗为害损失估计测算

发育阶段	日摄入量（mg/头）	非摄入日损失量（mg/头）	日总损失量（mg/头）	发育阶段损失量（g/头）	发育阶段种群损失（g）
3 龄	14.27±0.41	14.05±3.76	28.32	0.113 3	1.178 3
4 龄	18.78±0.23	16.55±2.57	35.32	0.423 9	3.177 7
5 龄	24.80±0.42	23.12±4.73	47.92	0.575 0	3.700 2
6 龄	27.65 ± 0.21	64.41±7.22	92.06	0.368 3	2.088 2
成虫	29.26±0.37	86.46 ± 8.81	115.71	3.240 0	13.844 8
合计				4.720 4	23.989 2

2.4　产量损失测定

将笼罩试验与模拟试验各处理的产草烘干称重，分别与相应的对照比较，计算笼罩损失和模拟损失（表 4）。通过试验发现，在意大利蝗种群密度为 4 头/m^2、8 头/m^2、12 头/m^2、16 头/m^2 的情况下，笼罩产草量损失分别为 5.66g/m^2、16.45g/m^2、26.78g/m^2、26.41g/m^2；模拟产草量损失分别为 6.23g/m^2、19.40g/m^2、26.65g/m^2、30.85g/m^2时。相关性分析结果表明，笼罩产量损失和模拟损失的相关系数 $R=0.990\ 86$，两者显著相关。

表 4　笼罩试验和剪叶模拟试验产草量及损失量对照

	蝗虫密度（头/m^2）	产草量（g/m^2）		损失估计（g/m^2）
		处理	CK	
笼罩试验	4	39.19±3.70	44.85±4.09	5.66±3.84
	8	27.99±2.08	44.44±2.27	16.45±2.89
	12	17.70±1.73	44.48±2.07	26.78±2.93
	16	16.62±1.84	43.03±1.73	26.41 ± 1.18
剪叶模拟	4	46.55±4.86	52.78±1.24	6.23±4.41
	8	30.23±2.50	49.63±1.30	19.40±1.33
	12	26.14±1.70	52.78 ± 2.13	26.65±3.42
	16	17.02±2.35	47.87 ± 1.57	30.85±3.03

3　讨论

本试验测得意大利蝗成虫喜食冷蒿、新疆鼠尾草及黄花苜蓿；而若虫喜食冷蒿、针叶薹草。意大利蝗最喜食冷蒿这一结果与乌麻尔别克等测得结果相似。说明冷蒿可能是意大利蝗生长发育所必需的食物。

由于室内试验环境与蝗虫室外环境存在一定的差异，因此本试验参照了野外挂笼方法，但挂笼与地面有一定的距离，导致挂笼内环境与蝗虫生活的地表温湿环境有一定的差异。为解决这一问题，直接将养虫笼放入蝗虫生活的草丛中，使其与真实的蝗虫野外生存环境一致。

研究显示随着试虫龄期的不断增大，对食物的近似消化力却在不断下降。可能与牧草的可利用特性有关。在意大利蝗低龄期，植物处于发芽后不久，叶片鲜嫩，取食后营养易吸收。而随着意大利蝗逐渐长大寄主植物也逐渐木质化，进而导致不同龄期意大利蝗取食等量的牧草后表现出不同的对食物近似消化力。

意大利蝗对牧草造成的损失估计包括摄入损失和非摄入损失，从研究结果来看，随龄期的增大，意大利蝗对牧草造成的摄入损失和非摄入损失都逐渐增大。

主要参考文献

陈永林，2000. 蝗虫再猖獗的控制与生态学治理［J］. 中国科学院院刊（5）：341-345.

李鸿昌，席瑞华，陈永林，1983. 内蒙古典型草原蝗虫食性的研究 1. 罩笼供食下的取食特性［J］. 生态学报，3（3）：32-46.

钦俊德，郭郛，郑竺英，1957. 东亚飞蝗的食性和食物利用以及不同食料植物对其生长和生殖的影响［J］. 昆虫学报，7（2）：143-166.

王世贵，廉振民，1998. 祁连山山地草原四种蝗虫成虫期的食物消耗量及其利用的初步研究［J］. 昆虫学报，41（2）：218-222.

薛智平，张泉，牙森·沙力，等，2010. 意大利蝗取食特性及损失估计研究［J］. 植物保护，36（1）：95-98.

BAILEY C G，MUKERJI M K，1976. Consumption and utilization of various host plants by *Melanoplus bivittatus*（say）and *u. femurru brum*（DeGeer）（Orthoptera：Acrididae）［J］. Canadian Journal of Zoology，54（7）：1044-1050.

GAPPAROV F，2001. Locust and grasshopper outbreaks become increasingly serious in Uzbekistan［J］. Advancesin Applied Acridology：17.

锡林郭勒典型草原植物多样性和蝗虫种群的关系

卢　辉[1]，韩建国[1]，张泽华[2]

1. 中国农业大学草地研究所，北京 100094；2. 中国农业科学院植物保护研究所植物病虫害生物学国家重点实验室，北京 100193。

摘要　通过对锡林郭勒典型草原 4 种群落（羊草＋糙隐子草、大针茅＋羊草、克氏针茅＋冷蒿、克氏针茅＋糙隐子草）的物种丰富度指数、物种多样性指数、生态优势度指数和均匀度指数进行比较分析，对各种指数与蝗虫群落关系进行了研究。结果表明：羊草＋糙隐子草和克氏针茅＋糙隐子草群落的丰富度指数、多样性指数低于大针茅＋羊草群落，但高于克氏针茅＋冷蒿群落；优势度指数高于大针茅＋羊草群落，均匀度指数低于克氏针茅＋冷蒿群落。克氏针茅＋冷蒿群落的物种丰富度指数和物种多样性指数最低，生态优势度指数较高，群落均匀度指数高于其他 3 种群落。大针茅＋羊草群落的物种丰富度指数、多样性指数最高，优势度指数最低。相关分析表明，蝗虫种类数与均匀度指数极显著相关，蝗虫个体数与物种多样性指数呈显著相关。

关键词　典型草原，植物多样性，蝗虫种群，锡林郭勒

由于全球性气候变化和人类对自然资源过度开发导致生态环境逐渐恶化，使得蝗灾发生频率及灾害程度加剧，蝗灾过后可能会使草地退化、沙化和盐碱化日益加重，草地面积锐减，结果导致生物多样性的丧失。物种多样性不仅可以反映群落或生境中物种的丰富度变化程度或均匀度，也可反映不同自然地理条件与群落的相互关系，可以用物种多样性来定量表征群落和生态系统的特征，包括直接和间接地体现群落和生态系统的结构类型、发展阶段、稳定程度、生境差异等。蝗虫种群与植物群落多样性有着密切的关系，并且多年来一直是生态学家研究的热点，不同类型的地带中草地植被群落的种类组成、种群特征及其种群数量都存在着不同变化规律，导致了不同环境中生态条件的多样性，从而决定或影响了蝗虫的生存种类及其地理分布规律。国内外对蝗虫种群和植物群落关系的研究有很多报道，主要集中在放牧对草原蝗虫种群的组成和结构变化的生态学原因的分析，蝗虫种群密度和地上植物量、营养生态位的研究，蝗虫多样性与资源利用的关系的研究，主要集中在草原蝗虫群落组成和结构的变化及蝗虫对草地生态环境造成的损失等方面，关于蝗虫对不同类型草地群落生物多样性影响的研究不多。本文通过分析不同草地植物群落的变化对蝗虫群的影响，研究了植物多样性指数与蝗虫种群的关系，探讨了草原植物群落结

构和组成的变化与蝗虫种群组成与丰富度等的数量关系，对于揭示典型草原环境因素对蝗虫种群的组成与演替的影响有一定的理论意义。

1 材料和方法

1.1 研究区概况

试验地点位于内蒙古自治区锡林郭勒盟白音锡勒牧场典型草原区。地理坐标为43°26′N～44°39′N，116°25′E～117°39′E，海拔900～1 300m，气候属半干旱草原气候，大陆性气候，春季干旱少雨，风大沙多，冬季寒冷而漫长；年平均温度为2℃，气温日较差大，年降水量200～350mm，降水变率大，70%的降水集中在7月、8月和9月，无霜期170d；年均日照时数2 600h，土壤类型为暗栗钙土，年均风速3.2m/s，大风日数71d，以4月、5月最为频繁。

试验区典型草原类主要是羊草草原和大针茅草原，锡林河下游淡栗钙土亚带主要为克氏针茅草原和冷蒿草原。主要建群种和优势种为大针茅、羊草、冷蒿、克氏针茅、糙隐子草等，植被盖度一般在40%以上，但在锡林河流域下游植被盖度较低。

1.2 植物群落和蝗虫种群调查

在2006年生长旺季（8月、9月）进行群落调查，每月取样2次，选取羊草＋糙隐子草（A)、大针茅＋羊草（B)、克氏针茅＋冷蒿（C)、克氏针茅＋糙隐子草群落(D)，在各个群落的代表性地段选取样地，每个样地用“Z”形取样法每走50步取1样方，共取120个样方，样方面积1m×1m。调查时记录每个样方的植物种类、盖度、频度、密度、株高。

蝗虫取样，自制1m×1m（长×宽）无底样框，在植物群落取样的同时，进行棋盘格式取样，每小区用“Z”形取样法每走50步取1样方，共取120个样方，将捕到的蝗虫放入盛有75%酒精的广口瓶，编号记载，带回室内分类鉴定。

1.3 群落物种多样性分析

选用物种丰富度指数（R）、Simpson 指数（D）、Shannon-Weiner 多样性指数（H'）和Pielou均匀度指数（J_{SW}）表示物种多样性。

（1）物种丰富度指数（R）：$R=S$

（2）Simpson 指数（D）：$D=\sum_{i=1}^{S} N_i(N_i-1)\ /N_i(N_i-1)$

（3）Shannon-Weiner 指数（H'）：$H'=\sum_{i=1}^{S} P_i\ln P_i$

（4）Pielou 指数（J_{SW}）：$J_{SW}=H'/\ln S$

式中，S 为群落中总物种数，N 为群落中全部种的总个体数，P 为物种间个体数占群落中各物种总个体的比例，N_i为第 i 种的个体数，$P_i=N_i/N$。为避免个体大小对计算结果的影响，在计算时用各物种的重要值来代替其个体数。重要值＝（某一物种盖度/所有种盖度之和）×100。数据分析用SPSS 11.5软件。

2 结果与分析

2.1 不同群落类型植物多样性

羊草＋糙隐子草群落和克氏针茅＋糙隐子草群落，物种丰富度指数和 Shannon-Weiner 指数高于克氏针茅＋冷蒿群落，低于大针茅＋羊草群落。大针茅＋羊草群落中物种种类较多，都在 10 种以上，它们具有较高的丰富度指数和 Shannon-Weiner 指数，而优势度指数较低，均匀度指数较高。克氏针茅＋冷蒿群落 Simpson 指数较高，物种丰富度指数和 Shannon-Weiner 指数偏低，Pielou 指数较高（图 1）。

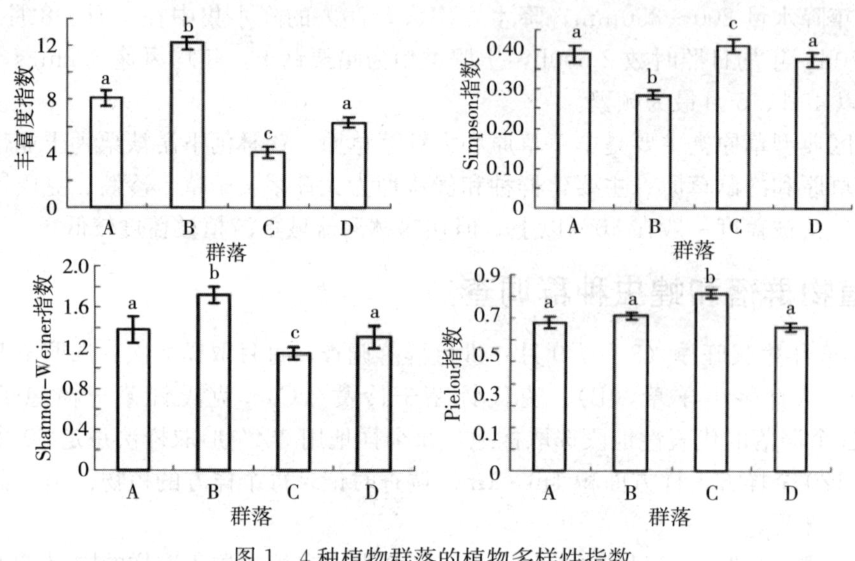

图 1　4 种植物群落的植物多样性指数

2.2 蝗虫群落的分析

4 种植物群落中，主要蝗虫种类有 13 种：亚洲小车蝗、宽须蚁蝗、短星翅蝗、白边迦蝗、红腹牧草蝗、鼓翅皱膝蝗、红翅皱膝蝗、小翅雏蝗、褐色雏蝗、毛足棒角蝗、宽翅曲背蝗、条纹鸣蝗、笨蝗。羊草＋糙隐子草群落和克氏针茅＋糙隐子草群落的优势种为亚洲小车蝗，大针茅＋羊草群落的优势种为宽须蚁蝗，克氏针茅＋冷蒿群落的优势种为短星翅蝗。

如图 2 所示，克氏针茅＋糙隐子草群落的蝗虫种类数和个体数最高；羊草＋糙隐子草和大针茅＋羊草群落蝗虫种类数差异不显著，均高于克氏针茅＋冷蒿群落，低于克氏针茅＋糙隐子草群落（$P<0.05$）；大针茅＋羊草和克氏针茅＋冷蒿群落个体数差异不显著，均显著低于羊草＋糙隐子草和克氏针茅＋糙隐子草群落（$P<0.05$）。

2.3 草地植物多样性和蝗虫多样性的相关分析

从植物多样性和蝗虫多样性的相关分析可以看出，蝗虫种类数与植物均匀度指数呈极显著正相关（$P<0.01$），相关系数达 0.412，说明植物均一度越好的地段蝗虫种类越多，蝗虫种类数与植物丰富度指数呈负相关，与植物优势度和多样性指数呈正相关，但

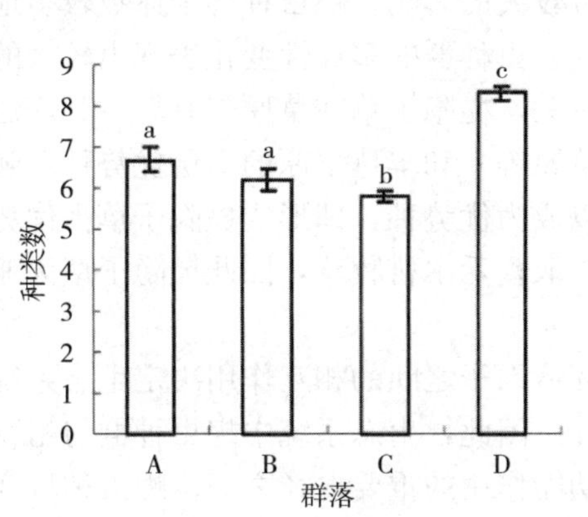

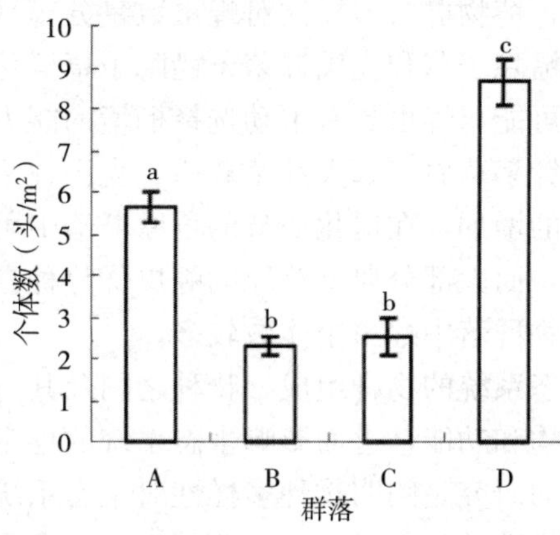

图 2　蝗虫群落的种类数和个体数

未达到显著水平；蝗虫个体数与植物多样性指数呈显著正相关（$P<0.05$），相关系数较高为 0.234，说明典型草原植物种类多的群落蝗虫发生数量明显较多，蝗虫个体数与植物丰富度指数和优势度指数呈正相关，与均匀度指数呈负相关，但都未达到显著水平（表 1）。

表 1　草地植物多样性指数与蝗虫多样性的相关系数

指标	丰富度指数	Simpson 指数	Shannon-Weiner 指数	Pielou 指数
蝗虫种类数	−0.114	0.234	0.135	−0.183
蝗虫个体数	0.164	0.074	0.226*	0.412**

注：* 表示差异显著；**表示差异极显著。

3　讨论

蝗虫干扰和植物多样性变化密切相关，在不同类型的草地群落中，蝗虫种类的存在和种群数量的消长会影响到植物群落的多样性变化。克氏针茅＋冷蒿群落，蝗虫的干扰作用较强，存在一定程度的退化，植物群落中各个物种所占比例差距不大，各个物种在群落中分布均匀，群落的 Pielou 指数较高。大针茅＋羊草群落，植被盖度、密度大，受蝗虫的干扰作用较低，植物丰富度指数和多样性指数都较高，而组成群落的物种种数较多，单个物种的优势并不明显，所以优势度指数较低、均匀度指数较高。羊草＋糙隐子草和克氏针茅＋糙隐子草群落，是蝗虫比较喜欢栖息的植物群落，物种丰富度指数和多样性指数高于克氏针茅＋冷蒿群落，但是低于大针茅＋羊草群落，如果蝗虫的干扰过大，植物群落很容易退化。

通过物种多样性在蝗虫种类数、个体数上的变化可以看出，蝗虫种类数与植物均匀度指数呈极显著相关（$P<0.01$），蝗虫个体数与植物多样性指数呈显著相关（$P<0.05$），这与“植物种类最为丰富的地段，也常常是蝗虫种类较为丰富的地段”并不一致，在植被均匀度高的地段，蝗虫种类较为丰富，说明在典型草原多种蝗虫都出现在同一植被地段，蝗虫群落的多样性和均匀性变化并不与植物群落的相应变化完全平行。总

体上看，植物群落多样性对蝗虫数量分布具有较大的影响。蝗虫种群个体数较多地段为羊草＋糙隐子草和克氏针茅＋糙隐子草群落，蝗虫种群的多样性变化表现出较大的波动性，这可能与蝗虫具有主动选择栖境的能力有关，糙隐子草在草原带有着极其广泛的分布，是针茅草原（如大针茅草原、克氏针茅草原等）和羊草草原的下层优势种，随着蝗虫数量的增加，在退化演替的草原群落中可以成为优势种，即形成糙隐子草占优势的草原群落，而大部分典型草原的蝗虫优势种喜欢取食禾本科牧草，因此糙隐子草为亚优势种的植物群落中蝗虫个体数较多。

生态系统的物种组成，物种之间及其与环境因子之间的相互作用决定生态系统的性质、结构和功能，进而影响生态系统的稳定性。因此，生态系统中蝗虫种群与植物多样性关系的研究是阐明物种多样性对生态系统功能作用的重要途径之一。蝗虫种群变化和物种多样性的变化是密切相关的，蝗虫发生早期，蝗虫多样性和植物多样性为负相关，中期为正相关，晚期相关性很低，蝗虫与植物间的联系更多地表现在植物起着蝗虫栖息地的作用，而不完全是食料植物的作用，在某些蝗虫种丰富的地段上，食料植物并不相应地丰富。研究表明，在典型草原，蝗虫种类与植被均匀度呈极显著相关，在植被种类分布均匀的地段蝗虫种类较多，一定的群落环境对应着一定种类的蝗虫，蝗虫的暴发和迁移都与该条件下环境变化程度密切相关。

主要参考文献

康乐，1995. 放牧干扰下的蝗虫—植物相互作用关系［J］. 生态学报，1：1-11.

卢辉，张泽华，龙瑞军，2005. 蝗虫重度干扰下草地恢复演替过程中生物群落的变化［J］. 草原与草坪，3：59-60.

卢辉，韩建国，张泽华，等，2008. 锡林郭勒典型草原植物多样性和蝗虫种群的关系［J］. 草原与草坪（3）：21-24.

马克平，钱迎倩，1998. 生物多样性保护及其研究进展（综述）［J］. 应用与环境生物学报，1：95-99.

邱星辉，康乐，李鸿昌，2004. 内蒙古草原主要蝗虫的防治经济阈值［J］. 昆虫学报，5：595-598.

王艳芬，汪诗平，1999. 不同放牧率对内蒙古典型草原地下生物量的影响［J］. 草地学报，3：198.

BELOVSKY G E，SLADE J B，1995. Dynamics of two Montana grasshopper populatiom relationships among wenther，and intraspecific competition［J］. Oecolgia，101：383-396.

BELOVSKY G E，1997. Optimal foraging and community structure：the allometry of herbivore food selection and competition［J］. Oecolgia，11：641-672.

JONAS J L，JOERN A，2007. Grasshopper（Orthoptera：Acrididae）communities respond to fire，bison grazing and weather in North American tallgrass prairie：a long-term study［J］. Oecologia，3（3）：699-711.

STERN V M，1995. The integration of the mical and biological control of the spotted aphid［J］. Hilgarolid，29（2）：81-101.

内蒙古典型草原草地类型影响优势种蝗虫群落的生态效应研究

吴惠惠[1]，徐云虎[2]，曹广春[1]，格希格都仁[2]，刘朝阳[1]，
贺兵[2]，额尔登巴图[2]，王广君[1]，张泽华[1]

1. 中国农业科学院植物保护研究所植物病虫害生物学国家重点实验室，北京 100193；2. 内蒙古自治区锡林郭勒盟镶黄旗草原工作站，内蒙古锡林郭勒 013250。

摘要 【目的】本文研究了内蒙古典型草原植物群落构成与蝗虫群落构成的生态关系，【方法】运用典型相关、双重筛选逐步回归及冗余分析（RDA）等方法，对由植物特征参数变化导致的蝗虫特征参数变化的生态效应进行分析。【结果】在羊草草原类型中，羊草生物量损失率与草原蝗虫群落丰富度指数呈负相关，与毛足棒角蝗相对多度呈正相关。在克氏针茅草原类型和克氏针茅富含杂类草的草原中，克氏针茅生物量损失率与亚洲小车蝗相对多度呈正相关。【结论】植物群落结构所构成的栖境条件影响蝗虫的群落组成，优势种植物的存在决定优势种蝗虫的存在，优势种蝗虫导致优势种植物高受害率。

关键词 草原植被类型，蝗虫群落，生态效应

【研究意义】蝗虫群落结构与草地类型紧密相关，研究蝗虫发生与环境的内在关系，特别是由优势种牧草构成的草地类型对蝗虫群落的生态效应的影响，对于揭示蝗虫群落的组成与优势种的暴发具有重要的理论意义。【前人研究进展】环境因子诸如气象因子、土壤类型、生态地理特征等影响蝗虫的发生、越冬死亡率、发育历期、分布范围、产卵习性、卵孵化率。环境因子也影响植物群落的生长和分布，形成特定的植被群落结构，间接影响蝗虫群落结构和发生动态。研究证明，蝗虫的发生与植被群落结构存在更复杂的关系：有学者通过研究蝗虫与其寄主植物无机化学元素组成的关系、蝗虫种群和不同发育阶段的生物量及能值特征，揭示了不同蝗虫种类和个体的能量收支、种群的能量动态以及蝗虫群落的能流模式；也有学者通过研究蝗虫对食物、时间、空间等资源的利用方式，评价其竞争和共存机制，证明蝗虫生态位中心的转移主要是由于季节和气候条件变化引起草场植被生长势及其生存环境变化所致，而蝗虫种团资源利用的分化来自蝗虫适应性的分化和蝗虫—植物的协同进化。近期研究证明亚洲小车蝗更喜食以大针茅为优势种的低氮草原类型。【本文切入点】通过植物群落特征反映蝗虫群落特征是研究一切理论机制的基础，本文深入分析植物优势种和蝗虫优势种对应关系，从而阐明草地类型影响蝗虫群落的生态效应。【拟解决的关键问题】亚洲小车蝗、毛足棒角蝗的食物选择性、生态选择性和食物生态适应性。

1 材料与方法

1.1 自然概况

试验于 2011 年 6～8 月在内蒙古自治区锡林郭勒盟镶黄旗草原进行。试验地：42°15′N～42°25′N，113°45′E～113°83′E。海拔高 1 300m。该区域属于中温带半干旱大陆性季风气候，年降水量 267.9mm，主要降水集中在夏季（6～8 月），牧草生长的关键季节（5～8 月）的有效降水量不足 150mm。地区气温年平均气温 3.1℃，无霜期平均为 120d 左右，最大冻土深度 154cm。主要土壤类型为栗钙土。

试验选择 3 种草地类型，分别为：Ⅰ羊草草原，主要植被类型为羊草，散生糙隐子草、小叶锦鸡儿、银灰旋花、冷蒿、木地肤、克氏针茅等植物，面积大约 6.2hm^2；Ⅱ克氏针茅草原，主要植被类型为克氏针茅草原，散生糙隐子草、小叶锦鸡儿、银灰旋花、冷蒿等植物，面积大约 7.8hm^2；Ⅲ克氏针茅富含杂类草草原，主要植被类型为克氏针茅、篦齿蒿、二裂委陵菜等，散生糙隐子草、小叶锦鸡儿、冷蒿等植物，面积大约 9.4hm^2。

1.2 蝗虫和植被群落结构调查

样框取样法：采用底部留空 1m×1m×1m 样框抛至空中自由落下取样（底框镶嵌软边与草地契合紧密，可有效防止昆虫逃逸），6 月 4 日开始试验，每 10 天取样一次，每草地类型取 10 个样方。吸虫器收集蝗蝻和成虫置于 95%酒精中保存，室内分类鉴定和计数。同时，分别记录地面植被密度和生物量。

1.3 牧草生物量损失测定

设置 1m×1m×1m 无虫样框对照 10 个，试验结束时测量记录牧草的密度和生物量。

牧草生物量损失率=（对照牧草生物量－蝗虫为害后牧草生物量）/对照牧草生物量×100%

1.4 群落特征参数及数据分析方法

1.4.1 多样性指数公式（Shannon-Weiner 指数）：

$$H=-\sum_{i=1}^{S}P_i\ \log2P_i$$

1.4.2 群落均匀度指数（Pielou 指数）：

$$J=-\frac{\sum_{i=1}^{S}P_i\ \ln P_i}{\ln S}(P_i=n_i/N)$$

1.4.3 蝗虫相对多度：

$$E=A_i/A\ (A=100\times n\times F)$$

上述各式中，i：第 i 个物种；n：第 i 个物种的个体数；N：所有物种个体数之和；P_i：群落相对密度；S：物种数；A：物种多度；F：物种频度。

1.4.4 数据分析方法

对三种草地类型各时期的蝗虫群落中各蝗虫相对多度、蝗虫群落参数、植被地面生物量损失率及植被群落参数分别采用典型相关和双重筛选逐步回归法进行分析。全部计算过程用统计软件 SAS 8.0 完成。

对蝗虫群落和植物群落相关数据进行 RDA 分析。RDA 分析主要按照以下步骤进行：①由除趋势对应分析（Detrended Correspondence Analysis，DCA）得出属种的梯度长度 SD。当 $SD<3$ 时，即可进行 RDA 分析。②环境变量的重要值按其单独解释属种数据的方差值的大小排序，其解释的显著性由 Monte Carlo 测试来检验。

上述的 DCA、RDA 排序和 Monte Carlo 检验均在 TerBraak 编制的 CANOCO 4.5 软件包中实现。

分析时涉及的各类型草地植物及蝗虫群落参数及代码见表 1。

2 结果与分析

2.1 植物群落对蝗虫群落的影响

本试验选择的三块样地均属于内蒙古典型草原类型。首先对三块样地总体植物群落特征参数和蝗虫群落特征参数进行典型相关分析。以 0.05 显著水平检验，得出一组典型变量方程：

$$V=-0.411X_1+0.441X_2+0.08X_3-0.76X_4+0.698X_5+0.217X_6-0.207X_7+0.232X_8+0.48X_9+0.203X_{10}+0.233X_{11}+0.24X_{12}$$

V 代表蝗虫群落综合因子，蝗虫群落综合因子中起主导作用的是 X_4（-0.76）和 X_5（0.698）。即亚洲小车蝗和毛足棒角蝗的相对多度与蝗虫群落综合因子相关性强。

$$W=0.942Y_1-0.586Y_2-0.464Y_3+0.302Y_4-0.418Y_5+0.598Y_6+0.373Y_7+0.463Y_8$$

W 代表植物群落综合因子，植物群落综合因子中起主导作用的是 Y_1（0.942）和 Y_6（0.598），即羊草生物量损失率和植物群落多样性指数与植物群落综合因子相关性强。

典型变量方程分别揭示了蝗虫与植物群落内各因子的综合情况，反映了二者的相互关系。由方程得出，蝗虫综合因子与植物综合因子间紧密相关（$R=1.000$，$P<0.05$），也就是说羊草生物量损失率和植物群落多样性指数与亚洲小车蝗相对多度呈显著负相关，与毛足棒角蝗相对多度呈显著正相关。

2.2 蝗虫群落优势种群与植物群落优势种群的变化趋势

对Ⅰ号样地羊草草原优势牧草生物量损失率及蝗虫群落优势种群的相对多度简单相关分析，得出羊草的生物量损失率与毛足棒角蝗的相对多度呈极显著正相关（$R=0.849$，$P<0.01$）。由图 1 可知，羊草生物量损失率的变化趋势与毛足棒角蝗种群的变化趋势有协同性，但由于其他蝗虫种群、天敌及自然环境等因素的影响，二者变化趋势并非完全同步。

表 1　各草地类型植物群落及蝗虫群落特征参数值

项目	特征参数代码	羊草草原								克氏针茅草原						克氏针茅富含杂类草草原					
蝗虫群落		6.04	6.14	6.24	7.04	7.14	7.24	8.03	8.13	6.26	7.06	7.16	7.26	8.05	8.15	6.28	7.08	7.18	7.28	8.07	8.17
多样性指数	X_1	1.054	1.08	1.448	1.596	1.37	1.54	1.185	0.996	1.638	1.586	1.609	1.2	0.914	1.127	1.561	1.585	1.493	1.096	0.943	1.255
丰富度指数	X_2	3	4	5	5.5	6	7	6	6	4.5	3.5	3	4	4	5	4	3.5	4	3	3	4
均匀度指数	X_3	0.959	0.779	0.797	0.757	0.758	0.792	0.662	0.556	0.678	0.651	0.67	0.865	0.66	0.7	0.674	0.737	0.734	0.998	0.859	0.905
亚洲小车蝗相对多度	X_4	0.091	0	0.239	0.217	0.264	0.005	0.003	0.006	0.618	0.738	0.736	0.273	0.012	0.086	0.645	0.66	0.64	0.422	0.606	0.238
毛足棒角蝗相对多度	X_5	0.519	0.71	0.113	0.076	0.042	0.02	0	0.003	0.026	0.002	0	0	0	0	0.009	0.001	0.001	0	0	0
白边痂蝗相对多度	X_6	0	0.011	0.042	0	0.04	0.061	0.022	0.012	0	0	0.001	0.01	0.006	0.005	0	0	0.017	0	0	0.048
宽须蚁蝗相对多度	X_7	0.39	0.213	0.105	0.56	0.204	0.155	0.023	0	0.35	0.252	0.259	0.505	0.152	0.081	0.344	0.159	0.29	0.361	0.03	0.643
狭翅雏蝗相对多度	X_8	0	0.066	0.293	0	0.326	0.701	0.685	0.878	0.004	0.009	0.005	0.212	0.829	0.823	0	0.176	0.053	0.217	0.364	0.071
红腹牧草蝗相对多度	X_9	0	0	0.207	0.122	0.117	0.046	0.264	0.098	0.001	0	0	0	0	0.005	0.002	0.004	0	0	0	0
红翅皱膝蝗相对多度	X_{10}	0	0	0	0.001	0	0	0	0	0	0	0	0	0	0	0	0	0	0	0	0
短星翅蝗相对多度	X_{11}	0	0	0	0	0	0	0	0.003	0	0	0	0	0	0	0	0	0	0	0	0
其他蝗虫相对多度	X_{12}	0	0	0	0.022	0.002	0.01	0.003	0	0.004	0	0	0	0	0	0	0	0	0	0	0
植物群落																					
羊草生物量损失率	Y_1	0.647	0.588	0.293	0.41	0.433	0.209	0.302	0.34	0	0	0	0	0	0	0	0	0	0	0	0
克氏针茅生物量损失率	Y_2	0.192	0	0.194	0.336	0.178	0.518	0	0.25	0.661	0.623	0.861	0.419	0.26	0.258	0.445	0.321	0.36	0.183	0.45	0.01
糙隐子草生物量损失率	Y_3	0.382	0.14	0.001	0.047	0.041	0.206	0	0.146	0.296	0.425	0.578	0.48	0.045	0.158	0.089	0.309	0.475	0.124	0.348	0.149
冷蒿生物量损失率	Y_4	0.298	0.295	0.3	0.186	0.504	0	0.123	0	0.015	0.192	0.292	0	0.408	0.445	0.28	0	0	0	0	0
银灰旋花生物量损失率	Y_5	0	0.331	0.065	0.191	0.548	0.244	0.439	0.191	0.415	0.433	0.5	0.589	0.564	0.599	0.266	0.344	0.457	0.381	0.4	0.337
植物群落多样性指数	Y_6	1.83	1.763	1.174	1.804	1.757	1.937	1.901	2.094	1.541	1.39	1.46	1.458	1.292	1.533	1.711	1.582	1.439	1.467	1.594	1.645
植物群落丰富度指数	Y_7	11	15	10.5	12	11	15	17	15	11.5	11.5	10.5	13	15	14	13	11.5	10.5	14	15	12
植物群落均匀度指数	Y_8	0.763	0.651	0.501	0.726	0.733	0.715	0.671	0.773	0.639	0.589	0.638	0.568	0.477	0.581	0.667	0.662	0.611	0.556	0.589	0.662

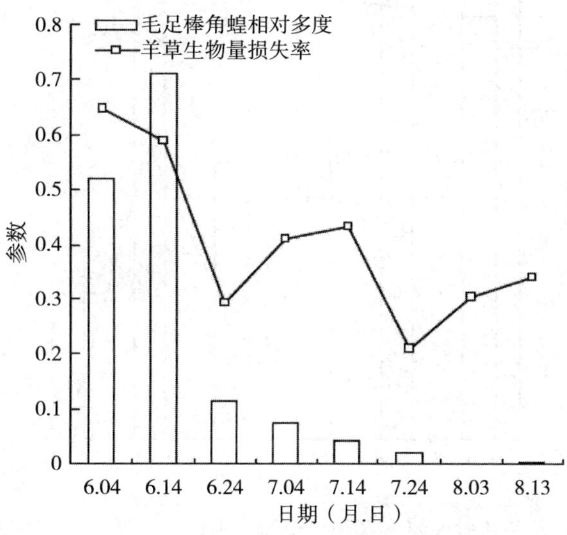

图 1　Ⅰ号样地羊草草原蝗虫优势种及植被优势种变化趋势

对Ⅱ号样地克氏针茅草原优势牧草生物量损失率及蝗虫群落优势种群的相对多度简单相关分析，得出克氏针茅的生物量损失率与亚洲小车蝗的相对多度极显著正相关（$R=0.947$，$P<0.01$）。由图 2 可知，克氏针茅生物量损失率的变化趋势与亚洲小车蝗种群的变化趋势协同性较明显，原因与Ⅱ号样地克氏针茅为绝对优势种牧草，而亚洲小车蝗的种群数量也高于其他蝗虫种群有关。

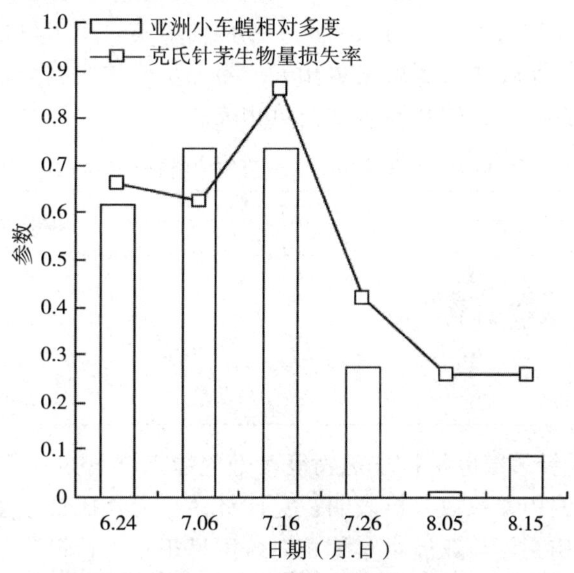

图 2　Ⅱ号样地克氏针茅草原蝗虫优势种群及牧草群落变化趋势

对Ⅲ号样地克氏针茅富含杂类草草原优势牧草生物量损失率及蝗虫群落优势种群的相对多度简单相关分析，得出克氏针茅的生物量损失率与亚洲小车蝗的相对多度呈极显著正相关（$R=0.93$，$P<0.01$）。由图 3 可知，克氏针茅生物量损失率的变化趋势与亚洲小车蝗种群的变化趋势协同性较明显。

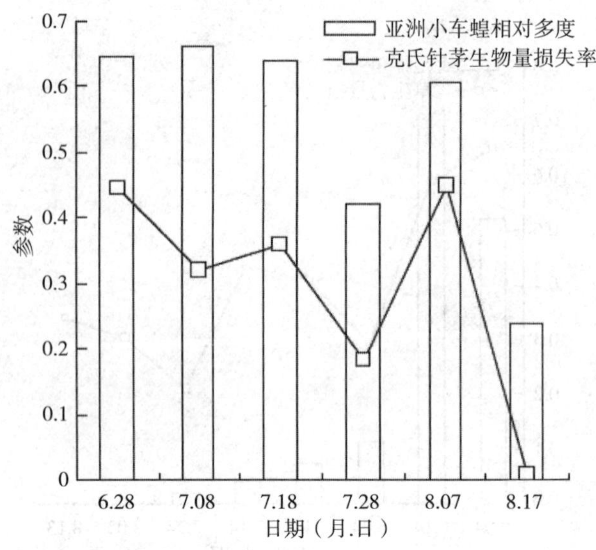

图 3　Ⅲ号样地克氏针茅富含杂类草草原蝗虫优势种群及牧草群落变化趋势

2.3　草原类型植被群落因子对蝗虫群落的综合效应

在试验区实地分析的基础上，分别以三种草原类型上植物群落特征参数为自变量，以蝗虫群落特征参数为因变量，对两组参数进行双重筛选逐步回归分析，得最优回归方程。

2.3.1　Ⅰ号样地羊草草原植被群落特征参数对蝗虫群落的综合效应

由表 2 方程式及偏相关系数分析表明：Ⅰ号样地羊草草原羊草生物量损失率与蝗虫群落丰富度指数及狭翅雏蝗相对多度呈负相关，与毛足棒角蝗相对多度呈正相关；糙隐子草生物量损失率与红腹牧草蝗相对多度呈负相关。

表 2　Ⅰ号样地植物群落和蝗虫群落主要特征参数的回归分析

最优回归方程	偏相关系数
$X_2=8.339-7.512Y_1$	−0.883
$X_5=-0.433+1.536Y_1$	0.849
$X_8=1.055-1.704Y_1$	−0.74
$X_9=0.177-0.582Y_3$	−0.804

2.3.2　Ⅱ号样地克氏针茅草原植被群落特征参数对蝗虫群落的综合效应

由表 3 方程式及偏相关系数分析表明：克氏针茅草原克氏针茅生物量损失率与蝗虫群落丰富度指数呈负相关，与亚洲小车蝗相对多度呈正相关；糙隐子草生物量损失率与蝗虫群落均匀度指数和宽须蚁蝗相对多度均呈正相关。

表 3　Ⅱ号样地植物群落和蝗虫群落主要特征参数的回归分析

最优回归方程	偏相关系数
$X_2=5.161-2.542Y_2$	−0.858

（续）

最优回归方程	偏相关系数
$X_3=0.643+0.36Y_3$	0.927
$X_4=-0.096+0.837Y_2$	0.818
$X_7=0.085+1.016Y_3$	0.871

2.3.3 Ⅲ号样地克氏针茅富含杂类草草原植被群落特征参数对蝗虫群落的综合效应

由表4方程式及偏相关系数分析表明：克氏针茅富含杂类草草原克氏针茅生物量损失率与亚洲小车蝗相对多度呈正相关，与宽须蚁蝗相对多度呈负相关。

表4 Ⅲ号样地植物群落和蝗虫群落主要特征参数的回归分析

最优回归方程	偏相关系数
$X_4=0.261+0.929Y_2$	0.987
$X_7=0.597-0.993Y_2$	−0.814

2.4 去趋势对应分析（DCA）结果

在三种草原类型上蝗虫群落数据的DCA分析中，羊草草原蝗虫群落数据的*SD*为0.938；克氏针茅草原蝗虫群落数据的*SD*为0.724；克氏针茅富含杂类草草原蝗虫群落数据的*SD*为0.592，均适合选择线性模型，可用RDA方法分析蝗虫群落和环境之间的关系。

2.5 冗余分析（RDA）结果

典范对应分析提供分析蝗虫种群密度与植被因子之间对应关系的工具。在由主轴1和主轴2构成的排序图中，各因子用带有箭头的线段表示，向量长短代表了其在主轴中的作用，箭头所处象限表示因子与排序轴之间相关性的正负，两向量之间夹角的余弦值为两向量的相关系数。

2.5.1 Ⅰ号样地羊草草原RDA分析结果

第一、第二轴的特征值分别为0.697和0.201，共解释了植物群落因子数据累计方差的89.8%，其中第一轴的特征值明显高于第二轴，表明羊草草原蝗虫群落因子主要由第一轴的植被群落因子所解释，第二轴反映的植被群落因子的意义不明显(图4)。

在RDA中，植被群落因子被限定为轴的线性组合，在某个轴上的重要性则由植物群落因子与轴的相关系数来衡量。Monte Carlo检验测得的显著值表明，在羊草草原上，羊草生物量损失率是与蝗虫群落特征参数相关的主要植被群落特征参数（$F=7.902$，$P<0.01$），而其他植被群落特征参数与蝗虫群落特征参数的关系并不显著，说明依赖其他植被群落特征参数，不能独立解释蝗虫群落特征参数的变化。

分析蝗虫群落特征参数与植被群落特征参数的相关性可知：Ⅰ号样地羊草草原蝗虫群落丰富度指数与羊草生物量损失率呈负相关；毛足棒角蝗相对多度与羊草生物量损失率呈正相关。与Ⅰ号样地各群落特征参数的双重筛选逐步回归结果一致。

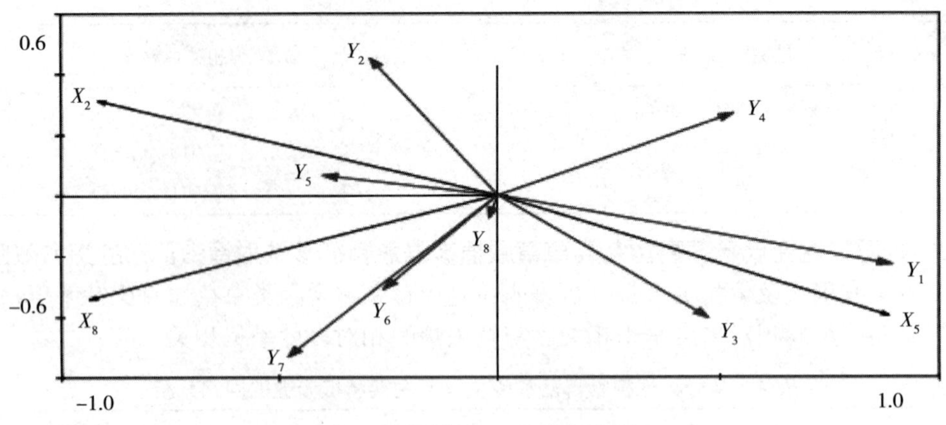

图 4 Ⅰ号样地 RDA 分析结果

2.5.2 Ⅱ号样地克氏针茅草原 RDA 分析结果

第一、第二轴的特征值分别为 0.852 和 0.082，共解释了植物群落因子数据累计方差的 93.4%，其中第一轴的特征值明显高于第二轴，表明克氏针茅草原蝗虫群落因子主要由第一轴的植被群落因子所解释，第二轴反映的植被群落因子的意义不明显（图 5）。

Monte Carlo 检验测得的显著值表明，在克氏针茅草原上，克氏针茅生物量损失率是与蝗虫群落特征参数相关的主要植被群落特征参数（$F=5.609$，$P<0.05$），而其他植被群落特征参数与蝗虫群落特征参数的关系并不显著，说明依赖其他植被群落特征参数，不能独立解释蝗虫群落特征参数的变化。

分析蝗虫群落特征参数与植被群落特征参数的相关性可知：克氏针茅草原克氏针茅生物量损失率与亚洲小车蝗相对多度呈正相关；糙隐子草生物量损失率与宽须蚁蝗相对多度呈正相关。与Ⅱ号样地各群落特征参数的双重筛选逐步回归结果一致。

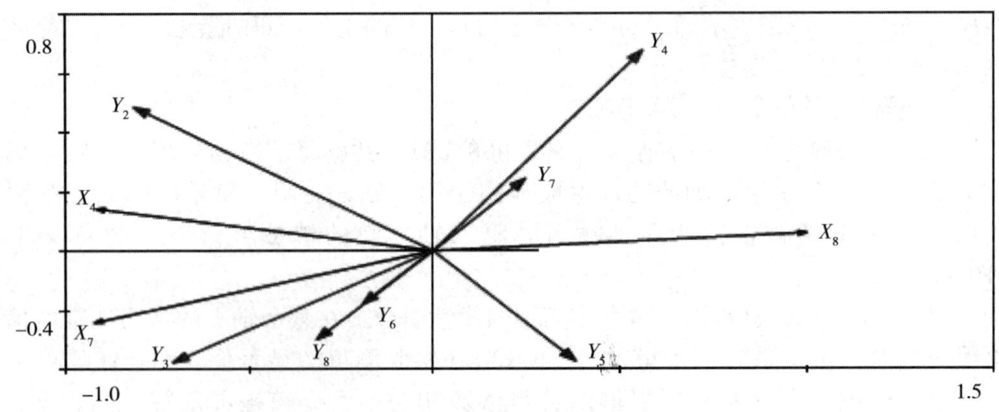

图 5 Ⅱ号样地 RDA 分析结果

2.5.3 Ⅲ号样地克氏针茅富含杂类草草原 RDA 分析结果

第一、第二轴的特征值分别为 0.58 和 0.374，共解释了植物群落因子数据累计方差的 95.4%，其中第一轴的特征值与第二轴差距不大，表明克氏针茅富含杂类草草原蝗虫群落因子由第一轴的植被群落因子和第二轴所反映的植被群落因子共同解释（图 6）。

Monte Carlo 检验测得的显著值表明，在克氏针茅富含杂类草草原上，所有植被群落特征参数与蝗虫群落特征参数的关系均不显著，均不能独立解释蝗虫群落因子的变化。

分析蝗虫群落因子与植被群落因子的相关性可知：克氏针茅富含杂类草草原克氏针茅生物量损失率与亚洲小车蝗相对多度呈正相关。与Ⅲ号样地各群落特征参数的双重筛选逐步回归结果一致。

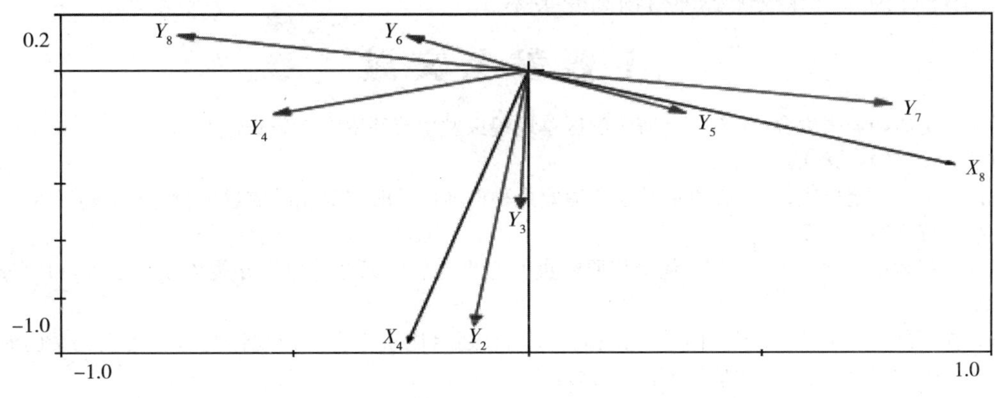

图 6　Ⅲ号样地 RDA 分析结果

3　讨论

本文还涉及其他 7 种蝗虫，宽须蚁蝗喜食禾本科植物，Ⅱ号样地中其相对多度与糙隐子草生物量损失呈正相关，但不能确定其喜食植物为糙隐子草，原因也可能在于Ⅱ号样地亚洲小车蝗优势地位明显，由于亚洲小车蝗的大量发生，导致Ⅱ号样地植被群落结构有所改变，克氏针茅减少，底层植物糙隐子草得以显露，宽须蚁蝗取食糙隐子草以维持生存。狭翅雏蝗为晚期种，其相对多度与植物群落丰富度指数呈正相关，这与其取食禾本科、菊科、蔷薇科、豆科植物等杂食性相关。红翅皱膝蝗喜食菊科和蔷薇科的植物，在克氏针茅伴生菊科植物的草地类型中有聚集现象，其相关性尚需进一步检验。

文中亚洲小车蝗种群趋于群落结构简单、克氏针茅相对优势的植被环境，也与亚洲小车蝗取食趋向氮含量相对较低的植物有关。例如Ⅲ号样地，2010 年克氏针茅和糙隐子草等禾本科植物占绝对优势，亚洲小车蝗发生密度很高，结果导致 2011 年草地群落结构变化明显，禾本科植物优势度下降，亚洲小车蝗孵化后迁出明显。昆虫的时间、空间及数量结构动态要依靠充足的食物资源去实现。有研究指出亚洲小车蝗营养生态位宽度较小，当食物资源不适合或不能满足其生长发育时，亚洲小车蝗需要迁移。

RDA 分析与逐步回归分析结果一致，RDA 分析信息量多，可以更直观地展示所分析数据间的生物学意义，具有可以最小变量组合解释多个生物学指标的能力。Ⅰ号样地分析结果植被群落特征参数能解释 89.8%的蝗虫群落特征参数变化，羊草生物量损失率能解释蝗虫群落特征参数变化的 81.6%。Ⅱ号样地植被群落特征参数能解释 93.4%的蝗虫群落特征参数变化，克氏针茅生物量损失率能解释蝗虫群落特征参数变化的91.3%。

当然，蝗虫对栖境的选择是多方面的，各环境因子彼此联系，相互影响，对蝗虫发生起着综合的生态效应。

4 结论

不同草地类型植物群落结构所构成的栖境条件影响蝗虫的群落组成，同时不同草地类型中优势种蝗虫导致优势种植物高受害率。

主要参考文献

巩爱岐，王薇娟，张生合，2001. 青海湖滨区草地蝗虫发生与环境因素关联性的初步探讨［J］. 青海草业，10（2）：38-41.

贺达汉，田真，金桂兰，等，1996. 荒漠草原蝗虫种群地位及时空变化的数量分析［J］. 宁夏农学院学报，17（3）：17-26.

贺达汉，郑哲民，刘颖东，1997. 荒漠草原蝗虫时空生态位的研究［J］. 宁夏农学院学报，18（2）：1-9.

康乐，李鸿昌，陈永林，1989. 内蒙古锡林河流域直翅目昆虫生态分布规律与植被类型关系的研究［J］. 植物生态学与地植物学学报，13（4）：341-349.

邱星辉，李鸿昌，1993. 草原生态系统狭翅雏蝗种群的能量动态［J］. 生态学报，13（1）：1-8.

邱星辉，李鸿昌，1997. 围栏禁牧对羊草草原和大针茅草原蝗虫丰富度的影响［J］. 应用生态学报，8（4）：403-406.

王刚，王彬，2011. 浅议环境因素对豫北东亚飞蝗发生的影响［J］. 中国植保导刊，31（2）：36-38.

吴惠惠，徐云虎，曹广春，等，2012. 内蒙古典型草原草地类型对蝗虫群落优势种群的生态效应［J］. 中国农业科学，45（20）：4178-4186.

颜忠诚，陈永林，1997. 内蒙古锡林河流域不同生境中蝗虫种类组成的分析［J］. 昆虫学报，40（3）：271-275.

赵成章，周伟，王科明，等，2009. 黑河中上游草原蝗虫生态分布与生境的关系［J］. 兰州大学学报：自然科学版，45（4）：42-47.

郑敬刚，董东平，赵登海，等，2008. 贺兰山西坡植被群落特征及其与环境因子的关系［J］. 生态学报，28（9）：4559-4567.

郑淑华，郭慧清，赵萌莉，等，2007. 草甸草原草地基况与生物多样性关系的研究［J］. 中国草地学报，29（4）：9-14.

ANDERSEN A N，LUDWIG J A，LOWE L M，et al，2001. Grasshopper biodiversity and bioindicators in Australian tropical savannas：Responses to disturbance in Kakadu National Park［J］. Austral Ecology，26（3）：213-222.

BERNAYS E A，GONZALEZ N，ANGEL J，et al，1995. Food mixing by generalist grasshoppers：plant secondary compounds structure the pattern of feeding［J］. Journal of Insect Behavior，8（2）：161-180.

ROMINGER A J，MILLER T E X，COLLINS S L，2009. Relative contributions of neutral and niche-based processes to the structure of a desert grassland grasshopper community［J］. Oecologia，161（4）：791-800.

内蒙古典型草原蝗虫群落结构和生态位研究

秦兴虎[1,2]，吴惠惠[1,2]，黄训兵[1,2]，王广君[1,2]，
曹广春[1,2]，农向群[1,2]，张泽华[1,2]

1. 中国农业科学院植物保护研究所植物病虫害生物学国家重点实验室，北京 100193；2. 农业农村部锡林郭勒草原有害生物科学观测实验站，锡林浩特 026000。

摘要 本文采用定点调查和生物量定量分析方法对内蒙古典型草原不同草地蝗虫群落结构和生态位进行研究，结果表明，典型草原蝗虫群落结构丰富，主要蝗虫有 11 种，草原蝗虫的时间分布揭示了蝗虫时间生态位的分化，宽须蚁蝗、亚洲小车蝗、短星翅蝗分别构成镶黄旗草原蝗虫早、中、晚优势种；根据蝗虫种群地位，将 11 种蝗虫划分为优势种、附属种、稀少种，把 11 种蝗虫按空间地位划分为禾草地类、荒草类、特殊类和全域类这 4 类，优势种蝗虫的种群与空间地位，反映了蝗虫与植被、蝗虫与蝗虫之间关系。优势种蝗虫中短星翅蝗的时空生态位宽度最大，其次是亚洲小车蝗和宽须蚁蝗，说明短星翅蝗对时空“资源”的利用程度最高，共存的蝗虫种类在“资源”利用上存在着明显的分化，亚洲小车蝗与宽须蚁蝗的生态位重叠最大，说明两者利用资源的相似性程度越高。本文用生态位来体现蝗虫种群地位及对资源的利用，同时也用资源的系统聚类来预测蝗虫的潜在发生与为害。本文系统地研究了蝗虫群落结构和蝗虫生态位，将为评价草原蝗虫潜在发生与为害、蝗虫宜生区划分和制定草原有害生物防治策略提供理论基础。

关键词 内蒙古，草原蝗虫，群落结构，生态位

内蒙古草原构成了欧亚大陆温带草原的东翼，其植被具有广泛的代表性。由于全球气候变化和人类活动，使草地退化，草原蝗灾暴发，导致草原生态系统结构和功能失调，群落多样性面临严重的威胁。草原蝗灾给畜牧业和粮食产量造成了巨大损失，因此，深入研究蝗虫的群落结构和生态位对于了解蝗虫在草原生态系统中的结构功能、地位与防控，以及正确评价人类活动和全球变化对物种的影响具有重要的理论意义。

目前，对于蝗虫的群落结构和生态位已有很多研究，康乐发现蝗虫的分布和种群结构同植物群落类型和结构密切相关，并研究了 11 种草原蝗虫多维生态位关系、多样性格局、种间关联以及蝗虫与植物关系。贺达汉等、康乐等对蝗虫的营养生态位和时空生态位进行了探讨，发现草原蝗虫的发生与为害受植物群落结构影响。Grinnell 在 20 世纪 10～20 年代就利用物种发生数据研究影响其分布的因素，并借此探讨物种空间分布与进化的关系。目前，生态位模型已被广泛应用于物种时空分布格局、外来种入侵预

警、全球变化对物种分布或多样性格局影响等众多研究领域。本文研究了内蒙古草原蝗虫的群落结构和生态位，定量化地确定蝗虫在草原生态系统中的种群地位和空间地位，分析了蝗虫的优势类群和存在的优势资源以及存在的可能潜在危害，为蝗虫宜生区的划分和草原蝗虫发生监测预警与生态治理提供理论依据。

1 材料与方法

1.1 样地选择

试验地位于内蒙古自治区锡林郭勒盟镶黄旗东部地区，北起呼日敦高勒嘎查，南至后苏金高勒，长约10.5km；东起伊和德日苏嘎查，西至赛乌苏嘎查，约20km。镶黄旗地势南高北低，地形以低山丘陵为主，由东南向西北递减，平均海拔1 322m。属中温带半干旱大陆性季风气候，地区年降水量267.9mm，主要降水集中在夏季(6～8月)，地区年日照时数3 031.6h，平均日照百分率68%，辐射能344.1kJ/m^2。地区年平均气温3.1℃，最热月为7月，平均气温20.4℃，最冷月为1月，平均气温－16.5℃（内蒙古镶黄旗新宝拉格镇城市总体规划2010—2030）。

调查地为典型草原，间有小面积荒地，以及人工林草地。调查地可根据地质地貌特性，又进一步分成5种不同类型：①低丛生禾草地，主要以禾本科植被为主。草群盖度为20%～40%，草层高度4～15cm。②禁牧草地Ⅰ：植被主要以禾本科植物羊草为主。草群盖度50%以上。③禁牧草地Ⅱ：植被种类繁杂，多样性高。草群盖度35%～55%，草层高度4～35cm。④退化草地：优势种植被为冷蒿，草群盖度30%～40%。⑤特殊草地：植被单一，禾本科植物野燕麦为唯一绝对优势种，草群盖度80%以上。

1.2 蝗虫调查方法

蝗虫调查于每年6～8月间进行，每7d调查1次，采用Evans描述的方法，以昆虫采集网“Z”字形快速扫网采样法取样，每个样点100个往返网次（捕网直径30cm)，每个样点重复5次，同时用1m^{2}样方框随机选取5个样方，并调查植物群落特征，共15个样地。每个往返网次所捕蝗虫装入保鲜袋内，室内分类鉴定，统计龄期、种类及数量。植被、蝗虫生物量测定采用称重法。烘干温度≤65℃。每一发育阶段称取样本数为50～150头。

1.3 群落结构测定方法

1.3.1 蝗虫群落结构及分布

1.3.2 蝗虫群落多样性

用两种常见的生物多样性指数分析植物和蝗虫多样性。

辛普森多样性指数（Simpson’s diversity index)：

$$D = 1 - \sum_{i=1}^{S} P_i^2$$

香农—威纳指数（Shannon-Weiner index)：

$$H = -\sum_{i=1}^{S} P_i \log_2 P_i$$

上述公式中，设种 i 的个体数占群落中总个体数的比例为 P_i，S 为物种数目。

1.4 蝗虫的生态位计算

Hutchinson 提出目前广泛使用的基础生态位（fundamental niche）和实际生态位（realized niche）等概念。以 BIOCLIM、栖息地分析（HABITAT）和主域分析（DOMAIN）为代表的环境包络（environmental envelope）理论是最早的生态位量化理论。对一维生态位常用生态位宽度（niche breadth）和生态位重叠（niche overlap）两项定量指标，比较群落中各物种占据空间的大小或利用资源的多少。

多维生态位的构成：时间维指由每年蝗虫发生调查 6～8 月期间，以 7d 为单位所构成的“资源”序列，共分为 5 个“资源”；空间维指不同类型草地；时间—空间维指 6～8月以 7d 为单位乘以不同草地所构成的两维“资源”序列。

生态位宽度公式用度量公式：

$$B_i = 1/\sum_{k=1}^{n} P_{ik}^2 \cdot n$$

其中 B_i 为生态位宽度指数；n 为资源单元数，P_{ik} 为第 i 物种所占第 k 资源单元数在所有可利用资源中的比例。生态位重叠公式主要有度量公式：

$$L_{ij} = n\sum_{k=1}^{n} P_{ik} \cdot P_{jk}$$

其中 L_{ij} 是第 i 物种重叠第 j 物种的生态位重叠指数；n 为资源单元数，P_{ik}、P_{jk} 为第 i、j 物种所占第 k 资源单元数在所有可利用资源中的比例。$L_{ij}=0$，不共享；$L_{ij}=1$，平均利用；$L_{ij}>1$，共同偏嗜利用某些资源。

当物种利用的各个资源类型独立时，多维生态位特征值可用各维生态位特征值的乘积表示。时间—空间二维生态位是时间生态位和空间生态位的累积，反映物种的实际生态位。

1.5 数据分析方法

以上数据处理分析均采用 Microsoft Office Excel 2007 和 SAS 9.2（Statistics Analysis System 9.2，SAS Institute Inc.）数据处理系统进行，显著性水平为 $P<0.05$。

2 结果与分析

2.1 镶黄旗典型草原蝗虫群落组成

蝗虫的群落结构组成受栖息生境、植物群落的组成、气温、降水等环境因子共同作用，对草原生态系统的可持续发展有着重要的影响，蝗虫群落结构主要包括群落的组成、时间结构及空间结构等。本研究经过调查将标本进行整理分析，得到主要的蝗虫 4 科 9 属 11 种，其种类及学名缩写如下：亚洲小车蝗（OAB）、毛足棒角蝗（DBF）、白边痂蝗（BLS）、轮纹异痂蝗（BTD）、黄胫异痂蝗（BHH）、鼓翅皱膝蝗（ABP）、红翅皱膝蝗（ARF）、华北雏蝗（CBH）、短星翅蝗（CAI）、宽须蚁蝗（MPZ）、邱氏异爪蝗（ECH）。结构分布如图 1 所示。

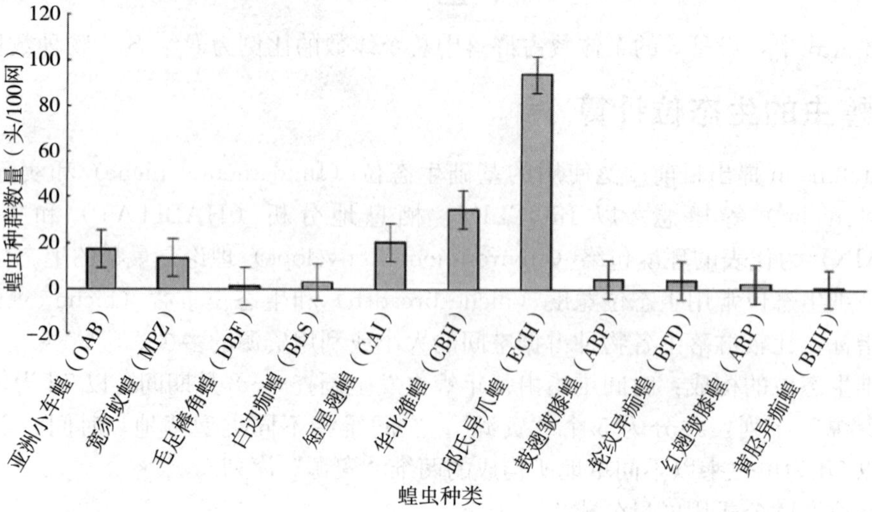

图 1　镶黄旗草原蝗虫群落组成

在所调查的样地中，不同样地蝗虫种类和数量不同，由图 1 可知，典型草原蝗虫群落物种组成丰富，整个调查区域华北雏蝗、邱氏异爪蝗、短星翅蝗、亚洲小车蝗、宽须蚁蝗种群数量占整个群落比重较大，数量占其他总蝗虫数的 90%以上，其种群对于整个蝗虫群落占有重要的地位，华北雏蝗和邱氏异爪蝗是本地区蝗虫种群数量最大的优势种，华北雏蝗和邱氏异爪蝗分布特殊，对栖境选择具有特异性，喜欢栖居在植被盖度高、植被密度大的栖境，两者的分布与种群地位对镶黄旗植物群落和生境具有指示作用。

2.2　蝗虫种群地位与空间地位划分

内蒙古典型草原 11 种蝗虫在不同调查时期个体生物量时间变化如表 1 所示。从表 1 中可以看出，不同蝗虫生物量时间变化明显不同。11 种蝗虫中，变异系数较小的亚洲小车蝗是作为优势种存在的，宽须蚁蝗、亚洲小车蝗、短星翅蝗分别构成镶黄旗蝗虫早、中、晚优势种。

表 1　典型草原蝗虫种群生物量季节变化（g/100 网）

蝗虫	7月上旬	7月中旬	7月下旬	8月上旬	平均	变异系数
亚洲小车蝗	0.545	0.356	0.456	0.399	0.439	0.186
宽须蚁蝗	0.837	0.239	0.241	0.174	0.373	0.834
毛足棒角蝗	0.126	0.018	0.005	0.002	0.038	1.56
白边痂蝗	0.348	0.048	0.007	0	0.101	1.65
短星翅蝗	0	0.208	0.670	0.583	0.365	0.864
华北雏蝗	0	1.168	0.197	1.731	0.774	1.06
邱氏异爪蝗	0	1.301	0	1.347	0.662	1.156
鼓翅皱膝蝗	0	0.023	0.05	0.028	0.025	0.820
轮纹异痂蝗	0	0.036	0.138	0.143	0.079	0.915

（续）

蝗虫	7月上旬	7月中旬	7月下旬	8月上旬	平均	变异系数
红翅皱膝蝗	0	0	0.095	0.1	0.049	1.15
黄胫异痂蝗	0	0	0.016	0	0.004	2

蝗虫种群动态符合发生期规律，5月中旬早期发生种蝗蝻开始出土，6月至7月上旬，早期发生种如宽须蚁蝗等蝗蝻数量上升，种群的数量和生物量开始时较低，随蝗卵的孵化和虫体的增长，蝗虫的数量和生物量随之上升，到一定时间到达高峰，由于食物、栖境等因素的竞争，使蝗蝻存活率有所下降，但随着时间的推进蝗虫个体的生物量和种群的平均生物量上升至后期稳定。

2.2.1 不同种蝗虫种群地位的分析

蝗虫种群地位主要取决于蝗虫种群数量和取食量的大小，研究表明蝗虫取食量的大小往往与身体体重呈正相关，同时，考虑到应用种群数量作为种群定量指标所产生的误差，本研究以调查所得各蝗虫种群数量经转换为种群生物量进行分析比较。将11种蝗虫采用主成分分析法进行分析，结果见图2。

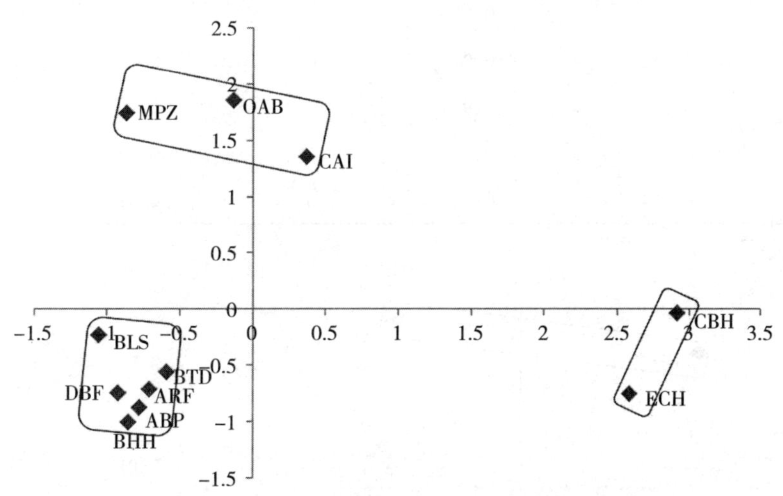

图2 典型草原11种蝗虫种群生物量主成分分析排序

图中G（1）=50.64%；G（2）=81.01%，将11种蝗虫划分为3大类：

（1）优势种 包括亚洲小车蝗（OAB）、宽须蚁蝗（MPZ）、短星翅蝗（CAI）。在典型草原蝗虫群落中种群数量大，其种群的发生对整个群落结构与功能起着重要的影响作用。在图中位于第Ⅰ、Ⅱ象限中。

（2）附属种 指优势种以外的发生量相对较少的种类。包括毛足棒角蝗（DBF）、白边痂蝗（BLS）、轮纹异痂蝗（BTD）、黄胫异痂蝗（BHH）、鼓翅皱膝蝗（ABP）、红翅皱膝蝗（ARF）。在图中位于第Ⅲ象限。这些种类由于种群数量较少，或者发生期短暂，而对整个群落的影响作用较小。另一方面，这些蝗虫往往受外界的干扰、气候的变化或人类活动的影响，种群数量变化很大，甚至会上升为主要害虫。

（3）稀少种　包括华北雏蝗（CBH）和邱氏异爪蝗（ECH）。在图中位于第Ⅳ象限。这些蝗虫仅在局部地区分布，它们对整个蝗虫群落的作用不够明显，或仅局部偏重发生。

2.2.2　典型草原蝗虫种群空间地位分析

表 2 是取不同时间过程中，11 种典型草原蝗虫在 5 种不同草地类型中的种群平均生物量。采用主成分分析法对表 2 数据进行分析，结果见图 3。其中二维坐标图：G（1）＝53.44％；G（2）＝77.72％。将 11 种蝗虫划分为 4 类。

表 2　典型草原不同草地类型蝗虫种群生物量的变化

	1	2	3	4	5
亚洲小车蝗	0.72	0.257	0.288	0.106	0.461
宽须蚁蝗	0.638	0.049	0.162	0.231	0.031
毛足棒角蝗	0.044	0.005	0.02	0.053	0
白边痂蝗	0.137	0.063	0	0.081	0
短星翅蝗	0.164	0.132	0.512	0.616	1.513
华北雏蝗	0.122	0.119	0.383	0.103	9.422
邱氏异爪蝗	0	0	0	0	9.893
鼓翅皱膝蝗	0.052	0.009	0.019	0.007	0
轮纹异痂蝗	0.151	0.019	0.019	0.037	0
红翅皱膝蝗	0.074	0.026	0.079	0.024	0
黄胫异痂蝗	0.004	0	0	0.014	0

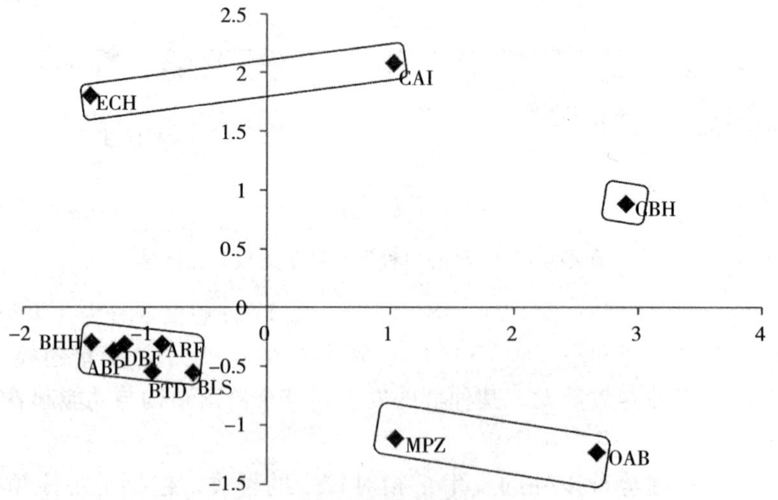

图 3　典型草原不同草地类型 11 种蝗虫主成分分析排序

（1）禾草地类　包括亚洲小车蝗（OAB）、宽须蚁蝗（MPZ）。这些种类主要分布于丛生短禾草地和禁牧草场禾草地中。图中位于第Ⅳ象限。

（2）荒草地类　这一类分布多趋于有菊科、百合科等杂草丛生的地方，或湿润的荒滩地。包括白边痂蝗（BLS）、轮纹异痂蝗（BTD）、黄胫异痂蝗（BHH）、鼓翅皱膝蝗（ABP）、红翅皱膝蝗（ARF）。

（3）特殊地类　华北雏蝗（CBH）。仅在局部地区，即调查时的特殊草地类型中分布。

（4）全域类　其食量很杂，发生数量较大，没有明显的分布域差别，主要是短星翅蝗（CAI），图中位于第Ⅰ象限。

2.3　草原蝗虫时空生态位分析

以调查蝗虫发生期 6～8 月期间所调查的 15 块样地范围为空间资源，以 7d 为单位构成时间序列资源，共分为 5 个“资源”计算典型草原蝗虫生态位，计算结果如表 3。

表 3　内蒙古镶黄旗草原 11 种蝗虫时间—空间生态位宽度和生态位重叠

	OAB	MPZ	DBF	BLS	CAI	CBH	ECH	ABP	BTD	ARF	BHH
OAB	0.965										
MPZ	2.658	0.542									
DBF	0.190	0.688	13.68								
BLS	0.503	0.822	0.342	2.441							
CAI	0.623	0.443	0.057 2	0.755	1.018						
CBH	0.452	0.252	0.012 7	0.027 8	1.684	0.722					
ECH	0.337	0.195	0.010 8	0.024 5	0.292	2.545	0.831				
ABP	0.032 5	0.016 9	0.000 4	0.001	0.054 8	0.034 2	0.085 3	305.2			
BTD	0.111	0.056 5	0.001 2	0.002 68	0.195	0.116	0.068 3	0.023	24.59		
ARF	0.061 1	0.030	0.000 54	0.001 12	0.110	0.063 3	0.033 2	0.006	0.046 5	74.49	
BHH	0.0114	0.005 8	0.000 11	0.000 25	0.021 3	0.004 6	0	0.001	0.004 4	0.005	1 851

注：对角线上的表示生态位宽度，对角线下面的表示生态位重叠。

物种生态宽度、物种之间的生态位重叠值与物种的竞争与生存对策密切相关，由表 3 可知，在调查的某些特殊类草地中，时空生态位宽度最大的是前 4 种蝗虫分别是黄胫异痂蝗、鼓翅皱膝蝗、轮纹异痂蝗、红翅皱膝蝗；优势种蝗虫中生态位宽度最大的是短星翅蝗，生态位重叠程度最高的是亚洲小车蝗与宽须蚁蝗，其次是短星翅蝗与亚洲小车蝗的生态位重叠，说明它们的可利用资源最为丰富利用资源的能力很强，宽须蚁蝗发生盛期在 6～8 月，与亚洲小车蝗有较大的时间重叠，两种蝗虫都以取食禾本科牧草为主，因此有较大的食物和空间竞争，而短星翅蝗主要嗜食菊科植物，并对亚洲小车蝗喜食的禾本科牧草羊草有所喜食，食性相对较广，发生期从 7 月至 8 月末，因此，占据较大的时空生态位并与亚洲小车蝗有很大的生态位重叠。邱氏异爪蝗与华北雏蝗的生态位重叠程度较高，因为两种蝗虫在同一草地区域大量内聚集分布，使两者生态位重叠度较高。

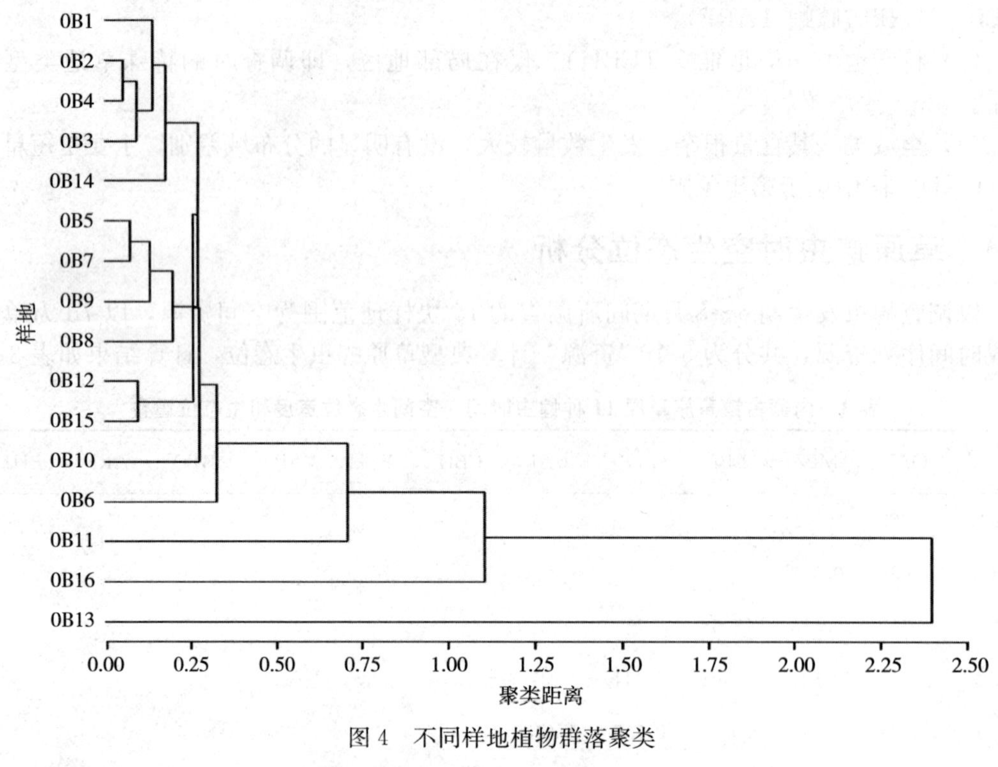

图 4 不同样地植物群落聚类

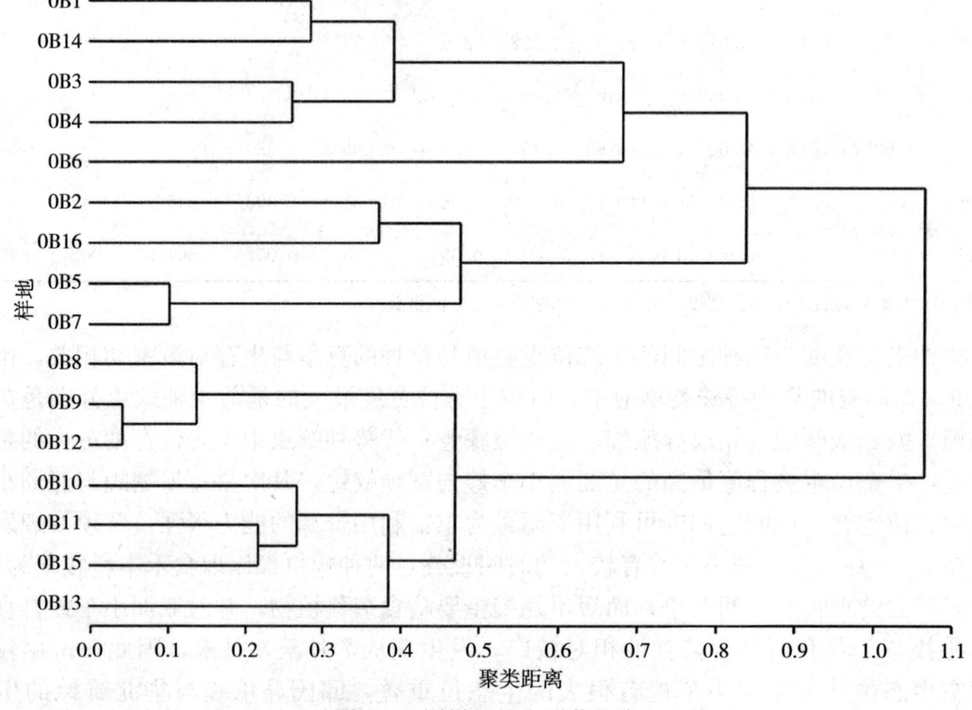

图 5 不同样地蝗虫群落聚类

2.4 典型草原植物群落与蝗虫群落聚类分析及潜在为害种的预测

群落相似性是用来测定不同生境、群落之间的相似程度，划分群落及探讨群落组成异同的重要依据。将蝗虫群落与植物群落聚类可以分析蝗虫的优势类群和存在的优势资源，是探讨蝗虫生态位与预测蝗虫种群发生与稳定的重要依据。优势种蝗虫的分布与优势种植被类型有密切的关系，优势种植被的数量变化直接体现了植被的变化。植物的优势度、相对密度、地上部分相对生物量基本上反映了其在群落中的地位，这 3 个特征因子作为植物群落聚类分析的运算单位，用蝗虫的相对多度、生物量作为蝗虫群落聚类分析的运算单位。利用欧氏距离将 16 个样地植被群落和蝗虫群落进行系统聚类分析，得到 16 块样地植被群落与蝗虫群落的系统类聚结果。通过样地的聚类树状图可直观地看出各样地之间在组成上的相近程度，图 4 对样地植物群落参数之间的相似性进行类聚，取 $\lambda=0.75$，根据植被群落特征类聚结果将样地分为三类，禾草草原样地之间的相似度指数均较高，1 号、2 号、3 号、4 号、5 号、6 号、7 号、8 号、9 号、10 号、11 号、12 号、14 号、15 号样地相程度较高可以看作一类，13 号、16 号样地植被参数有显著差异，各分为一类，植被群落可根据类聚结果分为禾本科杂草优势样地（包括针茅、羊草、糙隐子草等），阔叶草优势样地（包括冷蒿、萹蓄豆等）（16 号）和特殊类样地（13 号）。禾本科杂草优势样地又可分为针茅优势样地（1 号、9 号、12 号、15 号），羊草优势样地（5 号、7 号、9 号、11 号），糙隐子草优势样地（2 号、4 号、14 号）。由图 5 的蝗虫群落类聚图可知，在不同的样地中大体可以将蝗虫种群分为 4 类不同的群落，以亚洲小车蝗占优势种的群落样地（1 号、2 号、3 号、4 号、6 号），以宽须蚁蝗占优势种的样地（1 号、3 号、14 号）和以短星翅蝗占优势种的样地（2 号、5 号、7 号、16 号），以及其他类蝗虫样地（雏蝗，6 号样地），性质相同或者相近的生境中，蝗虫的物种相似度较高，物种间存在着交流，而不同性质的生境常分布着对环境有特殊生态要求的物种，显示出较低的相似性。由图 5 可知，1 号、2 号、3 号、4 号、14 号样地植被特征非常相近，以禾本科草占优势，可归为一类，与之相对应，图 5 显示，1 号、2 号、3 号、4 号样地的蝗虫群落特征也非常相近，以亚洲小车蝗占优势，所以，可以预测亚洲小车蝗有可能在 14 号地发生为害的可能性较大，同理，宽须蚁蝗在 2 号、4 号地大量暴发发生的可能性也很大，由于短星翅蝗本身生态位宽度较大，与亚洲小车蝗和宽须蚁蝗短星翅蝗生态位重叠较高，占有的“资源”潜力大，根据类聚结果，可以预测，短星翅蝗在 3 号、8 号、9 号样地大量发生的可能性较大。植被群落分类大体上对应了蝗虫群落分类，但并非一一对应，一方面在小生境中，植被群落特征影响了蝗虫群落的不同分布，另一方面大生境中影响蝗虫群落特征的因素不只是植被特征，小生境中植被群落特征往往与蝗虫群落特征呈现显著的相关性，植被的种类和特征参数影响了蝗虫群落结构，而大生境中影响蝗虫群落的因素比较复杂，有温度、降水等气象因素，及土壤、人类活动和小生境气候等因素的共同作用，因此，可以根据聚类的草地类型和气候条件，预测蝗虫在所在地区发生的潜在可能性。

3 讨论

草原生态系统中蝗虫种群与植被多样性的研究是阐明物种多样性对生态系统功能作用的重要途径之一。不同种类的蝗虫个体之间，以及同种蝗虫不同发育阶段和性别的个体之间生物量差异很大。所以单纯使用种群个体数量来描述蝗虫种群的动态，以及种群间的相互关系和群落中的作用和地位是不准确的。以种群生物量作为衡量种群作用与功能的定量指标相对较为客观、实际。不同的蝗虫种群各自选择适宜的时间—空间生态位，是为了避免种群之间的竞争，或者是尽可能充分利用有限的时间—空间作为营养、繁殖或栖息场所。物种生态位可以从竞争物种对时间、空间和食物资源的分配策略来探讨竞争共存机制、协同进化、多物种群落的演替及多样性等问题。镶黄旗 11 种蝗虫种群生物量随时间和植物多样性呈现规律一致性变化，该地区宽须蚁蝗、亚洲小车蝗、短星翅蝗分别作为早、中、晚优势种存在。分析样地植物群落特征与蝗虫群落特征关系则发现，植被群落影响蝗虫群落的结构和分布，在较大生态群落范围内，蝗虫群落随着生境的破碎化与人类活动的影响而变化，蝗虫群落与植被群落的相互作用与影响正在发生着变化。本文把蝗虫种群依据不同空间地位和草地类型划分，因为蝗虫的分布与样地的植被特征有着较高的相关性，蝗虫种群资源利用的分化来自蝗虫适应性的分化和蝗虫—植物协同进化的关系，这说明优势种植被对优势种蝗虫的分布具有显著影响。如此可以根据蝗虫生物量与样地植被特征预测并划分蝗虫宜生区。生态位的保守性（conservatism）与等价性（equivalency）是一直争论的问题，Peterson A 认为基础生态位在小时间尺度上保持稳定，在大时间尺度上缓慢变化，但是 Broennimann 的研究则认为，物种的基础生态位会随着其生活的群落不同而发生变化。时空间生态位的大小主要取决于生境环境条件的复杂程度，本文通过大面积长时间调查，分析不同优势种蝗虫时间动态、不同区域内的空间分布，进行植物群落“资源”与蝗虫群落之间的聚类分析，认为，蝗虫在时间和空间“资源”的利用上是相互关联的。蝗虫对时间和空间“资源”的利用是随着季节变化而转移，其转移速度因种类而异，受环境因子的影响明显。我们可以利用蝗虫群落与植物群落聚类分析发现蝗虫的优势类群和存在的优势资源，并可根据群落的相似性和蝗虫生态位预测蝗虫的迁移与为害。优势种蝗虫种群时空生态位变化，也在揭示着草原蝗虫群落与植被群落的演替、人类活动及气候的变化。

群落类型实际上是空间生态位的一种表现方式，主要反映群落中物种的空间配置情况，一般来说，禾草地草场蝗虫种群数量较高；荒漠地带种类数较多，个体数较低。生态位宽度可以反映生物对环境的适应性以及利用环境资源的广泛性，即物种对环境资源利用能力的强弱。蝗虫种群在时空资源的利用上的分化十分明显。不同草地类型有着不同的种群组合，同一种群中同等地位的种群在时间上又有着明显的分化。这反映了蝗虫群落对环境条件的适应特性及充分合理地利用资源以达到种群发生与资源利用相平衡的生态对策。

本文对草原蝗虫群落的研究，将为估测蝗虫潜在为害和监测预警及草原蝗害的生态治理提供理论依据，并对了解草原生态系统的结构功能以及正确评价人类活动和全球变化对物种的影响具有重要的理论意义。

主要参考文献

白文辉，徐绍庭，1985. 内蒙古草原蝗虫名录［J］. 中国草地（1）：41-47.

贺达汉，1997. 荒漠草原蝗虫时空生态位的研究［J］. 宁夏农学院学报，18（2）：2-8.

康乐，陈永林，1992. 草原蝗虫时空异质性的研究［J］. 草原生态系统研究，4：109-123.

康乐，陈永林，1994. 草原蝗虫营养生态位的研究［J］. 昆虫学报，37（2）：178-189.

李志胜，黄咏俏，尤民生，2005. 芥蓝田主要害虫种群生态位研究［J］. 昆虫知识，42（4）：409-412.

卢辉，余鸣，张礼生，等，2005. 不同龄期及密度亚洲小车蝗取食对牧草产量的影响［J］. 植物保护，31（4）：55-58.

秦兴虎，吴惠惠，黄训兵，等，2015. 内蒙古典型草原蝗虫群落结构和生态位研究［J］. 植物保护（5）：17-25.

汪信庚，刘树生，吴晓晶，等，1997. 杭州郊区菜蚜种群的空间动态［J］. 应用生态学报，8（6）：599-604.

BUSBY J，1991. BIOCLIM——a bioclimate analysis and prediction system［J］. Plant Protection Quarterly，6：8-9.

CODY M L，1974. Competition and the Structure of Bird Communities［M］. New Jersey：Princeton University Press：1-326.

COLWELL R K，RANGEL T F，2009. Hutchinson's duality：the once and future niche［J］. Proceedings of the National Academy of Sciences，106：19651-19658.

GALLIEN L，DOUZET R，PRATTE S，et al，2012. Invasive species distribution models——how violating the equilibrium assumption can create newinsights［J］. Global Ecology and Biogeography，21：1126-1136.

HUTCHINSON G E，1978. An Introduction to Population Ecology［M］. New Haven：Yale University Press.

PEARSON R G，DAWSON T P，2003. Predicting the impacts of climate change on the distribution of species：are bioclimate envelope models useful?［J］. Global Ecology and Biogeography，12：361-371.

SIMPSON E H，1949. Measurement of diversity［J］. Nature，163：688.

TAYLOR L R，1961. Aggregation. variance and mean［J］. Nature，189：732-735.

VACLAVIK T，MEENTEMEYER R K，2009. Invasive species distribution modeling（iSDM）：are absence data and dispersal constraints needed topredict actual distributions［J］. Ecological Modelling，220：3248-3258.

蝗虫重度干扰下草地恢复演替过程中生物群落的变化

卢　辉[1]，张泽华[2]，龙瑞军[1]

1. 甘肃农业大学草业学院，甘肃兰州 730070；2. 中国农业科学院植物保护研究所植物病虫害生物学国家重点实验室，北京 100193。

摘要　在 2004 年研究了被蝗虫严重破坏的内蒙古锡林郭勒盟贝力克牧场典型草地在恢复过程中种群的变化，结果显示，蝗虫种群密度为 6.11 头/m^2，种类数 5～8 种，蝗虫种群多样性增加；草地退化，禾本科所占比例为 45.6%～58.4%，冷蒿和星毛委陵菜所占比例分别为 22.5%～38.2%、4.3%～9.6%，表现出植物个体小型化。

关键词　退化草地，蝗虫群落，植物群落

近年来，全球气候变暖、人类对自然资源的不当开发利用，造成生态条件与环境的严重破坏，为蝗虫灾害的发生创造了有利条件，加重了蝗灾的发生频率和严重程度，蝗灾过后可能会造成上百万公顷草地被毁，草原生态严重遭到破坏，草地退化、沙化和盐碱化日益加重，草地面积锐减，生物多样性丧失。

关于干扰对各种植被类型的影响陈善科等已有报道，对阿拉善荒漠草地生态危机及治理做了研究，目前许多研究都集中在放牧或其他干扰对草原群落的影响，对蝗虫干扰后的草地群落的研究很少。研究蝗虫干扰后草地恢复演替过程中的物种多样性与生产力的变化，对动态监测草原群落以及草原生物多样性的保育与维护有重要的学术和实践意义。

1　材料和方法

1.1　样地的选择

研究地点位于内蒙古自治区锡林浩特市南 30km 处贝力克牧场，该区草原类型为典型草原，海拔 1 215m；属温带半干旱大陆性气候，年均气温 0℃，气温日较差大，年均降水量 300～450mm，降水变率大，70%的降水集中在 7～9 月。试验区地势平坦，植被均匀度较好，群落类型属克氏针茅＋羊草＋糙隐子草草地，散生冷蒿、小叶锦鸡儿、星毛委陵菜等植物。该地区是 2003 年蝗虫严重发生区，亚洲小车蝗虫口密度很高，很多地区草场全部被蝗虫取食，草地受到严重生态破坏。2004 年 6～9 月在贝力克牧场平顶山附近典型草原区，选择面积 60hm^2 草地进行取样调查。

1.2 调查方法

蝗虫取样，采用自制的 1m×1m 无底样框，在 6～9 月，每月取样 2 次，进行棋盘式取样，选取 5 个小区（A，B，C，D，E），每小区用“Z”字形取样法每走 50 步取 1 个样方，共取 30 个样方，将捕到的蝗虫放入盛有 75%酒精的广口瓶，编号带回室内分类鉴定。

植物群落取样采用目测法和地上部收割法相结合，用齐地面刈割法测定植物地上生产力，分 5 个小区（A，B，C，D，E），每小区测定 6 个 1m×1m 样方，按科分类测定高度、盖度、密度，并在 65℃烘干称重。

1.3 数据分析

多样性计算采用 Shannon-Weiner 指数：$H=-\sum_{i=1}^{S}P_i\ln P_i$

Pielou 均匀度指数：$J_{SW}=H'/\ln S$

上述公式中，$P_i=n_i/N$，n_i为第 i 个物种的个体数，N 为群落（样地）中所有物种个体数之和，S 为物种种类数。

2 结果与分析

2.1 蝗虫群落优势度的分析

在退化草地共收集到 8 种蝗虫（表 1），短星翅蝗优势度 0.347，红腹牧草蝗 0.258，白边痂蝗和毛足棒脚蝗分别为 0.137 和 0.136，亚洲小车蝗的优势度 0.045，红翅皱膝蝗为 0.021，笨蝗为 0.011，这与 2003 年大规模蝗灾暴发时亚洲小车蝗占绝对优势明显存在区别。用样框法抽样调查 2004 年贝力克牧场的草地，蝗虫种群密度为 6.17 头/m^2，种群密度明显下降。

表 1 不同蝗虫群落的优势度

序号	蝗虫名称	优势度
1	短星翅蝗	0.347
2	红腹牧草蝗	0.258
3	宽须蚁蝗	0.137
4	白边痂蝗	0.136
5	毛足棒脚蝗	0.046
6	亚洲小车蝗	0.045
7	红翅皱膝蝗	0.021
8	笨蝗	0.011

2.2 蝗虫群落多样性的分析

被蝗虫重度干扰后的草场，蝗虫多种种群共同存在，在 5 个小区蝗虫种类数 5～8

种，蝗虫生物多样性指数和均匀度指数也较高（表 2），说明重度干扰后的退化草地往往可导致多样性和均匀性指数增加。

表 2　蝗虫的多样性和均匀度指数

项目	不同小区				
	A	B	C	D	E
种类数（种/m^2）	7	5	8	6	8
多样性指数	1.62	1.52	1.53	1.53	1.77
均匀性指数	0.83	0.94	0.73	0.86	0.85

注：A，B，C，D，E 分别代表退化草场内 5 个小区。

2.3　蝗虫重度干扰草地植被的群落结构

由于 2003 年蝗虫对草地的重度干扰，使得草层十分低矮（表 3），草层高度在 7.8～9.7cm，地上生物量在 48.5～65.0g/m^2，可以看出草场退化严重；禾本科所占比例在 45.6%～58.4%，而冷蒿和星毛委陵菜所占比例分别在 22.5%～38.2%和4.3%～9.6%，在退化前草场属于克氏针茅草场，禾本科所占比例很大，退化后冷蒿和星毛委陵菜所占比例很大。

表 3　退化草地植被群落结构

项目	不同小区				
	A	B	C	D	E
种类数（种/m^2）	9	7	11	6	10
草层高度（cm）	9.0	7.8	8.1	9.7	9.1
盖度（%）	35.8	33.3	31.7	25.0	26.7
生物量（g/m^2）	51.1	58.0	65.0	59.7	48.5
禾本科所占比例（%）	52.3	45.6	58.4	60.6	53.2
冷蒿所占比例（%）	38.2	42.5	32.6	22.5	36.2
星毛委陵菜所占比例（%）	5.4	43	6.5	9.6	7.5

3　讨论

蝗虫的分布与植被类型结构的变化密切相关，由于 2003 年蝗虫重度干扰，从而使得 2004 年草地蝗虫群落的动态组成受到影响。草地退化、优势种植物所占比例减少，都会引起蝗虫多样性和集中性指数的增加。

植物个体小型化是草原群落在蝗虫重度干扰下草原发生退化演替过程中的个体行为，是长期对蝗虫干扰的感应，且反馈于蝗虫的取食行为，使之取食困难，因此个体小型化是植物防御蝗虫过度取食的行为。植物群落生物量很低，由小型化个体组成的退化群落其生物量也必然处于较低水平。冷蒿和星毛委陵菜所占比例的增加，说明内蒙古典型草原在重度干扰下最终退化趋同于冷蒿草原，冷蒿退化草原在进一步退化过程中还会出现一个相对稳定的演替阶段——星毛委陵菜群落，超过此阈值，便会出现草原的沙化。

植物各种群均占一定的资源空间，这种占据资源空间的能力是各植物种群在构建群落过程中的功能体现。个体小型化和生物量的减少导致种群建构群落的功能衰退，占据的资源空间被释放出来，使群落资源处于过剩状态，蝗虫厌食或不喜食的植物种群得以扩大，喜食的植物种群逐渐减少，从而实现优势种的更替。过剩资源的存在也支持侵入种的繁衍。如果有侵入种出现。群落生产力的衰退和优势种的更替使群落中的物种不断发生改变，退化草地也不断更新演替。

主要参考文献

陈善科，保平，张学英，2000. 阿拉善荒漠草地生态危机及其治理对策［J］. 草原与草坪（3）：9-11.

陈佐忠，2003. 目击内蒙古草原蝗灾［J］. 大自然探索，12：16-21.

韩永伟，高吉喜，张晓东，等，2004. 典型草原区植物群落结构特征动态监测［J］. 四川草原，6：6-8.

康乐，1994. 放牧干扰下的蝗虫—植物相互作用关系［J］. 生态学报，15（1）：1-11.

李金花，李镇清，王刚，2003. 不同放牧强度对冷蒿和星毛委陵菜养分含量的影响［J］. 草业学报，12（6）：30-35.

李永宏，1994. 内蒙古草原草场放牧退化模式研究及退化检测专家刍议［J］. 植物生态学报，18（1）：68-79.

卢辉，张泽华，龙瑞军，2005. 蝗虫重度干扰下草地恢复演替过程中生物群落的变化［J］. 草原与草坪（3）：59-60.

尚占环，姚爱兴，2002. 生物多样性及生物多样性保护［J］. 草原与草坪，4：11-13.

基于投影寻踪模型的草原蝗虫栖境评价及风险评估

黄训兵[1]，吴惠惠[1]，秦兴虎[1]，曹广春[1]，王广君[1]，农向群[1]，涂雄兵[1]，
格希格都仁[2]，贺兵[2]，额尔登巴图[2]，乌亚汗[2]，张泽华[1]

1. 中国农业科学院植物保护研究所植物病虫害生物学国家重点实验室，北京 100193；2. 内蒙古自治区锡林郭勒盟镶黄旗草原工作站，内蒙古锡林郭勒盟 013250。

摘要 草原蝗虫发生与栖境存在紧密而复杂的关系，二者关系的研究是评估蝗灾发生风险的基础。本文分析了不同栖境内蝗虫种群密度与21个植被特征参数的相关关系，利用投影寻踪模型进行了栖境评价及风险评估，并进行模型验证。结果表明，低优参数植物生物量多样性对蝗虫种群密度影响最大，最佳投影向量 $\boldsymbol{a}$ 为0.672 5；高优参数禾本科生态优势度对亚洲小车蝗密度影响最大，最佳投影向量 $\boldsymbol{a}$ 为0.654 7；样点植被投影特征值 Z_i 与蝗虫种群密度线性相关关系极显著（$y=48.861x-18.937$，$R=0.950\ 9^{**}$），Z_i越大，栖境内植被越适合蝗虫的发生，蝗灾发生的风险越高，根据 Z_i值可预测不同栖境草原蝗虫的发生。投影寻踪模型评价不同植被条件下蝗虫的发生风险，可以排除与数据结构和特征无关或关系很小变量的干扰，是一种更稳健实用的方法，对于蝗虫的监测预警具有重要意义。

关键词 草原蝗虫，草原植被，投影寻踪模型，风险评估

草原蝗虫发生与栖境内植被紧密相关，国内外学者已从能流模式、资源利用方式、共存机制等不同角度对蝗虫与植物的关系做了研究。草原植被生长势受季节及气候条件影响，导致蝗虫生存环境变化及生态位中心转移。典型对应分析（CAA）黑河流域13种蝗虫种群表明，按栖境植被可将蝗虫分为6个类群，禾本科和菊科植物对蝗虫种群空间分布的影响最大。通过冗余分析（RDA）及双重筛选逐步回归等方法分析内蒙古典型草原蝗虫与植被群落结构的关系表明，植物特征参数变化导致蝗虫特征参数变化，优势种植物决定优势种蝗虫的存在。特别是最近有研究表明亚洲小车蝗趋向取食含氮量低的植物，喜欢栖居于以大针茅为优势种的低氮草原类型，低氮草原类型更利于蝗害的发生。而对亚洲小车蝗食性及营养生态位的研究发现，牧压增加引起的植被群落变化，导致亚洲小车蝗对针茅的采食降低，增加了对米氏冰草和星毛委陵菜的采食，亚洲小车蝗生态位变窄。高山草地毒杂草侵入能够改变植被结构和营养价值，以及蝗虫发生区域内的土壤理化特性和栖息生境，从而引起草地蝗虫群落组成、数量和多样性的变化。植被显著影响蝗虫种群，对蝗虫发生起复杂而重要的生态效应。

蝗虫种群密度、生长和繁殖能力等受植被的显著影响，蝗害的发生与植被紧密相关。对亚洲小车蝗的食性和食量的研究表明，亚洲小车蝗喜食禾本科植物，非喜食植物会负向影响其生长生殖状况，在禾本科中，与含氮量高的羊草相比，含氮量低的针茅最利于亚洲小车蝗生长发育。对蝗虫生长发育过程中取食植被的研究表明，有些不喜食植被的存在有重要意义，与喜食植被混合能够促进蝗虫的生长发育，这可能与营养平衡和营养稀释有关。蝗虫对栖境的选择是多方面的，各因子彼此联系，相互影响。

以上研究从植被因子与蝗虫发生关系的不同角度进行了深入探索，但缺乏蝗虫栖境植被条件的综合评价模型及不同植被条件下蝗虫发生风险评估的可靠方法。而随着对草原生态环境保护的重视，有必要建立栖境风险评价模型来指导蝗害防控。因此，本研究在 2011 年、2012 年草原蝗虫和植被调查的基础上，旨在提出基于遗传算法的投影寻踪模型综合评价方法，并对方法的可靠性进行验证，以期实现植被综合评价及蝗虫发生的风险评估，这一方法的实现对于草原蝗虫的监测预警、宜生区划分、生态治理等具有重要意义。

1　材料与方法

1.1　研究区概况

试验地位于内蒙古锡林郭勒盟镶黄旗，地理坐标为 42°15′N～ 42°25′N，东经 113°45′E～113°83′E，海拔 1 300m。该区域属中温带半干旱大陆性季风气候的典型草原，年降水量 267.9 mm，主要降水集中在夏季，平均气温 3.1 ℃，无霜期平均为120 d 左右，最大冻土深度 154 cm，土壤类型为栗钙土，调查区域内的气候背景相同，地势相对平坦，2011 年和 2012 年草原蝗虫发生盛期分别选取了 9 块和 13 块草原样地进行植被和蝗虫调查。

1.2　试验材料

样方框（1m×1m）、捕虫网、剪刀、纸袋、烘箱、电子天平（1/1 000）、GPS 定位仪等。

1.3　草原蝗虫与植被调查

植被调查采用五点取样法，每样地随机选取 5 个样点，以样方框取样，样点面积 $1m^2$，调查植物的种类、密度、生物量等。蝗虫数量调查以扫网的方式进行，避开样地内因微环境形成的不同植物结构，每样地重复 5 次，每次 100 复网，已扫网区域不能重复进入，对每 100 复网中的蝗虫种类及数量（头/100 网）进行统计。

1.4　数据处理

1.4.1　植被群落特征参数分析

计算 2011 年 9 个样地植被的 21 个特征参数（表 1），计算公式如下：

多样性指数公式（Shannon-Weiner 指数）：$H=-\sum_{i=1}^{s}P_i\log_2 P_i$

均匀度指数（Pielou 指数）：$J=-\frac{\sum_{i=1}^{S}P_i\ln P_i}{\ln S}$

植物生态优势度：$C=\sum_{i=1}^{S}(n_i/n)^2$

上述各式中 $P_i=n_i/N$，i：第 i 个物种；n_i：第 i 个物种的个体数；N：所有物种个体数之和；P_i：群落相对密度；S：物种数（即植被丰富度）。

将蝗虫种群密度及亚洲小车蝗密度同 21 个植被特征参数作相关性分析（SAS 8.0），找出相关性较好的植被特征参数作为评价指标，与蝗虫密度呈正相关的指标为高优指标，呈负相关的为低优指标，利用基于遗传算法的投影寻踪模型进行数据处理（Matalab R2009b 编程），得到投影特征值后与蝗虫种群密度作线性回归分析（SAS 8.0）。

以 2012 年的实验数据作为模型的验证数据，计算由 2011 年数据相关性分析得到的高优和低优指标，之后利用基于遗传算法的投影寻踪模型进行综合评价，并分析投影特征值与蝗虫种群密度关系。

1.4.2 基于遗传算法的投影寻踪综合评价方法

投影寻踪是一种处理多因素复杂问题的统计方法，其基本思路是将高维数据向低维空间进行投影，通过低维投影数据的散布结构来研究高维数据特征。具体数据处理过程为：

（1）规格化处理　对相关性分析得到的植被低优指标和高优指标进行规格化处理，设 p 个指标 n 个样本集的原始数据为 $(X_{ij})_{n\times p}$，对越大越优的评价指标（高优指标）：

$$Y_{ij}=\frac{X_{ij}-\min(X_j)}{\max(X_i)-\min(X_j)} \tag{1}$$

对于越小越优的评价指标（低优指标）：

$$Y_{ij}=\frac{\max(X_j)-X_{ij}}{\max(X_j)-\min(X_j)} \tag{2}$$

其中 $\min(X_j)$、$\max(X_j)$ 分别为第 j 个评价指标的最小值和最大值。

（2）构造投影指标函数［$Q(\boldsymbol{a})$］　将规格化后的 p 维数据 $\{Y_{ij} \mid j=1, 2, \cdots\cdots, p \mid\}$，综合成以 $\boldsymbol{a}=\{\boldsymbol{a}_1, \boldsymbol{a}_2, \boldsymbol{a}_3, \cdots\cdots, \boldsymbol{a}_p\}$ 为投影向量的一维投影值 Z_i。

$$Z_i=\sum_{j=1}^{n}\boldsymbol{a}_j Y_{ij}(i=1, 2, 3, \cdots\cdots, n) \tag{3}$$

根据 Z_i 值进行排序，最理想的综合投影值的散布特征是局部投影点尽可能地密集，凝聚成若干点团，在整体上投影点团之间尽可能分散，因此，投影指标函数可以表达成为：

$$Q_z=S_z D_z \tag{4}$$

其中，$S_z=\sqrt{\frac{\sum_{i=1}^{n}\left[z_i-\frac{1}{n}\left(\sum_{i=1}^{n}z_i\right)\right]^2}{n-1}}$，$D_z=\sum_{i=1}^{n}\sum_{j=1}^{p}(R-r_{ij})u(R-r_{ij})$。$S_z$ 为投

影值 Z_i 的标准差，D_z 为投影值 Z_i 的局部密度，Q 为投影指标函数。$r_{ij}=|Z_i-Z_j|$，R 为局部密度的窗口半径，一般取值为 0.1，$u(R-r_{ij})=\begin{cases}1,(R-r_{ij})\geqslant 0\\0,(R-r_{ij})<0\end{cases}$。

（3）优化投影指标函数　当各植被指标值样本集一定时，投影函数 Q 只与投影向量 $\boldsymbol{a}$ 有关，即以下优化问题：

目标函数：$\max Q(\boldsymbol{a})=S_Z D_Z$

约束条件：$\sum_{j=1}^{p}\boldsymbol{a}_j^{\,2}=1$　　(5)

这是一个关于 p 维向量 $\boldsymbol{a}$ 的非线性的优化问题，本文使用收敛性好、全局优化性能优和使用性强的基于实数编码的加速遗传算法对该优化问题进行求解，求解过程采用 Matalab R2009b 编程求解。

（4）利用得出的最佳投影向量 $\boldsymbol{a}_i$ 求得各个样本点的投影值 Z_i。若 Z_i 和 Z_j 的取值接近，认为第 i 个样本和第 j 个样本趋于同一类。若按 Z_i 值从大到小排序，可以将样本从优到劣进行排序。

2　结果与分析

2.1　蝗虫种群总密度和亚洲小车蝗密度与植被特征参数的相关性分析

蝗虫密度与 21 个植被特征参数的相关性分析表明（表 1），蝗虫总密度（头/100 网）与针茅生态优势度呈显著正相关（$P<0.05$），与栖境内植被丰富度、羊草生态优势度、植物生物量多样性及菊科生物量多样性显著负相关（$P<0.05$）。亚洲小车蝗密度与针茅生态优势度及禾本科生态优势度显著正相关（$P<0.05$），与栖境内植被丰富度、羊草生态优势度、植物生物量多样性及羊草生物量显著负相关（$P<0.05$）。相关性分析结果能够表明对蝗虫密度存在正负显著影响的植被特征参数是植被综合评价及风险评估研究的基础。

2.2　蝗虫种群栖境植被的综合评价

由表 2 可知，在所有植被特征参数中，低优指标植物生物量多样性对蝗虫总密度影响最大（最佳投影向量 $\boldsymbol{a}=0.672\,5$），即植被生物量多样性越大，蝗虫总密度越低，其他依次为低优指标植被丰富度（$\boldsymbol{a}=0.454\,8$）、高优指标针茅生态优势度（$\boldsymbol{a}=0.411\,8$）、低优指标菊科生物量多样性（$\boldsymbol{a}=0.408\,1$）和低优指标羊草优势度（$\boldsymbol{a}=0.319\,5$）。通过表 3 不同样地投影特征值可知，2 号样地投影特征值 Z_i 最大，其次是 9 号样地，其他依次为样地 6 号、1 号、5 号、8 号、7 号、4 号和 3 号，Z_i 越大越适合蝗虫的发生。各样点蝗虫总密度与植被投影寻踪特征值的线性回归分析表明（图 1），二者极显著（$P<0.01$）线性相关（$y=48.861x-18.937$，$R=0.9509$），表明投影特征值能够很好地反映蝗虫栖境植被适合蝗虫发生的程度，按照投影寻踪聚类的方法，9 个样地可划分为两类，2 号和 9 号样地为Ⅰ类，其余样地为Ⅱ类，Ⅰ类区域较Ⅱ类区域更适合蝗虫发生。

表 1　植被特征参数与蝗虫总密度、亚洲小车蝗密度相关性分析（2011）

特征参数	调查样地编号									相关性分析			
										蝗虫总密度		亚洲小车蝗密度	
	1	2	3	4	5	6	7	8	9	相关系数 R	P 值	相关系数 R	P 值
植物群落种类多样性	1.870 2	0.830 7	1.572 1	1.325 1	0.777 5	1.676 5	1.088 5	1.837 4	1.090 5	−0.426 99	0.251 7	−0.473 93	0.197 5
植物群落优势度	0.130 6	0.276 6	0.123 0	0.151 6	0.140 8	0.102 2	0.111 8	0.123 4	0.109 6	0.497 65	0.172 8	0.814 53	0.007 5
植物垂直层次结构多样性	1.565 5	0.795 7	1.178 6	0.785 1	0.465 2	1.380 1	0.620 9	1.771 2	0.821 3	−0.243 65	0.527 5	−0.241 03	0.532 1
植物生物量多样性	1.656 7	0.922 3	1.524 6	1.689 0	1.454 7	1.484 6	1.676 6	1.985 8	1.253 4	−0.829 42	0.005 7	−0.790 46	0.0112
植物丰富度	12	7	13	10	12	16	15	10	7	−0.716 41	0.029 9	−0.793 84	0.010 6
均匀度	0.752 6	0.426 8	0.612 9	0.575 5	0.312 8	0.604 6	0.401 9	0.798 0	0.560 4	−0.172 64	0.656 9	−0.205 91	0.595 1
植被盖度（100%）	49.4	37.2	21.4	39.4	49.2	46.2	42.8	36.6	39.7	−0.219 56	0.570 3	−0.094 69	0.808 5
针茅生态优势度	0.023 8	0.146 7	0.003 6	0.001 8	0.005 8	0.033 7	0	0.015 3	0.028 6	0.688 34	0.040 4	0.885 28	0.001 5
羊草生态优势度	0.033 3	0	0.051 3	0.077 3	0.090 4	0.020 1	0.067 4	0.009 5	0.000 4	−0.645 94	0.049 2	−0.583 92	0.049 8
禾本科生态优势度	0.059 9	0.243 7	0.066 3	0.106 0	0.101 0	0.059 5	0.070 2	0.064 0	0.053 2	0.468 70	0.203 2	0.782 44	0.012 7
菊科生态优势度	0.036 6	0.028 6	0.023 9	0.026 7	0.017 7	0.025 1	0.010 6	0.042 0	0	−0.421 86	0.258 1	−0.108 76	0.780 6
豆科生态优势度	0.004 1	0	0.001 3	0.003 9	0.001 7	0.001 3	0.011 9	0.002 3	0.002 0	−0.388 31	0.301 7	−0.356 00	0.347 1
百合科生态优势度	0	0.003 4	0	0	0.000 3	0.001 3	0.015 4	0.000 3	0	−0.128 14	0.742 5	−0.057 72	0.882 7
杂类草生态优势度	0.029 8	0.000 7	0.031 2	0.014 9	0.019 8	0.031 7	0.003 5	0.014 6	0.054 3	0.295 83	0.439 6	−0.127 33	0.744 1
针茅生物量	16.553	35.669	2.002 6	0.058 6	1.675 8	88.807	0	9.708 8	37.062	0.325 29	0.393 0	0.210 70	0.586 3
羊草生物量	9.998 6	0	21.31	12.950	52.120	18.868	41.668	2.588 4	0.255 2	−0.572 55	0.107 1	−0.596 03	0.049 1
禾本科生物量多样性	0.635 7	0.650 1	0.676 8	0.817 5	0.504 8	0.653 4	0.376 2	0.951 9	0.788 1	0.152 31	0.695 7	0.159 37	0.682 1
豆科生物量多样性	0.118 4	0	0	0.308 9	0.148 2	0.217 9	0.466 0	0.230 0	0.192 6	−0.440 03	0.235 9	−0.407 05	0.276 9
菊科生物量多样性	0.452 2	0.272 1	0.528 0	0.443 7	0.433 0	0.445 6	0.193 2	0.566 3	0	−0.704 30	0.034 2	−0.528 44	0.143 6
百合科生物量多样性	0	0	0	0	0	0	0.287 9	0	0	−0.235 87	0.541 2	−0.217 84	0.573 4
杂类草生物量多样性	0.450 3	0	0.319 7	0.118 7	0.368 6	0.167 5	0.353 2	0.237 5	0.272 6	−0.430 66	0.247 2	−0.630 32	0.068 8
蝗虫总密度	17.6	77	26	12.5	6.2	16.2	9	4.4	82.2	—	—	—	—
亚洲小车蝗密度	1.4	9	0	1.75	0	0	0.2	0.6	4.8	—	—	—	—

注：$P<0.05$ 表示蝗虫总密度（或亚洲小车蝗密度）与植被特征参数显著相关。

表 2　蝗虫栖境内植被参数的最佳投影方向（2011）

项目	针茅优势度	植物生物量多样性	菊科生物量多样性	植被丰富度	羊草优势度
最佳投影方向（a）	0.411 8	0.672 5	0.408 1	0.454 8	0.319 5

表 3　不同样地植被参数投影特征值（2011）

项目	样地								
	1	2	3	4	5	6	7	8	9
投影特征（Z_i）	0.751 5	2.181 0	0.618 1	0.624 0	0.648 7	0.758 2	0.641 5	0.647 5	1.756 8

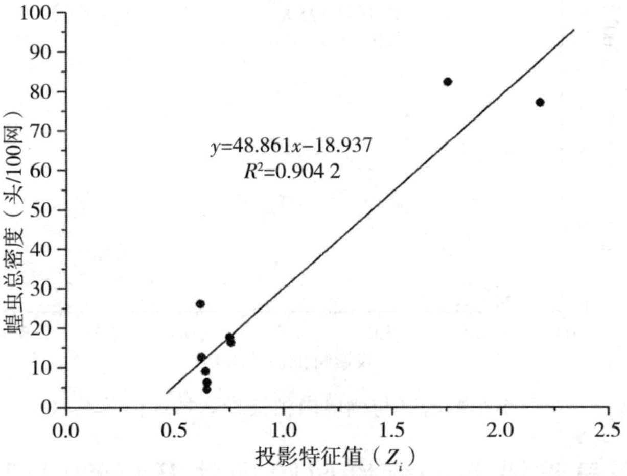

图 1　蝗虫总密度与栖境内植被投影特征值关系（2011）

2.3　亚洲小车蝗栖境植被的综合评价

由表 4 可知，对于亚洲小车蝗，高优指标禾本科生态优势度对其影响最大（投影向量 $\boldsymbol{a}$=0.654 7），禾本科优势度越大，亚洲小车蝗密度越大，其他依次为高优指标针茅生态优势度（$\boldsymbol{a}$=0.467 9）、低优指标羊草生物量（$\boldsymbol{a}$=0.396 9）、低优指标羊草生态优势度（$\boldsymbol{a}$=0.386 5）、低优指标植被丰富度（$\boldsymbol{a}$=0.337 1）和低优指标植物生物量多样性（$\boldsymbol{a}$=0.160 1）。由表 5 不同样地投影特征值 Z_i 可知，样点 2 投影特征值最大，依次为样地 9 号、5 号、1 号、6 号、4 号、3 号、8 号和 7 号，Z_i 值越大栖境植被越适合亚洲小车蝗的发生。各样点亚洲小车蝗密度与栖境内植被投影寻踪特征值 Z_i 的线性回归分析表明（图 2），二者极显著（$P<0.01$）线性相关（$y=4.332\ 4x-1.325\ 8$，$R=0.929\ 5$），可见投影寻踪特征值 Z_i 能够很好地反映栖境植被对亚洲小车蝗发生的适合度，评价亚洲小车蝗的发生。按照投影寻踪聚类的方法，9 个调查样地可分为两类，样地 2 为Ⅰ类，其余样点为Ⅱ类，Ⅰ类植被栖境较Ⅱ类更适合亚洲小车蝗发生。

表 4　亚洲小车蝗栖境内植被指标的最佳投影方向（2011）

项目	针茅优势度	禾本科优势度	植被丰富度	植物生物量多样性	羊草优势度	羊草生物量
最佳投影方向	0.467 9	0.654 7	0.337 1	0.160 1	0.386 5	0.396 9

表 5　不同样点植被投影寻踪模型特征值（2011）

项目	样地								
	1	2	3	4	5	6	7	8	9
投影特征（Z_i）	0.560 9	2.465 8	0.527 8	0.528 5	0.562 9	0.539	0.294 1	0.521 1	0.851 2

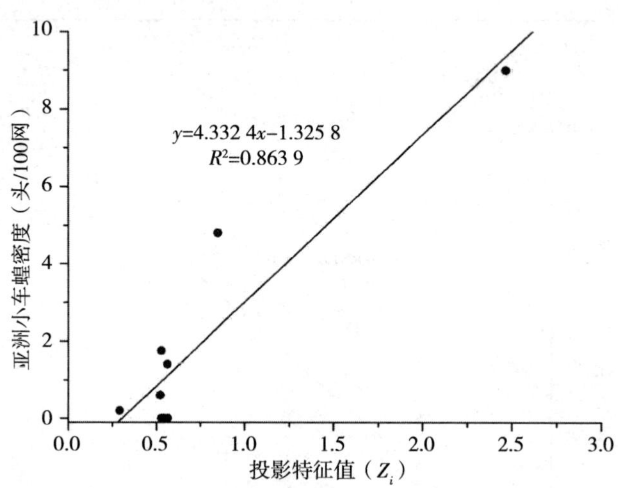

图 2　亚洲小车蝗密度与栖境内植被投影特征值关系（2011）

2.4　基于投影寻踪模型的栖境风险评估及模型验证

可靠性是衡量模型应用价值的重要因素，以 2012 年调查得到的数据作为验证，计算由 2011 年数据分析得到的低优和高优指标，利用基于遗传算法的投影寻踪模型进行综合评价，分析投影特征值与蝗虫密度的关系（图 3 和图 4），结果表明，蝗虫总密度与综合评价其栖境内植被的特征值 Z_i 线性相关关系极显著（$y=26.425x-9.497\ 0$，$R=0.858\ 5$），与 2011 年分析结果相同的是，特征值 Z_i 很好地反映了栖境植被适合蝗虫发生的程度，同样，亚洲小车蝗密度与其

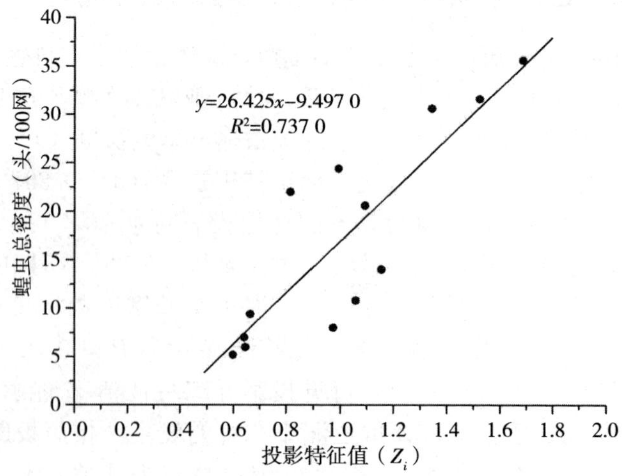

图 3　蝗虫总密度与栖境内植被投影特征值关系（2012）

栖境内植被特征值也表现为极显著线性相关（$y=6.6056x-2.8964$，$R=0.9087$），利用植被投影特征值可以对不同栖境内蝗虫的发生进行风险评估，栖境植被投影特征值越大，蝗虫发生的风险越大；投影特征值越小，蝗虫发生的风险越小，投影寻踪模型表现了很好的适用性和可靠性。

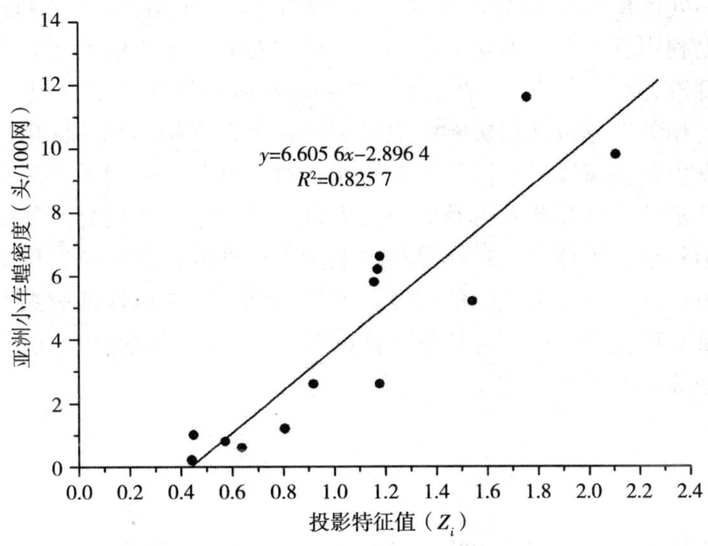

图 4　亚洲小车蝗密度与栖境内植被投影特征值关系（2012）

3　讨论

投影寻踪模型是处理多因素复杂问题的统计方法，已广泛应用于水质评价、环境监测、灾情评估、水资源评价等许多领域。与主成分分析等其他评价模型相比，投影寻踪模型本身对数据和样本容量并无特殊要求，且可以排除与数据结构和特征无关的或关系很小的变量的干扰，因而是一种更稳健实用的方法，同时，投影寻踪聚类模型能够有效地克服灰色关联度计算值离散性不强、结果趋于均化的弱点，能够有效地解决各类实际问题，是一种客观、准确、可靠的综合评价模型，并表现出很好的适用性和稳定性。本文利用基于遗传算法的投影寻踪模型，对蝗虫栖境植被综合评价，分析了影响蝗虫发生的主要植被因子，投影特征值是植被综合评价的指数，与蝗虫种群密度呈显著线性相关，Z_i越大，蝗虫种群密度越大，根据Z_i的大小能够对栖境内植被适合蝗虫发生的程度进行评估，通过数据验证，基于遗传算法的投影寻踪模型能够可靠地评估栖境植被与蝗虫发生的关系。

植被与蝗虫之间存在着紧密而复杂的关系，植物不仅为蝗虫提供食料资源，也为蝗虫提供适宜的栖息地。本研究表明低优指标植物生物量多样性对蝗虫种群的影响最大，主要是因为调查区域内以喜食禾本科的亚洲小车蝗、毛足棒角蝗和宽须蚁蝗为主，植被生物量越分散，蝗虫发生密度越低，而作为高优指标的针茅生态优势度越大，越利于蝗虫的发生。与颜忠诚、陈永林、康乐等研究结果一致的是禾本科对亚洲小车蝗的发生影响最大，但是在不同的禾本科植物中，针茅生态优势度作为高优指标，羊草生态优势度及羊草生物量作为低优指标影响亚洲小车蝗发生，且其中以针茅对亚洲小车蝗的影响最大。

环境因子诸如气象因子、土壤类型、生态地理特征等影响蝗虫的发生，本研究只在同一区域内（气象因子、土壤类型等一致）对不同栖境植被与蝗虫发生的关系进行分析与评价，而对不同区域内的研究，还要考虑气象因子、土壤类型、地理环境等多种因素，在此基础上利用基于遗传算法的投影寻踪模型对蝗虫发生的不同区域生境条件适合蝗虫发生的程度进行综合评价，对蝗害的发生进行风险评估需要做进一步的研究。另外，本文只通过相关性分析获得影响蝗虫发生的植被低优指标和高优指标，而不同植被因子对蝗虫的发生存在间接或直接的复杂影响，对于这些植被因子的深入研究和利害影响的深度挖掘是植被条件综合评价及蝗虫发生风险评估进一步研究的基础。

总之，利用基于遗传算法的投影寻踪模型及其得到的投影向量、投影特征值能够综合评价栖境植被适合草原蝗虫发生的程度，能够准确、可靠地评估蝗虫发生风险，具有很好的适用性及应用价值。该综合评价方法的建立，对于草原蝗虫的监测预警、宜生区划分及生态治理等具有重要的意义。

4　结论

基于遗传算法的投影寻踪模型能够对蝗虫栖境植被进行综合评价，评估植被条件适合蝗虫发生的程度。作为低优指标的植物生物量多样性对蝗虫种群密度影响最大，作为最高优指标的禾本科生态优势度对亚洲小车蝗密度影响最大，其中针茅生态优势度作为高优指标，羊草生态优势度为低优指标影响亚洲小车蝗的发生，且二者中以针茅对亚洲小车蝗的影响最大。投影特征值 Z_i 与蝗虫密度极显著线性相关，Z_i 值反映了植被对蝗虫发生的适合度，根据 Z_i 值可推算、预测蝗虫的发生情况。利用投影寻踪模型对蝗虫栖境内植被进行综合评价方法的建立，能够准确、可靠地评估蝗虫发生风险，具有很好的适用性及应用价值。

主要参考文献

曹永强，邢晓森，伊吉美，等，2012. 投影寻踪技术在瓦房店市水资源安全评价中的应用［J］. 水资源保护，26（3）：5-7.

巩爱岐，王薇娟，张生合，2001. 青海湖滨区草地蝗虫发生与环境因素关联性的初步探讨［J］. 青海草业，10（2）：38-41.

贺达汉，郑哲民，刘颖东，1997. 荒漠草原蝗虫时空生态位的研究［J］. 宁夏农学院学报，18（2）：1-9.

黄训兵，吴惠惠，秦兴虎，等，2015. 基于投影寻踪模型的草原蝗虫栖境评价及风险评估［J］. 草业学报，24（5）：25-33.

康乐，李鸿昌，陈永林，1989. 内蒙古锡林河流域直翅目昆虫生态分布规律与植被类型关系的研究［J］. 植物生态学与地植物学学报，13（4）：341-349.

倪长健，王顺久，崔鹏，2006. 投影寻踪动态聚类模型及其在天然草地分类中的应用［J］. 安全与环境学报，6（5）：68-71.

邱星辉，李鸿昌，1993. 草原生态系统狭翅雏蝗种群的能量动态［J］. 生态学报，13（1）：1-8.

颜忠诚，陈永林，1997. 内蒙古锡林河流域不同生境中蝗虫种类组成的分析［J］. 昆虫学报，40（3）：271-275.

颜忠诚，陈永林，1998. 草原蝗虫的栖境选择：栖境选择与水平结构的关系［J］. 武夷科学，14：251-257.

赵成章，周伟，王科明，等，2009. 黑河中上游草原蝗虫生态分布与生境的关系［J］. 兰州大学学报：自然科学版，45（4）：42-47.

赵成章，周伟，王科明，等，2011. 黑河上游蝗虫与植被关系的 CAA 分析［J］. 生态学报，31（12）：3384-3390.

ALLAN E，CRAWLEY M J，2011. Contrasting effects of insect and molluscan herbivores on plant diversity in a long-term field experiment ［J］. Ecology Letters，14：1246-1253.

AWMMACK C S，LEATHER S R，2002. Host plant quality and fecundity in herbivorous insects ［J］. Annual Review of Entomology，47：817-844.

CEASE A J，ELSER J J，FORD C F，et al，2012. Heavy livestock grazing promotes locust outbreaks by lowering plant nitrogen content ［J］. Science，335：467-469.

GUO Z W，LI H C，GAN Y L，2006. Grasshopper（Orthoptera：Acrididae）biodiversity and grassland ecosystems ［J］. Insect Science，13（3）：221-227.

KNOP E，SCHMID B，HERZOG F，2008. Impact of regional species pool on grasshopper restoration in Hay Meadows ［J］. Restoration Ecology，16（1）：34-38.

SCHERBER C，EISENHAUER N，WEISSER W W，et al，2010. Bottom-up effects of plant diversity on multitrophic interactions in a biodiversity experiment ［J］. Nature，468：553-556.

高光谱遥感在内蒙古典型草原生产力监测中的应用

赵凤杰，吴惠惠，刘朝阳，秦兴虎，王广君，张泽华

1. 中国农业科学院植物保护研究所植物病虫害生物学国家重点实验室，北京 100193；农业农村部锡林郭勒草原有害生物科学观测实验站，锡林浩特 026000。

摘要　为构建不同草地类型的反射光谱特征值与生物量关系模型，本文进行了植被反射光谱与生物量关系的研究。试验草场包括放牧区的羊草草场和针茅草场，以及禁牧区的羊草草场和针茅草场。于 2012 年 7、8 月份监测不同草地的反射光谱和生物量，使用简单回归对反射光谱特征值与植被生物量之间的关系进行模拟。研究结果表明不同草地类型反射光谱特征值与生物量的反演模型不同。放牧区的羊草草场是 $y=326.81x-19.994$，$R=0.861\,2$；放牧区针茅草场是 $y=209.18x+11.435$，$R=0.944\,2$；禁牧区羊草草场是 $y=614.15x-119.28$，R=0.999 2；禁牧区针茅草场是 $y=602.32x-148.08$，$R=0.935\,6$。其中 x 为归一化植被指数 *NDVI*，y 为草地生物量，单位是 g/m^2。本试验通过研究反射光谱特征值和生物量之间的关系，建立了二者之间的相关模型，并通过延长调查持续时间，使生物量的反演模型在精度和准确性方面得到明显提高，对于更精确地进行草场生产力评估具有非常重要的意义。

关键词　高光谱遥感，生物量模型，草地类型

1　引言

草地生产力是反应草地基本状况、确定适宜载畜量、制定草原合理利用和保护制度的基础。传统草地生产力的测定方法是刈割法，这种方法费时、费力且具有破坏性，仅能用于小面积调查，对大尺度草地生物量的估算则较难进行。随着 3S 技术的发展，人们开始探索利用卫星遥感和地面实测相结合获取草原生产力的方法，并已经取得了一些成果。与生产力结合的植被指数中以 *NDVI* 应用最为广泛，自从 20 世纪 80 年代初期以来就被大量使用。Gu Y 等人利用 *NDVI* 数据对大普拉特河盆地的生物量进行了相关分析，并生成了生物量的测量公式及分布图；Xie Y 等在内蒙古锡林郭勒盟也做了类似的研究，比较了两种生物量的光谱模型及生成了锡林郭勒盟草原的生物量图。张艳楠等选用 14 种常用于草地估产的植被指数建立起植被指数—生物量的回归模型，发现归一化植被指数（*NDVI*）及其衍生的系列植被指数效果最好。许多国内外研究均使用 *NDVI* 作为构建模型的植被指数。因此，可以采用遥感监测的光谱特征指数 *NDVI* 来

反映植被的生长状况。

早在20世纪末就有国外学者对放牧草场和禁牧草场的生物量光谱进行了研究，结果认为只有放牧草场的生物量光谱反演模型相关性较高。徐斌等用MODIS数据针对6个不同类型草原区进行试验，发现不同草原类型 *NDVI* 和草地生物量关系模型差异很大。目前高光谱生物量反演模型中应用的分类标准不一，按行政区划建立的模型不能充分地反映植被特征，其植被种类也存在显著的差异，所以需要对草地类型进行更精细划分，从而使得生物量反演模型更加准确。

本文选取放牧草场和非放牧草场中主要草地类型，结合传统生物量调查方法，建立以 *NDVI* 为参量的高光谱生物量反演模型，通过延长调查持续时间，很好地消除了遥感数据的时间差异性，有效提高了遥感监测生物量的精度。

2 材料与方法

2.1 调查区域

研究区域位于锡林郭勒盟西南部的镶黄旗（113°22′E～114°45′E，41°56′N～42°40′N），调查面积约为150hm²。镶黄旗属纯牧业区，草原面积占总面积97.84%。≥10 ℃活动积温为2 000～3 000℃，年降水量25～400mm，多年平均降水量267.4mm左右，其降水分布大体从西北向东南递减，且70%降水集中在7～9月，湿润度为0.3～0.6。

参照全国第一次草原调查制定的分类系统，试验选择镶黄旗的放牧区、禁牧区的羊草草原与针茅草原，这两种草场也是在锡林郭勒草原最常见的草场类型。羊草草原主要植被类型为羊草，散生糙隐子草，小叶锦鸡儿、银灰旋花、冷蒿、木地肤、克氏针茅等植物。针茅草原主要植被类型为克氏针茅，散生糙隐子草、小叶锦鸡儿、银灰旋花、冷蒿等植物。

2.2 试验主要仪器

地物波谱仪：型号是AvaSpec-2048×14×2，适用于从事遥感测量、农作物监测、森林研究到海洋学研究、矿物勘探等各领域应用。其技术参数为探测器：薄型背照式CCD探测器，2 048×14像素阵列；波长范围：200～1 160 nm；积分时间：2.24ms至10min；采样速度：每次采样2.24ms；波长精度：±0.1nm；光谱采样间隔：0.5nm；光谱分辨率：2.4nm；外形尺寸及重量：175mm×110mm×44mm，720g；工作温度：0～55℃。

2.3 调查方法

利用Google Earth提供的卫星图，在调查区域内选取目测差异比较大的地点进行实地调查，每一个调查点采取五点取样法，最后使用平均值进行计算。试验在2012年的7～8月进行，持续接近两个月的时间。

（1）光谱采集方法　由于气候因子对 *NDVI* 的影响作用较大，所以采集光谱时要求天气晴朗无云，仪器镜头垂直向下正对着被测物体，探头距地面高度150 cm，每点重复测试 5 个数据，以求平均值，降低噪声和随机性。观测时间选择在10：30～14：30，每隔 30min 使用黑、白板校正一次，镜头距白板 20 cm。仪器支架要面向阳光，避免阴影落在被测物体上。在所有的测试地点采集 GPS 数据，详细记录测点的位置，并记录植被覆盖度、类型以及异常条件，同时配以野外照相记录，便于后续的解译分析。

（2）生物量测量方法　采用直接收割法，把 1 m×1 m 的样方框放在测量的区域，贴近地面用剪刀将样方框内的植被剪下，烘干（80℃，12h），称重。

2.4　分析方法

（1）使用光谱仪自带光谱采集软件 Avasoft，采集样地的反射光谱，存储在计算机内。

（2）使用光谱仪自带数据处理软件 Viewer 中的数据分析模块（*NDVI*. mod），对反射光谱进行分析。杜玉娥等认为在高寒草甸上生物量适宜植被指数为 *NDVI*，而高寒草甸以蒿草属、羊茅属、早熟禾属等为优势种，这也正与本研究区域中的优势种一致。归一化差异植被指数 *NDVI* 是植被光谱所特有的红光吸收谷和近红外反射峰肩部特征经比值归一化得到，可用于估算植被覆盖度、叶绿素含量、生物量等参数。它的优势在于可以部分消除太阳高度角、遥感器观测角和大气等的影响。归一化差值植被指数充分考虑到植被在红光波段的强吸收与它在近红外波段的强反射的特点，其计算公式如下：

$$NDVI = (\rho_{NIR} - \rho_{RED}) / (\rho_{NIR} + \rho_{RED})$$

其中：*NDVI* 为归一化植被指数；ρ_{RED}为红光波段的反射率；ρ_{NIR}为近红外波段的反射率。实际上 *NDVI* 是简单比值经非线性的归一化处理所得。通过引入差分比值的属性，使植被指数的值位于−1～1。该指数使得生长强势的植被区域与生长弱势的植被区域被明显区分开来。

3　数据结果处理与分析

（1）将在 2012 年 7～8 月晴朗的天气下采集到的 25 个样地的 *NDVI* 与生物量数据整理，对每个样地的生物量及反射光谱的五次重复取均值，结果如表 2 所示。

表 1　25 个样地的生物量与 *NDVI* 数据

草地类型	采集日期（月-日）	生物量（g/m²）	*NDVI*
放牧区羊草	7-3	36.021 4	0.194 8±0.008 3
	7-8	121.161 8	0.421 4±0.055 3
	7-10	93.438 2	0.298 2±0.011 2
	7-26	133.119 2	0.547 8±0.060 9
	8-1	66.756 0	0.337 1±0.022 7
	8-2	168.615 4	0.462 3±0.009 3

（续）

草地类型	采集日期（月-日）	生物量（g/m^2）	*NDVI*
放牧区针茅	7-6	62.096 0	0.218 1±0.024 9
	7-6	60.181 2	0.257 1±0.0144 2
	7-17	54.610 8	0.263 8±0.013 0
	7-17	95.419 7	0.437 8±0.070 0
	7-24	65.064 6	0.234 9±0.024 7
	7-26	91.622 8	0.285 5±0.020 0
	8-1	81.171 0	0.390 8±0.017 3
	8-1	159.166 6	0.674 5±0.030 5
禁牧区羊草	7-14	40.173 8	0.231 9±0.014 4
	7-15	196.147 2	0.569 1±0.028 30
	7-20	40.173 8	0.220 0±0.012 16
	8-1	52.910 8	0.325 7±0.023 45
	8-2	54.503 2	0.296 4±0.018 43
	8-4	371.230 0	0.752 0±0.037 58
禁牧区针茅	7-15	61.352 9	0.372 9±0.0405 1
	7-9	51.705 6	0.330 8±0.074 95
	8-1	137.450 6	0.523 6±0.056 39
	8-3	211.549 0	0.556 0±0.025 34
	8-5	95.950 0	0.372 5±0.007 5

（2）将得到的各个草场的生物量与 *NDVI* 利用数据分析软件 SAS 进行分析，生成不同的生物量模型，其中 x 为 *NDVI*、y 为生物量。结果表明，放牧区羊草草场生物量和 *NDVI* 呈现出线性相关的关系，$y=326.81x-19.994$（$R=0.861\ 2$，$P<0.05$），呈显著相关（图 1a）。

在放牧区针茅草地类型中，针茅的生物量和 *NDVI* 一次相关的关系模型（图 1b）为 $y=209.18x+11.435$，$R=0.944\ 2$，其相关系数 R 达到 0.9 以上，$P=0.002\ 2$，呈极显著相关关系，可以使用此模型直接估算放牧区针茅草场的生物量。针茅草场和羊草草场呈现出不同的趋势，是因为针茅的叶子细窄，*NDVI* 在达到 0.7 时，盖度仍未达到饱和，所以呈现出一直升高的趋势。

禁牧区羊草草场的生物量与高光谱的一次项线性相关模型是 $y=614.15x-119.28$（$R=0.999\ 2$，$P<0.000\ 1$）（图 1c）。与放牧区羊草的生物量模型相比，禁牧区的羊草模型一次项系数大约是放牧区的两倍，也就是在具有相同的植被指数时，禁牧区羊草的生物量大约是放牧区的两倍。由此可以看出，禁牧区羊草的高度比放牧区的高许多，株型大。

在禁牧区，针茅草场的反射光谱生物量反演模型为 $y=602.32x-148.08$，$R=0.935\ 6$（图 1d），与放牧区的针茅草场的生物量模型不同，放牧区针茅的 *NDVI* 主要集中在 0.2～0.5，生物量平均值是 83 g/m^2，而禁牧区的 *NDVI* 都大于 0.3，生物量平均值为 119g/m²，看出禁牧区的生物量和 *NDVI* 普遍比放牧区的高。由于针茅生长旺盛的时候，顶部发黄变色，叶绿素的含量很少，所以可能影响到了反射光谱数据，而使得禁牧区针茅草场的生物量模型没有羊草的精确（$P=0.0194$）。

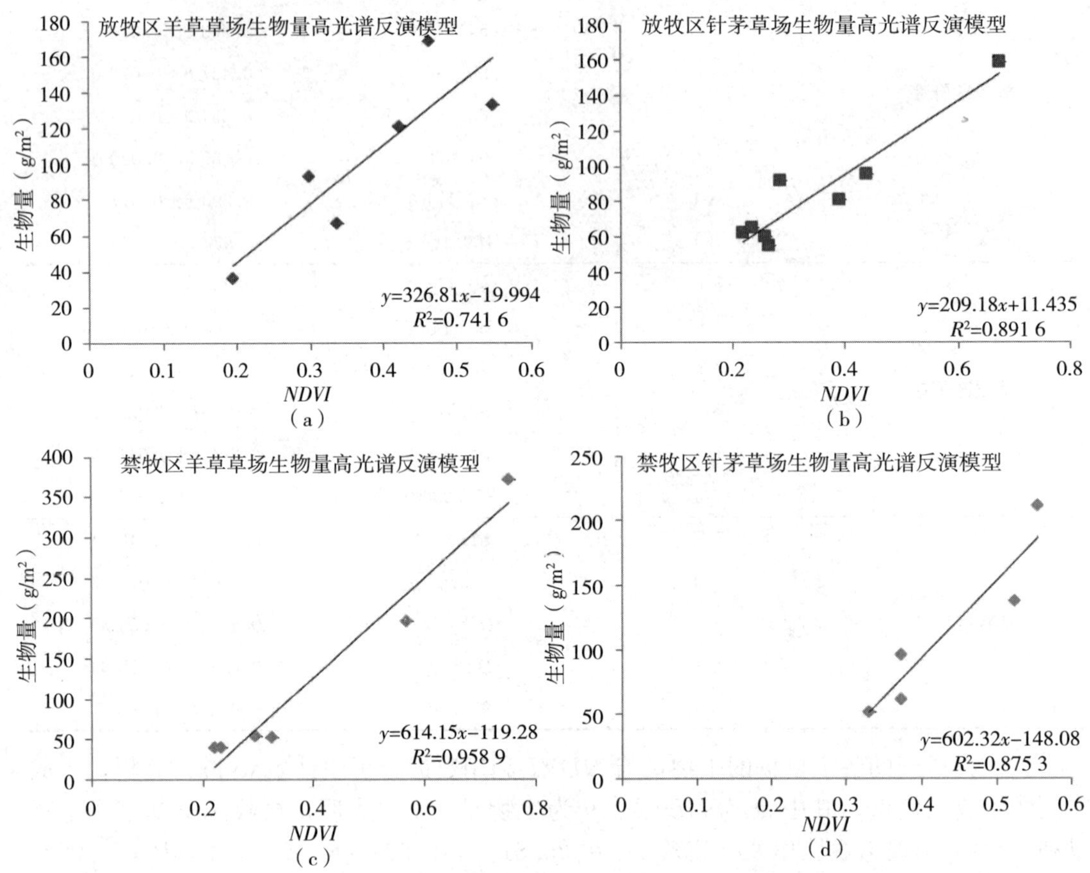

图 1　不同草地类型的生物量高光谱反演模型

(a) 放牧区羊草草场的生物量高光谱反演模型　(b) 放牧区针茅草场的生物量高光谱反演模型
(c) 禁牧区羊草草场生物量高光谱反演模型　(d) 禁牧区针茅草场高光谱反演生物量模型

4 结论

本研究获得了内蒙古地区放牧区和禁牧区主要草场的植被指数 *NDVI* 反演的生物量模型，不同草地类型生物量模型之间存在较大差异，这与他人的研究结果是一致的，因此可作为内蒙古自治区典型草原的生物量估产的最佳高光谱反演模型。综合比较禁牧区和放牧区的生物量模型，可以发现相同生物量时，禁牧区的 *NDVI* 比放牧区的低，说明放牧区的植被个体较小，而禁牧区的植被生长比较高，植被覆盖度相对就较小，而使得植被指数偏小，这也与王炜等人的研究是一致的，他们认为植物个体小型化是草原群落在长期过度放牧作用下发生退化演替过程中的个体行为。

5 讨论

传统的方法估算草地生物量费时费力，尤其会破坏草地的生长状态，对于本已经退化的草场更不适用，而使用高光谱遥感就很好地避免了这样的问题发生，远距离操作不会破坏植被，而且可以大面积地测量，其优越性远远地超过了传统方法。使用卫星图片也可以分析地上植被的生长状况，但是其精度远不及地物波谱仪。为了实施草地生产力大面积、准确、实时监测，地物波谱仪和卫星图片综合使用是最佳选择。

植被光谱不仅具有高度相似性和高空间变异性，而且更有时间动态性强的特点，不同植被的光谱随时间的变化规律也具有明显的区别。现有的高光谱生物量反演模型常常存在调查时间短、重复次数少的问题，本试验在7～8月进行了25个点的调查，适用性高，重复次数多，利于消除随机误差。

许多种类的植物在可见光波段差异小，但近红外波段的反射率差异明显。同时，与单片叶子相比，多片叶子能够在光谱的近红外波段产生更高的反射率（高达85%），这是因为附加反射率的原因，当辐射能量透过最上层的叶子后，将被第二层的叶子反射，结果在形式上增强了第一层叶子的反射能量。这个因素造成具有相同盖度的草场类型有不同的生物量反演模型，所以将此研究的调查点分为禁牧草场和放牧草场，又在这两个大的划分下再次划分为针茅、羊草草场，经过研究发现这样的划分是科学的，它们的生产力反演模型不能通用，而且代表了内蒙古锡林郭勒盟镶黄旗的典型草地。为了使模型具有更大的使用范围，应该对内蒙古草原的其他地方的针茅和羊草草地类型也进行调查研究。

Verstraete通过数学和物理角度认为，设计一个对于任何一个影响光谱的因子完全敏感，而对其他干扰因子完全不敏感的光谱指数是不可能的。因而光谱指数的发展必须遵循这样一个原则，该指数对背景因子干扰尽量不敏感，而对于待反演的植被参量尽量敏感。改进与发展光谱指数仍是高光谱植被遥感研究的热点之一。本研究使用*NDVI*这一种植被指数对不同草地类型进行了光谱研究，但是*NDVI*在植被盖度比较高时计算生物量会出现较大的偏差。因此在以后的研究中，有必要尝试不同的植被指数算法。

主要参考文献

金秀良，李少昆，王克如，等，2012. 基于高光谱特征参数的棉花长势参数监测［J］. 西北农业学报，20（9）：73-77.

史培军，陈晋，王平，等，1993. 内蒙古锡林郭勒盟草地地上生物量估算的地学模型研究［J］. 中国北方草地畜牧业动态监测研究（一）：98-108.

孙小艳，常学礼，张宁，等，2012. 不同取样单元对干旱区绿洲小麦地上生物量光谱估算模型的影响［J］. 中国沙漠，32（2）：568-573.

吴惠惠，徐云虎，曹广春，等，2012. 内蒙古典型草原草地类型对蝗虫群落优势种群的生态效应［J］. 中国农业科学，45（20）：4178-4186.

吴新宏，董永平，李新一，等，2004. 内蒙古镶黄旗草原资源现状与动态的遥感监测［J］. 干旱区资源与环境，18（5）：103-107.

徐斌，杨秀春，陶伟国，等，2007. 中国草原产草量遥感监测［J］. 生态学报，27（2）：405-413.

张艳楠，牛建明，张庆，等，2012. 植被指数在典型草原生物量遥感估测应用中的问题探讨［J］. 草业学报，21（1）：229-238.

BOKEN V K，SHAYKEWICH C F，2002. Improving an operational wheat yield model using phenological phase-based Normalized Difference Vegetation Index［J］. International Journal of Remote Sensing，23（20）：4155-4168.

GU Y，WYLIE B K，BLISS N B，2013. Mapping grassland productivity with 250-m eMODIS NDVI and SSURGO database over the Greater Platte River Basin，USA［J］. Ecological Indicators，24：31-36.

MUÑOZ J D，FINLEY A O，GEHI R，et al，2010. Nonlinear hierarchical models for predicting cover crop biomass using Normalized Difference Vegetation Index［J］. Remote Sensing of Environment，114（12）：2833-2840.

QUARMBY N A，MILNES M，HINDLE T L，et al，1993. The use of multi-temporal NDVI measurements from AVHRR data for crop yield estimation and prediction［J］. International Journal of Remote Sensing，14（2）：199-210.

ROJAS O，2007. Operational maize yield model development and validation based on remote sensing and agro - meteorological data in Kenya［J］. International Journal of Remote Sensing，28（17）：3775-3793.

TODD S W，HOFFER R M，MILCHUNAS D G，1998. Biomass estimation on grazed and ungrazed rangelands using spectral indices［J］. International Journal of Remote Sensing，19（3）：427-438.

UIIAH S，SI Y，SCHLERF M，et al，2012. Estimation of grassland biomass and nitrogen using MERIS data［J］. International Journal of Applied Earth Observation and Geoinformation，19：196-204.

VRIELING A，DE BEURS K M，Brown M E，2011. Variability of African farming systems from phenological analysis of NDVI time series［J］. Climatic change，109（3）：455-477.

XIE Y，SHA Z，YU M，et al，2009. A comparison of two models with Landsat data for estimating above ground grassland biomass in Inner Mongolia，China［J］. Ecological Modelling，220（15）：1810-1818.

放牧干扰对典型草原植被光谱及蝗虫密度影响

马景川[1,2]，黄训兵[1,2]，秦兴虎[1,2]，丁 勇[3]，王广君[1,2]，曹广春[1,2]，农向群[1,2]，张泽华[1,2]

1. 中国农业科学院植物保护研究所植物病虫害生物学国家重点实验室，北京 100193；2. 农业农村部锡林郭勒草原有害生物科学观测实验站，锡林浩特 026000；3. 中国农业科学院草原研究所，呼和浩特 010010。

摘要 为研究内蒙古典型草原不同放牧强度植被反射光谱与植被参数和蝗虫密度关系，使用地物波谱仪于 2015 年和 2016 年对 5 个放牧梯度，共 $20hm^2$ 进行调查研究。结果表明，不同放牧强度植被地上总生物量与归一化植被指数（*NDVI*）关系为 $y=0.034\,8+0.002\,9x$（$R^2=0.645\,5$，$P=0.000\,2$），蝗虫密度与 *NDVI* 线性关系为 $y=0.067+0.013x$（$R^2=0.415$，$P=0.006$）。对其进行冗余分析（RDA）发现，植被地上总生物量、植物高度、糙隐子草生物量是蝗虫数量和 *NDVI* 变化的主要影响因子，其中植被地上总生物量是显著性影响因子（$P=0.001$）。在不同放牧强度下蝗虫密度与草地 *NDVI* 显著相关（$P<0.05$），随 *NDVI* 增大而增多。本文研究结果为进一步开展放牧区蝗灾遥感监测和科学合理地利用草地资源奠定了基础。

关键词 高光谱遥感，*NDVI*，放牧，蝗虫

人类对草地的干扰方式主要是放牧，放牧活动直接改变植被群落结构，影响蝗虫密度。草地生产力是衡量草原合理利用的基础，植被覆盖度是衡量草地生产力的重要指标之一，高光谱遥感具有快速、大面积、无破坏、可重复、定量等特点，因此在植被监测方面有强大的优势。目前使用遥感数据监测草地地上生物量的模型在国内外已经有广泛研究，Prabhakar 等利用高光谱遥感监测叶蝉对棉花叶片为害，发现两个叶蝉指数模型可以较好地监测病害的感染程度。乔红波等发现烟蚜 *Myzus persicae*（Sulzer）为害造成烟草光谱反射率下降，近红外波段反射率下降更为明显。黄建荣在对稻纵卷叶螟和褐飞虱为害水稻的光谱监测研究中建立了光谱反射率与虫害程度间的线性回归模型，以及利用径向基函数神经网络方法监测卷叶率和褐飞虱虫量的方法。赵凤杰等在锡林郭勒比较了两种草地类型（放牧区和禁牧区）生物量和不同密度短星翅蝗为害羊草后的高光谱植被指数模型。目前，研究不同放牧强度光谱变化与植被生物量和蝗虫群落之间的关系还有待进一步开展。本文通过高光谱遥感数据的监测，建立草地高光谱与生物量和蝗虫群落之间的关系模型，为预测不同放牧强度对植被的危害和蝗虫发生提供依据，从而为科学合理地利用草地资

源和维持畜牧业可持续发展提供支撑。

1 材料与方法

1.1 研究区域概况

研究区域位于内蒙古锡林浩特朝克乌拉苏木中国农业科学院草原研究所草原生态保护与可持续利用研究与示范基地（116°32′08.57″E，44°15′24.43″N），海拔 1 111～1 121 m。气候为典型大陆季风气候，区域年平均降水量 350～450 mm，年平均温度－0.1℃，1 月最冷，平均温度－22.0℃，极端温度－41.1℃；7 月温度最高，平均温度 18.3℃，极端温度 38.5℃，≥5℃的积温在 2 100～2 400℃。土壤为栗钙土，植被为典型草原类型（typical steppe），羊草、克氏针茅和大针茅在群落中占优势地位，糙隐子草、冷蒿等多年生植物为常见种，一二年生植物主要有灰绿藜（*Chenopodium glaucum*）、猪毛菜（*Salsola collina*）等。

试验样地 2007—2014 年间禁牧，以割草利用为主，植被长势良好。本试验于 2014 年开始，依据 Schönbach 的标准，设置 5 个放牧强度，无放牧（Non-grazing，CK）：放牧压为 0；轻度放牧（Light grazing，LG）：每小区放养 4 只羊，放牧压为 170SSU·d/（hm^2·年）；中度放牧（Moderate grazing，MG）：放养 8 只羊，放牧压为 340 SSU·d/（hm^2·年）；重度放牧（Heavy grazing，HG）：放养 12 只羊，放牧压为 510SSU·d/（hm^2·年）；过重度放牧（Over grazing，OG）：放养 16 只羊，放牧压为 680SSU·d/（hm^2·年）。每个放牧强度设置 3 个重复小区，每个放牧小区面积 1.33 hm^2（东西长 125 m，南北长 110 m，两边夹角 78°）。2014 年 6 月 10 日开始放牧，持续放牧 90d（试验期间家畜一直在放牧区内），试验动物为乌珠穆沁 2 龄羯羊，在高光谱遥感定量监测中作为条件变量，使不同放牧强度植被变化不同，从而影响高光谱监测的变化。每天取食 6kg 鲜草，在轻度放牧小区消耗 1.14％牧地面积植被，占小区总量 0.5％；中度放牧小区消耗 35.97％牧地面积植被，占小区总重量 1.67％；重度放牧小区消耗 42.41％牧地面积植被，占小区总重量 3.81％；过重度放牧小区消耗 43.15％牧地面积植被，占小区总重量 7.63％。

1.2 试验仪器

AvaSpec-2048×14×2 便携式双通道地物波谱仪技术规格为：探测器为 2 块 2 048×14 像素薄型背照式 CCD；积分时间 2.24ms 至 10min；数据采集速度 2.24ms/次；光谱仪采样间隔 0.5nm；光谱范围 200～1 160nm；波长精度±0.1nm；光谱分辨率 2.4nm；外形尺寸和重量分别为 175mm×110mm×44mm，720g；工作温度0～55℃。

1.3 调查方法

光谱调查方法：在每一个小区内采取随机取样法取 3 点，每点重复记录 5 个数据，求得平均值，最后使用平均值进行计算，试验在每年 7 月底进行。

光谱采集方法：在天气晴朗无云，10：30～14：30 时间段内采集，探头距地面高度 1.5 m，镜头垂直向下正对着植被。在调查时，每 30 min 使用黑、白板校正 1 次，镜头距白板 20 cm 左右，仪器支架及人影避免阴影落在被测植被上。同时将每点测量植被照相，便于后续分析。

植被调查方法：在每小区随机取五点 1 m×1 m，目测植被盖度，卷尺测量植被高度，统计植株数量，将每种植物地上 1 cm 以上剪去放到信封，烘干称重。

昆虫调查方法：每小区采用对角线扫网法，网口直径 38 cm，每条线 100 复网，每小区共 200 复网，采集后放入自封袋带回实验室放入冰箱冷冻处理后，进行统计计数。

1.4 分析方法

植被指数计算：将田间统计数据使用光谱仪自带数据软件 Viewer 的分析模块（*NDVI*.mod）对反射光谱进行分析。归一化植被指数 *NDVI* 是植被光谱的红光吸收谷和近红外反射峰数值之差和这两个波段的数值之和的比值。其计算公式如下：

$$NDVI=\frac{(\rho_{NIR}-\rho_{RED})}{(\rho_{NIR}+\rho_{RED})}$$

式中：ρ_{NIR}为近红外波段的反射率，ρ_{RED}为红光波段的反射率。

植被覆盖度的计算：放牧后土壤裸露，归一化植被指数 *NDVI* 理论上应该接近 0，但由于受众多因素的影响，*NDVI* 的变化范围一般在－0.1～0.2，无放牧小区植被高覆盖度的 *NDVI* 也会改变。因此，在实际应用中，利用像元二分模型植被覆盖度，即

$$f=\frac{(NDVI-NDVI_{min})}{(NDVI_{max}-NDVI_{min})}$$

式中，*NDVI* 为调查样点的归一化植被指数；$NDVI_{max}$和 $NDVI_{min}$分别为研究区内 *NDVI* 的最大和最小值。

运用 SAS 8.0 Duncan’s 新复极差法多重比较对 *NDVI* 进行方差分析（α=0.05），并用 Origin 8 作图，采用 CANOCO 4.5 对 *NDVI*、植被环境因子和蝗虫密度进行冗余分析（RDA）。

2 结果与分析

2.1 典型草原不同放牧强度对 *NDVI* 的影响

研究结果表明，在所调查样地中植被指数 *NDVI* 在无放牧与轻度放牧之间没有显著性差异；在中度放牧时，*NDVI* 与无放牧之间有显著性差异（$P<0.05$）；2015 年当放牧强度达到重度时，*NDVI* 显著低于中度放牧（$P<0.05$）；2016 年当放牧达到中度及以上时，*NDVI* 显著降低（$P<0.05$）。连续两年的植被高光谱监测说明轻度放牧对 *NDVI* 没有影响，持续放牧显著影响中度放牧强度以上的 *NDVI*（$P<0.05$）（图 1）。

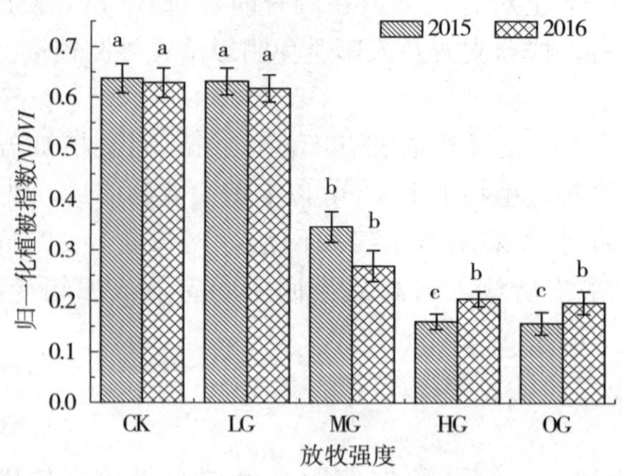

图 1　不同放牧强度 2015 年和 2016 年植被指数 *NDVI*

CK：无放牧　LG：轻度放牧　MG：中度放牧　HG：重度放牧　OG：过重度放牧

2.2　不同放牧强度 *NDVI* 与植被总生物量和蝗虫密度的关系

2015 年各小区生物量与 *NDVI* 的相关性分析结果表明，放牧草地生物量和 *NDVI* 为显著线性正相关关系，$y=0.0348+0.0029x$（$R^2=0.6455$，$P=0.0002$）（图 2）。

不同放牧强度下的蝗虫密度与植被光谱间的相关性分析结果表明，蝗虫密度与 *NDVI* 呈显著正相关（$P<0.05$）。其中 2015 年蝗虫数量和 *NDVI* 一次相关的关系模型（图 2）为 $y=0.067+0.013x$，$R^2=0.415$，$P=0.006$，为显著正相关。

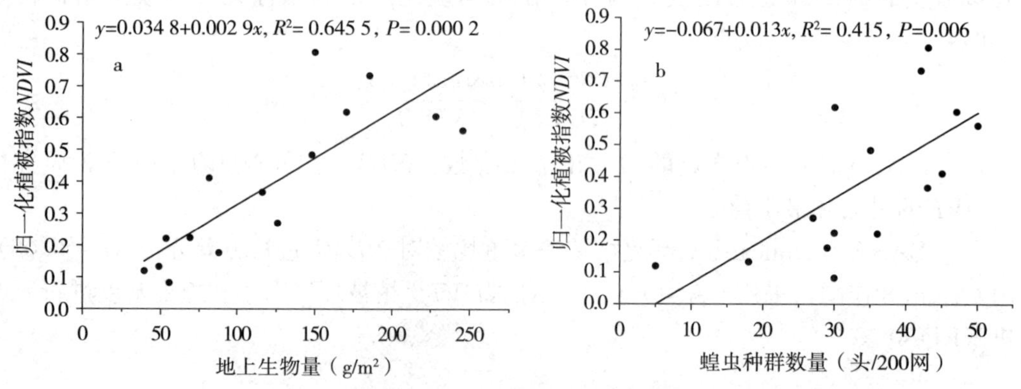

图 2　不同放牧强度植被总生物量和蝗虫密度与 *NDVI* 的关系

2.3　不同放牧强度 *NDVI* 与植物生物量和蝗虫数量冗余分析

利用冗余分析植物、蝗虫数量和 *NDVI* 之间关系。结果表明，第一典范轴和所有典范轴的蒙特卡罗检验均呈显著差异（$F=4.023$，$P=0.036$），因此 RDA 排序结果是可靠的（表 1）。

第一典范轴和第二典范轴分别解释了植物数据变量的 73.4%和 17.6%。在轴 1 中反映了植被环境因子中的植被总生物量（Bio）、植物高度（Hei）、糙隐子草生物量（Csq）、禾本科生物量（Gra）的变化趋势，从右到左均为增加趋势，这 4 个因子与轴 1

的相关系数分别为0.810 2、0.805 4、0.753 0、0.712 4。在轴2中反映了植被环境因子中的植被总盖度的变化趋势，从上到下植被盖度呈增加趋势，与轴2的相关系数为0.539 1（图3，表2）。同时可以看出，蝗虫与植被高度（Hei）、植被总生物量（Bio）、*NDVI*、糙隐子草生物量（Csq）呈正相关关系；*NDVI* 与羊草生物量（Lch）、植被总生物量（Bio）和植被总盖度（Cov）呈正相关关系（图4）。因此，植被总生物量(Bio)、植物高度（Hei）、糙隐子草生物量（Csq）是蝗虫数量和 *NDVI* 变化的主要影响因子，其中植被总生物量对蝗虫数量和 *NDVI* 响应有显著性解释（$P=0.001$）(表3)。

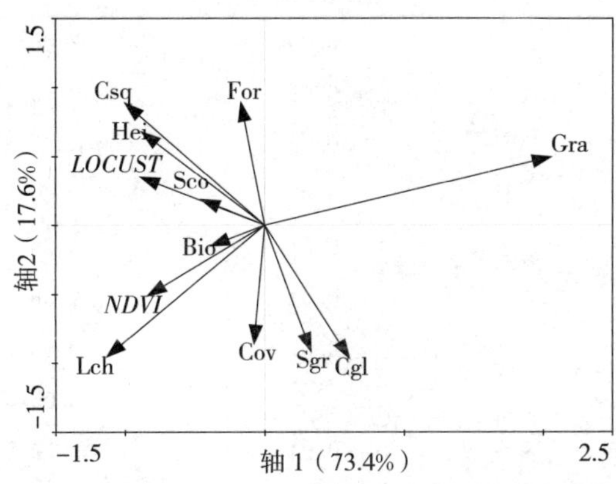

图3 *NDVI*、植被因子和蝗虫数量RDA排序

Cov. 植被总盖度 Hei. 植被高度 Bio. 植被地上总生物量 Gra. 禾本科生物量 For. 非禾本科生物量 Lch. 羊草生物量 Sgr. 大针茅生物量 Csq. 糙隐子草生物量 Cgl. 灰绿藜生物量 Sco. 猪毛菜生物量

表1 *NDVI* 与植物环境因子和蝗虫的RDA分析结果

参数	轴1	轴2	轴3	轴4	*F* 值	显著水平
特征值	0.734	0.176	0.078	0.013	4.023	0.036
物种环境相关性	0.984	0.852	0.000	0.000		
物种数据变量累计百分比	73.4	91.0	98.7	100.0		
物种环境关系变量累计百分比	80.7	100.0	0.0	0.0		

表2 植被环境因子与RDA排序相关系数

植被参数	轴1	轴2
植被总盖度	0.641 8	0.539 1
植被高度	0.805 4	0.282 6
植被总生物量	0.810 2	0.282 5
总禾本科生物量	0.712 4	0.371 5
非禾本科生物量	0.621 2	0.132 2
羊草生物量 Lch	0.678 7	0.331 6
大针茅生物量 Sgr	0.302 3	0.406 0

（续）

植被参数	轴 1	轴 2
糙隐子草生物量 Csq	0.753 0	0.258 6
灰绿藜生物量 Cgl	0.667 1	0.162 2
猪毛菜生物量 Sco	0.613 5	0.023 6

表 3　植被环境因子的前向选择分析和蒙特卡罗检验分析

植被参数	条件影响	*F* 值	显著水平
植被总盖度	0.06	2.06	0.160
植被高度	0.02	0.45	0.609
植被总生物量	0.52	13.90	0.001
总禾本科生物量	0.07	2.69	0.123
非禾本科生物量	0.01	0.28	0.714
羊草生物量 Lch	0.04	2.06	0.153
大针茅生物量 Sgr	0.01	0.53	0.537
糙隐子草生物量 Csq	0.07	3.05	0.076
灰绿藜生物量 Cgl	0.04	2.72	0.104
猪毛菜生物量 Sco	0.08	2.32	0.138

3　讨论

放牧干扰作为复杂的方式影响植被群落结构，会引起植物群落的植被覆盖度、生物量、种类等的变化，可以通过归一化植被指数 *NDVI* 反映放牧对植被的影响。本研究通过连续两年观测发现轻度放牧与无放牧强度相比 *NDVI* 没有显著性差异，在 2015 年中度放牧与轻度放牧及中度以上放牧强度 *NDVI* 有显著性差异，但是在 2016 年中度放牧压力及以上 *NDVI* 间没有显著差异，说明长期重度放牧导致植被覆盖度下降。

随着放牧强度的增加，植被地上总生物量呈下降趋势，因为长期围栏轻度放牧羊群的践踏和选择性取食，导致植被环境斑块化，中度放牧压力及以上小区因食物资源相对缺乏，羊群取食不加选择，小区整体植被空间分布均匀，使所有植物生物量下降甚至一些不耐受植物种类消失。本研究归一化植被指数 *NDVI* 与植被地上总生物量呈显著正相关关系，与他人研究放牧草场的植被指数 *NDVI* 的生物量模型趋势一致。

在进行蝗虫调查监测时，大多是调查植被和蝗虫之间的关系，蝗虫数量与植被生物量、盖度和高度相关，但是随着遥感和光谱技术的发展，对蝗虫的监测已经逐渐进入仪器监测的阶段。本试验 RDA 排序结果中对植物资源与蝗虫数量之间的相关分析发现第一典范轴主要反映的是植被总生物量和植被高度及蝗虫密度与 *NDVI*、植被总生物量、植被高度、糙隐子草生物量有一定相关性；*NDVI* 与羊草生物量、植被总盖度、植被总生物量有一定相关性。以往研究也表明，植物结构对昆虫有重要影响，尤其是植物高度。同时植物为蝗虫提供食物资源，体现了上行效应。

放牧影响草原蝗虫食物质量，减少食物的有效性，同时改变微环境。本文通过研究放牧后植被光谱监测环境变化，进行蝗虫数量和光谱的相关分析，为进一步开展放牧区蝗灾遥感监测，科学合理地利用草地资源和维持畜牧业可持续发展奠定了基础。

主要参考文献

包刚，包玉海，覃志豪，等，2013. 高光谱植被覆盖度遥感估算研究［J］. 自然资源学报，28（7）：1243-1254.

段敏杰，2011. 放牧干扰下藏北紫花针茅高寒草地生物量遥感监测［D］. 北京：中国农业科学院.

黄建荣，2013. 稻纵卷叶螟和褐飞虱为害水稻的光谱监测［D］. 南京：南京农业大学.

焦树英，韩国栋，李永强，等，2006. 不同载畜率对荒漠草原群落结构和功能群生产力的影响［J］. 西北植物学报，26（3）：564-571.

刘先华，陈佐忠，秋山侃，等，2000. 定居放牧方式下归一化植被指数（NDVI）的空间变化特征［J］. 植物生态学报，24（6）：662-666.

刘颖，王德利，王旭，等，2002. 放牧强度对羊草草地植被特征的影响［J］. 草业学报，11（2）：22-28.

马景川，黄训兵，秦兴虎，等，2017. 放牧干扰对典型草原植被光谱及蝗虫密度的影响［J］. 植物保护，(06)：10-14，32.

乔红波，蒋金炜，程登发，等，2007. 烟蚜为害特征的高光谱比较［J］. 昆虫知识，44（1）：57-61.

辛晓平，张保辉，李刚，等，2009. 1982—2003年中国草地生物量时空格局变化研究［J］. 自然资源学报，24（9）：1582-1592.

殷国梅，王明莹，梁宇，2012. 不同放牧强度下草地植被的群落特征研究［J］. 内蒙古农业科技(6)：26-27.

赵凤杰，王正浩，王慧萍，等，2015. 不同密度短星翅蝗危害后羊草的高光谱变化及对产草量的影响［J］. 草业学报，24（3）：195-203.

赵凤杰，吴惠惠，刘朝阳，等，2013. 高光谱遥感在锡林浩特2种草地类型生产力监测中的应用［J］. 草地学报，21（6）：1059-1064.

O'NEILL K M，OLSON B E，WALLANDER R，et al，2010. Effects of livestock grazing on grasshopper abundance on a native rangeland in Montana［J］. Environmental Entomology，39（3）：775-786.

PRABHAKAR M，PRASAD Y G，THIRUPATHI M，et al，2011. Use of ground based hyperspectral remote sensing for detection of stress in cotton caused by leafhopper (Hemiptera：Cicadellidae)［J］. Computers and Electronics in Agriculture，79（2）：189-198.

SCHIMEL D S，PARTICIPANTS V，BRASWELL B H，1997. Continental scale variability in ecosystem processes：models，data，and the role of disturbance［J］. Ecological Monographs，67（2）：251-271.

ZHU H，WANG D L，GUO Q F，et al，2015. Interactive effects of large herbivores and plant diversity on insect abundance in a meadow steppe in China［J］. Agriculture，Ecosystems & Environment，212：245-252.

草地蝗虫防治的经济阈值与生态阈值研究进展

刘艳[1]，张泽华[2]，王广君[2]

1. 沈阳农业大学园艺学院，辽宁沈阳 110866；2. 中国农业科学院植物保护研究所植物病虫害国家重点实验室，北京 100193。

摘要 进入 21 世纪以来，中国草地蝗灾连年发生，严重威胁着畜牧业发展和北方生态安全。经济阈值和生态阈值作为蝗虫防治的决策依据，是草地植保领域的重要研究课题之一。本文对国内外有关害虫防治经济阈值和生态阈值的概念及理论进行了概述整理，全面总结了国内在草地蝗虫防治经济阈值与生态阈值方面的研究进展，分析了 2 个阈值在实际应用中的关系。目前，本领域研究缺乏系统性和持续性，难以有效指导草地上复杂的蝗虫灾变形势，为此对今后的研究提出了几点建议。

关键词 草地蝗虫，经济阈值，生态阈值

中国拥有近 4 亿 hm^2 草地，占国土面积的 41.7%，是中国陆地自然生态系统的主体。近年来，由于全球气候变化及超载过牧等原因造成了沙化、退化，生态系统失去平衡，导致蝗虫等生物灾害的不断发生。1999 年以来北方草原连年发生大面积蝗灾等生物灾害，草地生态系统步入草场退化—害虫猖獗—草场进一步退化的恶性循环。以内蒙古自治区为例，1999—2006 年，该区连续暴发蝗灾，累积草原蝗虫发生为害面积达 0.622 亿 hm^2，虫口密度均在 50 头/m^2 以上，最高可达 650 头/m^2。蝗灾不但给畜牧业造成巨大的经济损失，而且严重威胁着中国北方草原生态安全。因此，开展草地蝗虫防治的经济阈值（economic threshold）与生态阈值（ecological threshold）研究，对于有效指导蝗虫防治工作具有重要的意义。

1 害虫防治经济阈值的研究进展

害虫防治的经济阈值问题是现代害虫管理系统中进行优化决策的基本依据，也是使害虫治理的经济效益和生态效益与生产措施相联系的唯一纽带。1959 年 Stern 等最早提出了经济阈值一词，并将其定义为“害虫的某一密度，在此密度时应采取控制措施，以防种群达到经济危害水平”。此后，经济阈值的概念引起人们的广泛重视与深入探讨。Edwards 将经济阈值定义为“可以引起与控制措施等价的损失的害虫种群大小”。Headley 提出的定义是“使产品价值增量等于控制代价增量的种群密度”。Norgaard 提出损害阈值（damage threshold），定义为“引起经济损失的最低种群密度”。在我国，盛承发先生曾在该领域进行过全面的综述与讨论，他给经济阈值的定义表达为“害虫的

某一密度，达此密度时应立即采取控制措施，否则，害虫将引起等于这一措施期望代价的期望损失”。缪勇和许维谨在对经济阈值定义的讨论中，认为经济阈值应是“针对某一密度（含预测）的害虫种群，边际成本函数等于边际产值函数时的种群密度。超过此密度时，应适时采取控制措施，将种群密度压制至该密度水平，可以获得最大净收益”。实际上，经济阈值不同于产量损失阈值和经济损害水平，因为经济阈值作为害虫防治的决策依据，要综合考虑到防治成本、产品价格、生态效益、环境保护等诸多问题，是一个经济生态学参数，是进行防治决策的依据，是生产者关注的焦点。

国内外在农业害虫防治经济阈值领域的研究较为广泛。Naranjo 等对棉花上烟粉虱［*Bemisia tabaci*（Gennadius）］的防治经济阈值开展了研究；Szatmari 研究了鳞翅目昆虫对树莓（*Rubus idaeus*）损害的经济阈值；Singh 对印度西部一种有斑点的螟蛉（*Earias* spp.）的经济阈值进行了研究；Diaz 研究了烟草（*Nicotiana tabacum*）上蚜虫（*Myzus persicae*）的经济阈值；Bharpoda 在印度研究了棉铃虫（*Helicoverpa arnigera*）防治的经济阈值；Ukey 等对辣椒（*Capsicum frutescens*）螨类的经济阈值进行了研究；Afzal 等对大米蛀虫（*Scirpophaga* spp.）的经济阈值进行了研究。国内自20世纪80年代以后，关于经济阈值研究的报道也较多。盛承发、高宗仁等对棉铃虫的经济阈值均进行了探讨；曹莹等对为害水稻（*Oryza sativa*）的中华稻蝗（*Oxya chinensis*）、稻螟蛉（*Naranga aenescens*）和黏虫（*Mythimna separata*）的经济阈值进行研究，并提出水稻孕穗期是进行化学防治的最佳时期；赵利敏和张海莲报道了灰翅麦茎蜂（*Cephus fumipennis*）的经济危害水平和经济阈值，为麦田生产提供了防治的参考依据；此外，牟少敏等对苹果黄蚜（*Aphis citricala*），蒋杰贤等对菜青虫（*Pieris rapae*），姜鼎煌等对苦瓜（*Momordicacharantia*）地的瓜实蝇（*Bactrocera cucurbitae*），卢巧英等对韭菜迟眼蕈蚊（*Bradysia odoriphage*）等害虫的经济阈值进行了研究探讨。这些研究基于挽回损失等于防治成本的原则，为害虫适时防治提供了科学的参考指标，为农业管理者进行害虫有效控制提供了决策依据。

2 害虫防治生态阈值的研究进展

相对于经济阈值，生态阈值的定义和研究是近些年才受到重视的。1977 年 May 最早提出了生态阈值的概念，指出生态系统的特性、功能等具有多个稳定态，稳定态之间存在的阈值和断点（thresholds and breakpoints）就是生态阈值。此后，生态阈值的概念受到生态学和经济学界的普遍关注，并展开了学术探讨。Friedel 认为生态阈值是生态系统两种不同的状态在时间和空间上的界限（boundaries）；Muradian 定义生态阈值为独立生态变量的关键值，在此关键值前后生态系统发生一种状态向另一种状态的转变。Wiens 等认为生态阈值是生态系统的转变带（region or zone），而非一系列的离散点。Bennett 和 Radford 等提出生态阈值是生态系统从一种状态快速转变为另一种状态的某个点或一段区间，推动这种转变的动力来自某个或多个关键生态因子微弱的附加改变，如从破碎程度很高的景观中消除一小块残留的原生植被，将导致生物多样性的急剧下降。总的来说，相关研究普遍认为生态阈值有两种类型，即生态阈值点（ecological threshold point）和生态阈值带（ecological threshold zone），在生态阈值点前后，生态系统的特性、功能或过程发生迅速的改变，生态阈值带暗含了生态系统从一种稳定状态到另一稳定状态逐渐转换的过程，而不像生态阈值点那样发生突然的转变，生态阈值带在自然界中可能更为普遍。目前，基于生态阈值理论的相关研究较少。Noy-Meir 研究指出，在放牧草地生态系统中，家畜利用面积的5%是其供应牲畜取食的阈值，这为人类活动干预下草原退化与恢复演替的研究，特别为确定天然草原放牧强度的生态阈值提供了依据。韩崇选等以人工林生态系统中的啮齿动物群落和主要造林树种为研究对象，提出了人工林群落生态阈值概念，并指出林区啮齿动物管理中的群落生态阈值是单个林木过渡到森林群落的预测指标，考虑的是啮齿动物群落与林木的相互影响，其目的是保证成林。骆有庆等研究表明，森林生态系统中杨树天牛（*Anoplophora glabripennis*）的防治生态阈值为4.8个羽化孔，并指出对于以生态防护效益为主的防护林来说经济阈值具有局限性，而应以生态阈值作为害虫防治的参考依据。可见，生态阈值在有害生物防治中不同于经济阈值，这一指标是以生态系统平衡和资源可持续利用为出发点，对于在自然生态系统中探讨害虫的防治阈值具有广阔的研究与应用前景。

3　我国草地蝗虫防治的经济阈值与生态阈值研究动态

前已述及，草地生态系统是畜牧业发展的基础，同时在我国也发挥着重要的生态作用。蝗虫作为一种危害性较大的食草害虫，自古至今对农业和畜牧业的危害屡有记载。据统计从公元前707年至1907年间我国共发生蝗灾739次，唐、宋、元、明、清各朝的地方志均有蝗灾的详细记载。21世纪以来，我国西部主要草原区蝗灾时有发生，2004年内蒙古草原蝗虫发生面积达529万 hm^2，2006年新疆草原蝗虫为害面积为203万 hm^2，甘肃省草原蝗虫高峰期为害面积达197万 hm^2。草地蝗虫防治也因此成为草地植保领域的研究热点问题之一。开展蝗虫防治阈值（包括经济阈值和生态阈值）的研究与制定，对于控制蝗虫暴发，减少经济损失和维持生态平衡具有重要的意义。

3.1　草地蝗虫防治的经济阈值研究

从20世纪80年代开始，国内少数学者开始从事草地蝗虫防治经济阈值的研究工作，主要是结合某一草原类型区的优势蝗种开展区域性研究，为所研究地区的蝗虫控制提供了可供参考的防治阈值。1998年，李新华等选择新疆天山北坡蒿子草（*Artemisia* spp.）+薹草+羊茅草地植被类型，探讨了意大利蝗防治的经济阈值，得出采用马拉硫磷和敌敌畏控制该区意大利蝗，3龄前的最低防治密度为69头/m^2的结论。同样是意大利蝗，张泉等在新疆玛纳斯县南山荒漠、半荒漠草原地区研究后，得到3龄前防治的经济阈值为8头/m^2。同一蝗种在两个不同试验区防治的经济阈值相差高达8.6倍，这主要是由于草地群落植被组成、初级生产力等具有较大的差异造成的。因此，不同地区蝗虫种类和草地类型不同，需要根据不同地域的蝗虫为害情况和防治措施，制定不同的防治经济阈值。西伯利亚蝗（*Gomphocerus sibiricus*）是新疆山地草原的主要为害种，乔璋等采用田间罩笼试验首先计算了虫口密度与牧草损失量的关系式，然后通过测算确定3龄前化学防治西伯利亚蝗的经济阈值为26.8头/m^2。乌麻尔别克等采用相同研究方法，对新疆荒漠、半荒漠草原地区主要为害种红胫戟纹蝗（*Dociostaurus kraussi*）的防治经济阈值进行了研究，提出化学防治的最低经济阈值为 8 头/m^2。邱星辉等测定了内蒙古典型草原 5 种优势蝗虫的防治经济阈值，亚洲小车蝗防治的经济阈值最小，为 16.9 头/m^2，小蛛蝗最大，为 37.4 头/m^2，分析指出经济阈值与蝗虫的个体大小呈负相关，即个体大者因造成的牧草损失大，其经济阈值小。以上研究主要是结合特定区域的优势蝗种，对单一种群的防治阈值进行探讨，但是草地蝗虫的发生往往比较复杂，常常是多个种群的混合暴发。廉振民和苏晓对甘肃省祁连山东段草地蝗虫复合防治指标（经济阈值）进行了研究，指出牧草的损失量取决于受损害量，而蝗虫只是起执行损害过程的作用，因此无论几种蝗虫为害，只在牧草的受损量达到 28 头/m^2时才进行防治，这是关于混合种群蝗虫防治经济阈值的一个新观点。总的来说，我国在草地蝗虫防治的经济阈值领域已经开展了一定的研究工作，但是与农业害虫的研究相比仍十分薄弱，且研究缺乏系统性和持续性，难以有效指导草地上复杂的蝗虫灾变形势，因此蝗虫经济阈值研究仍将是今后的重点研究课题。

3.2 草地蝗虫防治的生态阈值研究

目前，关于草地蝗虫防治生态阈值方面的研究少见报道，本领域尚处于研究的起步阶段。草地蝗虫暴发的直接后果是造成草地初级生产力和次级生产力的降低，更重要的是从生态层面上引起的草地退化，在蝗虫防治时单纯考虑经济阈值，不制定以生态效益为主导的生态阈值显然是不利于草地的可持续发展。周寿荣结合草地生态系统，提出草地生态系统在不断降低和破坏其自动调节能力的前提下所能忍受的最大限度的外界压力（临界值），称为生态阈值。当蝗虫的为害超过草地生态系统的耐受范围时，就有可能引起草地退化的发生和加剧，因此，草地蝗虫防治生态阈值的探讨具有重要的生态意义。卢辉根据经济阈值的基本概念、挽回损失等于防治成本的原则，将补偿作用和盖度的指数引入模型，初步建立了亚洲小车蝗为害草地的生态阈值模型，这个模型把草地植被盖度作为草地生态系统变化的参数，提出随着盖度增加，也是草地类型从荒漠草原—半荒漠草原—典型草原的过渡，亚洲小车蝗防治生态阈值也在增加。例如，盖度值为 0.2 时，防治指标为 3.4 头/m^2；为 0.4 时，防治指标为 6.0 头/m^2；为 0.7 时，防治指标为 15.3 头/m^2。余鸣在研究蝗虫防治生态阈值时，将干旱因子引入模型中，理论上提高了经济阈值的可用性，但是在他的阈值模型中对于蝗虫与草地平衡之间的关系尚不明确，衡量指标模糊，需要进一步的田间试验研究验证。这两篇关于草地蝗虫防治生态阈值的学术论文，为本领域的研究提供了有价值的观点与方向。笔者在文献查阅时未找到更多关于蝗虫防治生态阈值的资料，因此在草地植保领域这是一个值得深入探讨的新课题。

3.3 经济阈值与生态阈值在蝗虫防治应用中的思考

蝗虫防治的经济阈值与生态阈值之间不具有必然的一致性，二者作为蝗虫防治决策的参考依据存在两种可能。一种是在蝗虫为害达到经济阈值指示的防治指标时，并未危及草地生态平衡，即生态系统尚有一定的耐受能力，这时经济阈值小于生态阈值，在防治时则应以最大限度挽回经济损失为目的，以经济阈值作为防治指标；另外一种情况是蝗虫的种群暴发造成的经济损失尚在可承受范围之内，但草地物种多样性等生态指标遭到破坏，致使草地生态失衡，在这种情况下当以生态阈值作为防治的指标。

4 蝗虫防治阈值研究中存在的问题及建议

4.1 存在的问题

自20世纪60年代以来，草地蝗虫发生数量急剧上升，蝗虫灾害频繁暴发，严重影响了天然草地植被的正常生长发育，削弱了草地生态功能作用的发挥，加剧了牧区人民经济负担，威胁到草地畜牧业和草地生态系统的可持续健康发展。但是，由于中国草原面积大，草地蝗虫种类多，在蝗虫防治阈值的研究方面存在较多问题：（1）参考防治指标陈旧，存在“一刀切”的问题，难以适应当前日趋复杂化的草原保护形势；（2）不同草原区优势蝗种的生态学研究匮乏，限制了对经济阈值与生态阈值的研究；（3）偏重于经济损失方面的经济阈值研究，对反映生态平衡的生态阈值缺乏深入研究与探讨；（4）国家对草地蝗虫防治及科研工作的重视程度与投入经费不足，限制了本领域的发展。

4.2 建议

当前，我国草原退化形势仍十分严峻，造成了草原退化—蝗虫发生—草原进一步退化的恶性循环。因此，开展蝗虫防治阈值方面的研究显得十分迫切与重要。今后，在本领域应组建包括昆虫学、生态学、经济学等方面的跨学科团队，对国内草地蝗虫防治的经济阈值与生态阈值进行全面、深入、系统的研究。加大对草地蝗虫生态阈值的研究，为实现经济效益与生态效益的双赢提供有力指导。对不同草地类型区和各区优势蝗种开展有重点的研究与探讨，为各区的蝗虫防治提出科学的防治阈值。此外，应进一步争取国家对蝗虫防治研究的投入，以保障取得有价值的研究成果。

主要参考文献

曹莹，曹志强，肖红，2002. 3种水稻食叶性害虫对辽粳454为害经济阈值研究［J］. 沈阳农业大学学报，33（1）：35-39.

高宗仁，赵洪义，秦田丰，1994. 河南棉铃虫再猖獗的生态学特点及经济阈值研究［J］. 棉花学报，6（1）：57-60.

哈斯巴特尔，高娃，斯琴，等，2007. 内蒙古草原蝗虫成灾原因与防治对策［J］. 内蒙古草业，19（4）：52-55.

郝树广，张孝羲，1998. 对害虫经济阈值理论的再思考［J］. 生态学杂志，17（2）：71-77.

姜鼎煌，艾洪木，赵士熙，等，2006. 瓜实蝇经济阈值的研究［J］. 福建农业学报，21（3）：207-210.

蒋杰贤，王奎武，陈永年，2002. 菜青虫为害春甘蓝不同生育期对产量的影响及经济阈值的研究［J］. 上海交通大学学报，20（4）：312-316.

卢巧英，张文学，郭威龙，等，2008. 韭菜迟眼蕈蚊防治阈值研究［J］. 西北农业大学学报，17（2）：279-284.

缪勇，许维谨，1990. 经济阈值定义等的讨论［J］. 安徽农学院学报（2）：137-142.

牟少敏，刘忠德，孔繁华，等，2002. 苹果黄蚜危害苹果经济损失和经济阈值的研究［J］. 山东农业大学学报，33（1）：87-88.

潘建梅，2002. 内蒙古草原蝗虫发生原因及防治对策［J］. 中国草地，24（6）：66-69.
盛承发，1984. 经济阈值定义的商榷［J］. 生态学杂志（3）：52-54.
盛承发，1985. 华北棉区第二代棉铃虫的经济阈值［J］. 昆虫学报，28（4）：382-389.
盛承发，1987. 防治棉铃虫的新策略［M］. 北京：科学出版社.
盛承发，杨辅安，1999. 棉铃虫经济阈值研究中的几个问题［J］. 生态学报，19（9）：720-723.
赵利敏，张海莲，2008. 灰翅麦茎蜂（*Cephus fumipennis*）的经济危害水平和经济阈值（膜翅目：茎蜂科）［J］. 西北农业学报，17（1）：65-69.
AFZAL M，YASIN M ，SHERAWAT S M，2002. Evaluation and demonstration of economic threshold level（ETL）for chemical control of rice stem borers，*Scirpophaga incertulus* Wlk. and *S. innotata* Wlk［J］. International Journal of Agriculture and Biology，4（3）：323-325.
BHARPODA T M，1999. Evaluation of economic threshold levels for Helicoverpa armigera on 'H 6' cotton（*Gossypium hirsutum*）in central Gujarat region［J］. Indian Journal of Agricultural Sciences，69（4）：304-305.
DIAZ F P，1999. Economic threshold of Helio this virescens in three to baccovarieties from Cuba［J］. Revista Colombianade Entomologia，25：1-2 ，33-36.
EDWARDS C A，1964. The Principles of agricultural entomology［M］. London ：Chapman and Hall.
FRIEDEL M H，1991. Range condition assessment and the concept of thresholds a view point［J］. Journal of Range Management，44：422-426.
MAY R M，1977. Thresholds and breakpoints in ecosystems with a multiplicity of stable states［J］. Nature，269：471-477.
MURADIAN R，2001. Ecological thresholds a survey［J］. Ecological Economics，38：7-24.
NARANJO S E，CHU C C，HENNEBERRY T J，1996. Eco nomic injury levels for *Bemisia tabaci*（Homo ptera：Aleyrodidae）in cotton impact of crop price，control costs，and efficacy of control［J］. Crop Protection，15（8）：779-788.
NORGAARD R B，1976. The economics of improving pesticide use［J］. Annual Review of Entomology，21 ：45-60.
SINGH J，1998. Economic threshold for spotted bollworms，*Earias* spp. in cotton，Gossy piumarboreum L［J］. Journal of Insect Science，11（1）：66-68.
STERN V M ，SMITH R F，VAN DEN BOSCH R，1959. The integration of chemical and biological control of the spotted alfalfa aphid［J］. Hilgardia，29（2）：81-101.
SZATMARI S，1998. Lepidopter a living on raspberry in North Hungary ，Integrated plant protection in orchards ，soft fruits［J］. Bulle tin OILB-SROP，21（10）：35-38.
UKEY S P，NAITAM N，PATIL M J，1999. Determination of economic threshold level of mites on chilli crop［J］. Journal of Soils and Crops，9（2）：268-270.

微孢子虫治蝗对草地生物多样性的保护作用及意义

张泽华[1]，严毓骅[2]，张卓然[3]，郑双悦[3]，宝祥[4]，李福生[4]，石岩生[4]

1. 中国农业科学院植物保护研究所植物病虫害生物学国家重点实验室，北京 100193；2. 中国农业大学昆虫系，北京 100094；3. 内蒙古草原工作站，内蒙古呼和浩特 010010；4. 内蒙古锡林郭勒盟草原工作站，内蒙古二连浩特 012600。

摘要 微孢子虫治蝗是一项持续、低耗、无公害的生物治理蝗害措施，对保护草地生态系统生物多样性具有重要意义，通过对内蒙古达茂旗草地蝗虫不同防治区昆虫群落的组成和结构多样性研究，揭示了化学农药对生物多样性的影响；评价了昆虫蜕皮抑制剂 Cascade 以及生物制剂微孢子虫对生物多样性保护的作用和意义；分析了主要优势种害虫和潜在的次要害虫，为组建草地蝗虫综合治理体系提供了参考依据。

关键词 微孢子虫，治蝗，草地生态系统，生物多样性，保护作用

多样性是群落的数量特征，是研究群落结构水平的指标。生态系统生物多样性的提高有利于害虫综合治理，可提高生态系统中天敌数量，有助于控制有害生物处于经济危害水平以下。因此，害虫治理要以环境稳定性—群落多样性—群落稳定性的关系为基础。草地生态系统引入微孢子虫治蝗配套措施以来，对草地生态系统生物多样性的保护起了重要作用，而草地生态系统生物多样性的增加又延长了微孢子虫治蝗配套措施的治蝗效果。

1 试验地概况

试验于 1994—1998 年在内蒙古自治区乌兰查布盟达茂旗及锡林郭勒盟镶黄旗进行。该地区草场类型属中温型荒漠草原亚带，主要建群种为戈壁针茅（*Stipa gobica*）、沙生针茅（*S. glareosa*）、石生针茅（*S. klemenzii*）、无芒隐子草（*Cleistogene smutica*）、糙隐子草、冷蒿、狭叶锦鸡儿、小叶锦鸡儿，以及一些旱生杂草类冬青叶兔唇花（*Lagochilus ilicifolius*）、阿尔泰狗娃花（*Heteropappus altaicus*），低洼地主要以薹草为主。

试验区昆虫 42 种，分属 8 目 31 科。其中双翅目 10 科 14 种，鞘翅目 5 科 7 种，膜翅目 8 科 9 种，鳞翅目 1 科 1 种，同翅目 2 科 2 种，半翅目 2 科 3 种，脉翅目 1 科 1 种，直翅目 2 科 5 种。直翅目昆虫是区系组成的主要类群，鞘翅目昆虫表现出适应干旱的能力，双翅目昆虫种群数量最大，种类丰富，益害兼有，对生物多样性有较高贡献。直翅目蝗总科（Acridoidea）主要有 5 种，白边痂蝗、宽须蚁蝗，古北区广泛分布的种类，适应干旱环境的能力极强，毛足棒角蝗和亚洲小车蝗作为适应地区的种类，表现了强烈

的竞争优势。尽管近几年针对亚洲小车蝗进行了防治，它在系统中已不是优势种，但在防治区外仍然是主要的优势种。红翅皱膝蝗、鼓翅皱膝蝗、轮纹异痂蝗、百灵突鼻蝗为普通种，表现出一定的适应能力。

另外，爬行动物蜥蜴也是草原生态环境的主要成员，在生物链中占有很重要的地位，是连接昆虫与小型哺乳类、小型猛禽的关键因子，也是蝗虫的重要天敌。

2 试验材料与方法

2.1 材料来源

含量为 2.0×10¹⁰个的微孢子虫制剂由中国农业大学草地昆虫研究中心微孢子虫生产中试厂提供；5%卡死克水悬剂（Cascade）由美国氰氨（中国）有限公司提供；林丹 55%悬浮剂由天津大沽农药厂提供；40%马拉硫磷乳油由辽宁锦州化工厂提供；含淀粉大片麸皮由内蒙古草原工作站莽原技术开发公司综合加工厂提供。分别以字母代表，NL 为微孢子虫 2.0×10^{10} 个/hm^2；I-CA 为 5%卡死克水悬剂 75 mL/hm^2；LD 为林丹 55%悬浮剂 40.05 mL/hm^2；MA 为 40%马拉硫磷乳油 1 125 mL/hm^2。

2.2 试验设计

小区宽 560m，长 10km，飞机条带喷洒（图 1），左右分成生防组、化防组。化防组中又分为毒饵组和低容量组。

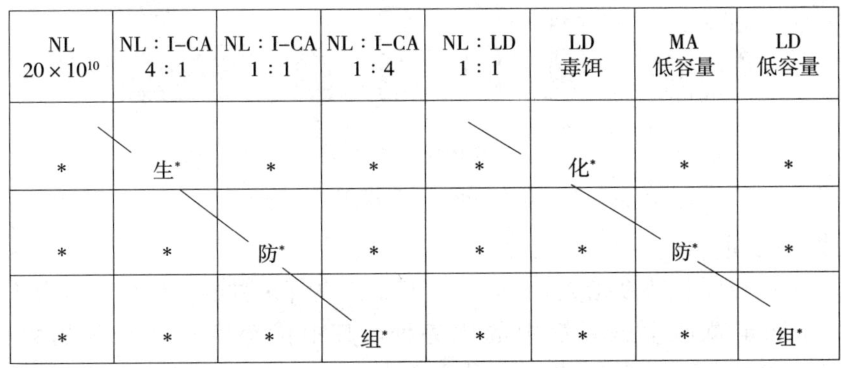

图 1　小区划分

2.3 调查方法

将每个试验小区分为 3 等份，各小区每份中取固定范围作为取样点，各取样点内随机取样：①定点调查防前及处理后 3d、15d、30d、50d 的昆虫多样性及植物多样性，每点 200 个往返网次（网直径 33cm），室内分类鉴定，统计昆虫种类、数量；②样框（$1m^2$）调查，每样点随机取 50 框，记录蝗虫混合种群数量。

2.4 种——多度计算方法

采用 Pielou 提出的以 e 为底的对数，即 ln$r$（r 为个体数）整理调查数据。

2.5 多样性测度方法

测定采用Shannon-Weiner指数：$H=-\sum_{i=1}^{S}P_i\ln i$，其中$P_i=n_i/N$，$n_i$为第$i$个种的个体数，$N$为所有种的个体数之和，$S$为物种丰富度，均匀性指数（$J$）的测度采用$J=H'/\ln S$，分别对各处理进行$N$、$S$、$H$、$J$的统计。

3 结果与分析

3.1 种分析

3.1.1 种——多度分析

根据群落组成的结构和物种共存于群落中的原则，一个顶级群落的组成应容纳大量稀有种、少量富集种，种类数从稀有种到富集种是递减过程，从图2可见，半荒漠草原生态系统中，稀有种较少，更多的是中等种群的常见种，说明半荒漠草原生态系统中，群落构成还在发展过程中，且说明生物生存条件较为恶劣，已不利于种群较少的稀有种生存，只有中等种群的昆虫才能得以维持。

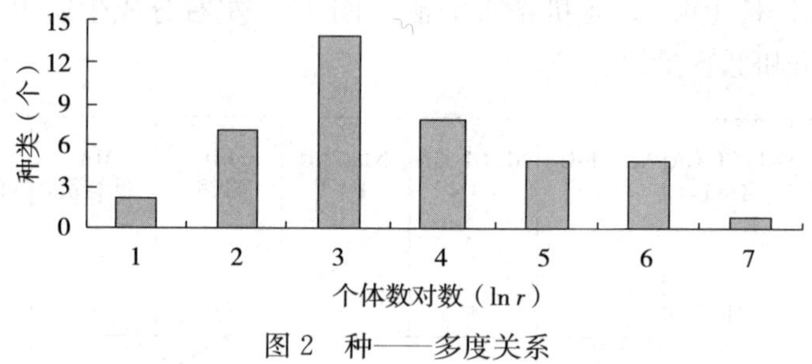

图2 种——多度关系

3.1.2 优势种分析

用Berger-parker优势度指数$l=n_i/n$（其中n_i为第i种的个体数，n为所有种的个体数之和）来测定草原生态系统中的优势种，其中优势度指数较高的为白边痂蝗0.158 3、宽须蚁蝗为0.126 6、蚁科1种为0.104 2、短翅叶蝉为0.090 1、毛足棒角蝗为0.086 6、蚜科1种为0.074 1、小蜂科1种为0.052 5，其他种均未超过0.04。另外，亚洲小车蝗优势度为0.021 2、皱膝蝗为0.003 5。与以往记载相比蝗虫优势种有所变化，亚洲小车蝗已不再是优势种，白边痂蝗取代了其优势种地位；此外短翅叶蝉，因个体小，虽占据第4优势种的地位，但未表现出明显为害，镜检中发现80%的个体被一种小蜂寄生，该种小蜂在抑制短翅叶蝉种群上升中起了很大作用，今后防治蝗害工作，应注意这一潜在的次生性害虫，大面积使用化学农药即使能消灭蝗虫，但大量天敌也被杀伤，叶蝉可能成为草原的又一大害虫。

3.2 不同时间各处理对生物多样性的影响

多样性比较结果分析表明，防前个体数N，仅MA试验区与其他试验区差异极显著（$P<0.01$），其他处理之间差异不显著，由于MA对生物多样性的影响较大，在以后的结果分析中防前差异显著的影响会逐渐减小。而种类数、多样性指数、均匀度指数在防前均无显著性差异，说明各试验区生境较均匀一致，有利于试验结果的统计分析。

防后3d生防组个体数、种类数、生物多样性指数极显著（$P<0.01$）高于化防组，而多样性指数在化学农药饵料组又极显著（$P<0.01$）高于超低容量组。化学农药控制区匀度均显著升高，表明微孢子虫以及微孢子虫与卡死克协同应用对生物多样性无短期影响，而化学农药控制对生物多样性有急剧减低作用，化学农药饵料组对生物多样性的影响显著小于超低容量喷雾，说明施药方法对生物多样性保护也起了重要作用，同时表明微孢子虫与卡死克协同应用对生物多样性影响并未减低。

防后15d个体数在生防组处理间渐次显著差异（$P<0.05$）；化防组之间无显著差异，同生防组微孢子虫与卡死克1∶4处理无显著差异外，而与其他处理均有极显著（$P<0.01$）差异。种类数与个体数变化相同，只是在生防组中微孢子虫与微孢子虫和卡死克4∶1无显著差异。多样性指数在微孢子虫处理、微孢子虫与卡死克4∶1、微孢子虫与卡死克1∶1显著（$P<0.01$）高于其他处理；微孢子虫与卡死克1∶4、微孢子虫与林丹1∶1又显著（$P<0.05$）高于林丹毒饵及马拉硫磷低容量处理。均匀度指数有渐次增高的趋势。说明化学农药对生物多样性的负影响是长期的，微孢子虫与卡死克高比例（1∶4）对生物多样性的负影响显著（$P<0.05$）低于化学农药。

为了进一步考察卡死克的影响，又进行了微孢子虫、微孢子虫与卡死克1∶4、马拉硫磷30d，50d的调查，微孢子虫处理区30d的个体数、种类数、多样性都显著（$P<0.05$）高于微孢子虫与卡死克1∶4、马拉硫磷处理区，50d均为不显著差异。这个结果说明卡死克对环境作用很小，只要控制使用配比，既可快速压低蝗虫的种群数量又能保护生态系统生物多样性。采用Simpson优势集中性指数分析，化学农药处理组中超低容量施药法蝗虫的优势集中性指数急剧升高，毒饵法变化不明显，而生物控制对靶标蝗虫的作用性好，降低了蝗虫在原有生物种群中的份额，保护了非靶标生物，从而表现为蝗虫的优势集中性指数的降低（图3）。

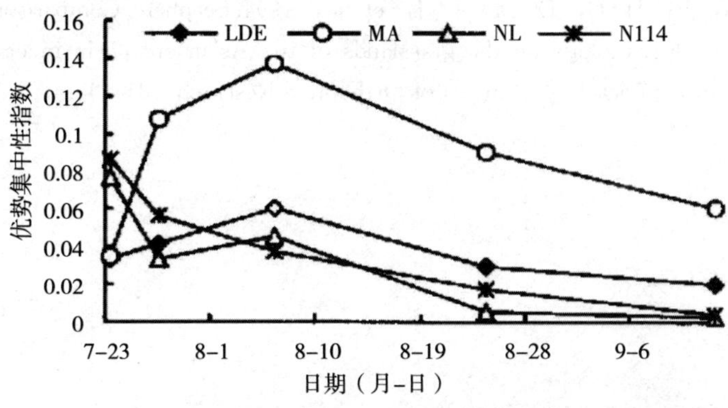

图3　不同药剂处理蝗虫混合种群优势集中性指数时间序列变化

4 讨论

化学农药对生物多样性的减低是显著的、急剧的，在半荒漠草原生态系统昆虫相对匮乏、少稀有种、多常见种、优势种明显的群落结构中，恢复是缓慢的，特别是面积较大的情况下，外部迁移的过程都很缓慢，在化学防治后 30d，种类数、个体数，多样性没有明显回升。化学农药对天敌等特别是芫菁、步甲、蜥蜴有严重的杀伤。试验表明，马拉硫磷对天敌的杀伤率为步甲 98.5%、芫菁 98.1%、蜥蜴 90.8%；林丹为步甲 96.4%、芫菁 88.1%、蜥蜴 80.3%。在理论上（Lotka-Volterra 方程）早就证明农药对天敌杀伤高于对害虫的杀伤。建议严格控制化学农药在草原上的使用。而仿生农药卡死克（Cascade）对生物多样性也有减低作用，特别是在 75mL/hm^2 高配比与微孢子虫协同应用时，作用与化学农药接近，但在低配比情况下，对生物多样性的减低显著与化学农药不同，卡死克是替代化学农药在草原上使用的较理想的药剂，但也必须限制它的使用剂量和施药方法，在与微孢子虫协同应用时表现出了巨大的潜力。微孢子虫对生物多样性无明显影响，对蝗虫的作用效果明显，是目前草原蝗虫防治应用的首选生物制剂。

主要参考文献

高宝嘉，1992. 封山育林对昆虫群落结构及多样性稳定性影响的研究［J］. 生态学报，12（1）：1-5.

万万浩，陈常铭，1986. 综防区和化防区稻田害虫一天敌群落组成及多样性的分析［J］. 生态学报，6（2）：199-170.

严毓骅，1996. 害虫防治新方向——应用替代性防治措施走向害虫持续治理［C］//中国有害生物综合治理论文集. 北京：中国农业科学技术出版社：39-42.

张泽华，严毓骅，张卓然，等，2003. 微孢子虫治蝗对草地生物多样性的保护作用及意义［J］. 草业科学，20（9）：54-57.

GASTON K J，1992. Regional numbers of insect and plant species［J］. Functional-Ecology，6（3）：243-247.

KOGAN M，LATTIN J D，1993. Insect conservation and pest management［J］. Biodiversity and conservation，2（3）：242-257.

LOCKWOOD A J，LI H C，DODD L J，et al，1994. Seephen Comparison of grasshopper（Orthoptera：Acriclidae）ecology on the grasslands of the Asian steppe in inner Mongolia and the great plains of north America［J］. Journal of Orthoptera Research（2）：4-14.

绿僵菌对蝗虫及其捕食性天敌的影响

董辉[1,2]，苏红田[1]，高松[1]，农向群[1]，丛斌[2]，张泽华[1]

1. 中国农业科学院植物保护研究所植物病虫害生物学国家重点实验室，北京 100193；2. 沈阳农业大学植保学院，沈阳 110161。

绿僵菌是农林生态系统中最常见的虫生真菌之一，寄主范围极其广泛，已记载的寄主昆虫超过 200 种。黄绿绿僵菌（*Metarhizium anisopliae*）作为蝗虫的重要生防真菌，它对多种蝗虫防效显著，其中对优势种蝗虫亚洲小车蝗的防效达 88.1%。关于该真菌对非目标无脊椎动物的影响，尤其是对蜜蜂、家蚕及捕食性和寄生性天敌昆虫的影响尚不清楚。本试验研究了黄绿绿僵菌对草原蝗虫天敌及其种群动态的影响。

1 材料与方法

1.1 供试菌剂及试虫

绿僵菌由中国农业科学院原生物防治研究所提供。绿僵菌油剂是 10kg 绿僵菌孢子粉（萌发率为 98%以上，下同）与 30L 石蜡制成的油膏在使用前加入 20L 的玉米油配制；锐劲特油剂是 5%锐劲特悬浮剂 3L 与 47L 玉米油配制；绿僵菌饵剂按照 100kg 麦麸计算，取玉米油 20L 与大片麦麸（2 500～3 000 片/g）混合均匀后，再加 10kg 孢子粉配置；锐劲特饵剂是 5%锐劲特悬浮剂 3L 与 20L 玉米油配制。

供试昆虫为通缘步甲（*Pterostichus geblerrii*）、中华芫菁（*Epicauta chinensis*）、云纹虎甲（*Cicindeila elisae*）。4 龄蝗蝻分为 4 种生理状态，绿僵菌油剂致死、锐劲特饵剂致死（以下称为农药致死）、人工机械致死、健康活蝗蝻，均采自不同防治试验处理区。步甲、芫菁、虎甲在室内的养虫缸内饲养。

1.2 步甲对不同生理状态蝗虫的选择性

每个养虫缸（40cm×30cm×30cm）内放入 2 头步甲，进行以下两个试验：①分别以 4 种不同生理状态蝗蝻 20 头饲喂；②将绿僵菌致死、农药致死、人工机械致死蝗蝻各 20 头分别与健康活蝗蝻 20 头混合饲喂。每个试验进行 96h，每 12h 检查一次，记录捕食数量。每处理 3 次重复。

1.3 绿僵菌对天敌种群动态的影响

试验在锡林浩特市一分场进行，分为绿僵菌油剂、绿僵菌饵剂、锐劲特油剂、锐劲特饵剂和未使用任何药剂的对照区，各区的面积 66.7hm²。油剂采用 CDA ULVAMAST

MARKⅡ型机动超低量喷雾器条带喷洒于小区，药液流速为500～600mL/s，与风向垂直行驶，车速20km/h，喷幅30m，绿僵菌油剂和锐劲特油剂的用量均为0.75mL/m^2。饵剂采用撒施的方法，绿僵菌饵剂和锐劲特饵剂的用量均为1.5g/m^2。步甲调查采用罐头瓶布陷阱，瓶内放羊骨，每瓶间隔5m，直线排列，共12瓶，定期观察记录步甲数量。芫菁调查采用4个方向人工捕捉，记录5min内捕到的数量。

2 结果与分析

2.1 步甲对不同生理状态蝗虫捕食选择性

步甲在某种单一生理状态下的蝗虫中进行饲养的处理中，对生理正常的蝗虫累积捕食数量最高，达8.67头，新复极差检验（$P=0.05$）表明显著高于对其他3个处理的捕食数量；对机械致死与农药致死的蝗虫捕食数量分别为5.00头、5.67头，差异不显著；对感染绿僵菌致死的蝗虫捕食数量为0头。初步看出步甲对不同生理状态的蝗虫具有一定选择性；另外，在试验中未发现步甲在白天与夜间捕食数量差异。在生理正常、机械致死、绿僵菌致死蝗虫的3个处理中饲养的步甲至试验结束活动正常；农药致死蝗虫处理中的步甲，分别在48h死亡1头，60h死亡1头，72h死亡两头。健康活蝗虫分别与机械致死、农药致死、绿僵菌致死的蝗虫混合饲养的3个处理中，步甲对健康蝗虫的捕食量分别为38头、42头和43头；步甲对3种因素致死的蝗虫捕食数量分别为6头、3头和0头，新复极差检验（$P=0.05$）表明显著低于健康蝗虫。说明步甲的捕食选择性明显，更嗜好捕食健康蝗虫。

2.2 绿僵菌对天敌种群动态的影响

调查表明，草原蝗虫的捕食性天敌主要为步甲类，田间优势种主要为通缘步甲（*Pterostichus gebleri*），捕食蝗蝻和成虫；另一类为芫菁，田间主要优势种为蒙古斑芫菁（*Mylabris mongolica*）和苹斑芫菁（*Mylabris calida*），捕食蝗卵；第三类为丽斑麻蜥（*Eremias argus*），捕食蝗蝻、成虫。其他的捕食性天敌有云纹虎甲、中华芫菁和食虫虻类（*Philonicus* spp.），以及两种麻蝇科寄生蝇。

防后3d开始的天敌系统调查结果如表1所示，两种主要天敌发生的总计值和高峰值大小依次均为生防处理＞对照处理＞化学处理，但是生防处理与对照处理间在防治前后差异并不明显。步甲类发生的总数，绿僵菌油剂和饵剂处理分别比对照处理增加103.3％和133.3％，锐劲特油剂和饵剂区则比对照减少86.7％和60％，差异明显；芫菁类发生总数，绿僵菌油剂和饵剂处理分别比对照处理增加117.3％和121.2％，锐劲特油剂和饵剂区则比对照减少19.2％和76.9％，差异明显。

表1 各处理不同时期步甲和芫菁的种群动态

处理	6月28日		7月2日		7月6日		7月11日		7月20日		7月29日		8月7日		8月18日	
	步甲	芫菁	步甲	芫菁	步甲	芫菁	步甲	芫菁	步甲	芫菁	步甲	芫菁	步甲	芫菁	步甲	芫菁
锐劲特饵剂	0	4	0	7	0	9	0	12	0	2	0	6	2	2	2	3
锐劲特油剂	7	1	1	1	2	2	1	2	0	2	0	3	1	1	0	0

（续）

处理	6月28日		7月2日		7月6日		7月11日		7月20日		7月29日		8月7日		8月18日	
	步甲	芫菁	步甲	芫菁	步甲	芫菁	步甲	芫菁	步甲	芫菁	步甲	芫菁	步甲	芫菁	步甲	芫菁
绿僵菌饵剂	19	10	11	16	11	6	4	22	4	3	6	50	4	4		2
绿僵菌油剂	15	6	14	12	17	4	8	16	8	51	2	21	4	3	2	2
对照	10	15	4	18	5	4	7	6	0	6	1	0	2	2	1	1

在使用绿僵菌和锐劲特防治蝗虫3d后开始调查步甲类、芫菁类天敌种群动态发现，步甲类种群数量的高峰值出现在防治初期，这可能与其主要生物学特性有关。步甲在绿僵菌的处理区没有受到影响，在施药后的整个调查过程中甚至一直高于对照，其中以绿僵菌饵剂效果最好；步甲在锐劲特处理区受到影响较大，在施药后的整个调查过程中甚至一直低于对照，其中锐劲特饵剂区影响最显著，从6月28日到7月29日诱集到的数量一直为零，需要引起注意。芫菁类与步甲类相似，由于其生物学特性高峰值在中后期，尤其此时以苹斑芫菁数量最多，绿僵菌饵剂和油剂对芫菁均无影响，而且两处理间也无明显差异；锐劲特油剂对芫菁影响大，其种群数量始终低于对照区，锐劲特饵剂则与对照差异不明显。

3 讨论

1986年，Flexner等在综述应用病原微生物的主要国家在实验室和野外小区研究有关病原物对非目标有益节肢动物致病性的影响结果时曾指出，真菌对天敌的直接致死作用尚未被很好地研究，该作用或许在一定程度上被低估了。他们认为如果大量的病原真菌投放市场，在大规模的施用后，尤其是用于防治具有世界性寄主范围的害虫时有可能成为天敌的重要致死因子；还认为天敌取食罹病寄主造成的间接死亡比被真菌杀死更为重要。

本试验结合天敌对罹病昆虫的取食变化以及病原真菌对天敌种群动态的影响三个方面来进行。试验表明，步甲对感染绿僵菌蝗虫无论是单独存在还是与生理正常的蝗虫混合存在，均不进行取食，因此在一定程度上说明绿僵菌与步甲对蝗虫的控制作用是累积的；另外，作者在实验室内的研究表明（未发表）绿僵菌对步甲、芫菁、虎甲等天敌个体并没有出现致病作用，这与此前明确的对缘蝽科、瓢虫科、蚊科、跳小蜂科种的几种天敌无害的结果相一致；而在研究绿僵菌对步甲、芫菁的田间种群动态影响时发现，采用绿僵菌的生物防治措施对草地中的蝗虫天敌无论是种类还是数量都具有显著的保护作用。利用锐劲特化学农药防治措施对天敌影响较大，但是化学农药饵剂剂型可以降低对捕食性天敌的影响。

对菌株的寄主专化性的研究深入已经极大地限制了寄主种类的广泛性，因此人工放菌不可能对整个无脊椎动物群落造成大的影响。

主要参考文献

包建中，古德祥，1998. 中国生物防治［M］. 太原：山西科学技术出版社.

董辉，苏红田，高松，等，2005. 绿僵菌对蝗虫及其捕食性天敌的影响［J］. 中国生物防治学报，21（1）：60-62.

张泽华，高松，张刚应，等，2000. 应用绿僵菌油剂防治内蒙古草原蝗虫的效果［J］. 中国生物防治，16（2）：49 -52.

BATEMAN R，1997. The development of a mycoinsecticide for the control of locusts and grasshoppers［J］. International Control Outlook on Agriculture，26：13-18.

FLEXNER J L，LIGHTHART B，CROFT B A，1986. The effects of microbial pesticides on non-target，beneficial arthropods［J］. Agriculture，Ecosystems and Environment，16：203-254.

科尔沁草原亚洲小车蝗防治指标研究

李　广，张泽华，张礼生

中国农业科学院植物保护研究所植物病虫害生物学国家重点实验室，北京 100193。

摘要　在室内测定科尔沁草原亚洲小车蝗在不同湿度对 4 种该草原优势植物的取食量。结果表明：测亚洲小车蝗单头单日取食量；同时考察亚洲小车蝗不同龄期的田间存活率，确定科尔沁草原亚洲小车蝗的防治指标为 20.6 头/m^2。

关键词　亚洲小车蝗，取食量，防治指标

蝗虫是草原上发生严重的一类重要害虫，近年来发生频率和为害程度呈加剧趋势。2000—2005 年连续在中国北方草原暴发，2006 年内蒙古乌兰察布、呼伦贝尔、通辽、赤峰等地区再次大面积暴发蝗灾，受灾面积达到 360 万 hm^2，其中严重受灾面积达到 167 万 hm^2，发生密度 30～50 头/m^2，严重发生区域达到100～200 头/m^2。为了科学有效地对蝗虫进行防治，就要制定出合理的经济阈值，在以往的工作中，很多学者已经对不同地方的不同种类的蝗虫做过这方面的研究。邱星辉等通过测定不同发育阶段狭翅雏蝗的取食率、掉落毁损率，结合野外自然种群数据，对内蒙古草原 3 种植物群落中狭翅雏蝗的经济阈值进行了计算；范伟民等通过野外挂笼饲养与蝗虫种群动态相结合的估算方法，并在此基础上组建了放牧草场蝗虫种群经济阈值模型；李新华等通过观测在野外罩笼下不同虫口密度所造成的牧草损失，拟合出牧草产量—蝗虫密度曲线，并由此建立了半荒漠草场意大利蝗虫为害防治的经济阈值；邱星辉等通过在半自然条件下测定 5 种蝗虫在不同发育阶段的日食量，并根据这 5 种蝗虫蝗蝻和成虫平均寿命及其日食量数据，估算了不同蝗虫造成的牧草损失，提出了其防治经济阈值；卢辉等通过对亚洲小车蝗室内食量、食量与湿度的关系、食性、田间存活率测定，以及在天然草场田间罩笼和人工模拟试验，对亚洲小车蝗取食对产草量影响进行系统研究，评价不同方法及组配效果，确定亚洲小车蝗的经济阈值（ET），并引入盖度值初步建立了亚洲小车蝗的生态阈值模型；余鸣在卢辉所建生态阈值模型的基础上又引入干旱因子和维持物种多样性指数两个参数，进一步完善了生态经济阈值模型。

本文通过测定室内不同湿度下亚洲小车蝗对不同食物的取食量，结合亚洲小车蝗在自然环境中的种群动态，以及余鸣等的生态经济阈值模型，对内蒙古科尔沁草原亚洲小车蝗的防治指标进行了探讨。

1　材料与方法

1.1　试验地情况

试验在内蒙古通辽市扎鲁特旗嘎达苏种畜场进行，该草场位于科尔沁草原腹地，以羊草、胡枝子、知母等植物为主要优势种，由于近年过度放牧，蝗虫为害，羊草比例减少，形成以胡枝子为主要优势种，伴生有隐子草、知母、羊草等混生的草场类型，平均盖度 11.4%，主要蝗虫种类为亚洲小车蝗、短星翅蝗、中华剑角蝗、轮纹异痂蝗、笨蝗，晚期种为雏蝗。

1.2　试验材料

亚洲小车蝗各龄蝗蝻和成虫，玻璃缸，硅胶，电子天秤，温湿度观测仪（HOBO PRO SERIES 型，美国产）。

1.3　试验方法

1.3.1　不同湿度梯度下亚洲小车蝗取食量的测定

采用 25cm×30cm×30cm 的玻璃缸作为控制湿度的装置，每缸内放置 2 个 10cm×10cm 的塑料筐作为饲养试虫的容器，为了消除试虫呼吸作用对微环境湿度的影响，在试虫 3～4 龄期时每筐饲养试虫 8 头，在 5 龄及成虫阶段每筐饲养试虫 4 头；RH 分设 35%～45%、50%～60%、70%～80%、85%～95% 4 个相对湿度处理，每处理用羊草、胡枝子、知母、蒿 4 种牧草进行饲养试验。每日记录试虫龄期及死亡数，对比称重法测定每日取食量。

湿度控制方法：在玻璃缸上覆盖以玻璃板，利用玻璃板开闭程度调整湿度范围，在每个处理的玻璃缸内放置湿度计调整和监测缸内湿度。①底部放置硅胶结合玻璃板开闭度来控制 35%～45%相对湿度；②室内环境结合玻璃板开闭度控制 50%～60%相对湿度；③在玻璃缸底部放置湿润的土壤结合玻璃板以较大的开闭度控制 70%～80%相对湿度；④在玻璃缸底部放置湿润的土壤，结合玻璃板以较小的开闭度控制 85%～95%相对湿度。

1.3.2　自然环境中小车蝗的取食估计

亚洲小车蝗的活动一般在正午最强。通过试验观测亚洲小车蝗的取食高度，采用 HOBO PRO SERIES（美国）温湿度观测仪测量试验区日出后至日落前亚洲小车蝗取食高度处的湿度日变化，结合亚洲小车蝗在不同湿度梯度下的取食量，估计亚洲小车蝗在自然环境下的取食量。亚洲小车蝗自然条件下单头日取食量可用 $I=\sum_{i=1}^{k} RH_i \times I_i$ 估计。其中：I 为亚洲小车蝗在自然条件下的单头日取食量的估计值；RH_i 为 i 湿度梯度一天中所占比例，I_i 为亚洲小车蝗在该湿度梯度下的单头日取食量。

1.3.3　自然条件下亚洲小车蝗种群动态的测定

在试验地设下 1m×1m×1m 笼罩，在笼罩内放置亚洲小车蝗 2 龄蝗蝻 60 头，并持续对笼罩内蝗虫进行观测直至成虫发生末期，记录下笼罩内亚洲小车蝗的存活数量，并计算出各个年龄组的存活率及发育进度。

2 结果与分析

2.1 不同湿度梯度下亚洲小车蝗的取食量测定

因为试验各处理的虫口数较少，并且龄期也难以统一，因此用传统的计算取食量的方法误差较大。但各处理的总取食量应与处理内的各龄期的虫口数成线性相关，因此将每日的取食量作为因变量、不同龄期的头数作为自变量进行回归分析所示，所得到的各自变量的系数就是该龄期亚洲小车蝗的单头日取食量，测定结果如表 1 所示，从中可见：无论在何种湿度条件下，亚洲小车蝗对羊草的取食量都显著大于其他植物种类，而对于当地的优势植被种胡枝子也有一定量的取食，对于知母和蒿则几乎不取食。因此，在自然条件下进行小车蝗取食估算时，只考虑羊草和胡枝子两种植被的取食量。并且，亚洲小车蝗在 50%～80%的湿度范围内取食量明显高于其他湿度下的，这表明高湿和低湿都不利于亚洲小车蝗的取食，这与卢辉所测定的结果相似。

表 1 不同湿度梯度下亚洲小车蝗对不同植物的单头日取食量

湿度（RH）(%)	食物	3 龄	4 龄	5 龄	雄成虫	雌成虫
30～45	羊草	0.011 350	0.024 830	0.054 340	0.067 750	0.088 690
	胡枝子	0.001 595	0.003 144	0.006 928	0.008 160	0.021 845
	知母	0.000 506	0.000 572	0.000 706	0.000 662	0.000 974
	蒿	0.000 108	0.000 256	0.000 716	0.000 669	0.000 854
50～60	羊草	0.033 170	0.051 400	0.123 400	0.093 580	0.152 330
	胡枝子	0.002 552	0.005 381	0.008 243	0.013 541	0.028 312
	知母	0.000 477	0.000 279	0.000 468	0.000 818	0.000 719
	蒿	0.000 226	0.000 458	0.000 184	0.000 532	0.000 578
70～80	羊草	0.032 010	0.051 440	0.124 800	0.102 990	0.194 320
	胡枝子	0.009 911	0.020 824	0.040 738	0.028 519	0.105 788
	知母	0.000 365	0.000 512	0.000 546	0.000 566	0.000 644
	蒿	0.000 239	0.000 471	0.000 567	0.000 674	0.001 149
85～95	羊草	0.030 290	0.045 510	0.098 960	0.114 820	0.132 440
	胡枝子	0.004 360	0.004 370	0.009 809	0.008 248	0.015 102
	知母	0.000 389	0.000 203	0.000 190	0.000 363	0.000 641
	蒿	0.000 662	0.000 626	0.000 684	0.000 899	0.001 050

2.2 自然环境下小车蝗的取食估计

通过观测笼罩内的亚洲小车蝗，记录下亚洲小车蝗的取食高度，结果表明亚洲小车蝗一般都习惯于在近地表 5cm 以下活动，因此用湿度传感器测定了近地表 5cm 处一天中的湿度变化，测定的结果见图 1。

从该图可以读出在试验地草场上近地表 5cm 处一天中的湿度分布情况，根据室内

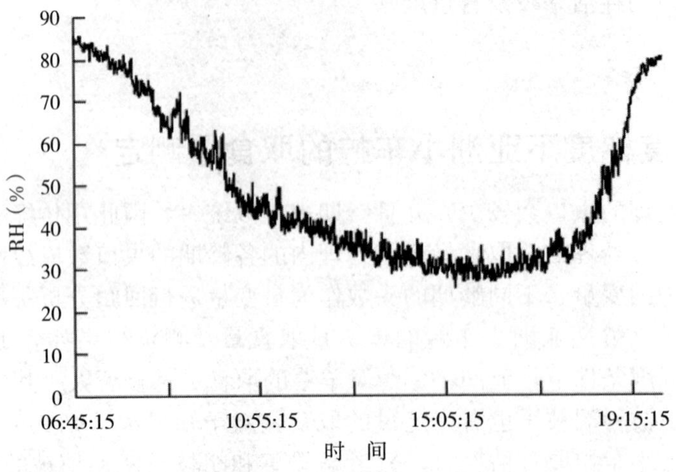

图1 试验地近地表 5 cm 相对湿度的日变化

测定取食量时所选的 4 个湿度梯度，因此将自然状况下的湿度变化分为了 5 个区间，分别是：35%～55%，55%～65%，65%～75%，75%～90%。此 4 个区间在一天中分别所占之比例如表 2 所示。

表 2 不同湿度区间在一天中所占比例

湿度区间（%）	所占比例
35～55	0.675 810
55～65	0.087 282
65～75	0.077 307
75～90	0.159 601

因为在任何湿度梯度下，亚洲小车蝗对羊草及胡枝子的取食量均显著高于知母和蒿，并且亚洲小车蝗对知母和蒿近乎不取食，因此用某一湿度下亚洲小车蝗对羊草与胡枝子取食平均值作为在该湿度下的取食量，再代入计算自然取食量公式来估算出亚洲小车蝗在该试验地中一天的取食量（表 3）。亚洲小车蝗 3 龄、4 龄、5 龄蝗蝻日取食量分别为 0.010 319g、0.018 704g 和 0.041 526g，雄成虫和雌成虫日取食量分别为 0.045 229g和 0.068 608g。

2.3 自然条件下亚洲小车蝗种群动态的测定

根据田间笼罩的试验结果，测定的蝗虫种群动态指数见表 3。

表 3 亚洲小车蝗种群动态指数

龄期	虫口密度（头/m²）	存活率（%）	发育历期（d）	取食估计（g）
2	30.0	61.33	9	—
3	18.4	64.13	9	0.010 319
4	11.8	79.66	10	0.018 704

（续）

龄期	虫口密度（头/m²）	存活率（%）	发育历期（d）	取食估计（g）
5	9.4	89.36	8	0.041 526
成虫	8.4	98.57	36	0.056 919

注：成虫取食量为雌雄成虫的平均值。

亚洲小车蝗的3龄期为防治适期，因此从3龄开始计算其损失估计。

损失估计的计算公式为 $FL=I_{1\sim3}\times SC_{1\sim3}+I_4\times SC_4+I_5\times SC_5+I_a\times SC_a$，其中 $I_{1\sim3}$、I_4、I_5分别为1～3龄、4龄、5龄蝗蝻食量，I_a为雄雌成虫食量的平均值；SC为蝗蝻和成虫的存活率。

2.4 亚洲小车蝗防治指标的计算

本研究在余鸣等所建立的亚洲小车蝗的生态经济阈值模型的基础上建立了改进模型：$E_{CT}=\frac{1}{D}\times\frac{1}{-\ln R}\left(\frac{k}{FL_n}+\frac{CC}{EC\times P\times FL_n}\right)$，其中，$D$为干旱因子，其计算公式为 $E=0.5+\beta\times\frac{W_h-W_t}{W_h}$，其中，$W_h$为多年的降水平均值，$W_t$为当年降水值，$\beta$为系数；$R$为草场盖度值。测量草场盖度的方法是根据宋雪峰用数码相机测量草场盖度的原理，自行编写的程序进行的测量；K为保护生态系统生物多样性而必须预留的资源，该资源可供系统中生物物种维持种类和种群数量所利用，不同草场类型K值占草地生产力的百分比不同，这要视草地的功能和生态系统功能团组关系而定，北方典型草原一般为草地生产力水平的20%；FL_n：蝗虫混合种群每虫损失估计其计算公式为 $FL=I_{1\sim3}\times SC_{1\sim3}+I_4\times SC_4+I_5\times SC_5+I_a\times SC_a$，其中$I_{1\sim3}$、$I_4$、$I_5$分别为1～3龄、4龄、5龄蝗蝻食量，$I_a$为雄雌成虫食量的平均值；$SC$为蝗蝻和成虫的存活率；$CC$：防治费用；$EC$：防治效果；$P$：产品价格。在本试验中，取干旱因子$D$值为1，即认为本年降水量与多年平均值无显著差异；采用数码相机拍照方法测得该草场的平均盖度值R为11.4%；该草场每667m² 平均生产力为108.9kg，因此K值为21.8kg；FL_n为0.694 54kg；防治费用CC为2.5元；防治效果EC为90%；牧草单价P为0.3元/kg。

3 讨论

蝗虫取食为害草场，这是“蝗虫—草场—环境”三者相互作用的问题，了解其三者间的相互关系，正是制定合理有效的防治阈值的前提。很多前人在制定草原蝗虫的防治阈值时都忽略了草原自身以及环境条件对为害的影响，传统的挂笼饲养方式虽然看似是在自然环境中的自然取食，但却忽视了一个很重要的因素：微环境条件。狄洪发对绿化草坪上方1.5m内的环境监控结果表明：草地上方不同高度处的温湿度有很大差异。因此，亚洲小车蝗所处的微环境条件应该对其取食有较大的影响，本文观测到亚洲小车蝗的取食高度多为近地表5cm以下，这与颜忠诚（10～30cm）所测结果不同，主要原因可能是因为该草场植被盖度、高度偏低，并且主要植被种类以矮生的胡枝子为主。

在测定亚洲小车蝗的取食量时，本文综合参照了邱星辉测定狭翅雏蝗取食量以及卢辉测定亚洲小车蝗取食量的方法，采用当地草场具代表性的4种植被作为供试饲料，分4个湿度梯度对小车蝗的取食量进行测定，并结合自然环境中当地草场近地表5cm处一天的湿度变化，综合评价出亚洲小车蝗在该草场中的取食为害情况。在传统的经济阈值模型 $ET=\dfrac{CC}{EC\times P\times F\,L_n}$ 中，仅仅考虑了蝗虫自身对经济阈值的影响，却忽视了环境因素及草原自身对经济阈值的影响；卢辉将草原盖度值及自身的补偿能力引入该模型中，但却没有考虑到环境因素对经济阈值的影响。

在本文中假设本年降水量与多年平均值无显著差异，因此将干旱因子取为1，不代表环境因子不重要，相反，环境因子对蝗虫发生及草场的抵抗和恢复力都有重要的影响。因此，计算经济阈值时，环境因素及草场自身因素都是必不可少的。此外，K 值为维持生物多样性资源指数，在传统的经济阈值的基础上又多考虑了蝗虫的环境容纳量，因此计算得出的结果（20.6头/m^2）比其他学者的研究结果（16.9头/m^2）要高。

主要参考文献

狄洪发，王威，江亿，等，2000. 夏季草坪区域温湿度实验研究与分析［C］//全国暖通空调制冷2000年学术年会论文集：541-544.

范伟民，1995. 中国典型草原放牧草场蝗虫为害损失及经济阈值的估算［J］. 中国昆虫科学，2（4）：353-364.

卢辉，余鸣，张礼生，等，2005. 不同龄期及密度亚洲小车蝗取食对牧草产量的影响［J］. 植物保护（4）：55-58.

李广，张泽华，张礼生，等，2007. 科尔沁草原亚洲小车蝗防治指标研究［J］. 植物保护，33（5）：63-67.

邱星辉，康乐，李鸿昌，2004. 内蒙古草原主要蝗虫的防治经济阈值［J］. 昆虫学报（5）：595-598.

邱星辉，李鸿昌，范伟民，1994. 内蒙古三种植物群落中狭翅雏蝗造成的牧草损失［J］. 植物学报，1（2）：183-190.

宋雪峰，董永平，单丽燕，2004. 用数码相机测定草地盖度的研究［J］. 草原与草业，16（4）：1-6.

颜忠诚，陈永林，1997. 内蒙古锡林河流域三种草原蝗虫对植物高度选择的观察［J］. 应用昆虫学报，34（04）：228-230.

余鸣，2006. 草原蝗虫生态阈值研究［D］. 北京：中国农业科学院.

张泽华，1997. 微孢子虫治蝗对草地生物多样性影响及其在持续治理中的作用评估［D］. 北京：中国农业大学.

ANDERSON N L，1961. Seasonal losses in rangeland vegetation due to grasshoppers［J］. Journal of Economic Entomology，54：369-378.

ANDERSON N L，1974. The assessment of range losses caused by grasshoppers［J］. Journal of Consumer Research：173-179.

三种几丁质合成抑制剂对意大利蝗的防治研究

赵忠伟[1,2]，张洋[2]，曹广春[2]，高松[2]，牙森・沙力[2]，张泽华[2]

1. 沈阳农业大学植物保护学院，沈阳 110161；2. 中国农业科学院植物保护研究所植物病虫害生物学国家重点实验室，北京 100193；农业农村部锡林浩特草原有害生物防治重点野外科学观测试验站，锡林浩特 026000。

摘要 本文用 3 种几丁质合成抑制剂卡死克、噻嗪酮和灭幼脲对意大利蝗卵和 3 龄蝗蝻进行药剂试验。实验结果显示卡死克对意大利蝗药效最高：LC_{50}、LC_{90} 分别为 1.34mg/L、14.17mg/L。灭幼脲次之 LC_{50}、LC_{90} 分别为 2.09mg/L、45.22mg/L。灭幼脲和卡死克在 50mg/L 浓度处理 14d 后虫口减退率分别达到了 87%和 100%。噻嗪酮对意大利蝗的虫口减退率最低，50 mg /L 的噻嗪酮处理意大利蝗的虫口减退率还没达到 50%。结果显示灭幼脲与卡死克对意大利蝗蜕皮均有明显的抑制作用。

关键词 意大利蝗，几丁质合成抑制剂，致死浓度，蜕皮率

意大利蝗，属直翅目（Orthoptera），蝗总科（Acridoidea），斑腿蝗科（Acridoidea）星翅蝗属（*Calliptamus Serville*）。主要分布于从西欧到中亚的许多地区，从地中海沿岸的东北部到中亚地区一直延伸到蒙古，在伊朗和阿富汗也频繁暴发。在世界范围内意大利蝗不仅发生面积广，其造成的危害也相当严重，在 2000 年哈萨克斯坦达到防治指标的面积就有 685.7 万 hm^2。我国意大利蝗则主要分布于新疆和青海的部分荒漠、半荒漠地区，其取食范围达 17 科 45 种植物，喜食冷蒿、新疆鼠尾草、黄花苜蓿等，因此对草原破坏巨大，据新疆畜牧信息网报道，2010 年新疆塔城地区裕民县意大利蝗大暴发，发生面积 1.33 万 hm^2，平均虫口密度 40～50 头/ m^2，最高密度达 100～130 头/m^2，其中有 6 667 hm^2 草原遭到严重危害。

昆虫生长调节剂（insect growth regulator，IGR）的发现是昆虫防治史上的重大突破，Fresco 于 1995 年国际植保大会上提出“从植物保护到保护农业生产系统”后，昆虫生长调节剂成为农药研究与开发的重要领域。这类药剂可以通过干扰昆虫体内天然激素的平衡，影响其变态发育，进而达到控制害虫为害的目的。几丁质合成抑制剂作为昆虫生长调节剂的一种，数量众多，仅专利中报道的这类几丁质合成抑制剂化合物已有几千个，该种药剂具有独特的杀虫机制：能有效抑制几丁质酶活力，阻止几丁质的生物合成，与常规的杀虫剂作用不一样，蝗蝻在受药后不立即死亡，而主要在蜕皮时期死亡。因为哺乳动物没有几丁质代谢系统，所以用几丁质酶抑制剂对意大利蝗进行试验可以筛选出对人体和牲畜无害的杀虫剂。

本研究首先根据意大利蝗生长发育所需的条件及生物学习性，在实验室中对其进行

孵化并建立意大利蝗实验种群。在此基础上，选择噻嗪酮、灭幼脲、卡死克3种几丁质合成抑制剂来对其进行药效试验，选择出对意大利蝗防治效果好的药剂，为控制意大利蝗为害奠定基础。

1 材料与方法

1.1 试验材料

1.1.1 供试蝗虫蝗卵于2010年8月采集于新疆阿勒泰地区。带回实验室后经过3个月的低温处理完成滞育后，用培养箱（宁波海曙赛福）完成孵化，蝗卵孵化条件：30℃，孵化蛭石湿度约为20%。蝗蝻饲养条件为：温度（33±1）℃；相对湿度RH≈45%。饲养到3龄的意大利蝗蝗蝻从培养箱转移到养虫框（长21cm，宽16.5cm，高4.6cm），试虫在试验的整个过程饲喂新鲜小麦。

1.1.2 原药灭幼脲由河南安阳瑞泽农药厂提供（95.09%），卡死克（氟虫脲）（95%）由威海韩孚生化药业有限公司提供，噻嗪酮（>99%）由江阴振博农化提供。

1.2 试验方法

1.2.1 3种几丁质合成抑制剂对意大利蝗卵的处理

用丙酮将药剂根据其溶解度配成母液卡死克100mg/L；灭幼脲300mg/L；噻嗪酮300mg/L。使用时用灭菌水稀释成100mg/L、10mg/L、1mg/L、0.1mg/L、0.01mg/L。每个处理设20粒意大利蝗卵，重复3次。将卵放到纱网中浸入药液10 s后取出2 h，待丙酮挥发后开始孵化。孵化时将无菌水加入灭菌蛭石，湿度控制约为20%（以用手捏蛭石可成团，松手即散为宜），然后把灭菌蛭石加到蛭石钵底层并压实。将卵在蛭石钵底层撒一层之后再盖1 cm蛭石。孵化条件设定为温度30℃，光周期L∶D=14∶10。待其孵化后及时用毛笔刷将蝗蝻挑出。

1.2.2 3种几丁质合成抑制剂对意大利蝗3龄蝗蝻的处理

3种药剂的作用机理均为胃毒作用，故本实验选择饵剂进行饲喂：麦麸在80 ℃烘箱中烘干2 h之后按照与药剂质量比1∶1混配拌匀并称重记录。试验药剂浓度的设置：

处理1为蒸馏水作为对照；

处理2中卡死克0.08mg/L、噻嗪酮0.08mg/L、灭幼脲3.125mg/L；

处理3中卡死克0.4mg/L、噻嗪酮0.4mg/L、灭幼脲6.25mg/L；

处理4中卡死克2mg/L、噻嗪酮2mg/L、灭幼脲12.5mg/L；

处理5中卡死克10mg/L、噻嗪酮10mg/L、灭幼脲25mg/L；

处理6中卡死克50mg/L、噻嗪酮50mg/L、灭幼脲50mg/L。

每个试验框内放15头蝗蝻作为施药基数，4次重复，一个对照。将麦麸饵剂放入养虫框内48h后取出，将饵剂80℃烘干2h记录意大利蝗取食饵剂的量，根据浓度计算出取食药剂的量。在将饵剂取出后对处理蝗虫加喂6%玉米油的麦麸。每天早上8：00和20：00连续14 d调查意大利蝗的死亡率和蜕皮率。在整个实验过程中，养虫框内铺一层干小麦秸，增加蝗虫的活动空间和取食以减少其自残。

1.2.3 数据处理

$$蜕皮率（\%）=\frac{蜕皮数}{活虫数\times 天数}\times 100$$

$$虫口减退率（\%）=\frac{处理区药前活虫数-处理区药后活虫数}{活处理区药前活虫数虫数}\times 100$$

用 DPSV 7.05 软件进行统计分析，显著性测定采用 Duncan 氏新复极差法。

2 结果与分析

2.1 3 种几丁质合成抑制剂对意大利蝗卵孵化率的影响

从图 1 可以看出药剂处理过的意大利蝗卵与正常蝗卵间存在差别。其中灭幼脲处理后的蝗卵，蝗蝻孵出时在褪去卵壳的过程中不能正常合成体壁，高浓度药剂处理后的虫卵不发育且卵变浑浊。用卡死克处理的卵在孵化之后，活动减弱，体色变深，即刻死亡。

从表 1 可以看出，噻嗪酮对意大利蝗卵孵化不存在抑制作用。卡死克和灭幼脲在 0.01mg/L、0.1mg/L、1mg/L 3 种浓度水平上对意大利蝗卵孵化的抑制作用均不明显，而当这 2 种药剂浓度分别达到 10mg/L 和 100mg/L 时与 1mg/mL 间均存在极显著性差异。卡死克和灭幼脲在 10mg/L 时意大利蝗的孵化率仅为 3% 和 5%，而经过 100mg/L 的灭幼脲处理的意大利蝗卵没有出现蝗蝻孵化。

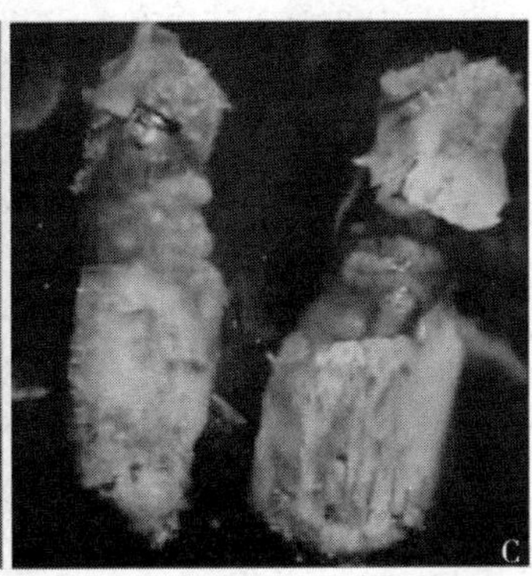

图 1 意大利蝗卵孵化

A. 对照 CK B. 卡死克处理 Flufenoxuron C. 灭幼脲处理 Chlorbenzuron

表 1 意大利蝗卵在 3 种几丁质酶合成抑制剂干扰下的孵化率

药剂浓度（mg/L）	丙酮	噻嗪酮	灭幼脲	卡死克
0.01	0.63±0.10a	0.58±0.12a	0.52±0.2a	0.65±0.18a
0.1	0.50±0.13a	0.55±0.28a	0.53±0.2a	0.73±0.13a
1	0.57±0.13a	0.57±0.08a	0.42±0.08a	0.52±0.26a
10	0.68±0.28a	0.50±0.26a	0.05±0.05b	0.03±0.06b
100	0.52±0.15a	0.77±0.32a	0.00±0.00b	0.0017±0.003b

注：表中数据为平均值± 标准差；同一列中不同字母表示在 0.05 水平上差异显著。下同。

2.2 不同浓度的3种几丁质合成抑制剂对意大利蝗虫口减退率的影响

由图2可以看出，药剂处理后意大利蝗死亡不正常，其中灭幼脲处理后的意大利蝗死亡前虫体蜕皮困难，死亡后虫体干瘪，但是虫体颜色基本没有改变。卡死克处理后的意大利蝗蜕皮困难，出现大龄蝗蝻，蜕皮自蜕裂线裂开后，在前胸背板处即终止了蜕裂，并且死亡虫体颜色变深，虫体变软，最后变黑腐烂。

图2 意大利蝗死亡状态

A. 对照CK B. 灭幼脲 Chlorbenzuron C. 卡死克 Flufenoxuron

由表2可看出，用卡死克饲喂后6d试虫死亡很少，之后虫口减退率迅速上升，10d左右死亡趋势变缓。50mg/L噻嗪酮对意大利蝗的虫口减退率仅为43%，而12.5mg/L灭幼脲饲喂蝗虫第6天虫口减退率即达到47%，用10mg/L卡死克处理蝗蝻第10天，虫口减退率即达到了97%。50mg/L卡死克处理意大利蝗第12～14天虫口减退率达到100%。

表2 3种几丁质合成抑制剂对意大利蝗3龄蝗蝻的虫口减退率

不同处理	噻嗪酮			灭幼脲			卡死克		
	6d	10d	14d	6d	10d	14d	6d	10d	14d
1	0.07±0.06b	0.06±0.03a	0.17±0.06b	0.07±0.06c	0.17±0.06d	0.17±0.06bc	0.067±0.06c	0.17±0.06d	0.17±0.06d
2	0.07±0.06b	0.10±0.06a	0.27±0.15ab	0.27±0.06c	0.50±0.17bc	0.70±0.26b	0.20±0.10bc	0.20±0.10cd	0.33±0.06bc
3	0.27±0.12ab	0.23±0.13a	0.43±0.15ab	0.17±0.06bc	0.40±0.10c	0.40±0.10a	0.20±0.10bc	0.40±0.17bc	0.40±0.17c
4	0.30±0.20ab	0.15±0.09a	0.47±0.06ab	0.47±0.21ab	0.70±0.10ab	0.77±0.15a	0.37±0.12ab	0.53±0.21b	0.60±0.20ab
5	0.30±0.20ab	0.30±0.17a	0.50±0.26a	0.57±0.12a	0.77±0.06a	0.77±0.06a	0.50±0.10a	0.97±0.06a	0.97±0.06a
6	0.40±0.17a	0.15±0.09a	0.43±0.15ab	0.53±0.12a	0.83±0.21a	0.87±0.23a	0.50±0.10a	0.87±0.06a	1.00±0a

表3可以看出，3种几丁质合成抑制剂对意大利蝗的致死中浓度以卡死克为最低仅1.34mg /L，其次为灭幼脲致死中浓度2.09mg/L。卡死克对意大利蝗的LC_{90}为14.17mg/L，灭幼脲为45.22mg/L。而噻嗪酮对意大利蝗3龄幼虫致死率很难达到50%。

表 3　3 种几丁质酶合成抑制剂对 3 龄意大利蝗致死浓度

药剂	独立回归式	相关系数	LC_{10}（mg/L）	LC_{50}（mg/L）	LC_{90}（mg/L）
卡死克	$y=4.84073+1.25124x$	0.917 9	0.127±0.033	1.34±0.62	14.17±5.54
噻嗪酮	$y=4.3073+0.2611x$	0.662 16	0.005 6±0.135	450.13±12.65	—
灭幼脲	$y=2.90616+2.03906x$	0.947 7	0.81±0.245 1	2.09±0.76	45.22±17.85

表 4　3 种几丁质酶合成抑制剂对 3 龄意大利蝗致死剂量

药剂	独立回归式	相关系数	LC_{10}（mg/L）	LC_{50}（mg/L）	LC_{90}（mg/L）
卡死克	$y=5.024+1.1613x$	0.974 4	0.075±0.012 3	0.95±0.37	12.1±4.34
噻嗪酮	$y=4.434+0.1839x$	0.668 7	0.000 13±0.13	—	—
灭幼脲	$y=3.942+1.4577x$	0.916 3	0.70±0.091	5.32±2.1	40.27±7.16

从表 4 可看出，3 种几丁质合成抑制剂对意大利蝗 3 龄蝗蝻的致死剂量存在较大差异，其中卡死克的致死剂量 LD_{50} 和 LD_{90} 最低，说明卡死克防治意大利蝗高效。灭幼脲的致死剂量 LD_{50} 和 LD_{90} 分别是卡死克的 5.6 倍和 3.32 倍。尽管噻嗪酮对意大利蝗的亚致死剂量低于卡死克和灭幼脲，但是其 LD_{50} 和 LD_{90} 太大，实际操作中不能达到。

2.3　3 种几丁质合成抑制剂对意大利蝗蜕皮的抑制

表 5　3 种几丁质合成抑制剂对意大利蝗蜕皮率的抑制作用

药剂	噻嗪酮	卡死克	灭幼脲
处理 1	13.71±0.01a	13.71±0.01a	13.71±0.01a
处理 2	12.28±0.01a	12.49± 0.04a	12.51±0.03a
处理 3	13.87±0.02a	14.9±0.04a	11.31±0.02a
处理 4	12.69±0.02a	13.2±0.05a	9.21±0.02ab
处理 5	13.43±0.06a	1.19±0.02b	8.42±0.01ab
处理 6	13.15±0.02a	0.71±0.01b	5.69±0.04b

从表 5 可看出，卡死克对意大利蝗的蜕皮表现出低浓度（0.08mg/L、0.4mg/L）抑制作用不明显，甚至在 2 mg/L 水平与对照没有显著性差异，但当浓度达到 10 mg/L 和 50 mg/L 时对意大利蝗的蜕皮抑制作用明显且与低浓度存在显著的差异。灭幼脲在低浓度水平上与对照没有差异显著性，而仅在 50mg/L 这个水平上与其他处理之间存在显著性差异。噻嗪酮对意大利蝗的蜕皮不存在抑制作用且各个浓度之间亦没有差异显著性。

3　结论与讨论

前人对意大利蝗研究主要针对其生物学特性，本文则将防治作为研究重点。同时为保障草原害虫天敌资源及其他生态安全，选择对环境压力较小的 3 种几丁质合成抑制剂：卡死克、噻嗪酮、灭幼脲。据当地治蝗办调查，意大利蝗产卵土层仅为 2 cm 左右，在草原大风条件下，春天 4～5 月的意大利蝗卵将大范围的暴露于地表，可以对蝗卵实施喷药处理，损失减少到最低。因此本试验根据野外实际情况增加了药剂对卵的处理，效果显著，其中用灭幼脲和卡死克浓度均为 10mg/L 时处理的意大利蝗卵孵化率均低于 5％，与低浓度药剂处理的孵化率存在显著性差异。

本试验还对意大利蝗 3 龄蝗蝻进行了室内防治。首先根据对意大利蝗生物学特性的总结，建立意大利蝗实验室种群，并且选择适当的试验条件以保证对照组意大利蝗死亡率低于 20％。试验结果表明：3 种几丁质合成抑制剂处理 3 龄蝗蝻后，12.5mg/L 灭幼脲对 3 龄意大利蝗的饲喂第 6 天虫口减退率即达到 47％，10mg/L 卡死克在第 10 天，虫口减退率达到了 97％，其中只有 50mg/L 卡死克对意大利蝗虫口减退率达到了 100％。同时，根据本研究药剂的作用机制在调查虫口减退率的同时，调查处理意大利蝗的蜕皮率。从蜕皮率来看，高浓度卡死克对意大利蝗蜕皮作用最为明显，10mg/L 和 50mg/L 对意大利蝗蜕皮抑制率超过了正常值（13.701％）的 10 倍，低浓度对意大利蝗蜕皮不存在明显的抑制作用。灭幼脲在低浓度下对意大利蝗也存在抑制作用，浓度越高抑制作用越大，当灭幼脲浓度达到 50mg/L 时蜕皮率不及对照一半，而噻嗪酮对意大利蝗的蜕皮率却并没有明显的抑制作用。

主要参考文献

白小军，王晓菁，2006. 昆虫生长调节剂的抗性治理对策［J］. 农业科学研究，27（2）：88-91.

陈永林，2000. 蝗虫再猖獗的控制与生态学治理［J］. 中国科学院院刊（5）：341-345.

侯纯强，王芳，董双林，2010. 低钙浓度波动对凡纳滨对虾稚虾蜕皮、生长及能量收支的影响［J］. 中国水产科学，17（3）：536-542.

黄大昉，1993. 遗传工程微生物农药研究进展［J］. 植物保护，19（4）：31-33.

刘长令，1998. 昆虫生长调节剂的开发现状与发展趋势［J］. 农药科学与管理，3：29-31.

张嵬，崔娟，2010. 温度和土壤含水量对东亚飞蝗卵孵化的影响［J］. 山东农业科学，3：67-69.

赵忠伟，张洋，曹广春，等，2011. 三种几丁质合成抑制剂对意大利蝗的防治研究［J］. 应用昆虫学报，48（4）：909-914.

GARSIDE C S，HAYES T K，TOBE S S，1997. Degradation of Dip-Allatostatins by Hemolymph From the Cockroach，*Diploptera punctata*［J］. Peptides（Tarrytown），18（1）：17-25.

昆虫生长调节剂和绿僵菌对意大利蝗几丁质酶活力的影响

赵忠伟[1,2]，曹广春[1]，徐光青[3]，吴乐年[4]，张泽华[1]

1. 中国农业科学院植物保护研究所植物病虫害生物学国家重点实验室，北京 100193；2. 沈阳农业大学植物保护学院，沈阳 110161；3. 新疆阿勒泰地区治蝗灭鼠办公室，阿勒泰 836500；4. 新疆哈巴河县治蝗办公室，哈巴河 836700。

摘要 【目的】探明 3 种昆虫生长调节剂（苯氧威、氟虫脲、灭幼脲）和一种生物农药（绿僵菌 189 菌株）对意大利蝗 3 龄蝗蝻几丁质酶活力的影响。【方法】用药剂处理 3 龄意大利蝗蝗蝻，用分光光度法测定几丁质酶分解几丁质产物 N-乙酰氨基葡萄糖的含量。【结果】3 种昆虫生长调节剂浓度达到 50 mg/L 对几丁质酶的抑制作用超过 200%；绿僵菌 189 菌株对意大利蝗几丁质酶活力也有一定程度的抑制，且抑制作用随着孢子浓度的增加而增大，当孢子浓度达到 5×10^{7} 时，意大利蝗几丁质酶的活力仅为 3.8U。【结论】昆虫生长调节剂和绿僵菌均抑制意大利蝗几丁质酶活力。

关键词 意大利蝗，昆虫生长调节剂，绿僵菌，几丁质酶

意大利蝗，直翅目（Orthoptera）蝗总科（Acridoidea），斑腿蝗科（Catantopidae），星翅蝗属（*Calliptamus Serville*）。分布于前苏联欧洲部分、欧洲东南部、地中海沿岸、北非、中亚、西亚、蒙古国西北部及欧洲东南部等。在我国主要分布于新疆海拔 800～2 300 m 荒漠、半荒漠草地，在青海、甘肃也有分布。意大利蝗近几年的为害严重，仅 2000 年哈萨克斯坦意大利蝗种群密度达到防治指标的面积高达 685.7 万 hm^2，并且该国 1999 年和 2000 年的意大利蝗数次飞入中国新疆地区，对中国农牧业生产造成了严重损失。

昆虫生长调节剂因具有生物活性高、杀虫专一、对人畜等非靶标生物安全、在环境中易降解等优点而成为一种无公害农药，在害虫的无公害治理中具有重要的应用价值。同样，金龟子绿僵菌（*Metarhizium anisopliae*）也是一种重要的安全无公害生物农药，其以附着胞穿透昆虫体壁侵入寄主，使害虫的自然种群数量得到有效的控制。几丁质在昆虫的每个生长发育阶段均维持一定的水平，过量或缺乏都会影响昆虫的生长，通过药剂干扰昆虫表皮或围食膜中几丁质的含量是很好的害虫防治策略。St. Leger 等用金龟子绿僵菌在昆虫鞘翅上接种，16h 后，随着附着胞的大量出现，酶的活性（主要是几丁质酶）逐渐增强。金龟子绿僵菌在入侵昆虫体壁的过程中，能够分泌几丁质酶，并且其活性与入侵过程中表皮的降解、侵染结构的形成及菌株毒力等关系密切。

本研究在室内选出4种对意大利蝗毒力较强的药剂：灭幼脲、氟虫脲、苯氧威和绿僵菌189菌株。在此基础之上，根据这几种药剂的作用位点进行几丁质酶活力的检测，探索药剂对意大利蝗毒力的内部机制，为有效防治意大利蝗奠定基础。

1 材料和方法

1.1 试验材料

1.1.1 供试虫源

2010年夏于新疆阿勒泰地区野外捕获2 000头2龄意大利蝗蝗蝻带回试验基地笼罩（长10m，宽5m，高2m）内饲养，每天饲喂紫花苜蓿，待其成虫产卵后将卵带回实验室，4℃冰箱中存储3个月完成滞育，然后对其孵化及饲养。孵化条件为：温度（27±1)℃，孵化蛭石湿度约为20%；蝗蝻孵化后培养在宁波曙光赛福光照智能培养箱内，(27±1)℃，RH≈45%。

1.1.2 供试药剂

绿僵菌189孢子粉取自本实验室；灭幼脲（95.09%）由河南安阳瑞泽农药厂提供；氟虫脲（95%）由威海韩孚生化药业有限公司提供；苯氧威（>99%）由江阴振博农化提供；几丁质（Sigma公司）；对二甲氨基苯甲醛（天津光复精细化工研究所）；四硼酸钾；磷酸氢二钠；柠檬酸；N-乙酰氨基葡萄糖；冰醋酸；浓盐酸；95%乙醇。

1.1.3 试验仪器

Sigma摇床、Sigma冷冻离心机、宁波海曙赛弗培养箱、分光光度计。

1.2 试验方法

1.2.1 N-乙酰氨基葡萄糖标准曲线的绘制方法

几丁质是以N-乙酰-β-D-葡萄糖氨（NAG）为单体，通过β-1，4糖苷键连接而成的直链多聚物，根据几丁质酶（EC3.2.14）能够催化几丁质水解为几丁寡糖和N-乙酰氨基葡萄糖的机理来绘制标准曲线。

称取1.0 g N-乙酰氨基葡萄糖（上海晶纯试剂有限公司），用适量水溶解，转移至容量瓶中定容，制成1mg/mL母液，置于4 ℃下储存。用蒸馏水将试管中N-乙酰氨基葡萄糖的含量依次为稀释为0μg/mL、20μg/mL、40μg/mL、60μg/mL、80μg/mL、100μg/mL、120μg/mL。每个浓度梯度重复4次。用酶活力测定同样的方法显色，在紫外分光光度计上测585 nm处的吸光值。以N-乙酰氨基葡萄糖的浓度为横坐标，以吸光值A_{585}为纵坐标绘制N-乙酰氨基葡萄糖的标准曲线。

1.2.2 意大利蝗3龄蝗蝻几丁质酶活力测定前处理

取300粒意大利蝗卵在30 ℃培养箱中孵化，待其孵化后用软毛笔将虫挑到养虫框（长21cm，宽16.5cm，高4.6cm）中，每框15头。然后把蝗蝻转到27 ℃培养箱，湿度RH≈45%；光周期为L：D=14h：10h。每天将10头刚蜕皮的3龄蝗蝻挑到养虫框中，当养虫框中的蝗蝻再次出现蜕皮时，从每个养虫笼中取出5头大小相似的蝗蝻进行几丁质酶活力测定。

1.2.3 药剂对意大利蝗 3 龄蝗蝻几丁质酶活力测定前的处理

取刚蜕皮后第 2 天的 3 龄意大利蝗蝗蝻。称取 3g 小麦苗，用 Burkard Scientific 喷雾塔在 0.2 MPa 压力下喷 1 mL 药剂，把喷药后的小麦晾干用于饲喂 10 头试虫。每天 8：00、20：00 两次饲喂小麦。绿僵菌 189 菌株药剂浓度设置为 10^6 孢子/mL、5×10^6 孢子/mL、10^7 孢子/mL、5×10^7 孢子/mL。灭幼脲、氟虫脲、苯氧威的 4 个浓度设置均为 0.4mg/L、2mg/L、10mg/L、50mg/L，于喷药后第 4 天将意大利蝗进行几丁质酶活力测定。

1.2.4 几丁质酶活力测定方法

将单头意大利蝗加 1mL 磷酸氢二钠—柠檬酸缓冲液，在冰浴条件下进行研磨 5min。匀浆液在 10 000r/min、4 ℃条件下离心 10min，上清液在 15 000r/min、4 ℃条件下再次离心 20min。吸取 0.5mL 上清液，加入 0.5mL 胶状几丁质，于 37 ℃下温浴 4 h，然后以 8 000r/min 的速度离心 5min 使酶解反应停止。吸取 0.2mL 离心上清液，加入 0.8mol/L 0.08mL 四硼酸钾溶液（pH 为 9.1），摇匀。在沸腾水浴中反应 5min，迅速用自来水冷却到室温，再加入已制备好的 DMAB 试剂，在 37 ℃下保温 20min，再用自来水将反应体系冷却至室温，在 585 nm 处测定吸光值，最后根据 A 值，并结合标准曲线计算几丁质酶的比活力。

2 结果与分析

2.1 N-乙酰氨基葡萄糖标准曲线的绘制

N-乙酰氨基葡萄糖浓度与吸光度值存在线性相关。采用线性回归分析方法求得该曲线的回归方程为 $y=1.55x+0.0047$，$R^2=0.9626$，用于计算几丁质酶的活力单位。以几丁质酶每小时分解几丁质产生 1μg 的 N-乙酰氨基葡萄糖作为一个活力单位。

2.2 3 龄期意大利蝗几丁质酶活力变化曲线

从图 1 中可明显看出意大利蝗几丁质酶活力与自身发育有着紧密的联系。其中 1 日龄意大利蝗几丁质酶活力仅为 1.54 U，而 7 日龄意大利蝗几丁质酶的活力却达到了 7.67 U，差距高达 4.98 倍。采用线性回归分析得出意大利蝗日龄与几丁质酶活力大小存在一定程度的线性相关性，回归直线为 $y=0.9483x+0.045$，$R^2=0.9144$，因为意大利蝗自身几丁质酶活力的改变会对试验结果产生影响，因此在测定不同药剂对意大利蝗几丁质酶活力影响时，尽量选择一致的时间进行测定。

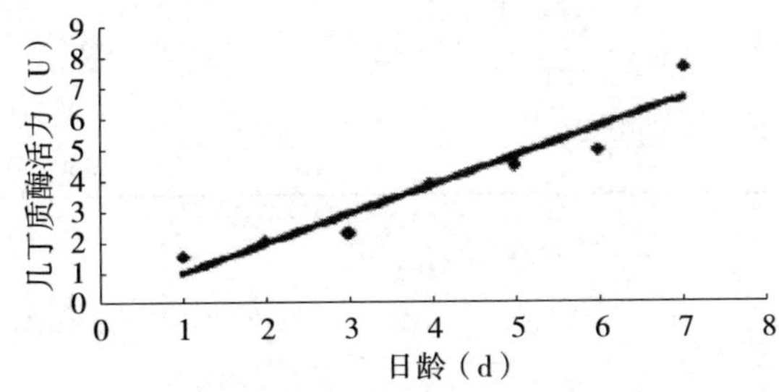

图 1 3 龄期意大利蝗几丁质酶活力随日龄的变化曲线

2.3 苯氧威、氟虫脲、灭幼脲对意大利蝗体内几丁质酶活力的影响

表 1 中可以看出不同浓度的 3 种几丁质合成抑制剂对 3 龄第 6 天意大利蝗的几丁质酶活力均存在不同程度的抑制作用。其中苯氧威和氟虫脲对意大利蝗几丁质酶的作用明显高于灭幼脲，但 3 种药剂之间不存在显著差异。同样用方差分析处理同种药剂不同浓度的几丁质酶活力，结果发现不同浓度之间存在较为明显的差异，其中 2mg/L 水平的苯氧威与对照和 0.4mg/L 水平之间差异显著，50mg/L 水平与 2mg/L 之间存在显著性差异。灭幼脲与氟虫脲在 50mg/L 水平上与对照和 0.4mg/L 水平存在显著性差异。

表 1　昆虫生长调节剂对 3 龄意大利蝗几丁质酶活力的影响

处理浓度（mg/L）	几丁质酶活力（U）		
	苯氧威	灭幼脲	氟虫脲
CK	5.66±0.48aA	5.66±0.48aA	5.66±0.48aA
0.4	5.38±1.19aA	5.77±1.06aA	4.12±1.55abA
2	3.91±0.28bA	4.77±0.60abA	4.41±1.54abA
10	3.05±0.85bcA	4.23±2.76abA	2.90±1.43abA
50	2.30±0.65cA	2.73±0.47bA	2.55±1.93bA

注：表中数据为平均值±标准差；小写不同字母表示同种药剂不同浓度之间在 0.05 水平上的差异显著性；大写不同字母表示不同药剂之间在 0.01 水平上的差异显著性，方差分析的显著性检验采用 Duncan 新复极差法。下同。

2.4 绿僵菌对意大利蝗几丁质酶活力的影响

从表 2 中亦可看出绿僵菌 189 菌株对意大利蝗本身几丁质酶活力存在明显的抑制作用，并且 106 孢子/mL 意大利蝗几丁质酶的活力为 5.88U，与 107 孢子/mL 绿僵菌喷施意大利蝗的几丁质酶活力存在显著性差异。但是与昆虫生长调节剂相比较，绿僵菌对几丁质酶活力的抑制作用要小，当绿僵菌浓度达到 5×10^7 孢子/mL 时，几丁质酶的活力仍高达 3.8U。

表 2　绿僵菌 189 菌株对 3 龄意大利蝗几丁质酶活力的影响

孢子浓度（孢子/mL）	几丁质酶活力（U）
CK	5.66±0.48aA
10^6	5.88±0.72aA
5×10^6	4.70±1.18abA
10^7	3.84±1.18bA
5×10^7	3.80±0.47bA

3 讨论

目前在新疆为防治意大利蝗的大规模聚集为害，主要用敌百虫、敌敌畏、除虫菊酯

类等高毒、高残留农药，这些药剂具有化学性质稳定，残留时间长，易污染环境，影响人畜健康等缺点，而该地作为国家五大农牧业基地之一，农产品的质量安全和生态畜牧业的高速发展两者之间的协调发展尤为重要。因此，本研究将针对昆虫生长调节剂和生物防蝗绿僵菌具有高效、高选择性、对人畜安全和使用得当对害虫的天敌影响较小等特点研究适合于当地意大利蝗的综合治理策略。

作者在对意大利蝗进行大量药效试验的过程中，观测到氟虫脲、灭幼脲、绿僵菌对意大利蝗蜕皮存在着一定程度的抑制作用，在此基础上进行了几种药剂对意大利蝗几丁质酶活力的测定研究。从结果中可看出这 3 种药剂对意大利蝗几丁质酶活力均有较强的抑制作用，尤其是氟虫脲和苯氧威。Bade 等观测到几丁质酶和几丁质之间的作用是一种动态的过程，在本研究中可以从几丁质酶活力随着日龄的变化而增加得到相应的证明，且 3 龄意大利蝗蝗蝻在蜕皮当天几丁质酶活力是 2 龄刚蜕皮后的近 5 倍。昆虫蜕皮时约有 90%的几丁质被降解，所以几丁质酶活力的大小将直接影响到昆虫的发育，当几丁质酶活力降低到一定程度时会导致意大利蝗蜕皮出现困难并致其死亡。从试验结果中还可以看出绿僵菌对昆虫几丁质酶的活力也有一定程度的抑制作用，但这种抑制作用不如化学农药显著，但据此我们可以采用一定的方法将绿僵菌与昆虫生长调节剂进行混配，减少药剂的使用量，以达到对意大利蝗更理想的防治效果。

主要参考文献

韩宝芹，余长缨，刘万顺，2001. 几丁质酶研究现状及展望［J］. 中国海洋药物，83（5）：41-43.

冷欣夫，1994. 昆虫生长调节剂的研究进展［J］. 昆虫知识，31（1）：48-51.

李鸿昌，夏凯龄，2006. 中国动物志［M］. 北京：科学出版社：576-578.

杨革，陈洪章，李佐虎，2005. 金龟子绿僵菌深层培养产几丁质酶的研究［J］. 高校化学工程学报，19（3）：362-367.

张泉，乔璋，熊玲，1955. 意大利蝗生物学特性研究［J］. 新疆农业科学（6）：256-258.

赵忠伟，曹广春，徐光青，等，2012. 昆虫生长调节剂和绿僵菌对意大利蝗几丁质酶活力的影响［J］. 植物保护，38（2）：83-86.

BADE M L，WYATT G R，1962. Metabolic conversions during pupation of the cecropia silkworm. 1. Deposition and utilization of nutrient reserves［J］. Biochem J，83（3）：470.

DABIRE R A，TRAORE S N，DABIRE C B，1999. Effect of buprofezin，an insect regulator，on *Bemisia tabaci*（Homoptera：Aleyrodidae）on tomato［C］. Proceedings of the 5th International Conference on Pest in Agriculture：803-810.

KANG S C，PARK S，LEE D G，1999. P urification and characterization of a novel chitinase from the entomopathogenic fungus，*Metarhizium anisopliae*［J］. Journal of Invertebrate Pathology，73：276-281.

LATCHININSKY，2001. A Problems and progress emerge from the acridid outbreak in Kazakhstan［J］. Advances in Applied Acridology：15-16.

ST LEGER R J，OSHI L，ROBERTS D，1998. Ambient pH is a major determinant in the expression of cuticle-degrading enzymes and hydrophobin by *Metarhizium anisopliae*［J］. Applied and Environment Microbiology，64（4）：709-713.

以绿步甲为载体携播绿僵菌对东亚飞蝗的协同控制作用研究

秦兴虎[1]，吴惠惠[1]，王广君[1]，左亚运[2]，李元盛[2]，赵慧龙[2]，
刘玉升[2]，张泽华[1]

1. 中国农业科学院植物保护研究所植物病虫害生物学国家重点实验室，北京 100193；2. 山东农业大学植物保护学院，泰安 271018。

摘要 本文研究了金龟子绿僵菌（*Metarhizium anisopliae*）侵染和绿步甲（*Carabus smaragdinus*）捕食东亚飞蝗（*Locusta migratoria manilensis*）两种生防措施之间的相互影响，同时评价了两种生防措施对东亚飞蝗的协同控制作用。结果表明，金龟子绿僵菌对绿步甲安全，绿步甲对有金龟子绿僵菌处理的东亚飞蝗的捕食率下降，捕食率为61.23%和64.19%；但是绿僵菌对绿步甲和绿僵菌结合处理下的东亚飞蝗的侵染率上升，分别为75.34%，70.85%。两种生防措施联合对东亚飞蝗控制作用试验结果显示，投放绿步甲同时喷施绿僵菌处理和投放经绿僵菌剂接种过的绿步甲处理对东亚飞蝗的校正致死率分别达83.33%和100%，均显著高于绿僵菌单剂侵染和绿步甲单独捕食处理。本文证明了绿步甲携播绿僵菌控制害虫的可行性与可持续性，为实现将绿步甲与绿僵菌联合控制害虫提供依据。

关键词 绿步甲，绿僵菌，携播，东亚飞蝗，协同控制

天敌对害虫种群的数量发展趋势有明显的抑制作用，目前用来防治蝗虫效果较好的天敌昆虫有蜂虻科、麻蝇科、丽蝇科、缘腹细蜂科、食虫虻科、皮金龟科、步甲科、拟步甲科、芫菁科等昆虫。已研究的对蝗虫有捕食作用的步甲科天敌有黑广肩步甲、绿步甲、疆星步甲、直角通缘步甲等。绿步甲隶属鞘翅目、步甲科、步甲族、步甲属，是一种农林业中常见的有重要利用价值的捕食性天敌昆虫，其成虫、幼虫捕食能力均很强，行动敏捷，特别喜食蜗牛、鳞翅目昆虫，也取食蛴螬、蝗虫等，利用该步甲防治农林业害虫具有广阔的应用前景。

目前，用于蝗虫生物防治的主要技术包括：绿僵菌、白僵菌、微孢子虫、蝗虫霉、蝗虫痘病毒、线虫、卵寄生蜂等，但发展最快、应用最广泛的是绿僵菌。金龟子绿僵菌是一种相对安全有效的虫生真菌，具有致病力强、寄主范围广、对人畜无害、不污染环境、无残留、害虫不易产生抗药性等优点。绿僵菌对步甲、芫菁、虎甲等天敌个体没有致病作用，并且，已有研究表明专性寄生的绿僵菌对某些非靶标天敌无致病作用。

国内外对昆虫病原真菌与寄生性天敌或传粉性益虫结合防治害虫均有报道，Butt等使蜜蜂携带绿僵菌来控制为害植物花朵的油菜花露尾甲，并取得良好效果，Nguya

K. Maniania 等利用玉米茎蛀褐夜蛾雄成虫作为载体来散播绿僵菌，以达到在雌性和卵及幼虫之间的传播，有效控制了玉米茎蛀褐夜蛾的种群数量。边强通过研究绿僵菌与椰甲截脉姬小蜂对椰心叶甲的协同控制作用发现，绿僵菌与寄生性天敌对椰心叶甲组合控制效果均好于两种单独使用的方法。目前，关于绿僵菌和大型捕食性天敌复配组合防治害虫的研究还未见报道，在实际应用中大多是各自单独作用，本文在室内条件下研究了绿僵菌与绿步甲单独对东亚飞蝗的控制作用，以及二者不同方式组合对东亚飞蝗的控制效果。本文将捕食性天绿步甲和绿僵菌杀虫真菌结合，以捕食性天敌作为绿僵菌传播媒介，利用捕食性的天敌昆虫和寄生性的病原真菌杀灭害虫特性，发挥两者各自杀虫功效，优势互补，既捕食控制害虫又传播害虫病原真菌，拓宽了单一使用使生物农药防控害虫范围，提高了生物农药防效，转变了病原真菌的传播方式，减少了人力、物力、财力，用绿步甲携播绿僵菌的方式控制害虫持效期长，对人畜、天敌、环境安全，环保无污染，对环境相容性好，可实现对蝗虫、鳞翅目害虫、地下害虫等害虫的可持续控制，属于广谱高效杀虫生物农药。

1　材料与方法

1.1　试验材料

3 龄的蝗蝻：采自山东省泰安市山东农业大学植物保护学院东亚飞蝗繁殖基地。蝗虫成虫对绿僵菌的敏感性显著低于蝗蝻，而且用绿僵菌治蝗通常以在 3～4 龄为宜。杀蝗绿僵菌孢子粉，来源于实验基地饲养的得病的蛴螬幼虫分离纯化并保存的菌种。用 0.2%吐温溶液将金龟子绿僵菌孢子粉稀释成 10^5 个/mL，10^6 个/mL，10^7 个/mL，10^8 个/mL，备用。绿步甲来源于山东农业大学植保学院环境生物与昆虫资源研究所，用东亚飞蝗饲养的绿步甲，经过 1 年的东亚飞蝗捕食饲养驯化。

1.2　金龟子绿僵菌对东亚飞蝗毒力测定

采用浸毒法处理试虫，用移液器吸取 2uL 的绿僵菌孢子液，将蝗蝻背部浸入绿僵菌孢子液后取出，每笼 15 头。对照组用 2uL 的 0.2%吐温溶液。各组处理重复 3 次。接种后，将试虫放在 T=（28±1℃），湿度为 50%～70%，24h 光照的环境中试养。每天早上 7：30 饲喂一次新的玉米叶并清除杂物，同时记录蝗蝻死亡的数量，连续调查直到各组的校正死亡率达到 80%以上。从第 3 天开始将死的蝗虫取出进行保湿（培养皿铺上用无菌水浸湿的滤纸或是放浸湿的脱脂棉，各个蝗虫尸体不能有所接触，最后记录蝗虫的僵虫率）。

接种剂量（个/g）=［接种浓度（个/mL）×接种体积（mL）］/试虫体重

校正死亡率：$M=(t-c)/(100-c)\times100\%$

式中 M：校正死亡率；c：对照死亡率；t：处理死亡率。

通过方差分析、邓肯氏新复极差法检测各处理间统计量的回归方程。

1.3　绿僵菌对绿步甲安全性评价

取 0.1g 绿僵菌孢子粉使其四周均匀涂布在 1m×0.7m 塑料盒，使塑料盒覆盖上一层菌粉。将 50 头成虫绿步甲放入盒中，用黄粉虫幼虫喂养，每天记录绿步甲死亡情况。绿步甲死亡后对其保湿处理，检验是否有僵虫出现。设不施菌粉为对照，每处理 3 个重复。

1.4 绿僵菌与绿步甲结合对东亚飞蝗的控制作用

田间模拟绿僵菌与绿步甲不同复合组成对东亚飞蝗致死效果，用 $1m^3$ 笼罩田间喂养 3 龄东亚飞蝗，试验前将绿步甲饥饿处理 1d。处理Ⅰ（绿步甲对东亚飞蝗致死力）：选取健康绿步甲雌、雄成虫各一头，放入装有 10 头 3 龄东亚飞蝗的笼罩中；处理Ⅱ：用浓度 1×10^8 个/mL 绿僵菌菌剂 20μL 喷洒到笼罩中的飞蝗及其食物上面，观察记录绿僵菌对东亚飞蝗（3 龄的东亚飞蝗）的致死率；处理Ⅲ：投放健康的步甲雌、雄各 1 头，同时喷洒绿僵菌菌剂，观察记录绿步甲对东亚飞蝗的捕食率和绿僵菌对东亚飞蝗（3 龄的东亚飞蝗）的寄生致死率；处理Ⅳ：投放经绿僵菌剂接种过的绿步甲，观察记录虫菌复合后的绿步甲对东亚飞蝗（3 龄的东亚飞蝗）的复合致死率；CK：喷洒 20μL 无菌水到不放绿步甲和绿僵菌的装有 10 头东亚飞蝗的笼罩中作为对照，每个处理重复 3 次，每天定时更换食料，分别统计每天东亚飞蝗的死亡率，并将有绿僵菌处理的东亚飞蝗取出进行保湿，观察计算僵虫率。

2 结果与分析

2.1 金龟子绿僵菌对东亚飞蝗毒力测定

生测结果显示（图 1），第 1 天、第 2 天所有处理组均无蝗蝻死亡，从第 3 天开始孢子浓度为 10×10^7（个/mL）和 1.0×10^8（个/mL）的处理组有蝗蝻死亡，校正死亡率分别为 4.67%和 11.13%。随着天数的增加，虫体的死亡率也在增加。第 10 天时，孢子浓度为 1.0×10^8（个/mL）的处理组，校正死亡率达到 100%，而此时，孢子浓度为 1.0×1.0^7 个/mL、1.0×10^6 个/mL、1.0×10^5 个/mL 的处理组，校正死亡率分别为 93.33%、75.57%、64.46%。第 14 天时，所有处理组的校正死亡率都为 100%。

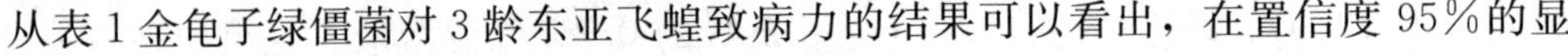

从表 1 金龟子绿僵菌对 3 龄东亚飞蝗致病力的结果可以看出，在置信度 95%的显

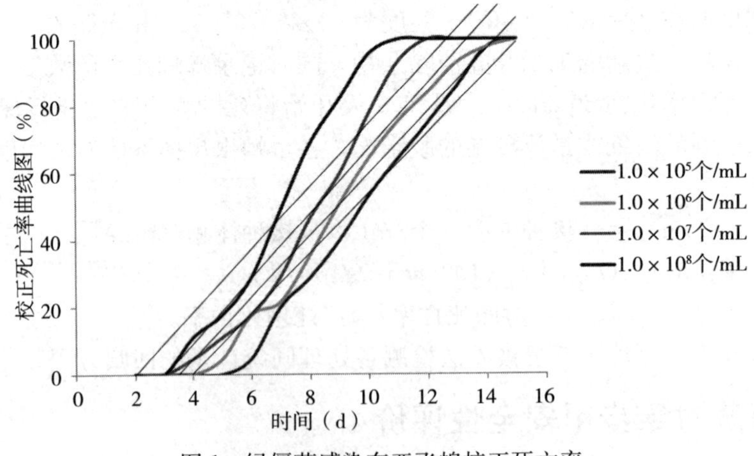

图 1 绿僵菌感染东亚飞蝗校正死亡率

著水平上，孢子浓度为 1.0×10^6 个/mL、1.0×10^5 个/mL 对 3 龄东亚飞蝗的致病力的差异很显著，而 1.0×1.0^7 个/mL、1.0×10^8 个/mL 对 3 龄东亚飞蝗的致病力的差异不明显。总体看来，LD_{50} 的大小顺序为 1.0×10^8 个/mL $<1.0\times10^7$ 个/mL $<1.0\times10^6$ 个/mL $<1.0\times10^5$ 个/mL，其中，效果最佳的孢子浓度为 1.0×10^8 个/mL。

表 1　金龟子绿僵菌对 3 龄东亚飞蝗的致病力

孢子浓度（个/mL）	回归方程	相关系数	LT_{50}（d）	显著性	
				0.05	0.01
1.0×10^5	$Y=8.973X-26.59$	0.954 0	8.538	a	A
1.0×10^6	$Y=9.231X-23.13$	0.967 3	7.922	a	AB
1.0×10^7	$Y=9.709X-19.94$	0.945 0	7.205	b	BC
1.0×10^8	$Y=9.416X-9.671$	0.905 1	6.337	c	C

注：同列数据后不同字母表示差异显著，Duncans 法，$P<0.05$。

2.2　绿僵菌对绿步甲安全性评价

观察记录经绿僵菌处理和未经绿僵菌处理的绿步甲每天的死亡率和僵虫率，绿步甲在生活 36d 后除部分死亡外，第 2 代幼虫出现并活动良好，其他均进入越冬态，处理组与对照组存活曲线基本吻合（图 2）。对照组在 27d 时第 2 代幼虫出现，绿僵菌处理的绿步甲在 33d 时也出现第 2 代幼虫；处理间进行方差分析，概率 P（$Pr>F$）$=0.056\ 1>0.05$，说明绿僵菌处理组和对照无显著差异。对死亡的绿僵菌进行保湿处理，10d 后均未发现绿僵菌菌丝的生长，说明绿僵菌对绿步甲成虫安全。

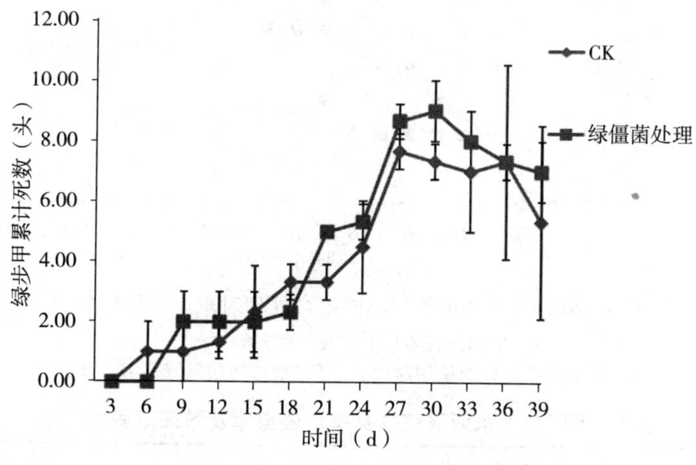

图 2　绿僵菌处理对绿步甲成虫死亡率的影响

2.3　绿僵菌与绿步甲不同组合对东亚飞蝗的控制作用

绿僵菌与绿步甲不同组合对东亚飞蝗模拟田间试验表明，绿僵菌与绿步甲的 2 种不同组合处理方法（处理Ⅲ、处理Ⅳ）对东亚飞蝗的校正致死率分别达 83.33% 、100%，均显著高于绿僵菌单剂处理的 66.67% 和绿步甲单剂处理组的 83.33%（表 2）；但 2 种不同的组合方式之间差异显著，这种差异性，可能与绿步甲和绿僵菌与东亚飞蝗三者之间的相互作用关系有关，使单施与复配作用功能不同。同时使用绿僵菌与绿步甲而不将两者结合的处理Ⅲ，捕食率比处理Ⅰ有所下降。董辉发现步甲不取食被绿僵菌寄生的蝗虫，因此这可能由于绿步甲识别了染病的东亚飞蝗，从而减少对其捕食。而处理Ⅲ和处理Ⅳ的绿僵菌侵染率比处理Ⅱ上升，由图3可知，四个处理中对蝗虫致死力最高的是处理Ⅳ。前人的研究发现，天敌造成的捕食风险会对昆虫的生理代谢和取食产生非常重要的影响，有些天敌对猎物的间接作用甚至要大于直接作用。处理Ⅲ、Ⅳ的校正死亡率比处理Ⅰ、Ⅱ高，说明绿僵菌与绿步甲复合作用的效果要好于绿僵菌和绿步甲单独作用的效果，这可能是由于被绿步甲捕食惊吓或撕咬过的东亚飞蝗生活力下降，导致受伤的东亚飞蝗更容易侵染；同时，绿步甲捕食东亚飞蝗的同时作为绿僵菌的传播媒介，增加了绿僵菌的传播范围和概率，也使东亚飞蝗更容易受到绿僵菌的侵染。试验还表明，绿步甲对蝗虫的取食成功率随蝗虫的虫龄增大而下降。14d后蝗虫大部分羽化，蝗虫个体数平均连续4.2d保持不变。综合试验结果，以绿步甲携播绿僵菌对东亚飞蝗的协同控制作用效果较好，这种组合复配方式，以绿步甲为传播媒介既节省了人力、物力、财力，又发挥各形态生物农药的优点和功能，提高防治有害生物的范围及防效，可持续安全的有效控制害虫的暴发及为害。

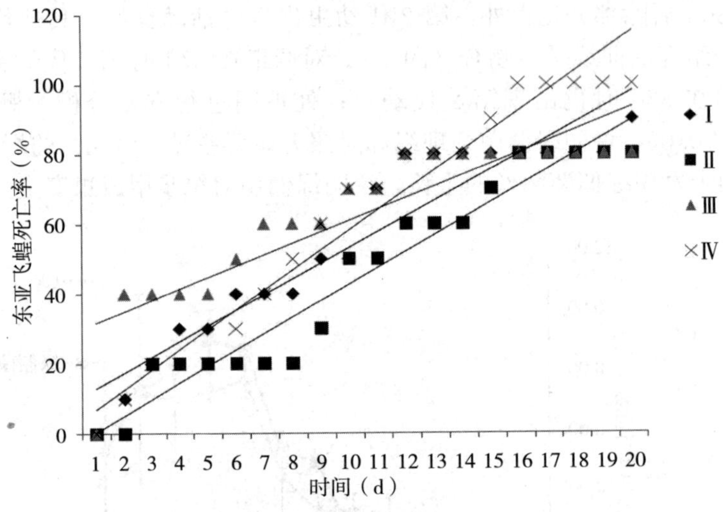

图3 绿僵菌与绿步甲与不同组合处理对东亚飞蝗致死力

Ⅰ. 单独释放绿步甲 Ⅱ. 单独施用绿僵菌

Ⅲ. 释放绿步甲同时施用绿僵菌 Ⅳ. 绿步甲接种绿僵菌后释放

表2 不同处理东亚飞蝗捕食率、侵染率及致死率间的比较

处理	校正捕食率（%）	校正侵染率（%）	校正死亡率（%）	回归方程	相关系数 R^2
Ⅰ	72.46±1.94a		83.33±1.94b	$Y=0.040X+0.085$	0.905
Ⅱ		66.67±2.21b	66.67±2.22c	$Y=0.046X-0.042$	0.944
Ⅲ	61.23±2.11b	75.34±1.39a	83.33±1.08b	$Y=0.034X+0.273$	0.815
Ⅳ	64.19±2.11b	70.85±1.03a	100.0±0.00a	$Y=0.057X+0.011$	0.956

注：同列数据后不同字母表示差异显著，Duncans法，$P<0.05$。

3 讨论

Hajek 认为利用病原真菌防治害虫时，会危害到天敌，但只要筛选出适宜的病原真菌种类，就可以把风险降到最低，Wu 等用巴氏钝绥螨与绿僵菌协同来控制西花蓟马取得显著效果，并证明绿僵菌对巴氏钝绥螨安全。本文将获取的绿僵菌菌种纯化稀释成不同的浓度，测定了绿僵菌对东亚飞蝗的致病力；同时采用喷洒法将绿僵菌接种到绿步甲身上，进行毒力测定，证明了绿僵菌对绿步甲是安全的，两种生防方法可以同时使用。本研究进行了田间模拟试验，通过观察绿僵菌对东亚飞蝗的寄生及绿步甲对东亚飞蝗的捕食等活动，研究了绿僵菌和绿步甲共同防治东亚飞蝗的效果。使用绿步甲同时喷施绿僵菌处理和投放经绿僵菌剂接种过的绿步甲对东亚飞蝗的控制效果均显著高于绿僵菌单剂侵染和绿步甲单独捕食，而且绿僵菌剂接种过的绿步甲对东亚飞蝗控制效果最好。

本文筛选的绿僵菌对东亚飞蝗有较强的专性寄生能力，而绿步甲是经过东亚飞蝗室内捕食驯化的，绿步甲原则上更偏重于取食鳞翅目害虫，对于取食东亚飞蝗的效果还有待驯化与适应，本试验采用的绿僵菌与捕食性步甲组合对于控制鳞翅目害虫如夜蛾、桃小食心虫、梨小食心虫等也会有很好的作用，通过改变组合所用的绿僵菌制剂及其他大型捕食性步甲，可以用于针对更多有害生物的防控与治理。

试验证明天敌与病原微生物可以协同作用控制有害昆虫并有较大的增效作用，将虫菌复合制成的生物农药在国内已有探索，如寄生蜂、捕食螨、蜜蜂等天敌性昆虫，但由于其个体小，虫菌结合不易操作，结合复杂，传播效率低，防效有一定限制。捕食性绿步甲体型大，有着活动能力强，捕食害虫广等优点，有些步甲能夜间迁飞，携带孢子方便，散播绿僵菌菌孢子范围和效率高，所以，将活动能力较强的捕食性天敌与虫生真菌组合，既能够发挥捕食性天敌捕食害虫的功能，又能够利用天敌昆虫携带绿僵菌孢子粉并大范围传播，节省人力物力，增加害虫感染绿僵菌的概率，造成绿僵菌流行病的发生。因此，将捕食性天敌绿步甲和绿僵菌两种生物农药有机结合来控制害虫，发挥两者的联合功效具有非常广阔的应用前景。

目前生物防治存在着防效低、资源分散、防治资源单一，防控方式单一等问题。因此创新资源整合，创新生物防治的作用方式，提高生物防治防效是急需解决的问题。本文提出了一种新的生物防治技术，着眼于将生物防治中的“以虫治虫”和“以菌治虫”两者结合起来，探索一种新型的防治途径，对于继续探索并发展高效组合的新的生物防治方式，整合生物防治资源提供了基础研究。

主要参考文献

丁福章，张泽华，张礼生，等，2006. 绿僵菌椰心叶甲的控制作用研究［J］. 西南农业大学学报，28（3）：454-456.

杜树国，李述增，刘德萍，等，1993. 东亚飞蝗天敌—中国雏蜂虻的研究［J］. 昆虫学报，36（4）：444-450.

郭郛，陈永林，卢宝廉，1991. 中国飞蝗生物学［M］. 济南：山东科学技术出版社.

李红波，2007. 天敌对蝗虫的控制作用及群落多样性研究［D］. 陕西：西北农林科技大学.

梁宏斌，虞佩玉，2000. 中国捕食黏虫的步甲种类检索［J］. 昆虫天敌，22（4）：160-167.

牟志刚，2005. 黑肩步甲生物学特性及捕食功能研究［D］. 山东：山东农业大学.

庞雄飞，梁广文，曾玲，1984. 昆虫天敌作用的评价［J］. 生态学报，4（1）：46-56.

秦兴虎，吴惠惠，王广君，等，2015. 以绿步甲为载体携播绿僵菌对东亚飞蝗的协同控制作用研究［J］. 中国生物防治学报，31（2）：284-290.

任炳忠，李典忠，杨彦龙，等，2001. 吉林省农林天敌昆虫区系及多样性的研究［J］. 吉林农业大学报，23（4）：28-36.

田明义，2000. 中国步甲属（鞘翅目：步甲科）物种多样性及其保护问题［J］. 昆虫天敌，22（4）：151-154.

王振鹏，刘玉升，贺新华，等，2008. 绿步甲的形态特征及其生物学特性［J］. 昆虫知识，45（5）：814-817.

王振鹏，2009. 绿步甲生物学及其成虫肠道细菌的研究［D］. 山东：山东农业大学.

王振平，严毓骅，1999. 蝗虫天敌可利用性分析及研究进展［J］. 中国草地（6）：54-58.

魏淑花，沈明亮，高立原，等，2013. 盐池县典型草原优势天敌对蝗虫种群的控制［J］. 草业科学，30（12）：2071-2076.

朱恩林，1999. 中国东亚飞蝗发生与治理［M］. 北京：中国农业出版社.

BURGESS A F，COLLINS C W，1915. Calosoma beetle（*Calosoma sycophanta*）in New England［Z］. Bull United States Department of Agriculture（251）：1-40.

LOMER C J，PRIOR C，1992. Biological control of locusts and grasshoppers［M］. Wallingford，UK：CAB International：239- 244.

MIURA K，2003. Parasitism of parapodisma grasshopper species by the flesh fly *Blaesoxipha japonensis*（Hori）（Diptera：Sarcophagidae）［J］. Applied Entomology and Zoology，38（4）：537-542.

SHAH P A，GODONOU I，GBONGBOUI C，et al，1998. Survival and mortality of grasshopper egg pods in semi-arid cereal（Hymeonptera Scelionidae）. Parasiticon on Grasshopper cropping areas of northern benin［J］. Bulletin of Entomological Research，88（4）：451-459.

绿僵菌在蝗虫种群中传播流行与其持续控制作用

王洁，涂雄兵，范要丽，郝昆，张泽华，农向群，宋树人，李宝玉，苏宇

中国农业科学院植物保护研究所植物病虫害生物学国家重点实验室，北京100193。

摘要 绿僵菌为蝗虫病原真菌，可在蝗虫种群中流行传播，实现多年持续控制。以亚洲小车蝗3龄蝗蝻为试虫，油剂处理后3d与野外网捕相同虫龄亚洲小车蝗混合饲养，试虫病健比（单位：头）10∶50、20∶40、30∶30、40∶20，结果显示：病虫可以将绿僵菌疾病传播给健虫，疾病传播概率分别可达24.6%、31.0%、39.0%和52.0%。与健康短星翅蝗蝗蝻混合饲养，疾病传播概率分别可达15.6%、23.5%、32.7%和40.0%。野外圆心处理试验，结果表明：施药区外疾病感染率随时间的推移逐渐上升，处理后40d施药区外400m疾病感染率八个方向均值可达8.95%。不同方向疾病感染水平无显著差异，绿僵菌传播主要与草原蝗虫的活动、顺风风向显著相关。野外间隔施药试验结果表明：蝗虫移动扩散的习性可以有效地将病原传播到未施药区域，距离30m、60m、120m间隔区域，药后49d校正虫口减退率分别达到58.39%、63.41%、57.17%，因此30m、60m间隔施药方式在应用绿僵菌防治蝗虫中有一定应用价值。以2006年绿僵菌油剂处理区为基础，2007年调查411头蝗虫混合种群，39头感染绿僵菌，感染率9.49%；2008年调查532头蝗虫混合种群8头感染绿僵菌，感染率1.5%。进一步利用绿僵菌M189菌株特异性SCAR标记技术，调查不同年份处理区绿僵菌土壤宿存能力，油剂处理区3年、4年、5年、6年后绿僵菌土壤检出率分别为6.36%、7.69%、9.15%、9.05%；饵剂处理区3年、4年、5年、6年后绿僵菌土壤检出率分别为17.78%、17.54%、16.13%、14.88%。
关键词 绿僵菌，蝗虫，传播流行，持续控制

绿僵菌为蝗虫病原真菌，在体腔中生长、繁殖，破坏蝗虫各组织器官，并释放毒素造成蝗虫死亡，可在蝗虫种群中流行传播，实现多年持续控制。蝗虫绿僵菌疾病在自然条件下传播流行与多种因素有关，如剂型、施用浓度、虫口密度、环境因子（温度、湿度、风向、降雨）等，现结合实验室近年来工作，阐述绿僵菌传播流行规律。

1 材料与方法

1.1 绿僵菌油剂、饵剂制备及室内毒力测定

1.1.1 油剂制备（按每公顷计）

1.5 L石蜡油中加入绿僵菌75 g（孢子粉含量为500×10^{8} sp/g），混匀后用超低量喷雾器喷洒。

1.1.2 饵剂制备（按每公顷计）

1.5 kg 麦麸中加入绿僵菌 75 g（孢子粉含量为 500×10^8 sp/g）和粟米油 90 mL，混匀后播撒。

1.1.3 室内毒力测定

以东亚飞蝗 3 龄蝗蝻作为供试昆虫，通过油剂点接、油剂饵喂、饵剂饲喂、水剂点接、水剂喷雾及油剂喷雾等不同方法接种金龟子绿僵菌，记录每天的死亡虫数，试验完成后将各处理总虫数、死亡数等数据进行 SPSS 分析处理。

1.2 绿僵菌传播与流行

1.2.1 水平传播

（1）种内　试验用虫为宽翅曲背蝗成虫，剪掉前翅翅尖 1～2mm 标记后油剂接种，48h 后分别按每笼 10 头、20 头、30 头、40 头、放入野外罩笼（1m×1m×1m），24 h 后分别放入健虫 50 头、40 头、30 头、20 头混合饲养；设置无病虫混合的空白对照，重复 5 次。每天数虫一次，死亡蝗虫放入培养皿单头保湿，判断死亡原因。健虫染病致死头数选取每 5 d 间隔内的累积死亡数；统计 25 d 后不同处理的总感染率和传播概率。

（2）种间　早期发生种选用宽翅曲背蝗，晚发种选择亚洲小车蝗，材料与方法同上。

1.2.2 垂直传播

在 2007 年试验当年，对 2006 年绿僵菌饵剂防治过的区域进行大范围取样，调查施药次年蝗虫绿僵菌疾病的感染情况，评价疾病在季节间的传播能力。

1.2.3 空间传播

（1）同心圆试验　绿僵菌油剂在半径 100 m 圆形区域内，施药后每 10 d 在不同样点处用扫虫网网捕蝗虫 50 头，室内鉴别分类，然后用菊酯类杀虫剂人工致死后放入塑料袋中保湿，定期检查 8 个方向蝗虫染病情况。距施药区外沿每间隔 50 m 调查虫口密度，计算虫口减退率；距施药区外沿每间隔 100 m 网捕蝗虫，检查感染率（图 1）。

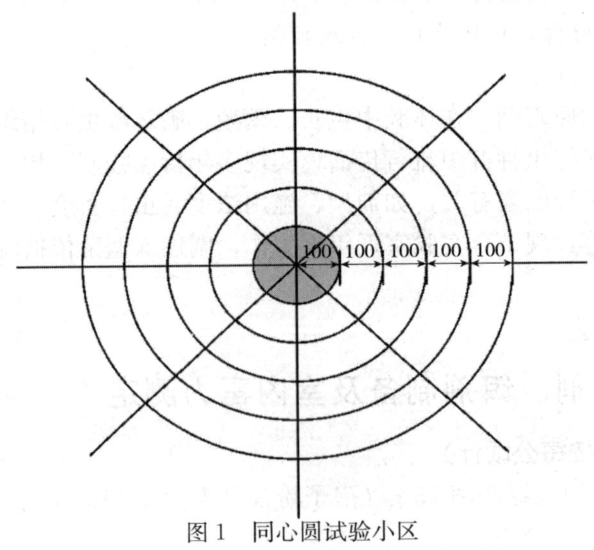

图 1　同心圆试验小区

（2）条带间隔施药试验小区设计　选择地势开阔平坦、植被均匀的草场 $6hm^2$，划定出 100m×410m 条形小区；区内沿长条形方向，不同距离平行间隔喷施绿僵菌油剂条带区，每个绿僵菌施药条带宽 50m、长 100m ；施药条带间的间隔分别为：30m、60m、120m；在条带边缘插明显颜色的标志旗定位（图 2）。在远离条形区，选取植被类型相同的地块作对照。绿僵菌油剂施药后每 7d 调查一次；调查时，分别沿每个区中心线方向，用样框取样器取样 40 个，计算虫口的变化情况。

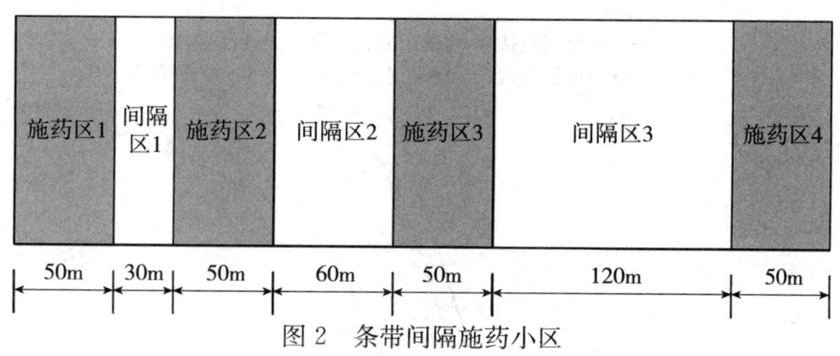

图 2　条带间隔施药小区

1.3　药后蝗虫空间分布型

在试验场内平坦开阔、植被均一的地带划定 200m×200m 正方形小区 2 个，分别作为绿僵菌油剂处理区和未施药的空白对照区，2 个小区间隔距离大于 200 m，取样方法是用一无底样方框（1m×1m×1m）。该方框分两面扇，每扇由两个合页相连，张开时成直角，样方框四周均装以金属网。取样时，由两人分别各拿一扇，间隔 5m 在样地中平行行走，取样时迅速对合样框，使两扇样框对合后形成立方体，将蝗虫封闭到四周封闭的框内。记录样框内蝗虫种类、数量、龄期。如有逃出，记录补齐。样地按东、西、南、北、中分为五个样点，每个样点按“Z”字形每走 15m 取一个样方，取 20 个样方，每个样地每次共取 100 个样。

1.4　绿僵菌林间流行

实验地点在海南省海口市，绿僵菌油剂防治后在 7d、15d、30d、60d、100d 对防治区外 500m 以内的区域进行僵虫量调查，每 50m 选择 5 株椰树。

1.5　绿僵菌 M189 菌株特异性 SCAR 标记的建立

绿僵菌基因组 DNA 的提取，RAPD 分析，特异片段的回收、克隆和测序，SCAR 标记的转化与鉴定，野外回收绿僵菌菌株，土壤样品中绿僵菌的分离，使用 M189 菌株的特异性鉴别 SCAR 标记验证回收到的绿僵菌菌株。

2　结果与分析

2.1　室内毒力测定

室内研究发现，绿僵菌饵剂和油剂对蝗虫具有较高毒力。其生物测定结果如图 3

所示：饵剂饲喂、油剂点接及油剂饵喂接种绿僵菌孢子后分别从第 2 天、第 4 天及第 5 天开始出现死亡，而后 2 d 死亡集中，部分死亡蝗蝻虫体变僵硬、颜色变红，累积死亡率总体呈“S”形分布，开始比较平缓，而后急剧攀升。油剂喷雾、水剂喷雾及水剂点接接种绿僵菌孢子后分别从第 3 天、第 4 天开始出现死亡，死亡高峰集中在毒力测定的第 5～9 天累积死亡率总体趋势较前 3 种方法平缓，且生物测定持续时间比较长。

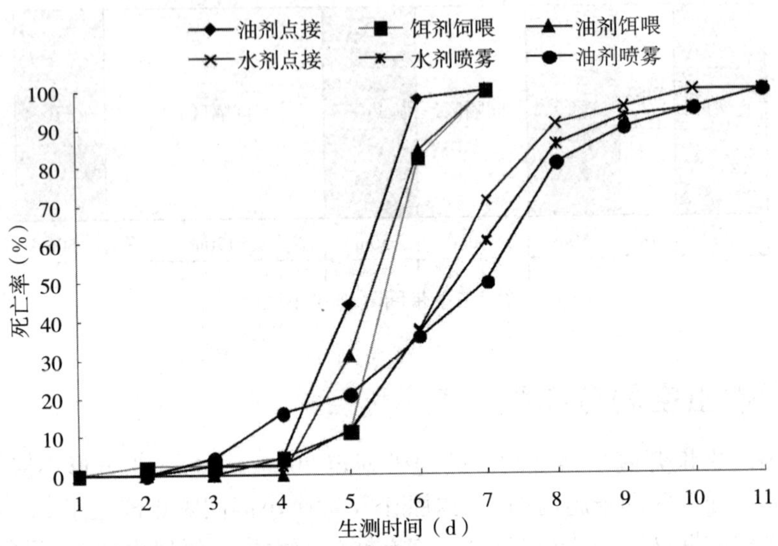

图 3　不同接种方法对东亚飞蝗生物测定累积死亡率

2.2　绿僵菌疾病流行与传播

2.2.1　水平传播

蝗虫绿僵菌疾病可以在同种类蝗虫间及蝗虫早发生种与晚发生种间传播，并表现出了较强的传播能力。病虫比例增加导致疾病的传播率提高，说明病原种群密度影响疾病的传播。

表 1　野外条件下同种蝗虫不同病虫混合处理疾病传播率统计

病健比	供试虫数（头）	健康虫数（头）	初始感染率（%）	健虫染病致死虫数（头）						总感染率（%）	传播概率（%）
				5d	10d	15d	20d	25d	30d		
10∶50	300	250	16.7	2.4	1.4	2.6	3.5	1.8	0.6	36.7	24.6 D
20∶40	300	200	33.3	2.2	1.8	2.6	3.5	1.8	0.5	54	31.0 C
30∶30	300	150	50.0	2	2.2	2.2	3.5	1.6	0.2	69	39.0 B
40∶20	300	100	66.7	2	2.2	2.2	2.8	0.2	0	84	52.0 A

注：表中数字均为 5 个重复的平均值，不同字母表示差异显著性（$\alpha = 0.01$）。

前期发生种蝗虫可以将绿僵菌疾病有效地传播给后期发生种，传播概率分别为 15.6%、23.5%、32.7%和 40.0%。

表 2 野外条件下不同病虫混合处理前期种对后期种疾病的传播率

病健比	供试虫数（头）	健康虫数（头）	初始感染率（%）	健虫染病致死虫数（头）						总感染率（%）	传播概率（%）
				5d	10d	15d	20d	25d	30d		
10∶50	300	250	16.7	1.5	0.6	1.6	1.2	1.2	0.8	29.7	15.6 D
20∶40	300	200	33.3	1.5	1	1.6	3	1.8	0.8	19.0	23.5 C
30∶30	300	150	50.0	1.6	1.2	2	2.6	1.8	0.4	66.3	32.7 B
40∶20	300	100	66.7	1.6	1.6	2	1.8	1.2	0	80.3	40.0 A

2.2.2 垂直传播

绿僵菌在自然条件下能隔年传播流行。调查发现 7 月份蝗虫绿僵菌疾病的感染率较低，8 月份感染率高达 9.49%。在感染疾病的蝗虫中，网翅蝗亚科所属种类所占比重较大，除宽翅曲背蝗、轮纹异痂蝗体型较大外其余染病蝗虫体型均较小，并且雏蝗类居多。

表 3 绿僵菌处理区隔年垂直传播调

时间	网捕头数（头）	染病头数（头）	感染率（%）
2007 年 7 月 10 日	532	8	1.50
2007 年 8 月 2 日	411	39	9.49

绿僵菌饵剂在土壤中 6 年以上仍然能保持 14.88%的检出率，能持续控制蝗虫虫口密度。

表 4 不同年份处理区绿僵菌土壤宿存能力调查（检出率）

剂型	年份					
	2002	2003	2004	2005	2006	2007
油剂（%）			6.36	7.69	9.15	9.05
饵剂（%）	5.33	13.28	17.78	17.54	16.13	14.88

2.2.3 空间传播同心圆试验

施药区外环 400m 处，药后 40 d 时疾病的感染率总体水平可达 8.95%，施药区在外环 200 m 处，药后 42 d 时校正虫口减退率总体水平达 44.05%；减退率、感染率都随时间逐渐增强（图 4）。说明染病蝗虫带菌移动使病原扩散，对虫口密度有控制作用。

施药后不同距离调查点处，随时间的推移混合种群疾病的感染率逐渐上升；相同调查时间，距离施药区越远疾病感染率越低。距施药区 400m 处，药后第 20 天捕捉到染病蝗虫，疾病感染率在施药后第 10 天、第 20 天、第 30 天与第 40 天差异显著（图 5）。同时僵虫量随调查距离增加而不断减少（图 4，图 5），表明绿僵菌传播与顺风方向显著相关。

条带间隔试验：施药后条带不同距离间隔区域校正虫口减退率逐渐升高，相同时间距离间隔越小减退率越高，施药 21d 后条带间隔 30m 区域的校正虫口减退率与施药区达相同水平，施药后 49d 施药条带、条带间隔区域校正虫口减退率已经没有明显差别。幅宽为 30m 间隔区，可作为防治工作提供参考依据。

表 5　条带间隔区域校正虫口减退率

处理后天数（d）	校正虫口减退率（%）				
	间隔 30m	间隔 60m	间隔 120m	施药区	CK
7	25.58	36.23	14.06	50.92	4.76
14	43.54	70.81	22.37	83.23	5.56
21	58.63	71.21	48.99	84.25	11.9
28	58.59	69.41	53.14	84.8	10.32
35	49.59	59.63	46.62	86.33	27.78
42	51.95	59.44	44.25	88.63	26.98
49	58.39	63.41	57.17	90.93	31.75

注：表中施药区校正虫口减退率为施药条带减退率均值，CK 减退率为虫口自然减退率。

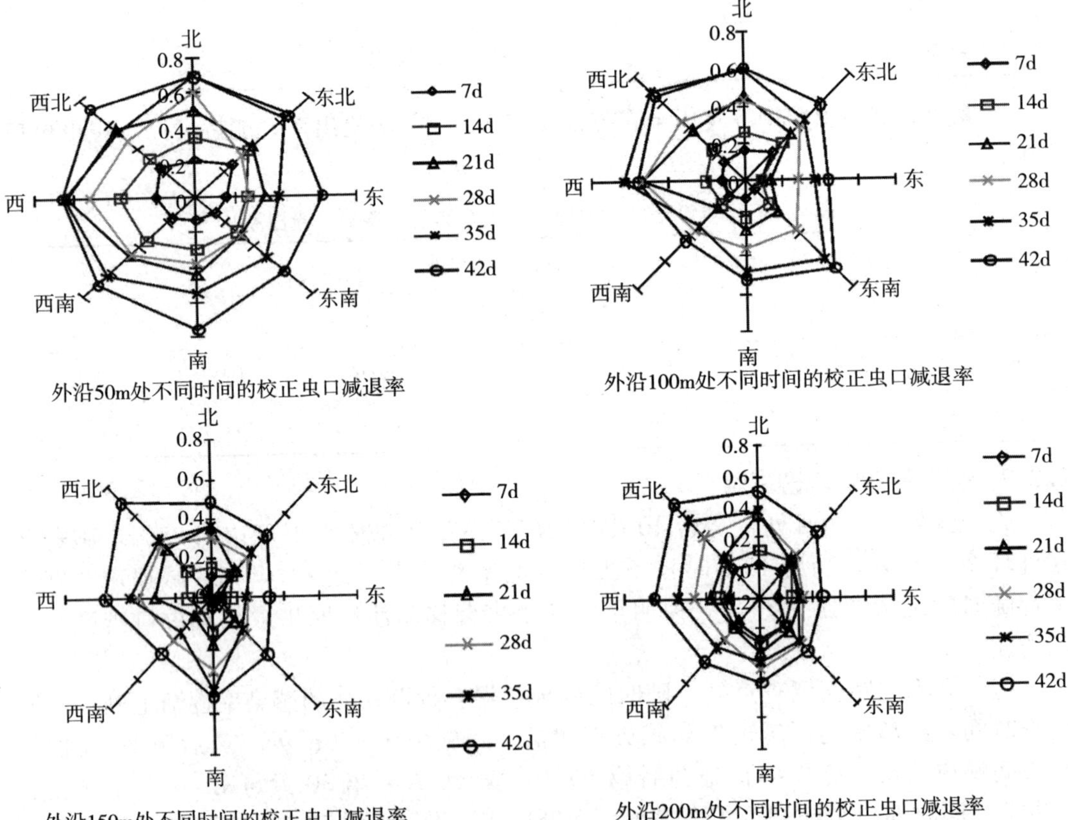

图 4　施药后不同方向校正虫口减退率

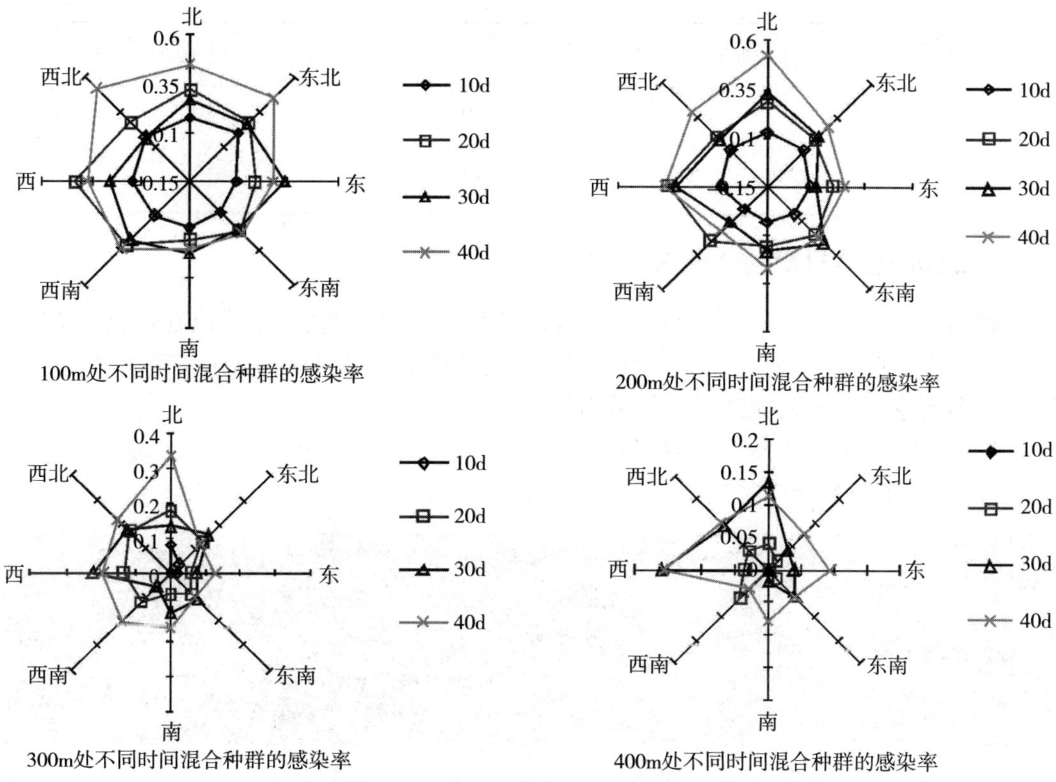

图 5 施药后不同方向蝗虫疾病感染率

2.3 药后蝗虫空间分布型

对药后残存蝗虫和僵虫的空间分布型研究发现：僵虫的空间分布型为聚集分布。施药后不同时间随蝗虫种群密度的减小，处理区残虫的分布型呈现聚集—随机交错变动，采用 Taylor 幂法则、改进的 Iwao 模型分析表明，整个调查时段处理区残虫、僵虫的空间分布均为聚集分布。药后蝗虫点片状死亡，部分地片相对密度较高，残虫分布型趋向聚集；自然消除作用使僵虫密度很低，低密度下取样产生大量空样本，僵虫的分布型产生聚集假象。蝗虫染病死亡前的迁飞移动、取食交配等行为是病原扩散传播的主要方式之一。染病未死蝗虫携病原运动可以促使疾病的空间扩散，僵虫是疾病后期潜在的传播源，理论上，前期流行中病原种群的分布型将与僵虫一致。

表 6 处理区僵虫的聚集度指标

药后天数(d)	均数	平均拥挤度	扩散型指数	聚焦度指数	扩散系数	聚集度	分布型
5	0.120	0.500	3.717	2.098	1.252	2.778	聚集
10	0.680	1.118	1.738	0.687	1.467	1.644	聚集
15	0.560	1.429	2.716	1.619	1.907	2.551	聚集
20	0.520	0.211	2.294	1.206	1.627	2.071	聚集
25	0.320	0.875	3.022	1.834	1.587	2.734	聚集

（续）

药后天数(d)	均数	平均拥挤度	扩散型指数	聚焦度指数	扩散系数	聚集度	分布型
30	0.360	1.333	4.040	2.816	2.014	3.704	聚集
35	0.500	0.857	2.599	1.496	1.748	2.400	聚集
40	0.300	0.182	3.530	2.295	1.688	3.111	聚集

2.4 绿僵菌 M189 菌株特异性

SCAR 标记的建立绿僵菌 M189 菌株特异性 SCAR 标记技术，可以在供试的 51 株菌株中分辨出 M189 菌株，并且在田间回收到的菌株中也可以检出 M189 菌株。

2.4.1 绿僵菌 M189 菌株特异性条带的筛选

本实验共计筛选 10 碱基引物 14 条，其中 S141（CCCAAGGTCC）扩增得到绿僵菌菌株 M189 的特异条带，其中片段大小约为 700 bp（图 6）。

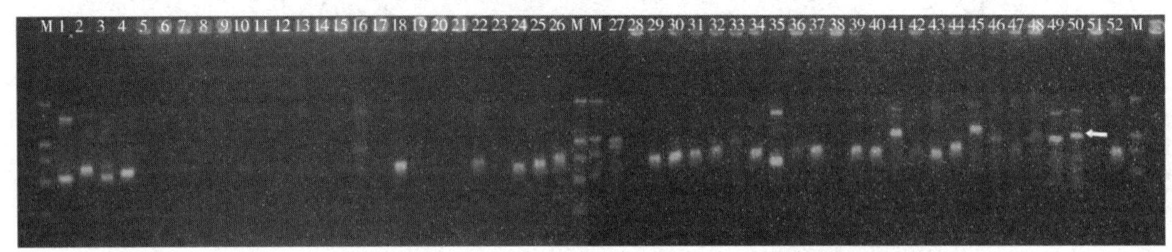

图 6 引物 S141 对菌株 M189 特异扩增片段

2.4.2 回收菌株验证

绿僵菌 M189 SCAR 标记对野外回收菌株的验证结果见图 7，表明 SCAR 标记可以从回收到的菌株中鉴定出 M189 菌株，而另两株供试的对照菌株未扩增到该条带。

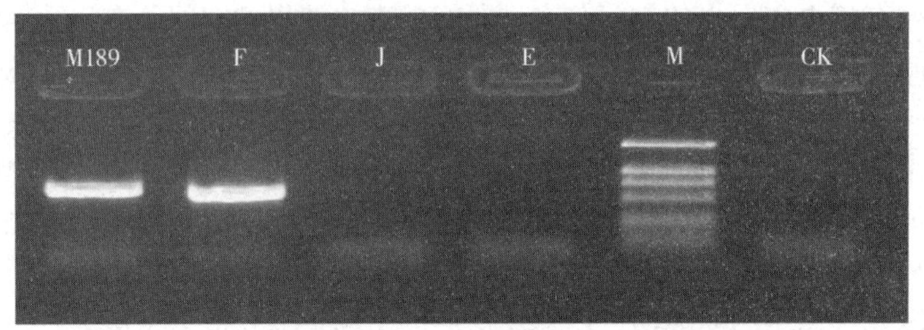

图 7 使用 M189 特异引物对回收的 3 株绿僵菌进行 PCR

3 讨论

本研究通过室内和野外试验证实，蝗虫绿僵菌疾病可以在同种类蝗虫间及蝗虫早发生种与晚发生种间传播，并表现出了较强的传播能力。病虫比例增加导致疾病的传播率提高，说明病原种群密度影响疾病的传播。现实中，草原上各种类蝗虫的发生期不同，交错混合发生，疾病在早发种与晚发种间传播可以延长绿僵菌药剂的残效；但是，本试验中两者间疾病传播概率有所下降，其他不同种类间蝗虫绿僵菌疾病水平传播的能力也可能不同，下降原因及传播能力的差异还需作进一步研究。

蝗虫绿僵菌疾病可以跨季节传播，在对往年施药区的取样调查结果也证明了此结论。并且，对防治区域土壤进行了取样，检测出了所施用药剂菌株的孢子，说明绿僵菌病原可以跨季节存活，使部分蝗虫感染疾病。在两个月份的取样中发现，前期疾病感染水平很低，但随后的月份感染水平升高，这可能是由于较多的阴雨天气导致相当湿度较高，气象条件利于绿僵菌病原萌发、繁殖，导致蝗虫感染率提高。然而，后期较多的阴雨天气只能作为疾病水平升高的可能原因之一，由于研究气象因子与疾病发病水平的相互关系需要长期的、大量的累积数据，对于本文来说，尚不能进行相关性分析。此外，现已知绿僵菌疾病水平传播途径主要以直接沾染和食入病原为主，蝗虫绿僵菌疾病通过媒介昆虫间接传播及垂直传播尚无证据，对于季节间蝗虫疾病的感染，作者认为传播途径还应为直接接触病原为主。

对比化学农药，绿僵菌杀虫速度较慢，但是绿僵菌孢子在野外条件下可以长期存活，持续侵染蝗虫，这种长效性是化学农药所无法比拟的。从侵染途径上说，绿僵菌对蝗虫的控制效果是一种组合效应，施药作业时孢子的直接接触、药后植物上或土壤中病原对蝗虫的二次侵染、感染死亡尸体中孢子的循环，每种传播方式在控制效果评价中都不可或缺。在疾病的传播中，病原没有主动寻找寄主的能力，它在田间的数量、散布状态、病原与环境的相互的调节作用均是影响疾病传播的因子，在这些方面还应进行更深一步的研究。

在蝗虫绿僵菌疾病中，其病原种群是所有病原孢子及携带病原载体的总体，病原种群的密度、传播和种群组成都直接影响疾病的流行。蝗虫绿僵菌疾病当前的研究中，多评价疾病对种群的控制能力，或对自然发生的绿僵菌疾病进行疾病感染率的监控，这些都是从宿主种群的角度进行研究；人为散布病原时，病原种群的数量、密度不但和初始药剂的剂量有关，而且作为一种有活性的真菌，受到环境因素对病原种群的存活和发展的影响；此外，散菌后感染疾病的蝗虫或死亡的僵虫都是病原的载体，载体中病原的增殖情况也与环境因子有关，所以单从病原种群的角度准确的对其动态进行估计较为复杂，当前此角度的研究还是空白。本试验中，从宿主的角度对药后、药区外蝗虫的染病情况进行了评价，证实染病宿主的扩散、移动行为可以使病原进行扩散，但对于其他方式导致的病原扩散（次生宿主和非宿主载体的移动、风雨等物理方式扩散）以及散菌后病原种群的时序动态还无法进行准确估计。

试验结果显示，施药后不同方向上疾病的感染率各不相同，西北、西南、西方向疾病的感染率较高。病原的积累量不同、蝗虫的扩散和移动趋向喜好不同等都是感染率不同的可能原因，试验中记录了药后的气象情况，发现施药后东南风向的日数较多，疾病感染率高的方向正处日数较多风向的反风向。由于判断风向和疾病扩散的相关关系，需要季节间的、长期的监控和数据支撑，本试验监控期较短，故把风向作为不同方向上感染率不同的原因还显依据不足。感病率取样中发现，在离施药区远的样点，飞行能力强、体型大的蝗虫在染病群体中所占数量比重较大，这一现象说明，在蝗虫种群中活动、迁移能力强的蝗虫对疾病的扩散更有意义。

主要参考文献

李宝玉，2005. 金龟子绿僵菌孢子制备、贮存及检测标准化研究［D］. 北京：中国农业科学院.

宋树人，2008. 蝗虫绿僵菌疾病流行学初探［D］. 北京：中国农业科学院.

王洁，涂雄兵，范要丽，等，2015. 绿僵菌在蝗虫种群中传播流行与其持续控制作用［J］. 草业与畜牧（3）：34-41.

ARTHURS S P，THOMAS M B，1999. Factors affecting horizontal transmission of entomopathogenic fungi in locusts and grasshoppers［J］. Aspects of applied biology，53：89-98.

LANGEWALD J，OUAMBAMA Z，MAMADOU A，et al，1999. Comparisonof an organophosphate insecticide with a mycoinsecticide for the control of *Oedaleus senegalensis*（Orthoptera：Acrididae）and other Sahelian grasshoppers at an operational scale［J］. Biocontrol science and technology，9（2）：199-214.

SHAH P A，GODONOU I，GBONGBOUI C，et al，1998. Survival and mortality of grasshopper egg pods in semi -arid cereal cropping areas of northern Benin［J］. Bulletin of entomological research，88（4）：451-459.

THOMAS M B，GBONGBOUI C，LOMER C J，1996. Between-season survival of the grasshopper pathogen Metarhizium flavoviride in the Sahel［J］. Biocontrol science and technology，6（4）：569-574.

THOMAS M B，WOOD S N，LANGEWALD J，et al，1997. Persistence of *Metarhizium flavoviride* and consequences for biological control of grasshoppers and locusts［J］. Pesticide Science，49（1）：47-55.

THOMAS M B，WOOD S N，LOMER C J，1995. Biological control of locusts and grasshoppers using a fungal pathogen：theimportance of secondary cycling［J］. Proceedings of the Royal Society of London. Series B：Biological Sciences，259（1356）：265-270.

THOMAS M B，WOOD S N，SOLORZANO V，1999. Application of insect pathogen models to biological control［J］. Theoretical approaches to biological control：368-384.

草地有害生物生物防治研究进展

涂雄兵[1]，杜桂林[2]，李春杰[3]，尉亚辉[4]，张卫国[3]，贠旭江[2]，洪　军[2]，
李彦忠[3]，王保海[5]，赵莉[6]，张　蓉[7]，庞保平[8]，段廷玉[3]，刘玉升[9]，
刘长仲[10]，刘晓辉[1]，李志红[11]，杨　定[11]，丛　斌[12]，纪明山[12]，
王小奇[12]，王贵强[13]，张泽华[1]，南志标[3]

1. 中国农业科学院植物保护研究所植物病虫害生物学国家重点实验室，北京 100193；2. 全国畜牧总站，北京 100125；3. 兰州大学草地农业科技学院草地农业生态系统国家重点实验室，兰州 730020；4. 西北大学生命科学学院，西安 710069；5. 西藏自治区农牧学院，拉萨 850000；6. 新疆农业大学农学院，乌鲁木齐 830052；7. 宁夏农林科学院植物保护研究所，银川 750002；8. 内蒙古农业大学农学院，呼和浩特 010019；9. 山东农业大学植物保护学院，泰安 271018；10. 甘肃农业大学草业学院，兰州 730070；11. 中国农业大学农学与生物技术学院，北京 100193；12. 沈阳农业大学植物保护学院，沈阳 116021；13. 黑龙江大学农业资源与环境学院，哈尔滨 150080。

摘要　生物防治是草地植保学科的重要范畴。进入 21 世纪以来，随着生命科学和生物技术的发展，使该分支学科在我国得到了快速发展。本文概述了“十二五”期间草地有害生物生防技术在我国的发展现状，在分析我国本领域学科发展水平与国际差距的基础上，指出了我国草地有害生物生防领域存在的主要问题及未来优先发展方向。

关键词　草地有害生物，生物防治，优先发展领域

草地有害生物防治是草地植物保护学的重要范畴，涉及草地病害、虫害、毒害草和鼠害 4 大类有害生物的生物学特性、发生规律、与环境因子的互作机制、监测预警和综合治理技术等多个方面。其任务是在研究和掌握草地病害、虫害、毒草、鼠害及其自然天敌的种类、生长发育、分布扩散等发生规律，以及为害特点的基础上，依据牧草生产发展的需求，发掘、研究和利用牧草抗性品种与自然天敌等资源，采用可行的监测预警技术，制定适合于各区域有害生物综合治理技术体系。最终目标是提高草地经济、社会、生态效益，实现草业可持续发展。

草地有害生物在北美、北欧、非洲草原、澳大利亚、新西兰、中国 13 个草原省区（含新疆生产建设兵团）为害严重。主要表现为破坏草地资源，恶化生态环境，影响农牧业生产。近年来，草地生物灾害在我国持续大面积发生，草地病害年均发生面积 13 万 hm^2，虫害 200 万 hm^2，毒害草近 67 万 hm^2，鼠害 400 万 hm^2。按平均损失鲜草 450kg/hm^2，每千克鲜草 0.3 元计，年均造成直接经济损失 90 亿元。蒙古国草原蝗虫迁入内蒙古为害、哈萨克斯坦亚洲飞蝗迁入新疆为害、草地螟大范围迁移为害等不仅造

成严重的经济损失，同时对边疆地区稳定产生重要影响。草地有害生物经常迁入农田为害，严重威胁我国粮食生产安全，造成草原退化、沙化，沙尘暴四起，严重威胁国家生态安全。针对草地有害生物为害，人们采取的策略常常是使用化学农药，然而化学农药长期、大量使用，导致了一系列问题，如引起害虫的抗药性，农药残留造成对环境的污染和破坏等。因此，草地有害生物的生防技术正日益受到重视。本文将重点阐述近年来草地有害生物生防技术研究与应用的进展。

1 我国草地有害生物生物防治发展现状

"十二五"期间，我国在草地有害生物治理领域取得了长足进展，特别是在项目立项、防治技术集成与示范等方面实现重大突破。主要体现在：①公益性行业（农业）科研专项针对草原有害生物病、虫、草、鼠四大研究方向均有立项。②摸清了我国草地有害生物物种种类本底资源。③掌握了主要种类生物学、发生规律等。④集成了一系列草地有害生物监测预警及防治技术体系。⑤生物防治作为草地有害生物研究的重点领域，突破了关键技术瓶颈，开发了一批生物制剂产品，生物防治规模逐年扩大。不仅有效控制了有害生物大面积为害，同时也为"十三五"化学农药减施提供技术支撑。

1.1 草地病害

南志标对国内牧草病害进行了普查或专题调查，共发现为害新疆饲用植物的霜霉菌6属37种，其中新种1个，国内新记录10个，新寄主记录8个；沙打旺真菌病害10种；成功地将草原调查的样线法首次应用于苜蓿丛枝病的调查。在国内首次全面系统地研究了牧草病害的综合防治技术。

1.1.1 草地合理利用与管理

南志标提出了通过抗病品种的利用和混播、焚烧、合理刈割等对草地持续管理，并辅以杀菌剂拌种和生物防治等措施，将病害控制在经济阈值水平之下，达到提高草地农业生态系统整体生产力和稳定性的目的。利用传统育种方法，我国培育出抗霜霉病的苜蓿品种——中兰1号苜蓿，梁英彩等利用^{60}Co-γ射线20.64c/kg处理184柱花草种子并育成了抗病品种——907柱花草。

1.1.2 生物防治

郑双悦等用荧光假单胞拮抗菌防治沙打旺镰刀菌根腐病取得较好防治效果。徐秉良和郁继华对深绿木霉 *Trichoderma atroviride* T_2 在不同环境条件下对叶部病害病原菌离蠕孢 *Bipolaris sorokiniana* 的抑制作用和抑菌机制进行了研究，为生防制剂应用于草坪病害的防治提供了依据。

1.1.3 杀菌剂拌种处理

播种前用杀菌剂处理种子是牧草病害的最主要方式。Nan等在甘肃、新疆等地的试验表明，杀菌剂拌种可使苜蓿、红豆草等种子的发芽率提高115%，田间出苗率提高45%～55%，牧草产量提高1倍以上。不同牧草适合的杀菌剂不同，如最适于红豆草、苜蓿和沙打旺的杀菌剂分别为甲基硫菌灵、杀毒矾和福美双。李敏权等用多菌灵、甲基硫菌灵、枯腐宁和枯萎绝4种杀菌剂对苜蓿根腐病进行室内毒力测定，结果表明对于致病菌镰刀菌（尖孢镰刀菌、锐顶镰刀菌和半裸镰刀菌），复配剂枯萎绝和枯腐宁具有非常明显的效果，可以通过种子处理、土壤施药控制该病的发生和为害。赵美琦等通过多年开展的药剂筛选工作，提出了草病灵系列药剂，对4种主要病害（褐斑、夏季斑、腐霉和镰刀枯萎病）有较好的抑制作用；同时研制开发了种子包衣、药剂拌种、茎叶喷雾和灌根等应用技术，并在生产上大面积推广应用，取得了很好的示范作用。

1.2 草地虫害

为害草地的害虫主要有蝗虫、黏虫（*Mythimna separata* Walker）、草地螟（*Loxostage sticticalis*）、草地贪夜蛾（*Spodoptera frugiperda*）、象甲、蓟马类、蚜虫等。其中蝗虫多发生在新疆、内蒙古等干旱、半干旱区草原上，分布范围较广。草原毛虫大多发生在青海、西藏、甘南、川西北青藏高原牧区。发生虫害的草场，有50%～80%的牧草被害虫啃食，严重时颗粒无收。控制草地害虫的天敌和生物制剂主要有昆虫病原线虫、寄生蝇、白僵菌、绿僵菌、蝗虫微孢子虫、苏云金芽孢杆菌、痘病毒、昆虫信息素，以及牧鸡牧鸭、人工招引粉红椋鸟等，它们在控制草地害虫中发挥了重要作用。

1.2.1 天敌释放

草地害虫在自然界的天敌种类很多，如天敌昆虫、鸟类、蜘蛛、爬行动物以及两栖动物等。郭郛等曾记载了对蝗虫有抑制作用的天敌68种。蝗虫天敌对于静态蝗虫有着不可忽视的作用，在减少群集和群集种群的增长速度方面有助于蝗害控制，其中蜂虻科、丽蝇科、皮金龟科、食虫虻科、步甲科、拟步甲科、麻蝇科和缘腹细蜂科等天敌昆虫在治蝗中最具有价值；此外像灰喜鹊、燕行鸟、蜥蜴等也都是蝗虫的重要捕食天敌。山东省无棣县植物保护站曾首次将中国雏蜂虻（*Anastoechus chinensts*）用于飞蝗的控制，结果表明飞蝗卵块的自然被寄生率可达25%～75%。新疆农业大学从山东农业大学引进了20头黑广肩步甲（*Calosoma maximoviczi*），对存活良好的14头步甲放进塑料容器中（h=24cm，d=24cm）进行了连续3 d捕食蝗虫的试验，每天投放10头意大利蝗雌成虫，试验结果表明，平均每天可捕食8头成虫，1头步甲可捕食意大利蝗成虫1.7头/d。由于食物充足，步甲无自残现象。

1.2.2 天敌操控

牧鸡、牧鸭治蝗是草地生物保护技术措施之一。据新疆哈密地区农技推广中心报道，将饲养60～70日龄以上，通过防疫和调剂的雏鸡，在蝗虫发生季节适时地运至蝗区，一般牧鸡治蝗的鸡群以1 000～1 500只为宜，1人放牧，每天可治蝗10～13.3hm^2。

1.2.3 人工筑巢

玛纳斯县治蝗科技人员在充分掌握粉红椋鸟生态学的基础上，在蝗区修筑鸟巢和乱石堆，创造其栖息产卵的场所，招引粉红椋鸟栖息育雏，捕食蝗虫，控制蝗害效果十分明显，一次性投资，多年受益。

1.2.4 病原真菌的应用

病原真菌对害虫的致死机理是通过自身孢子萌发、生长、发育吸取害虫体内的养分和水分，使生理代谢紊乱引起死亡，且具有传染作用并对害虫下一代具有持效作用。中国农业科学院植物保护研究所张泽华研究员及其率领的科研团队，在国家“948”项目的资助下，于1996年引进对蝗虫敏感的绿僵菌特异菌株及生产、加工成套技术。用10余年的时间，研究了绿僵菌的应用基础；消化、吸收和改进了引进菌株的生产加工技术，已达到工厂化生产阶段；经国家外专局批准建立了绿僵菌生物防蝗基地；研制高浓度油剂、饵剂、可湿性粉剂等剂型，以及喷洒专用设备，成功进行野外试验，推广应用面积累计达近亿公顷。该科研团队同时进行筛选其他绿僵菌高毒力菌株、利用航天诱变选育生物防治优良菌株、采用液固双相发酵工艺进行绿僵菌生物农药生产、绿僵菌疾病流行学及致病机理的研究等工作，并取得突出成绩。

1.2.5 微孢子虫灭蝗

国内外研究较早也比较成功的草地害虫致病微生物是蝗虫微孢子虫，它是20世纪50年代Canning从非洲飞蝗体内分离并命名的。蝗虫微孢子虫为单一性活体寄生虫，能感染100多种蝗虫及其他直翅目昆虫。蝗虫被微孢子虫（$0.75\times10^{10}\sim1.5\times10^{10}$孢子/mL，每公顷用量3mL）寄生感病后可显著影响其取食量、活动能力、产卵量及孵化率等，15～20d后即可死亡。

1.2.6 病毒的利用

利用昆虫痘病毒是近年来发展起来的一项草地害虫生物防治技术。病毒侵入寄主体内后，在脂肪体细胞中复制，使寄主感病而引起死亡。蝗虫痘病毒是美国人于1966年最早从草地黑血蝗上分离得到的，至今已报道了6种。我国于1981年首次从草地蝗虫中分离到痘病毒——新疆西伯利亚蝗痘病毒Gs EVP。

1.3 草地毒害草

目前，我国已鉴定并确认的有毒植物约132科1 383种，但常见能引起家畜中毒的有毒植物约300种。毒草连片蔓延，引起家畜中毒并造成严重损失的约20多种。据2008年统计，中国天然草地毒草主要分布于西部省区，对畜牧业造成严重为害的毒草主要有疯草、狼毒、醉马草、牛心朴子和乌头等，约占毒草为害总面积的90%以上。

1.3.1 人工拔除或化学灭除

人工拔除和化学防除等传统的方法仍是目前常用的措施之一。由中国科学院寒区旱区环境与工程研究所与西藏高原生物研究所共同承担的“西藏草原毒草狼毒、棘豆治理技术”对西藏草原狼毒、棘豆能起到有效的控制作用，一次施药能控制毒草生长6～7年，可增加草原可食性牧草产量、植被覆盖率以及牧草高度。吴国林和魏有海还提出在狼毒返青期，采用螺丝钻破坏狼毒根系的生长点，进行人工防治而不破坏草场植被的人工防除方法。

1.3.2 替代控制

利用植物间的相互竞争，种植生长发育较快且对毒草竞争力强的一种或多种植物（如人 工牧草、速生树种等），抑制其生长繁殖，最后以人工植被替代。此技术在紫茎泽兰防除中有相关报道，但在其他毒草方面还未见报道。

1.3.3 生物防治

即在有害生物的传入地，通过引入原产地的天敌因子重新建立有害生物与天敌之间的相互调节、相互制约机制，恢复和保持这种生态平衡。因此生物防除可以保护物种多样性。马占鸿等对宁夏的西吉、海原两县黄花棘豆分布地区进行了实地考察后，发现了黄花棘豆的两种病害，即黄花棘豆白粉病和锈病。此后，通过研究甘肃、青海等地黄花棘豆锈病的发病率及发病后对黄花棘豆生长的影响，发现能取得较好的生物防治效果。研究表明狼毒栅锈菌在人工接种情况下对狼毒种群数量具有明显的控制作用。李春杰等研究了对醉马草致病的7种病原菌，或许可以尝试对该毒草进行生物防治方面的研究。

1.3.4 草地毒草合理利用

目前，我国有关毒草利用方面的研究才刚刚起步，现有的研究资料表明，人们对毒草的认识已经从过去的只认为有害的传统观点，转变为认为其是一种潜在的资源，甚至发现有些毒草具有巨大的开发利用价值。例如有些毒草含丰富的营养成分，是一种潜在的牧草资源。因此，依据毒草对动物的易感性差异，可以通过改良畜种结构来降低毒草的危害；有些毒草属于季节性有毒，则可集中在无毒季节进行放牧；有些毒草经过脱毒或青贮后，就可直接饲喂。如疯草粗蛋白含量为11%～20%，和优良苜蓿相当，可根据当地的实际情况选择性地采取间歇饲喂、日粮搭配、去毒利用、生态系统控制工程、毒素疫苗预防注射、添加解毒剂等措施来加以利用。有些毒草还有药理作用，例如瑞香狼毒、牛心朴子的有效成分有很强的抗肿瘤、杀菌、杀虫活性，可用于开发抗肿瘤药、天然农药、抗菌药物等。其他用途还包括瑞香狼毒全株可用于造纸；牛心朴子是很好的固沙植物和上等的荒漠蜜源植物，有“西北蜜库”之称。另外有些毒草还可以作为园林观赏植物。

1.4 草地鼠害

草原鼠害主要发生在青海等13个省（自治区）和新疆生产建设兵团，其中在青海、内蒙古、西藏等6省（自治区）草原鼠害为害面积合计340万hm^2，占全国鼠害为害面积的88.5%。高原鼠兔、大沙鼠、高原鼢鼠、长爪沙鼠、黄鼠、东北鼢鼠、鼹形田鼠、黄兔尾鼠、布氏田鼠是草原主要为害鼠种，占鼠害为害面积的84.9%。其中，高原鼠兔为害面积最大，占全国草原鼠害为害面积的44.2%。

1.4.1 微生物灭鼠和天敌灭鼠

利用某种微生物给鼠接种使其产生某种疾病，在鼠类种群中传染引起鼠类大量死亡，从而达到灭鼠的目的，如含量为0.2%的C型肉毒素毒饵、肉抱虫属毒素应用于鼠害防治。天敌控制是有意识地利用狐、虞、鼬、蛇等害鼠天敌捕捉和威慑作用来控制鼠害，如设立虞墩和虞架为天敌提供落脚点，为其避敌及就近觅食提供有利条件，从而达到防治鼠害的目的。采用生物措施防治草原鼠害，减少了化学农药对环境的污染和二次中毒现象，对草地生物量的提高、土壤有机质含量的增加、草地生态环境的改善，有着重要作用。

1.4.2 生态防治

通过破坏鼠的栖居环境和食物条件，达到减少和控制鼠害的措施。可采用补播、浅耕翻、灌溉、施肥、划区放牧、围栏封育、调整载畜量等措施改良草地，防止草地退化，使之不利于鼠类栖息。这些措施通过间接改变鼠类生存环境，使其繁殖减少，死亡增加，从而达到降低鼠类密度，甚至从长远角度能根除鼠害。陈立坤对鼠害较严重的地块围栏封育，撒施细碎的牛羊粪，采取免耕的方法，用钉耙划破草皮，撒播鼠类既厌食又适合高原地区生长的优良禾本科牧草川草1号老芒麦、草地早熟禾、多年生黑麦草、紫羊茅、披碱草，再用钉耙覆盖种子或用牛羊践踏覆盖种子，从而调高鼠类厌食的优良禾本科牧草比例以及牧草高度、盖度，减少鼠洞，明显降低了鼠类种群数量，现已在川西北草地大面积推广。

1.4.3 鼠用植物不育剂

它是一种新型的防治鼠害的生物药剂，与化学灭鼠剂不同的是，它有很强的节制生育的功能，使雌雄两性的生殖器官遭受严重的破坏，可降低鼠类数量90%以上，达到控制鼠群数量防治鼠害的效果。无公害，不会产生二次性中毒，对鼠类的天敌动物无毒害，对野外生态环境不会造成破坏。这项技术应用后，能控制森林鼠害种群密度增长，维持自然界的食物链，维持生态平衡，可广泛应用于森林、草原、农田鼠害防治。

2 我国草地有害生物生物防治研究和应用所面临的问题

2.1 草地病害

2.1.1 病害种类和病原研究

美国、新西兰、澳大利亚和欧洲对苜蓿、三叶草、草木樨、红豆草等人工栽培牧草病害的病原研究较为彻底。与美国比较，我国在苜蓿属、披碱草属和羊茅属等三属牧草根部分离出的真菌分别为美国的25.4%、3.6%和8%。而我国的自然条件在某些方面比美国的更加复杂多样，预示着我国牧草的根部病菌种类不少于美国。目前我国尚未对腐霉、疫霉、丝囊霉、线虫等豆科牧草主要根腐病原进行深入研究。

2.1.2 病害发生规律研究

国外一旦发现重要的牧草病害，就对其越冬、传播、初侵染、再侵染、发病条件等方面进行细致的研究，在此基础上制定出科学有效的综合防治策略。而我国对草地病害的研究以病原鉴定和发病调查为主，对病害的发生规律和防治研究较少。

2.1.3 牧草抗病育种

选育抗病牧草品种是防治病害最经济有效的措施。抗病育种一般经过种质资源收集与抗性评价后，通过田间或室内选择、辐射育种、杂交育种、细胞工程育种和转基因育种等方法培育出抗病品种。目前生产上利用的抗病品种绝大部分是通过常规育种完成的，虽然利用分子生物技术选育抗病品种成为目前育种研究的热点，但尚未培养出牧草抗病新品种。

抗病种质资源收集及传统育种：美国科学家通过活体叶和茎的接种技术，1967年从Delta品种中筛选出了第1个抗三叶草核盘菌的苜蓿种质材料。1990年美国的48种苜蓿病害中为害较重的21个病害均已有相应的抗病品种。1993—1994年就发布了221个苜蓿育成品种，可以充分满足全国不同自然气候条件及栽培条件要求。到目前为止，国外已育成多个抗霜霉病的苜蓿品种，例如Saranac、Pacer、Thor、WL307、Narragansett、Umta、Minn. Syn.、M. Utah Syn.、J-2等都对此病有抗性。国际热带农业中心（CIAT）1984年共收集柱花草种质2 961份，其中热带美洲1 941份、东南亚5份、热带非洲36份，获得了一大批珍贵的抗病种质如CIAT184、CIAT136、

CIAT2950 等，并引种到许多国家，经进一步评价筛选，形成了引入我国的地方品种。如我国现推广的抗病品种“热研 2 号柱花草”、秘鲁的“Pucallpa”即源于 CIAT184；巴西的“Bandeirant”和“Mineirao”分别源于 CIAT2243 和 CIAT2950；哥伦比亚高抗品种 Capica 源于头状柱花草 *S. capitata*。

病菌的分子生物学检测与转基因牧草育种：Kelemu 等用 RAPD 及 RFLP 研究了 127 个柱花草胶孢炭疽菌分离菌株的地理起源，并划分了这些菌的致病型。澳大利亚科学家用 APD、RFLP、STS 构建柱花草的遗传图谱，目前约有 200 个基因位点在图上得到定位。1994 年，Sarria 等采用农杆菌介导的方法，用农杆菌 EHA101 转化柱花草的叶，在卡那霉素和膦丝菌素的抗性培养基上筛选，获得了抗性再生植株，经过检测证明靶基因已整合到植物基因组，转化植物自交后代中呈孟德尔式遗传。2001 年，Kelemu 等将外源基因水稻几丁质酶基因成功转入圭亚那柱花草 CIAT184，转基因植物表现出对柱花草病菌的抗性，转基因植物自交后代的分离比符合孟德尔式遗传，表明此基因为单个主效基因。转基因抗炭疽病柱花草的再生体系遗传转化体系也已建立。

2.1.4 生物防治

目前尝试用有益生物控制牧草病害，如将内生真菌的一些菌株做成种子包衣剂，防治三叶草根结线虫或茎线虫、黑麦草和高羊茅的叶斑病和猝倒病，我国研究发现根瘤菌包衣剂能有效控制苜蓿苗期病害。由于牧草病害种类多，大部分病害的发生和流行规律尚不明确；牧草病理学理论体系尚在发展中，病害防治技术多为学习农作物病害防治技术；牧草病害防治对家畜生产的影响亟须开展，病害发生监测技术尚待建立和完善。另外，需要关注全球气候变化对病害的影响。未来相当长一段时期内，病害监测、快速鉴定技术将成为我们工作的重点。

2.2 草地虫害

自然天敌的利用研究方面，微生物与寄生蝇、寄生蜂在草原毛虫防治中具有协同控制作用。美国内布拉斯加州沙丘草原蜘蛛可能降低草原蝗虫的种群密度，蜘蛛控制草原蝗虫种群的能力有待进一步评估。新疆粉红椋鸟对草原蝗虫捕食率可达 90%以上，捕食鞘翅目 3%、捕食鳞翅目 2%；研究了粉红椋鸟生物学，评价了对蝗虫的控制效果，推广人工招引粉红椋鸟+牧鸡牧鸭的蝗害天敌控制技术。牧鸡牧鸭治蝗技术已经在内蒙古、新疆等地得到大面积推广应用。2012 年，农业部组织开展了“百万牧鸡治蝗增收行动”，全年共投入牧鸡 289 万只，牧鸡治蝗面积达到 9.4 万 hm^2，减少牧草直接经济损失达到 1.27 亿元，实现增收 8 065 万元。在草地有害生物生态治理方面，研究表明生物多样性越高，在系统中生物之间相互制约关系就越明显，在害虫控制方面能减少化学农药的使用，并且有助于保持生态系统的稳定性。豆科牧草与禾本科牧草混播不利于蝗虫的发生。北美 5 种蝗虫试验，放牧管理可以用来减少蝗虫密度。美国怀俄明州牧场试验提出害虫管理策略 RAAT（reduce agent-area treat），目的是减少杀虫剂使用，在发生地与避难所交替用药控制害虫。草原虫害空间模式和发生数量都受到其生物学特性和植物群落组成影响，反映了草原害虫与植物之间复杂的耦合关系。南非萨赫勒地区塞内加尔蝗综合防治（IPM）模型，建议 40 头/m^2 以上使用化学农药防治，低密度用绿僵菌控制塞内加尔南部 1 代若虫和北部 2 代若虫，可以获得最优效果和最低成本。定向改变草地植物群落结构组成能有效降低草原害虫为害风险，种植杂类草代替莎草科、禾本科植物能实现对草原毛虫数量的人工调控。植物物理结构差异也可用于草原害虫的防治，发现在适宜地区种植带刺的、平滑的或者中间型的高羊茅，不仅能降低草原毛虫为害，反过来草原毛虫特殊的取食方式能够有效保护高羊茅。

总体而言，我国多项草地害虫治理技术已达国际先进水平。但是在草地布局，特别是人工草地抗性品系筛选、作物合理布局等方面仍处于起步阶段，因此未来一段时期，多样性种植防治牧草害虫将成为草地害虫综合治理的研究重点。

2.3 草地毒害草

国外毒草科学家运用计算机图像技术，结合全球定位系统（GPS）、地理信息系统（GIS）和遥感技术（RS）研究草原毒草种群的空间分布及其特点，成功利用红外彩色（CIR）航片对绢毛葵进行了识别，有效分离黄水兰和滨菊不同物候期的多光谱数字图像，运用计算机技术建立毒草治理专家支持系统。随着人们保护生态环境意识的增强，国外毒草科学家目前更加重视土壤中除草剂残留量研究，包括先进的技术和定量测定方法、土壤中除草剂移动和水源污染预测模型。同时，通过研究最优化除草剂喷施技术，降低喷施量，减少漂移对临近牧草、水源和其他物种的危害。我国毒草科学研究近年来取得了一些进展，但由于种种原因，与发达国家相比依然明显滞后。我们在除草剂抗药性、药害、利用率、环境保护等问题的研究还不够深入。随着化学除草剂可能影响环境和人类健康忧虑的增长，人们越来越关注绿色草原。由于十分缺乏可以用于替代化学除草剂的除草技术，生物防治、天然产物的毒草治理技术成为草原治理最为关切的重点。

2.4 草地鼠害

不育控制与传统化学灭杀策略截然不同，前者是通过降低种群的生育率，后者采取增加种群的死亡率，但都是为了达到降低种群数量的目的。不育控制的概念最早由Knipling 提出，20 世纪 80 年代中后期以来，不育剂的研究活跃起来，并有 2 种不育剂已商品化，在美国、加拿大、印度等国家已广泛用于野鼠的控制。90 年代初，免疫不育技术（immuno-contraception）渗透到鼠类不育控制领域，目前已形成几种鼠类的不育疫苗。然而，鼠害不育剂控制技术受到许多因素限制，在国际上发展了已有 30 多年，但至今仍未有一种制剂被广泛认可并运用到野外鼠害的防治工作中。棉酚和醋酸棉酚作为一种雄性不育剂，最早被用于人类的生育控制。但由于其毒性较大，而未能投入临床应用。于是，20 世纪 80 年代初，人们将它的应用重点放到鼠害控制上。如前所述，雌性激素类不育灭鼠剂和雄性不育制剂这两类室内科研试验结果较好地控制鼠害制剂运用到野外，其结果并不理想，因此它们均未发展成鼠害不育控制地实用技术。此外，国内有许多单一抗雄性生育的灭鼠制剂及激素类不育灭鼠剂的专利，如氯代醇类、酚类、更昔洛韦、雷公藤氯内酯醇等，它们的野外试验有效性尚待确证。其中不少专利中均为复合组方，成本普遍较高。由于我国中医药事业的深厚基础，人们已研究出了许多中药在抗生育方面的药理作用，如雄性不育作用的雷公藤、昆明山海棠、绵根皮、苦参、蛇床子等；雌性不育作用的莪术、紫草、芫花、牛膝、牡丹皮等。将这些抗生育活性的中药应用到防治鼠害方面应加强实际应用方面的研究。另外，固醇激素类抗生育制剂应用到灭鼠领域对我国的生态环境或将造成严重破坏，因此不具有可行性。2000年以来，国内开始探索将免疫技术应用于抗生育方面，证实口服疫苗后能诱发生殖道勃膜免疫反应、发挥抗生育作用并对卵巢结构无影响，这或成为今后抗生育制剂的发展方向。

3 我国草地有害生物治理发展方向

3.1 草地病害

重点领域：培育抗病牧草和草坪草品种，打破国外品种垄断局面。优先发展方向：主要牧草重要病害的病原鉴定、病原物在同一寄主或多个寄主以及在不同地理区域传播的机制、草地病害的防治方法等。

3.2 草地虫害

重点领域与优先发展方向如下。

（1）草原害虫预警监测技术　将草原虫害的监测技术、预测技术、计算机网络技术和信息管理技术有机地结合起来，利用先进的遥感遥测系统（RS）、全球定位系统（GPS）、地理信息系统（GIS）、人工智能决策支持系统（AIS）和计算机网络信息管理系统（IMS），对病虫害发生、为害动态进行预测、监测和防治。

（2）草原害虫综合治理技术　草原生态调控技术、天敌保护利用技术、有害生物行为调控技术。

3.3 草地毒草害

重点领域与方向：未来几年内，在基础研究和应用基础研究方面，应注重毒草生物学，尤其是运用分子生物学技术，研究重要毒草的生态适应性、恶化机制，毒草—牧草—除草剂—环境间的互作机制，抗药性毒草发生发展的生态适应性和抗药性机制，为毒草治理奠定理论和技术基础是我国毒草科学研究的方向。在毒草治理方面，以生态草原的观点，针对严重为害的毒草，抗药性产生及除草剂药害等问题，探索以生态控草为核心，以生物防治、精准施药为基础的毒草治理新方法和关键技术，将是我国毒草治理技术研究的重点领域。

3.4 草地鼠害

重点领域与方向：①建立鼠灾预警系统；②在重点为害区域对典型鼠种建立综合治理科技示范区；③以生态治理和生物防治为主的综合治理对策。

主要参考文献

边强，王广君，张泽华，等，2009. 基因工程改良在昆虫病原真菌中的应用［J］. 中国生物工程杂志，29（3）：94-99.

陈立坤，2004. 川西北草原鼠类危害特点及防治技术［J］. 四川草原（11）：44-45.

陈绍淑，何生虎，2006. 牛心朴子化学成分、生物活性及开发利用研究进展［J］. 动物医学进展，27（7）：46-50.

党晓鹏，曹光荣，段得贤，等，1992. 醉马草的有毒成分研究［J］. 畜牧兽医学报，23（4）：366-371.

董辉，高松，农向群，等，2011. 绿僵菌田间流行及其与寄生蝇对蝗虫控制的调查［J］. 中国生物防治学报，27（1）：50-54.

董辉，张泽华，高松，等，2011. 绿僵菌治蝗对草原昆虫生物多样性的影响［J］. 沈阳农业大学学报，42（1）：37-40.

符华林，李英伦，干友民，等，2006. 川西北高原露蕊乌头毒性作用的研究［J］. 黑龙江畜牧兽医（4）：76-78.

郭郛，陈永林，卢宝廉，1991. 中国飞蝗生物学［M］. 济南：山东科学技术出版社.

李春杰，高嘉卉，马斌，2003. 我国醉马草的几种病害［J］. 草业科学，20（11）：51-53.

李广忠，2007. 草原鼠害对草原的影响及防治对策［J］. 饲料饲草（2）：21.

李宏，陈卫民，陈翔，等，2011. 新疆伊犁草原毒害草种类及其发生与危害［J］. 草业科学，27（11）：171-173.

李晖，于顺利，樊胜岳，等，2010. 那曲高寒退化草原有毒杂草控制技术研究［J］. 杂草科学（4）：26-29.

李敏权，杨宝生，侯军，等，2002. 四种杀菌剂对苜蓿根和根颈腐烂病菌的室内毒力测定［J］. 草地学报，10（4）：270-273.

李毓堂，2002. 草地资源优化管理开发与 21 世纪中国可持续发展战略［J］. 草业科学，19（1）：11-15.

李毓堂，2009. 确保我国粮食安全的战略途径—发展牧草绿色蛋白质饲料，减少饲料用粮［J］. 草业科学，26（2）：1-4.

梁英彩，赖志强，腾少花，等，1998. 907 柱花草的选育研究［J］. 草业科学，15（2）：27-30.

刘玉升，2013. 昆虫生产学［M］. 北京：高等教育出版社.

吕燕青，何余容，陈建军，等，2006. 草地害虫生物防治研究进展［J］. 中国生物防治，22（增刊）：147-152.

马占鸿，田乃祥，赵桢梅，1991. 毒草黄花棘豆上新发现的两种病害［J］. 植物保护，17（3）：51-52.

南志标，1986. 混播治理牧草病害的研究［J］. 中国草原与牧草，3（5）：40-45.

南志标，2000. 建立中国的牧草病害可持续管理体系［J］. 草业科学，9（2）：1-9.

南志标，2001. 我国的苜蓿病害及其综合防治体系［J］. 动物科学与动物医学，18（4）：1-4.

农向群，涂雄兵，张泽华，等，2007. 绿僵菌 R8-4 菌株大量培养固相阶段的条件［J］. 中国生物防治，23（3）：228-232.

任继周，2009. 三鹿奶粉事件是忽略草业的直接后果［J］. 草业科学，26（7）：1.

史志诚，1997. 中国草地重要毒草［M］. 北京：中国农业出版社.

宋树人，张泽华，高松，等，2008. 绿僵菌药后草原蝗虫种群空间分布型研究［J］. 昆虫学报，51（8）：883-888.

涂雄兵，杜桂林，李春杰，等，2015. 草地有害生物生物防治研究进展［J］. 中国生物防治学报，31（5）：780-788.

王丽英，1994. 我国草原蝗虫痘病毒资源调查［J］. 中国农业科学，27（4）：60-63.

王振平，严毓骅，1999. 蝗虫天敌可利用性分析及研究进展［J］. 中国草地，24（6）：54-58.

吴国林，魏有海，2006. 青海草地毒草狼毒的发生与防治对策［J］. 青海农林科技（2）：63-64.

吴素琴，刘华，张宇，等，2006. 宁夏天然草原有毒有害植物调查报告［J］. 宁夏农林科技（1）：39-42.

吴衍庆，史青茂，韩天文，等，2000. 蝗虫微孢子虫病在草原蝗虫中扩散传播的研究［J］. 草业科学，17（4）：25-26.
熊玲，2011. 新疆草原鼠害综合防治技术应用［J］. 新疆畜牧业（6）：58-60.
熊玲，2011. 新疆草原以生物防治为主的蝗虫综合防治技术应用［J］. 新疆畜牧业，3：59-63.
徐秉良，郁继华，2006. 深绿木霉菌株 T_2 对草坪草叶枯病菌的拮抗作用及机制［J］. 草业学报，15（4）：71-75.
姚拓，寇建村，刘英，2004. 狼毒栅锈病调查及其用于控制狼毒的初步研究［J］. 中国生物防治，20（2）：142-144.
张国萍，吴丁兰，冯志勇，等，2009. 增效抗凝血灭鼠剂对大鼠、小鼠 CT 和 PT 的影响及中毒鼠肝脏病理学观察［J］. 广东农业科学（3）：146-148.
杨帆，2010. 印楝油两性不育灭鼠颗粒剂的研制与质量标准及其药效学研究［D］. 雅安：四川农业大学.
张虎天，侯丽娟，张一弓，等，2010. 草地鼠害研究现状及进展［J］. 中国科技论文在线：1-10.
张龙，严毓华，2008. 以生物防治为主的蝗灾可持续治理新对策及其配套技术体系［J］. 中国农业大学学报，13（3）：1-6.
张泽华，高松，张刚应，等，2000. 应用绿僵菌油剂防治内蒙古草原蝗虫的效果［J］. 中国生物防治，16（2）：49-52.
赵宝玉，刘忠艳，万学攀，等，2008. 中国西部草地毒草危害及治理对策［J］. 中国农业科学，41：3094-3103.
赵美琦，肖悦岩，陈合明，等，1999. 南亚热带湿润草地病害的基本调查［J］. 中国草地，21（1）：46-48.
赵一之，1992. 中国北方牧区五种毒草的植物区系地理分布研究［J］. 内蒙古大学学报：自然科学版，23（1）：124-128.
郑双悦，潘建梅，谢秉仁，等，2004. 沙打旺根腐病及其防治［J］. 中国草地，26（4）：57-61.
NAN Z，1995. Fungicide seed treatments of sainfoin control seed-borne and root-invading fungi［J］. Journal of Agricultural Research，38：413-420.
YIN Y，NAN Z B，LI C J，et al，2007. Root invading fungi of milk vetch on the Loess Plateau，China［J］. Agriculture，Ecosystems and Environment，124（1）：51-59.